普通高等教育人工智能与机器人工程专业系列教材

机器人感知技术

主　编　刘亚欣　金　辉
副主编　钟　鸣　胡方超
参　编　黄　博　姚玉峰
何　苗　王玉金

机械工业出版社

本书由浅入深地介绍了构建机器人感知系统涉及的相关知识。全书共8章。第1、2章主要讲述机器人系统组成和传感器检测的基础知识，使读者理解如何检测环境中的各种物理量。在此基础上，第3~7章分别介绍了机器人自身运动测量与感知、力与触觉、视觉、听觉、嗅觉、接近觉等相关原理和方法，使读者了解如何构建机器人的各种“感觉”。最后，第8章介绍了机器人多传感器信息融合的内容。

本书既可作为高等院校机器人工程及相关专业本科生或研究生的教材，也可作为从事机器人研究、开发和应用的技术人员的参考书籍。

本书配有电子课件和习题答案，欢迎选用本书作教材的教师发邮件到jinacmp@163.com索取，或登录www.cmpedu.com注册下载。

图书在版编目(CIP)数据

机器人感知技术/刘亚欣，金辉主编. —北京：机械工业出版社，2022.5(2025.6重印)

普通高等教育人工智能与机器人工程专业系列教材

ISBN 978-7-111-70621-2

Ⅰ.①机… Ⅱ.①刘…②金… Ⅲ.①机器人-感知-系统设计-高等学校-教材 Ⅳ.①TP242

中国版本图书馆CIP数据核字(2022)第069237号

机械工业出版社(北京市百万庄大街22号 邮政编码100037)

策划编辑：吉 玲 责任编辑：吉 玲 王 荣

责任校对：陈 越 李 婷 封面设计：张 静

责任印制：单爱军

保定市中画美凯印刷有限公司印刷

2025年6月第1版第5次印刷

184mm×260mm · 16.75印张 · 424千字

标准书号：ISBN 978-7-111-70621-2

定价：53.80元

电话服务	网络服务
客服电话：010-88361066	机 工 官 网：www.cmpbook.com
010-88379833	机 工 官 博：weibo.com/cmp1952
010-68326294	金 书 网：www.golden-book.com
封底无防伪标均为盗版	机工教育服务网：www.cmpedu.com

前　言

随着机器人技术的快速发展和机器人产业规模的不断扩大，机器人领域的人才培养已经成为高校的重要任务之一。目前，我国已有一大批院校开设机器人工程专业，在国家大力推进"六卓越一拔尖"计划2.0以及全面推进新工科建设的背景下，机器人工程专业迎来了新的机遇期。机器人感知技术是机器人技术人才培养课程体系中的重要基础课程，为学生进一步理解、掌握和实现机器人系统的设计、开发、集成等提供了基础知识。鉴于此，在中国机械工业教育协会、机械工业出版社的支持与组织下，开展了面向工程应用型院校机器人工程专业的机器人感知技术教材的编写工作。

本书在编写过程中广泛借鉴了国内外机器人专业的教学经验，并考虑到现有高校机器人专业本科课程设置特点，在内容设置上主要包括传感器的基础知识、机器人传感器、传感器信息融合等部分知识，使读者逐步理解机器人如何检测环境各种物理量，如何构建类人的"感觉"，如何依据多种感觉信息准确、完整地"知晓"自身状态和环境信息等三个层次的内容。

本书共8章。第1章主要介绍机器人系统组成和感知系统概念、分类与发展趋势。第2章主要介绍传感器基础知识。在此基础上，第3~7章介绍机器人各种"感觉"的相关知识：第3章主要介绍机器人位置、速度、加速度等内部感觉(传感器)的构建及自身运动状态测量的相关知识；第4章主要介绍机器人力与力矩测量、触觉测量、人工皮肤等外部感觉(传感器)的相关知识；第5章主要介绍机器人视觉系统组成结构、图像传感器、图像处理以及三维立体视觉的基础知识；第6章主要介绍机器人听觉系统组成、语音信号特征与识别，以及听觉定位的基本知识；第7章主要介绍机器人嗅觉、机器人接近觉和机器人距离感知等其他感觉的相关知识。最后，为了使读者进一步理解如何依据多种感觉信息知晓自身状态和环境信息，第8章介绍了机器人多传感器信息融合的定义和系统结构、定量信息融合及定性信息融合的基础知识、方法及应用实例。

本书由哈尔滨工业大学(威海)的刘亚欣、钟鸣、黄博、姚玉峰和重庆理工大学的金辉、胡方超、何苗、王玉金共同编写。其中，第1~3章和第7、8章由刘亚欣、钟鸣、黄博、姚玉峰共同编写；第4章由金辉和何苗编写；第5章由刘亚欣和胡方超编写；第6章由金辉和王玉金编写。刘亚欣负责全书的统稿。在本书编写过程中，研究生刘延、王斯瑶、李守强、何清松、罗木林、邱子祥、卢水根等参与了部分图表的修改工作，在此向他们表示感谢。

衷心感谢中国机械工业教育协会、机械工业出版社的支持，感谢本书编辑和相关工作人员为本书高质量出版所付出的辛勤劳动。同时，本书的编写还参考了国内外相关领域的文献资料，在此向各位作者表示由衷的感谢。

本书由国家杰出青年基金获得者、教育部长江学者特聘教授、国家“万人计划”科技创新领军人才、机器人领域专家孙立宁教授主审，在此表示衷心的感谢。

机器人感知技术内容丰富，技术发展迅速，鉴于编者水平和学识以及篇幅限制，本书未能全面、详细地展示该领域的前沿研究，并难免会有疏漏与错误之处，敬请读者批评指正。

编　者

目录

第 1 章 机器人系统与感知

导读

当今社会，机器人技术已经逐步发展并应用到各行各业。机器人在执行任务，特别是环境不确定的非结构化任务时，是如何感受到外部环境信息的呢？机器人能够和人类一样具备各种感觉吗？本章首先介绍了机器人技术发展的历史和基本概念，接下来展示了各种机器人的应用及分类，然后剖析了机器人系统的组成结构，并引出其中重要的部分，即机器人感知系统。在此基础上，最后详细介绍了机器人感知系统的概念与组成、机器人传感器分类以及机器人感知系统未来发展方向等内容。

本章知识点

- 机器人发展历史与阶段
- 机器人的分类与定义
- 机器人系统组成结构
- 机器人感知系统概念和组成
- 机器人传感器分类
- 机器人感知系统关键技术与发展趋势

1.1 机器人系统组成概述

1.1.1 机器人发展概述

1959 年，美国恩格尔伯格与德沃尔先生共同合作发明了世界上第一台真正的大型实用自动工业制造机器人，主要应用于汽车行业，如图 1-1 所示。其设计外形类似于坦克的炮塔，在基座上安装了一个机械大臂，大臂能围着一个轴在基座上旋转，而且大臂上安装了一个机械小臂，小臂可向下伸出或收缩。小臂顶部安装了手腕，可围绕小臂旋转、俯仰和侧摇，手腕前安装了机械手。该机器人主要执行与人类手臂类似的动作。其中，恩格尔伯格负责研究和设计了机器人的主要机械部件，德沃尔负责研究和设计了机器人的控制部件和驱动部件。该机器人属于第一代机器人，通过示教再现进行控制。

我国机器人技术最早在 20 世纪 70 年代起步，一些高等院所和科研机构先后开发并设计生产了专用的机械臂。20 世纪 80 年代早期，我国自主研发了小型的教育机器人。图 1-2 所示为 1985 年哈尔滨工业大学自主研制的我国第一台弧焊机器人(华宇 I 型)。

图 1-1　第一台实用工业机器人

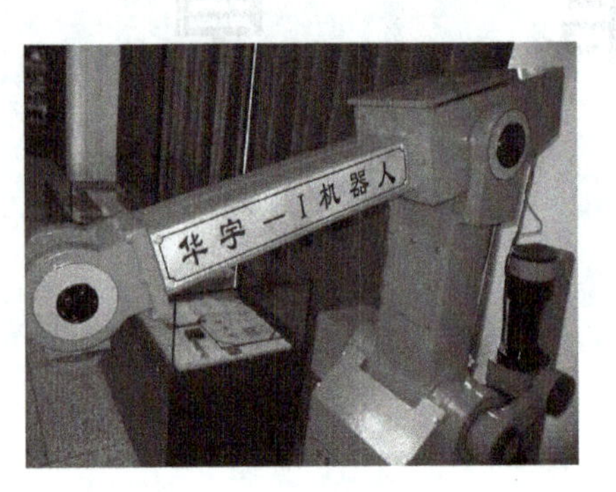

图 1-2　哈尔滨工业大学自主研制的我国第一台弧焊机器人

从第一台机器人诞生到现在，机器人技术取得了长足的进步和发展，大致经历了三个阶段。

第一代机器人通常被称为示教或再现式的机器人，这种类型的机器人都需要操作者事先传授给它们动作的顺序及运动的路径，工作时不断重复这些动作。示教再现型的机器人目前已经被广泛应用于汽车制造工业和电子制造工业的自动化生产线上，它们通常既没有“感觉”，也可能不会“思考”。

第二代机器人通常已经具备一定的感知能力，被称为低级智能机器人(或感知机器人)。和第一代机器人相比，低级智能机器人能获取外界环境和操作对象的简单信息，可对外界环境的变化做出简单的判断并调整相应的操作动作。因此，这类机器人也被称为自适应机器人。20 世纪 90 年代以来，在各类生产企业中，这类机器人应用台数逐年递增。

第三代机器人被称为高级智能机器人(或认知机器人)。它不但具有第二代机器人的感觉功能和简单的自适应能力，而且能识别工作对象或环境的更多深层次信息，具备一定的认知能力，可根据接收的指令和它自身的认知与判断结果自动确定适应的动作。目前，专家学者对这类机器人的研究不断增多。

1.1.2　机器人的定义与应用

1920 年，捷克作家卡雷尔·查培克的剧本《罗萨姆的万能机器人》中使用了“机器人”(Robot)一词。剧本中“机器人”(Robot)这个词的原意是苦力，即作家笔下一台具有人的外表、特征和功能的人造机器(劳力)，这也是最早对工业机器人的设想。

国际标准化组织采纳的机器人定义是：“一种可编程和多功能的操作机；或是为了执行不同的任务而具有可用电脑改变和可编程动作的专门系统”。

20 世纪 80 年代，机器人学被定义为研究感知与行动之间智能连接的一门科学。在我国，根据应用环境的不同，机器人系统主要被分为两大类，即工业机器人和特种机器人。工业机器人就是面向工业领域的多关节机械手或多自由度机器人，可用于自动焊接、喷涂等工作，图 1-3 所示为汽车车体喷涂的机器人。而特种机器人是除工业机器人之外的、用于非制造业并服务于人类的各种先进机器人，比如家庭服务机器人、军用机器人、水下机器人、空中飞行机器人、软体机器人、农业机器人等。

在国际上，根据应用环境的不同，机器人也主要被分为两大类：制造环境下的工业机器人和非制造环境下的服务与仿人型机器人，这和我国的机器人分类基本是一致的。此外，根据具体应用领域的不同，还可以将机器人种类细分，有工业喷涂机器人、水下服务机器人、空中机器人、农业采摘机器人、医疗手术机器人、助老助残机器人、建筑机器人、采矿机器人、家用服务机器人、人形机器人、仿生机器人、软体机器人等很多种类。图 1-3 ~ 图 1-11 展示了几种常见的机器人应用类型。

图 1-3 汽车车体喷涂机器人

➡ 汽车车体喷涂机器人通常集成在工业生产线上，采用多轴机械臂的工业机器人单元，手臂有较大运动空间，可做复杂轨迹运动，腕部一般有多个自由度，可灵活运动，并可自动完成漆料喷涂等工作。

➡ 农业机器人能感觉并适应农作物种类或环境变化，具有视觉反馈和智能算法，可适应各种农业作业的自动操作机械，2000 年以后，结合人工智能、机器视觉等新技术，是更加“智慧”的自动化设备。图 1-4 所示的果蔬采摘机器人是我国自主研发的第一台采摘机器人。

图 1-4 苏州博田果蔬采摘机器人

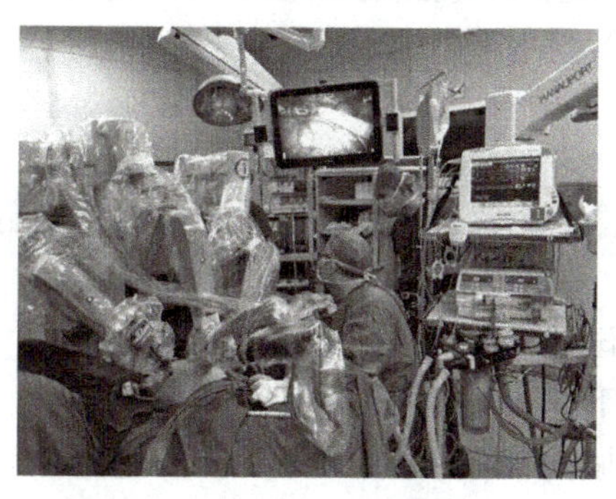

图 1-5 达芬奇医疗手术机器人

➡ 达芬奇医疗手术机器人由麻省理工学院等多家科研院所研究，是使用微创方法实施复杂外科手术的机器人平台。它由外科医生控制台、床旁机械臂系统、成像系统三部分组成，是高级的腹腔镜系统。美国食品药品监督管理局(FDA)已经批准将达芬奇机器人手术系统用于成人和儿童的普外科、胸外科、泌尿外科、妇产科、头颈外科以及心脏手术。

➡ 2019年国际消费电子产品展会上展示了大型仿人服务机器人Walker。主人坐在沙发上说："帮我拿点食物。"Walker听到后走到厨房，打开冰箱拿水，然后再走到吧台旁拿薯片，最后拿着水和薯片走回沙发旁，递给主人。

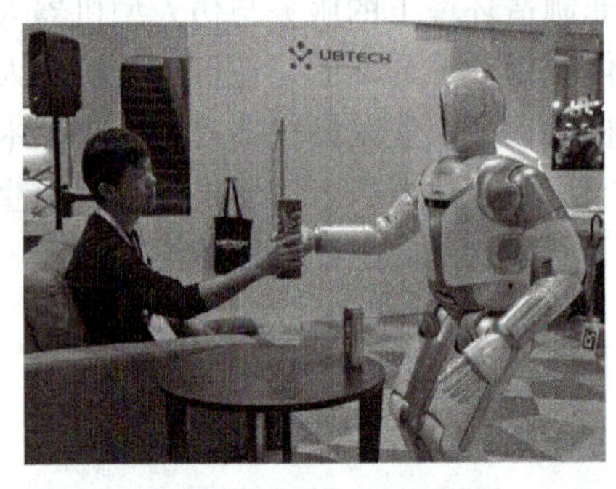

图1-6 大型仿人服务机器人Walker

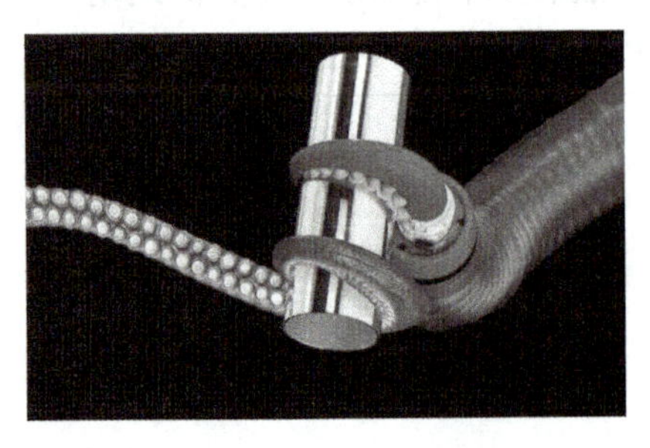

图1-7 2017年德国Festo与北京航空航天大学合作完成软体仿生章鱼触手OctopusGripper

➡ 软体机器人通常利用新型柔软功能材料，比如介电弹性体(DE)、离子聚合物-金属复合材料(IPMC)、形状记忆合金(SMA)、形状记忆聚合物(SMP)等，来模仿自然界蚯蚓、章鱼、水母等各种生物，执行自动化操作和运动。相比传统刚性体机器人，软体机器人可以更加高效、安全地与人类和自然界进行交互。

➡ 日本东京工业大学的Hirose教授1972年开始研制系列蛇形机器人。图1-8中的ACM-R3是最近研究成果，具有多个关节，依靠伺服机构来驱动关节左右摆动。为与地面有效地接触，该机器人的腹部安装了脚轮。其采用完全无线控制的方式，每个关节自带电源。它为三维结构，能够在三维环境中运动和完成复杂三维动作。

图1-8 日本ACM-R3蛇形仿生机器人

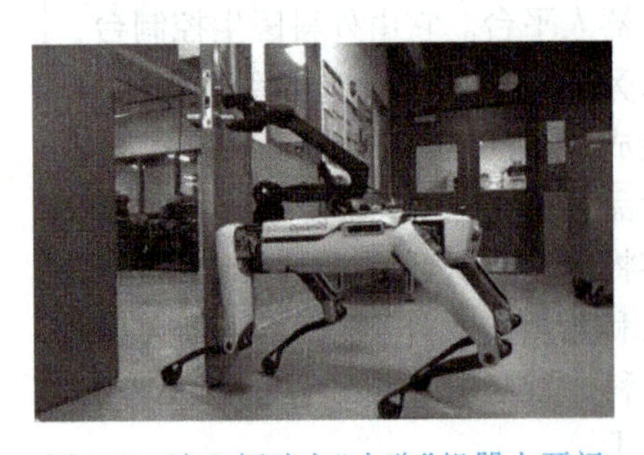

图1-9 波士顿动力"大狗"机器人开门

➡ 波士顿动力(Boston Dynamics)为美国军方研究的一款机器人，通过其身下的四条"铁腿"进行行走，因形似机械狗被命名为"大狗"。经过近10年的完善和发展，2018年，新款小型版"大狗"机器人SpotMini学会了开门。

➡ 水下机器人也称无人遥控潜水器(ROV)，是一种工作于水下的极限作业机器人，已成为开发海洋的重要工具，在水下科学考察、商业应用以及军事任务中扮演重要角色。ROV 主要分有缆和无缆两种，其中有缆遥控潜水器又分为水中自航式、拖航式和能在海底结构物上爬行式三种。

图 1-10　加拿大 Shark Marine 公司新研发的第四代小型水下观察级别的 ROV

图 1-11　第四代 FRIEND 助老助残机器人

➡ 德国不莱梅大学从 2001 年开始至今已成功研发出四代家用轮椅机械臂式助老助残机器人(FRIEND 系列)。图 1-11 为第四代 FRIEND，可将应用场景从日常生活扩展到图书馆，借助摄像头完成对图书从书架上抓取，转移到书本支架上，然后抓取放回书架等一系列动作，从而让用户在机器人的帮助下重新获得工作的能力。

1.1.3　机器人结构与组成

上一节所介绍的机器人虽然各不相同，但如果把机器人和人来类比，会发现机器人系统与人有很多相似之处。

机器人系统主要由机械部分、感知部分、控制部分三大部分组成。如图 1-12 所示，其中机械部分相当于人的身躯、四肢和肌肉，感知部分相当于人的视觉、听觉、触觉和其他感觉器官，控制系统相当于人的大脑。

人要想完成工作与行动，需要眼睛、耳朵等各种感觉器官观察环境，还会通过语言、视觉等与别人交流，接收指令。这些外在、内在的信息输入大脑，大脑通过判断分析，再控制四肢与躯体完成相应的动作。与人完成工作类似，机器人要完成任务，也需要感知周围环境、判断和思考，然后发送指令给机械部分的执行机构，完成既定的任务。

1. 机械部分

机器人系统的机械部分主要包括机身、移动机构、手臂、末端执行器、驱动和传动机构等。有些机器人不需要具备移动功能，主要通过机械臂完成操作功能。机械手臂一般由上臂、下臂、手腕及安装在其上的手爪或末端执行器等组成。手爪根据手指数目不同一般分为两指、三指或者多手指手爪；末端执行器一般为焊枪、喷漆枪、吸盘等作业工具。若机器人

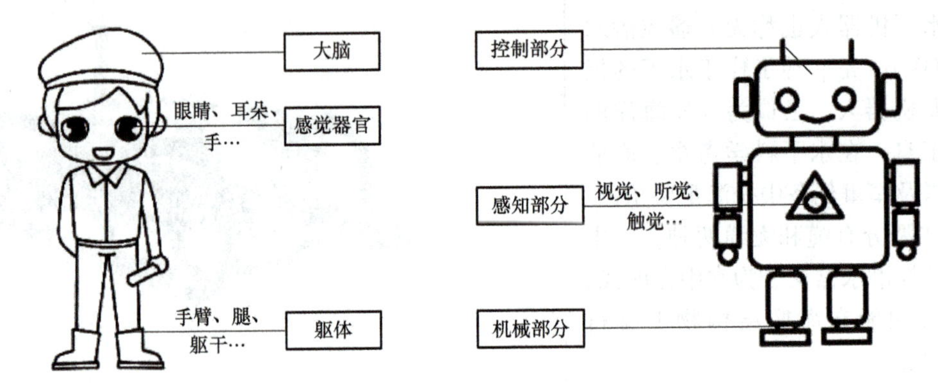

图 1-12　机器人系统结构示意图

具备移动机构，则构成移动机器人。移动机器人的移动机构形态主要有车轮式、腿足式、履带式、步进移动式、蠕动式、混合移动式、蛇形式等多种类型。

机器人驱动系统主要负责为机械系统提供动力，其驱动方式分为电气驱动、液压驱动、气压驱动和新型驱动等。其中，电气驱动是目前机器人使用最多的一种驱动方式，常用的电气驱动元件为驱动电动机，比如步进电动机、直流伺服电动机、交流伺服电动机等。电气驱动特点是环境污染小、运动精度高、电源取用方便、响应速度快、信号检测处理方便、控制方式灵活。液压驱动的机器人驱动能力强、抓取力大，具备机械传动平稳、防爆性好的特点，但是液压驱动机器人对密封性能要求高，且不宜在高、低温环境工作。气压驱动机器人主要通过空气压缩机提供的压缩空气来提供动力源，常用驱动元件有直线气缸、气动旋转马达等。气压驱动机器人的特点是结构简单、动作迅速、价格低，但由于空气的可压缩性，所以其一般工作速度的稳定性差、抓取力较小。

机器人的传动机构与通用机械一样，主要用来把驱动元件的运动传递到关节和执行器动作部位，比如齿轮传动、丝杠传动、带传动、链传动、连杆及凸轮传动等。

2. 感知部分

人类和动物等生物无时无刻不在感知环境和自身，这样才能在这个环境复杂的世界里生存和生活。这种感知有时是针对外部环境的，有时是针对自身状态的。例如，人们一觉醒来就能感觉到四肢的位置，不必特意留心胳膊和腿的位置，这就是对自身状态的感知；人们出门办事，穿过房门时不会撞到门框，那是因为看到了门的位置和尺寸，大脑接收这些信息后，会控制身体从门下经过，这就是对外部环境的感知。要想具备这些感知能力，人需要具备多层次的健康功能。首先，需要具备感觉功能，眼睛、耳朵等感觉器官没有器质性病变，能够感受到外部和自身信息；其次，需要具备健康的神经系统，例如，视神经将视网膜接收的图像信息传送到大脑，这样才能进行分析和处理，而面瘫的病人无法控制面部肌肉和表情，是因为面部神经发炎，无法将大脑指令传递到面部肌肉；最后，人还需要有一个精神健康的大脑，才能正确利用感知到的环境信息，例如，有的精神障碍病人虽然拥有健康的眼睛和耳朵，但是他却经常以为自己看到了怪物，听到了别人听不见的声音，不能正常交流。可见，人类感知环境，离不开基本的感觉器官、神经系统与大脑正确分析的综合作用。

同理，在机器人中，广义的感知系统与人的感觉类似，相当于人的五官和神经系统，应该能够检测环境信息，同时调理与传递、估计与理解检测到的信息。能够检测环境信息的器件称为传感器。这些传感器在功能上与人类感觉器官类似，可以实现视觉、触觉等感觉。为了将机器人各种内部状态信息和环境信息转变为机器人自身或者机器人之间能够理解的数据、信息或者知识，感知系统通常由多种传感器组成，通过这些传感器采集各种信息，然后采取适当方法将多个传感器获取的信息综合处理，以便控制机器人进行智能作业。机器人的感知系统可以看作机器人获取外部环境信息及进行内部反馈控制的工具。

3. 控制部分

控制系统相当于机器人的“大脑”，可根据接收的任务指令以及从感知系统反馈回来的信号，控制机器人的执行机构去完成规定的运动和功能。与通用自动化机械类似，如果机器人不通过感知系统反馈信息，则为开环控制系统；如果机器人能够反馈信息，则为闭环控制系统。根据控制原理的不同，控制系统可分为程序控制系统、适应性控制系统和人工智能控制系统。根据控制运动的形式的不同，控制系统可分为点位控制和连续轨迹控制等。

对于一个高度智能的机器人，它的控制系统一般包括任务规划、动作规划、轨迹规划和基于模型的伺服控制等多个层次。如图 1-13 所示，机器人通过人机接口接收操作者指令，并且通过指令理解环节将指令理解为机器人可以实现的任务，这是任务规划；而一个任务又可以分解为几个动作，如何合理地分解为子动作，这是动作规划的内容；然后为实现这一系列的动作，机器人需要对每个关节的运动进行设计，这是机器人轨迹规划的内容。实际执行时各个关节的期望位置或者速度作为期望目标输入关节电动机的伺服控制模块，实现机器人按照既定轨迹运动。实际的机器人系统，不一定包括上述所有组成部分及功能。例如，目前的工业机器人，其任务规划和动作规划可能是由操作者来完成的。操作者事先拟定好需要完成哪些任务或动作，甚至轨迹也是提前由操作者编程或通过示教方式来实现。目前工业机器人的控制器核心功能主要包括图 1-13 所示的机器人示教、轨迹规划、伺服控制和电流、电压控制等功能模块。

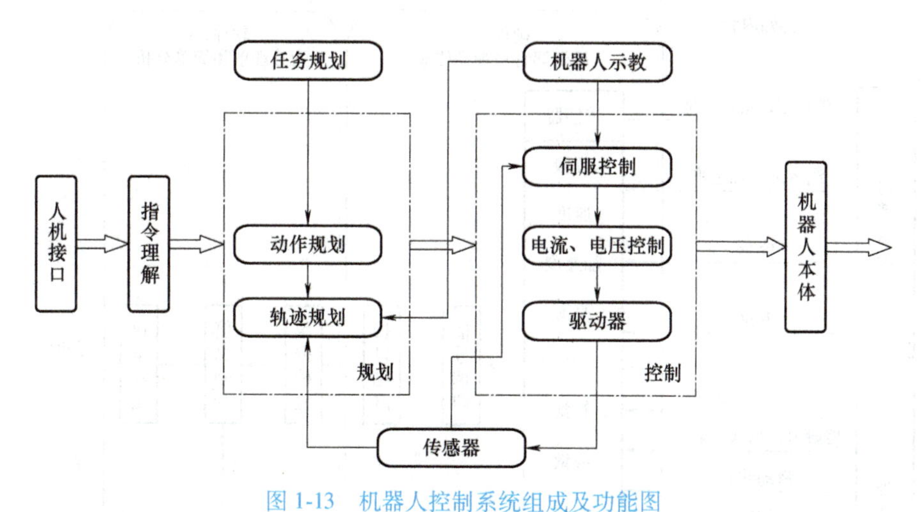

图 1-13　机器人控制系统组成及功能图

1.2　机器人感知系统

1.2.1　机器人感知系统概念与组成

“感知”是什么？百度百科给出的解释为：“感知即意识对内外界信息的觉察、感觉、注意、知觉的一系列过程。感知可分为感觉过程和知觉过程。感觉过程中被感觉的信息包括有机体内部的生理状态、心理活动，也包含外部环境的存在以及存在关系信息。知觉过程对感觉信息进行有组织的处理，对事物存在形式进行理解认识。”感知系统不仅接收信息，感知的结果也受心理作用影响。

与此类似，机器人感知广义上可理解为机器人对自身和环境的智能感知，即机器人能够利用传感器检测自身位姿、运动状态以及周围环境，并提取其中有效的特征信息进行分析与建模，表达自身状态与环境信息。感知系统包含两个层次的功能：一方面，感知系统能够检测到环境信息及内部状态所对应的物理量，这是“感”；另一方面，在检测到物理量后，如何正确构建环境与状态模型，了解正确的状态与所在环境信息，这是“知”。例如，可以通过光学传感器将外界环境的光强度信号捕捉，形成外界环境景象，这是第一层次；在形成外界环境景象后，如何分析景象特点，辨别景象里面有哪些物品，处于什么位置，距离有多远，这是第二层次，即通过感觉知晓更多环境信息。而感知系统更深层次的环境建模、估计与分析，涉及更多的机器人智能行为和算法，其内容包括更为广泛的知识。

近年来，随着脑科学、认知科学以及计算资源的迅速发展，人工智能技术正在从感知层面向认知层面发展。通常称具有认知学习能力的机器人为认知机器人，其更强调对物体和环境的理解和交互能力，通过认知与学习，能够像人脑一样学习、思考、做出决策并实现期望的行为。认知机器人不仅需要具有主动感知、学习和推理物理世界的能力，还具有与人类、环境进行交互，并根据环境的变化做出动态反应的能力。关于认知学习的内容并不包含在本书所述内容当中。

图 1-14 所示为机器人感知系统组成与功能示意图。感知系统最基本的功能是感觉自身状态和环境信息，机器人传感器是实现这一功能的关键器件。所以，目前人们在提到机器人

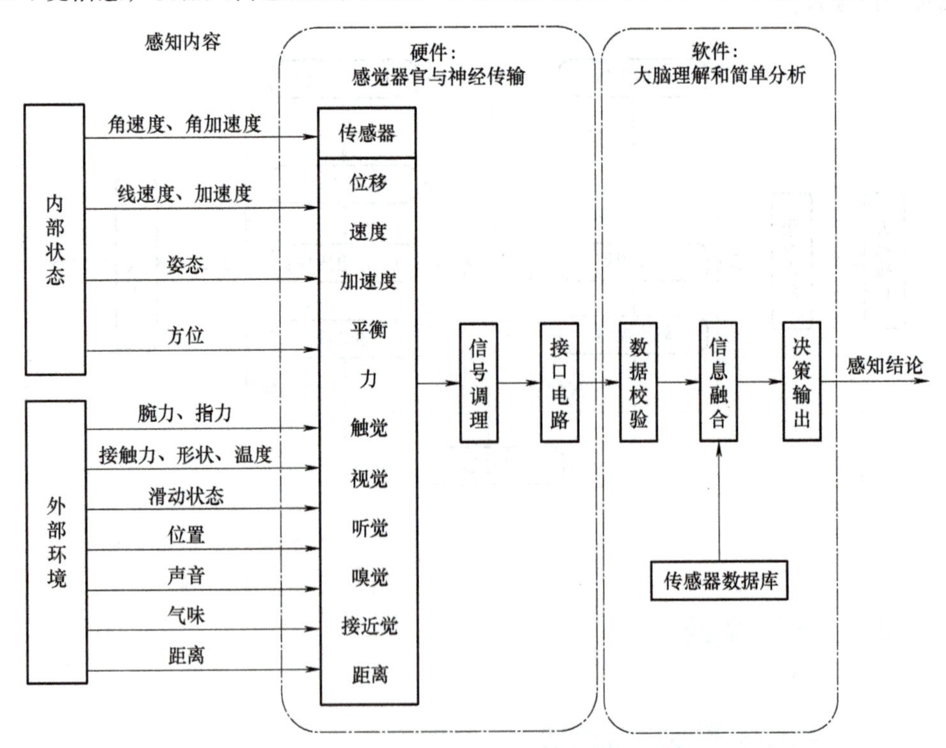

图 1-14　机器人感知系统组成与功能示意图

感知系统时，更多的是指由机器人传感器所构成的这一硬件系统。即更多关注的是机器人如何通过传感器来检测环境信息所对应的物理量，并把对这些物理量的理解转换为与人类感觉类似的基本感觉信息，借由这些感觉信息获取更多环境信息。因此，本书遵从目前更普遍的观点，认为“感”就是指传感器通过敏感元件或者结构变换，感知到被测物理量的变化，并通过对信号调理电路的分析，获得待测物理量或待测参数的大小。“知”是指传感器进一步对信号处理及后续分析，获取关于其自身状态、外部环境信息等方面的知识，为进一步的运动和控制提供决策依据。我们将由各种传感器组成的，可以“感觉”机器人内部状态和外部环境信息的系统称为机器人的感知系统。

常见的机器人的内部状态信息有运动线速度、角速度、加速度、角加速度、方位、姿态等；需要经常检测的外部环境信息有力、触觉、目标位置、形状、声音、气味和距离等。机器人感知系统将这些机器人内部状态信息和外部环境信息转变为机器人系统自身或者机器人之间能够理解的数据、信息和知识。其组成部分包括各种机器人专用传感器、信号调理电路、A/D 转换、处理器构成的硬件部分和传感器识别、校准、信息融合与传感器数据库所构成的软件部分。感知系统的物理组成可能以独立形态存在，也可能在机器人系统中以与其他模块集成在一起的形态存在。通过感知系统，机器人可以了解自身状态，可以与外界沟通，可以了解外部环境信息，以此作为依据进行理解分析和判断，最终得出感知结论，并做出行动。

1.2.2 机器人传感器分类

机器人的传感器是机器人感知系统最重要的组成部分。人类和高等动物都具有丰富的感觉器官，能通过视觉、听觉、味觉、触觉、嗅觉来感受外界刺激，获取环境信息。机器人同样可以通过各种传感器来获取周围的环境信息。传感器是机器人了解外部环境的窗口，机器人依靠传感器才能主动参与外部环境操作。机器人传感器依据传感检测原理，将各种物理量进行转换与检测输出，为机器人判断自身所处环境状态提供数据支持。根据所完成任务的不同，配置的传感器类型和规格也不尽相同，机器人传感器一般分为内部传感器和外部传感器。机器人传感器分类如图 1-15 所示。

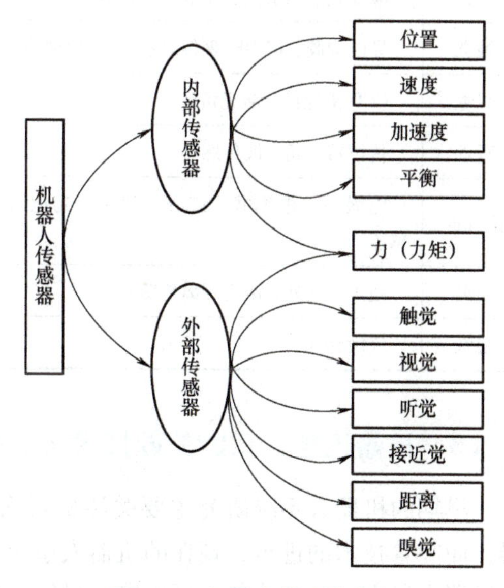

图 1-15 机器人传感器分类

1. 内部传感器

内部传感器以机器人本身的坐标轴来确定其位置，用来感知机器人自己的状态，以调整和控制机器人的行动。内部传感器的检测对象可能是关节线位移、角位移等几何变量，运动速度、加速度等运动参数，或者是机器人倾角、方位等表示平衡与定位的物理量。内部传感器常在控制系统中用作反馈元件，检测机器人自身的状态参数。

2. 外部传感器

外部传感器主要帮助机器人获得关于周围环境、目标物的状态特征信息，便于机器人与环境交互，并且使机器人对环境具有自校正和自适应能力。外部传感器的检测对象可能是机器人周边环境参数，通常与机器人的目标识别、人机交互、安全控制等具体需求相关。例如，根据应用需求不同，视觉传感器可以用来检测操作目标，也可以用来检测障碍物。

内部传感器和外部传感器是根据传感器在系统中的作用来划分的，有些传感器如力传感器，既可以检测内部关节的力或力矩，被用作内部传感器；也可以检测外部接触力，用于测量操作对象或者障碍物的反作用力，被用作外部传感器。

根据传感器信息的来源不同，机器人传感器还可以分为主动传感器与被动传感器两类。主动传感器如激光、声呐等，一般自身发射探测信号，探测信号与目标物体作用后会发生某些变化，通过检测该信号变化得到对象信息；被动传感器如红外摄像机和CCD(电荷耦合器件)摄像机，可通过感受物体发出或反射的电磁波得到对象信息。

对于一个机器人感知系统，不一定需要配置所有类型的感觉传感器，可以根据其应用需求和实际检测参数特点来选择和设计感知系统。表1-1所示为搭建机器人各种感觉所需要的传感器及其应用。

表1-1 机器人传感器分类与应用

传感器	检测元器件	应用举例
位置	光电开关、限位开关	工业机器人运动平台限位与规定位置检测
速度	光电编码器、测速发电机	轮式机器人里程计算；机械臂关节转动及操作控制
加速度	应变式、微电容、压电式、压阻式加速度计	振动控制与飞行加速度控制
平衡	陀螺仪、惯性传感器组、GPS(全球定位系统)	移动机器人空间定位与导航；飞行机器人姿态控制
力	应变式、压阻式、压电式传感器	腕力、指力控制；柔性转配
触觉	导电橡胶、PVDF(聚偏氟乙烯)压电薄膜、光纤	抓取判断防止冲击、抓取物体轮廓与材质识别
视觉	CCD摄像机、激光雷达	目标识别、定位、导航
听觉	传声器、超声波传感器	语音识别与交互
接近觉	电涡流、电容式、红外、超声、光电接近传感器	避障、探索与轨迹控制
距离	超声、红外、激光距离传感器	障碍物定位、自身标的物定位
嗅觉	气敏元件	嗅觉定位、导航

1.2.3 机器人感知系统关键技术与发展趋势

早期的机器人系统研究主要关注机器人的硬件性能，机器人相当于自动化程度高的机器，而随着技术的进步，现在的机器人系统研究更多地向智慧、智能方向延伸与发展。过去的机器人研究中，减速器、伺服电动机等是机器人的核心部件，而未来机器人研究中，感知系统也将会是新型的核心部件，其标准化和模块化也是未来发展的需求。

构建机器人感知系统的硬件基础是传感器，因此传感器技术从根本上决定着机器人环境感知技术的发展。而且，随着机器人应用向家居服务、智慧农业等领域延伸，对机器人在非结构化环境下的操作能力要求不断提高，机器人系统可能配置多种类型的传感器，比如视觉传感器、听觉传感器、触觉传感器等。将声音、视觉、嗅觉、触觉等多种感知系统技术加入到未来的机器人中，利用多传感器融合技术强化在非结构环境下的感知适应能力，也是未来机器人产业发展面临的新课题。综上所述，机器人感知技术发展主要涉及以下三个方面。

1. 传感器技术发展的集成化、多功能化、智能化、网络化

随着半导体集成化工艺的不断发展，传感器呈现出集成化、多功能化、智能化、网络化的发展趋势。

传感器采集到的数据需要被放大、运算或补偿等，若每个环节都采用独立系统去处理，则传感器的体积较大，不易被接受，所以传感器的集成化是发展的趋势。将传感器技术与大规模集成电路技术相结合，在制造过程中运用半导体集成化工艺，有助于提高传感器性能，降低传感器体积和成本。霍尔集成传感器、磁阻传感器等都是传感器集成化的体现。

传感器的多功能化则提高了传感器的可靠性和稳定性，使传感器的体积更小、成本更低。例如，飞行机器人需要测量多个方向速度、加速度等信息。目前已有基于 MEMS（微机电系统）技术的多轴惯性测量芯片，可至少包含 3 个单轴的加速度计和 3 个单轴的陀螺，可以同时测量 3 个线速度、3 个角速度和 3 个角加速度，甚至还可以有全球定位功能。

传感器的智能化可使传感器具有更多前端数据处理功能。相比于普通传感器，智能传感器通常与微处理器相结合，拥有数据采集、处理、信息交换等能力，可通过软件提高信息采集精度，并按照程序指令处理、分析这些数据，功能更加强大。

传感器的网络化是指能够将各种机器人传感器连接到计算机网络上，并通过网络对机器人进行有效控制。目前，传感器网络各节点信息传输，已经从最初的点对点传输发展为无线通信传输。无线传感器网络是新一代的传感器网络，无线传感器网络技术的不断发展，使得群机器人之间的通信、协调与控制更加方便。

2. 机器人多传感器信息融合技术

机器人与人类相似，有时仅靠单一传感器检测的信息，不能完全准确地感知环境信息，而是需要综合多个传感器的信息，通过分析处理获得想要了解的信息，从而综合判断并做出正确决策。多传感器信息融合技术就是将不同时间、不同传感器器件采集到的同类或者不同类信息，基于一定的算法进行综合分析和判断，获得想要的环境信息描述结果的过程。在多传感器信息融合系统中，硬件基础是多个传感器，其搜集的信息是数据融合的对象；融合算法是信息融合系统的关键，决定系统融合的性能。未来，多传感器信息融合技术将会是机器人感知系统的关键技术，传感器融合能够充分利用多种传感器资源，合理使用多种观测信息，建立更加贴合实际的环境模型，使机器人具备更加准确的环境信息探测能力，这可以进一步增强机器人的适应能力，扩展工作范围并提高工作效率。

3. 机器人感知系统标准化与规范化

目前，机器人感知系统涉及越来越多的传感器，其涉及的接口和技术越来越多样化，了解系统各个层面的工作是一件复杂的事情，标准化与规范化有助于快速进行感知系统集成。

以机器人感知系统接口为例，其形式各异，目前尚无统一的标准，输出信号格式不一致；传感器的生产与工业应用脱节，很多公司关注二次仪表的开发，针对不同的应用需要开发出不同的接口。这使得传感器的生产厂家、中间集成商以及最终用户，都面临重复投入的问题。企业通常在一定的标准上采用私有协议，传感器与执行器之间无法实现自动识别、互操作以及即插即用等功能。

因此，针对机器人感知系统各种检测信号，制定出一般性规范，使机器人自身各个模块之

间或者机器人与机器人之间能够更加快速地理解和应用这些数据、信息和知识，是非常有必要的。近年来，数字整合的需求日益增长，对机器人感知系统的开放性和互操作性的呼声也越来越高。因此，有必要进一步加强机器人感知系统的标准化工作，主要体现在以下方面：

1）仿人与服务机器人智能化程度要求越来越高，为提升机器人感知能力，所需要的传感器种类越来越多，对可重用与互换的要求迫在眉睫。

2）企业对现场总线的标准各自为政，需要统一的通信协议来约束，方便用户的操作。

3）在国家的战略需求方面，国内机器人及传感器产业现状迫切需要制订相应的标准，实现工业化级别的规模生产，降低制造成本。

本章小结

本章首先介绍了机器人技术发展的历史和基本概念，接下来展示了机器人的分类及几种典型的机器人应用类型，然后剖析了机器人系统，其主要由机械部分、感知部分和控制部分组成，并引出其中重要的部分即机器人感知系统。在此基础上，详细介绍了机器人感知系统的概念与组成、机器人传感器分类以及机器人感知系统未来发展方向等内容。

思考题与习题

1-1 机器人发展大体经历了哪些阶段？

1-2 简述机器人的定义与结构组成。

1-3 机器人感知系统由哪些部分组成？

1-4 试描述机器人传感器的分类。

学习拓展

请查阅文献，试着了解一款机器人，并分析其各部分结构组成与功能。

第2章 传感器基本知识

导读

机器人若要构建各种内部和外部感觉，前提是搭建各种传感器系统，通过对基本物理量的测量，转换推理后得到自身的运动速度和状态，外部障碍或目标的位置、距离、力与接触状态等信息，为后续运动或者操作规划提供决策信息。因此，本章将介绍关于传感器的基本知识，并讲解常见传感器敏感元件的工作原理、相关器件以及检测电路，最后介绍智能传感器的相关概念和知识。

本章知识点

- 传感器定义、组成与分类
- 传感器的静态特性与动态特性
- 电阻式、电容式、电感式、压电式、光电式、热电式、磁电式等传感器工作原理
- 了解智能传感器相关概念和知识

2.1 传感器基本概念

2.1.1 传感器的定义

根据 GB/T 7665—2005《传感器通用术语》，传感器被定义为能感受被测量并按照一定的规律转换成可用输出信号的器件或者装置，通常由敏感元件和转换元件组成。敏感元件主要用于感受或响应被测量；转换元件负责将敏感元件的微弱响应信号转换成适合传输或测量的信号。而且，为了后续使用方便，目前绝大多数传感器最终也会将输出信号转换以及调理成电信号的形式。

这一定义包含以下几方面的含义：

1）传感器是一种测量设备，能够很好地完成检测任务。

2）其输入量是某一种被测量，可能是物理量、生物量、化学量或其他量等。

3）其输出量是某种可用的信号，这种信号应便于传输、转换、处理、显示等，输出量主要是电物理量，但也可以是气压、发光强度等物理量。

4）输入与输出之间有确定的对应关系，且能达到一定的精度。

2.1.2 传感器基本组成

根据传感器的定义，传感器的基本组成可分为两个部分：敏感元件和转换元件，如图 2-1 所示。敏感元件将被测量转换为与其相关的非电量，再由转换元件转换为电信号。通常情况下，仅由敏感元件和转换元件输出的信号较弱，还需要信号调理与辅助电路将其放大与转换，转换成适合进一步传输和后续进一步测量的电信号。例如，将各种电信号转换成电压、电流等便于测量的电信号，或者进一步将信号处理，转换成计算机方便接收的数字化信号等。

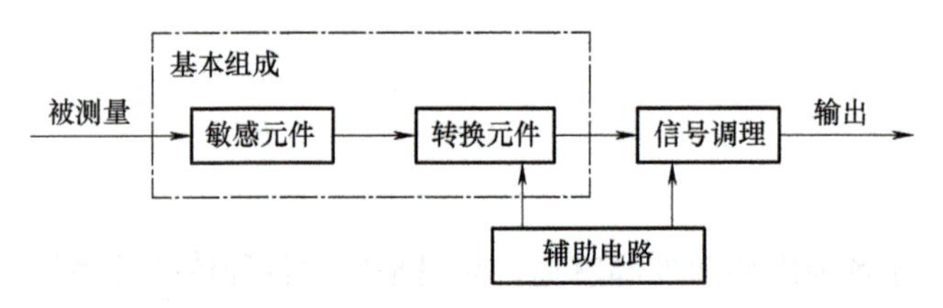

图 2-1 传感器基本组成

此外，值得提出的是，不一定所有的传感器都具备上述结构。例如，有的传感器并不能明显区分敏感元件和转换元件。如半导体气体传感器、湿度传感器、光电器件、压电晶体等可直接将感受到的被测量转换为电信号输出，将敏感元件和转换元件的功能合在一起。市场上的传感器，有的只有基本组成部分，使用时便于集成到特定的传感器系统中，可自行根据需要设计信号处理和转换放大电路；有的将基本组成部分和信号调理部分封装在一起，构成标准传感器产品；也有的传感器产品配备后续的信号调理、放大、显示等更加复杂和丰富的后端信号处理模块，可供实验室测试和分析使用。

对于机器人系统来说，人们可以利用丰富的传感器器件进行内部和外部机器人感觉系统的构建。有时人们可以使用通用的单一传感器产品来检测机器人感觉，例如，可通过某一热敏传感器检测环境温度，形成机器人热觉感受。有时人们需要将多种传感器敏感元件进行合理的设计、组合和结构转换，形成对机器人感觉的测量，用于机器人感知系统的搭建，例如，用于搭建机器人视觉系统的摄像机，可能集成了由许多光敏器件阵列构成的图像传感器和其他信号调理、分析的处理器等部分。随着传感器技术和器件的发展，机器人传感器的性能不断完善和提高。机器人传感器是传感器技术在机器人系统中的应用与集成。为了更好地了解机器人传感器、构建机器人感知系统，有必要了解关于传感器的基本原理和知识。

2.1.3 传感器分类

如图 2-2 所示，传感器可根据输入量、输出量、工作原理、基本效应、能量变换关系、尺寸大小以及存在形式等进行分类。

1. 按传感器的输入量进行分类

这是在考虑传感器应用场合时经常使用的一种分类方法，即根据被测量的基本物理量来进行分类，如位移传感器、速度传感器、温度传感器、压力传感器等。

2. 按传感器的输出量进行分类

根据输出量的形式进行传感器分类，可分为模拟式传感器和数字式传感器。模拟式传感器输出量为模拟信号，如电流、电压等；数字式传感器输出量为数字信号，如编码、脉冲

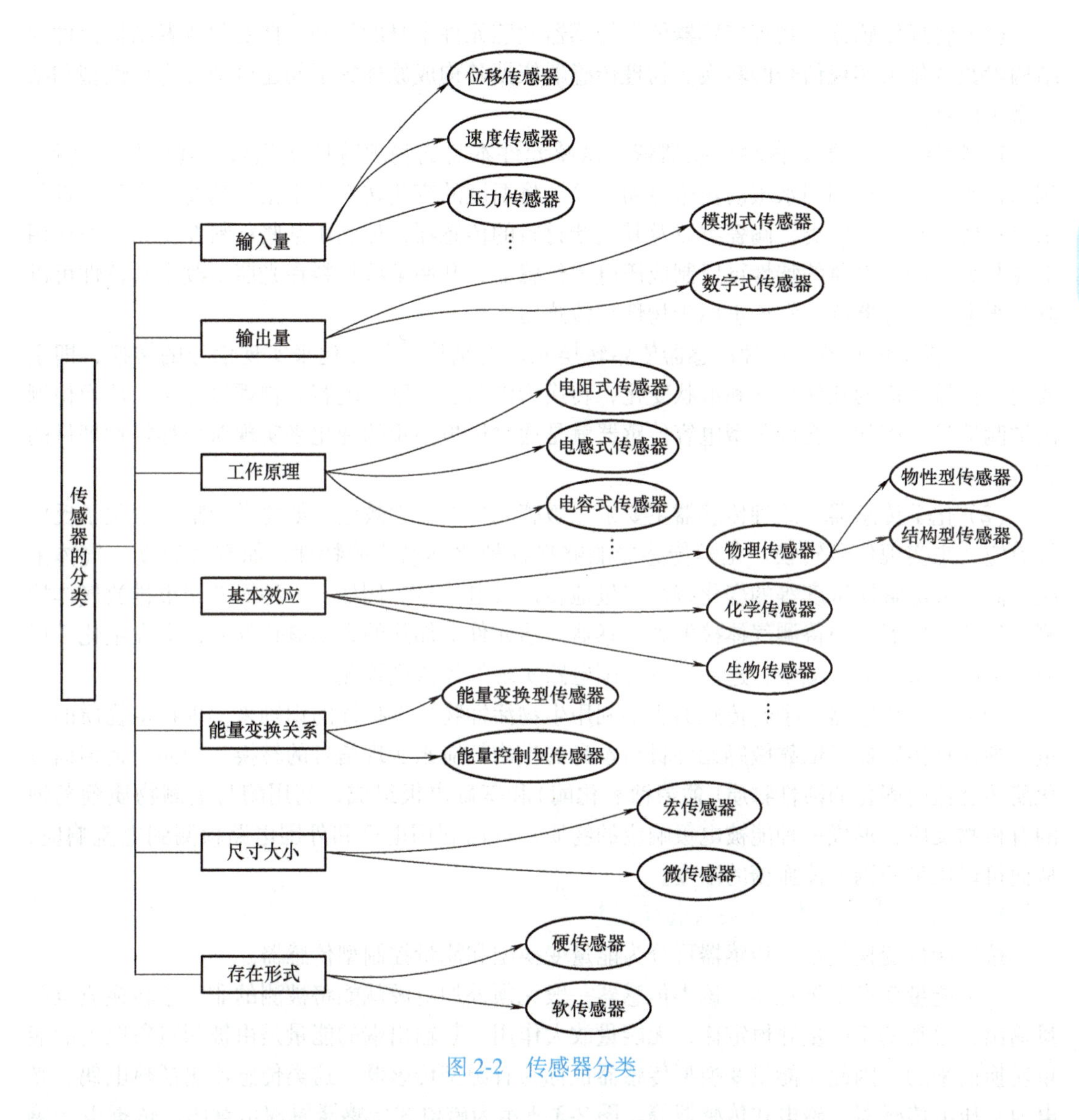

图 2-2　传感器分类

等。在机器人系统中，传感器信号需要反馈给控制器进行后续分析与决策。数字式传感器输出的数字信号更方便信号的读入与处理。模拟式传感器的信号，需要经过 A/D 转换器转换成数字信号后，再由接口电路传送给处理器。目前，市场上也有专用的数据采集卡或数据采集仪，用来采集各种传感器数据，其可以将各种模拟量数据或数字量数据转换成机器人处理器可以识别和接收的信号。

3. 按传感器的工作原理进行分类

传感器可通过某些物理定律和效应、半导体理论或者化学原理等，来实现被测量的检测和转换。有时可根据工作原理的不同来进行传感器命名和分类，如电阻式传感器、电感式传感器、电容式传感器、光电式传感器等。

4. 按传感器的基本效应进行分类

根据传感器敏感元件检测被测量时所依据的基本效应进行分类，可以将传感器分为物理传感器、化学传感器和生物传感器等。

(1) 物理传感器　物理传感器依靠传感器敏感元件本身的物理特性变化或者结构元件的结构参数变化来实现信号的转换。物理传感器依据其构成原理的不同还可细分为物性型和结构型传感器。

1) 物性型传感器。该种传感器依靠敏感元件本身的物理特性变化来实现信号的转换。例如，水银温度计利用水银的热胀冷缩现象，将温度的变化转变为水银柱的高低变化。近年来出现的一些半导体类、陶瓷类以及其他新材料的传感器，如利用某些材料在受到压力作用下在其表面产生电荷的特性可以制成压电式传感器，利用某些材料在光照下改变其特性可以制成光电式传感器等，它们也属于物性型传感器。

2) 结构型传感器。该种传感器依靠转换元件的结构参数变化来实现信号的转换，即主要通过机械结构的几何尺寸和形状变化，转换为电阻、电感、电容等物理量变化，从而检测出被测信号。例如，变极距型电容传感器就是通过极板间距的变化来实现对位移等物理量的测量。

(2) 化学传感器　该种传感器主要依靠敏感元件的化学效应，如化学吸附、电化学反应等效应，来实现信号转换。化学传感器能够将各种化学物质的特性，如空气湿度、气体浓度、离子或电解质浓度等的变化特性定量地转换成电信号。例如，一种面向城市排放气体检测的气体传感器，当待测气体接触到传感器敏感元件上加热的金属氧化物时，会发生化学反应使电阻值增大或者减小，进而通过外围电路实现气体浓度检测。

(3) 生物传感器　生物传感器主要利用生物活性物质选择性的识别来实现特定物质的测量，即该种传感器可依靠敏感元件材料本身的生物效应来实现信号的转换。例如，葡萄糖氧化酶传感器由固化的活性物质(葡萄糖氧化酶)和基础电极组成，利用酶与被测物质葡萄糖的有机物反应，形成一种能被电极响应的物质，进而利用电极和外围电路检测到电流响应，从而可以用来检测人体血糖的浓度。

5. 按传感器的能量变换关系进行分类

按照能量变换关系，传感器可分为能量变换型和能量控制型传感器。

(1) 能量变换型传感器　该类传感器一般无须外加电源就能将被测的非电量转换成电能量输出，通常基于能量守恒定律，无能量放大作用。其输出端的能量是由被测对象取出的能量转换而来的。因此，能量变换型传感器也称为有源型传感器。这类传感器包括热电偶、光电池、压电传感器、磁电式传感器等。图 2-3 所示为磁电式传感器原理示意图，依据电磁感应定律，线圈两端的电势与通过线圈的磁场变化有关，而磁场变化又与永久磁铁与动铁心的间距变化有关，这样无须外部电源，就可以将距离变化转换为电信号。

(2) 能量控制型传感器　该类传感器自身不变换能量，其输出电量由外加电源供给。但其可以根据被测量的信号幅度来调整供给传感器的电源能量，并将电压或电流作为与被测量相对应的输出信号。能量控制型传感器的特点是通过带外电源的转换电路，才能获得有用的电量输出。所以，能量控制型传感器也称为无源型(外源型)传感器。而且，该类传感器输出的电能量可以大于输入的非电能量，具有一定的能量放大作用。这种类型的传感器有电阻式、电感式、电容式、霍尔式和某些光电式等传感器。

6. 按传感器的尺寸大小进行分类

根据尺寸大小一般可将传感器分为宏传感器和微传感器。传统传感器尺寸较大，称为宏传感器；利用微机电系统(Micro Electro Mechanical System，MEMS)相关技术和微纳加工技术等可加工出一类尺寸很小的新型传感器，称为微传感器。图 2-4 所示为某公司生产的用于汽车防撞和节油的微型加速度传感器。其核心芯片全部结构和外围电路全部刻蚀在一小片硅片上，尺寸很小，还没有手指尖大。

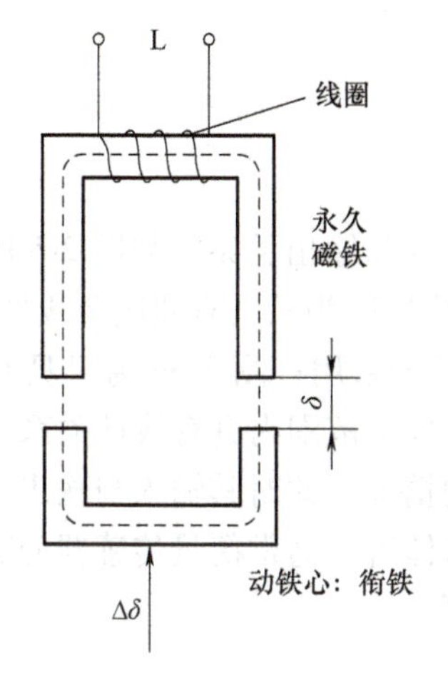

图 2-3　磁电式传感器原理示意图

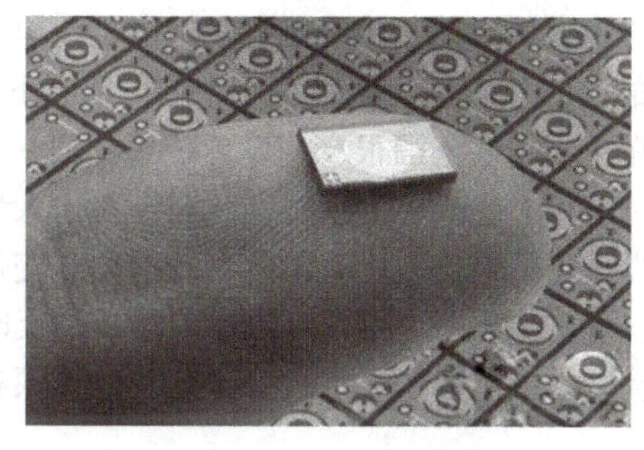

图 2-4　微型加速度传感器

7. 按传感器的存在形式进行分类

按传感器的存在形式可将其分为硬传感器和软传感器(或称软仪表)。传统的传感器主要以实物(硬件)形式存在，称为硬传感器。随着感知领域信息技术的发展，出现了一类以纯软件实现、具有检测功能的新型传感器感知系统，它以计算资源为平台，以虚拟的形式，一般为软件形式存在，称为软传感器。软传感器是一种软件模型，可基于实时过程数据预测过程值。当某些变量由于受到可靠性或成本限制，很难用物理设备对其测量时，软传感器能实现对这些变量的虚拟测量。而且，软件模型测量结果的产生时间较短，甚至可将原本几小时的测量时间缩短到几分钟。例如，一种名为 Plant PAx Model Builder 的罗克韦尔公司的模型创建器，其能够实现实时监视和预测工作过程关键特性是否到达峰值性能，该结果可帮助用户提高生产效率，减少生产的波动和资源的浪费，提高盈利能力。

2.2　传感器特性与指标

传感器的基本特性是指传感器的输入与输出关系特性，是传感器内部结构参数作用关系的外在表现。传感器所测量的输入量形式有很多，但可以基本分为两大类：稳态和动态。稳态信号也称为静态或准静态信号，就是被测量不随时间变化或者变化很缓慢的量；动态信号是指周期变化或者瞬态信号，是指被测量随时间变化而变化的量。而传感器的基本功能就是要保证尽量准确地反映被测输入量的状态，也就是说传感器的输出量要及时跟随与反映输入量的变化。传感器针对稳态和动态信号所表现出来的输入与输出特性可能不同，分为静态特性和动态特性。

2.2.1　传感器静态特性与指标

传感器的静态特性是指它在稳态信号输入时的输入与输出关系。传感器的静态模型可用式(2-1)表示：

$$y=a_0+a_1x+a_2x^2+\cdots+a_nx^n \tag{2-1}$$

式中　x——输入量；

y——输出量；

a_0——零位输出；

a_1——传感器的线性灵敏度；

$a_2,\cdots,a_n$——非线性项待定常数。

对应不同的模型参数，传感器会表现出不一样的输入与输出关系，如图 2-5 所示。其中图 2-5a 表示的是线性特性，通常存在于理想情况下；图 2-5b 为只具有偶次非线性项的模型，其不存在对称性，线性范围很窄，设计传感器时一般很少采用；图 2-5c 为只具有奇次非线性项的模型，其相对坐标原点呈对称状态，在输入量 x 较大范围内具有线性关系。传感器的静态特性曲线描述了输出量随着输入量的增加而变化的情况，此时其输入与输出关系式中不含时间变量，是传感器稳态情况下输出对输入的反映与体现。通常衡量传感器静态特性的指标有线性度、灵敏度、分辨率、迟滞、重复性和漂移等。

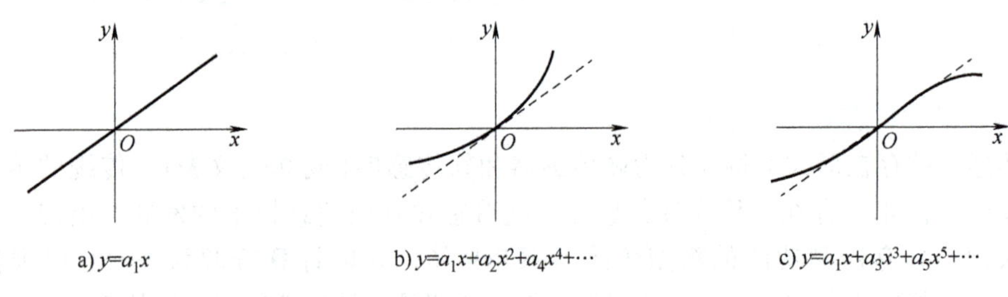

a) $y=a_1x$　　b) $y=a_1x+a_2x^2+a_4x^4+\cdots$　　c) $y=a_1x+a_3x^3+a_5x^5+\cdots$

图 2-5　传感器输入-输出特性曲线

1. 线性度

线性度是指传感器输入与输出呈线性关系的程度。理想情况下，传感器的输入与输出响应是线性的。但通常情况下，传感器的实际静态特性输出是条曲线而非直线，如图 2-6 所示。在实际应用中，为使传感器具有均匀刻度的读数，常用一条拟合直线近似地代表实际的特性曲线，评价其近似程度的性能指标就称为线性度(或者叫非线性误差)。这个选取直线的过程称为传感器非线性特性的“线性化”。

在规定条件下，传感器实际特性曲线与拟合直线间的最大非线性绝对误差与满量程输出的百分比，称为线性度，可用式(2-2)计算：

$$\gamma_L=\pm\frac{\Delta L_{max}}{Y_{FS}}\times100\% \tag{2-2}$$

式中　γ_L——线性度；

ΔL_{max}——最大非线性绝对误差；

Y_{FS}——满量程输出。

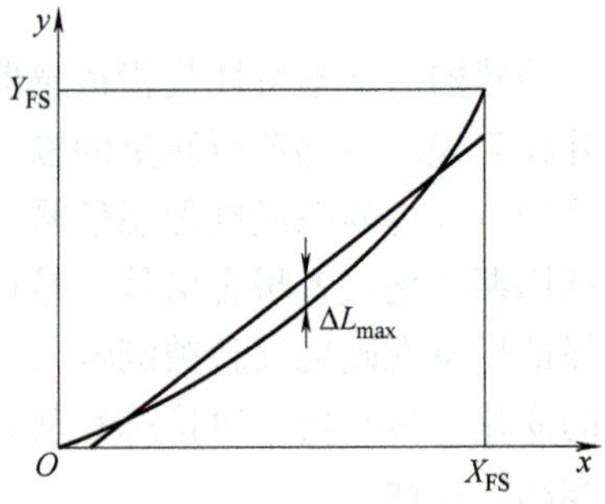

图 2-6　输入-输出特性线性化示意图

具有良好线性化静态特性的传感器，可以大大简化分析计算，使处理数据变得很方便，使制作、安装、调试变得很容易，避免非线性补偿。拟合直线的选取有多种方法(见表 2-1)。例如，一种常用的方法是将与特性曲线上各点残差的平方和最小的理论直线作为拟合直线，此拟合直线称为最小二乘法拟合直线。

表 2-1　常见传感器线性化方法比较

序号	方法名称	拟合直线获取	特点
1	理论直线法	理论特性曲线，与测量值无关	简单、方便，非线性误差大
2	端点线法	特性曲线端点连线	简单，非线性误差大
3	“最佳直线”法	与正、反行程特性曲线的正、负偏差相等且最小	精度高，求解复杂
4	最小二乘法	与特性曲线的残差平方和最小	精度高，普遍推荐的方法
5	硬件线性化法	两只非线性传感器差动法，线性元件和非线性元件的串、并联	实时性好、实现复杂、成本较高

2. 灵敏度

灵敏度是传感器在稳态下输出量变化与输入量变化的比值，可用式(2-3)来计算：

$$S=\frac{\mathrm{d}y}{\mathrm{d}x} \tag{2-3}$$

式中　S——灵敏度；

$\mathrm{d}y$——稳态下输出量变化；

$\mathrm{d}x$——稳态下输入量变化。

对于线性传感器，它的灵敏度就是它的静态特性曲线的斜率，如图 2-7a 所示；而非线性传感器的灵敏度为一个变量，如图 2-7b 所示。

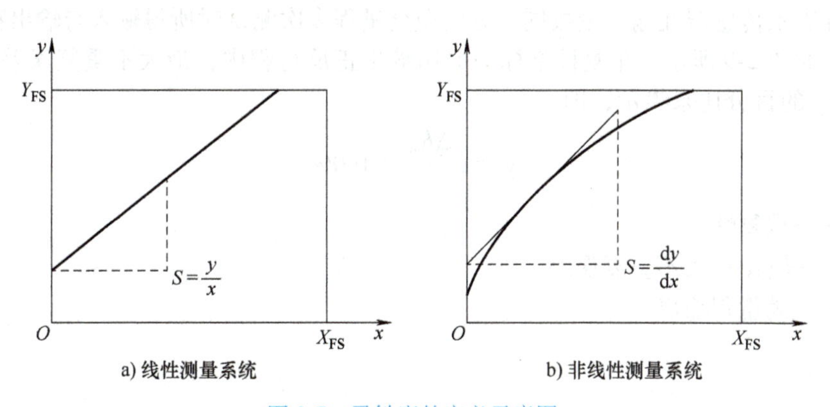

图 2-7　灵敏度的定义示意图

如果一个传感器的灵敏度较高，即使被测量变化比较微小，传感器也会有较大的输出。传感器的灵敏度越高，同样的输出信号范围可以感知更小范围的输入量变换。但传感器灵敏度提高时，与测量信号无关的外界噪声也容易被放大。通常用拟合直线的斜率表示传感器的平均灵敏度，一般希望传感器灵敏度高且在满量程内恒定。传感器的灵敏度应根据被测量大小而定，灵敏度和量程是紧密相关的，不应脱离量程单纯看灵敏度。传感器的量程是指传感器在一定的非线性误差范围内所能测量的最大测量值。通常传感器灵敏度越高，其测量范围越小；反之，传感器灵敏度越低，其测量范围越大。

3. 分辨率

分辨率是指传感器能够感知或检测到的最小输入信号增量，反映传感器能够感受到被测量微小变化的能力。例如，某传感器输入量从某一数值开始缓慢地变化，当输入变化值未超过某一阈值时，传感器的输出不会发生变化，即传感器对此输入量的变化是分辨不出来的。只有当输入量的变化超过分辨率时，其输出才会发生变化。可以用这一变化增量的绝对值或增量与满量程的百分比来表示分辨率。对于模拟式传感器，分辨率通常为最小刻度值的一半。对于数字式传感器，分辨率通常取决于 A/D 转换器的位数，可用最后一位的一个字表示。例如，某压力传感器能够检测 0~100N 的压力，在这一范围内，可以将压力值转变为 0~5V 电压变化值，接下来再经过 10 位 A/D 转换接口变化成数字量供处理器读取。那么分辨率为 $1/2^{10}$，表示能够检测到的输入信号增量为输入量程的 $1/2^{10}$。

4. 迟滞

迟滞是指在相同测量条件下，针对同一大小的输入信号，传感器在输入量从小到大变化到该值（正行程），与从大到小变化到该值（反行程）时，输出信号大小不相等的现象。迟滞特性反映了传感器正反行程期间输入与输出信号不重合的程度。迟滞也称为回程误差。迟滞大小一般可通过实验方法来确定，如图 2-8 所示，可用正反行程的最大输出差值与满量程输出的百分比来表示，即

$$\gamma_{H}=\pm\frac{\Delta H_{max}}{Y_{FS}}\times100\% \tag{2-4}$$

式中　γ_{H}——迟滞；

ΔH_{max}——正反行程的最大输出差值；

Y_{FS}——满量程输出。

5. 重复性

重复性表示传感器在输入量按同一方向做全量程多次测试时所得输入与输出特性曲线一致的程度，如图 2-9 所示。重复性指标一般用输出正反行程中，最大不重复误差 ΔR_{max} 与满量程输出 Y_{FS} 的百分比来表示，即

$$\gamma_{R}=\pm\frac{\Delta R_{max}}{Y_{FS}}\times100\% \tag{2-5}$$

式中　γ_{R}——重复性；

ΔR_{max}——输出最大不重复误差；

Y_{FS}——满量程输出。

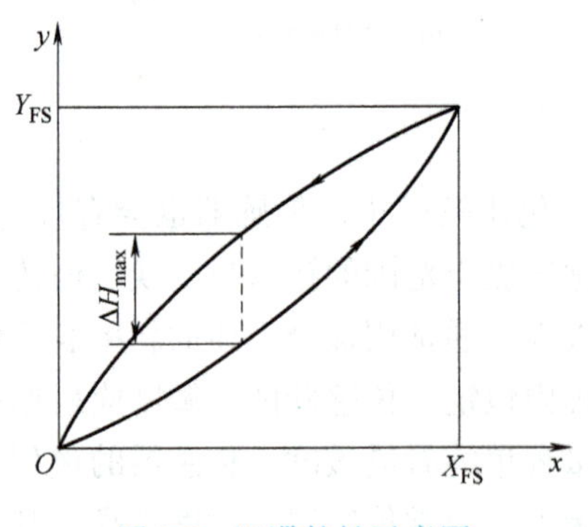

图 2-8　迟滞特性示意图

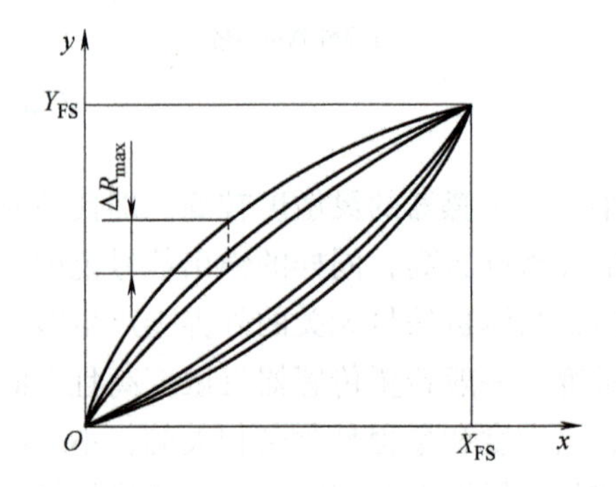

图 2-9　重复性定义示意图

6. 漂移

漂移是指传感器在输入条件不变的情况下，输出随时间或者温度而变化的现象。漂移产

生的原因一般有两个：一是传感器自身结构参数发生老化，二是传感器使用过程中周围环境，如温度、压力、湿度等发生变化。漂移一般包含时间漂移(时漂)、温度漂移(温漂)、零点漂移、灵敏度漂移等。图 2-10 所示为零点漂移和灵敏度漂移示意图。传感器结构参数变化，一般会导致零点漂移，即在规定的条件下，一个恒定的输入信号在规定的时间内，输出在标称范围最低值处(零点)的变化。环境温度变化导致的漂移简称温漂，通常用传感器工作环境温度偏离标准环境温度(25℃)时的输出值变化量与温度变化量之比来表示。

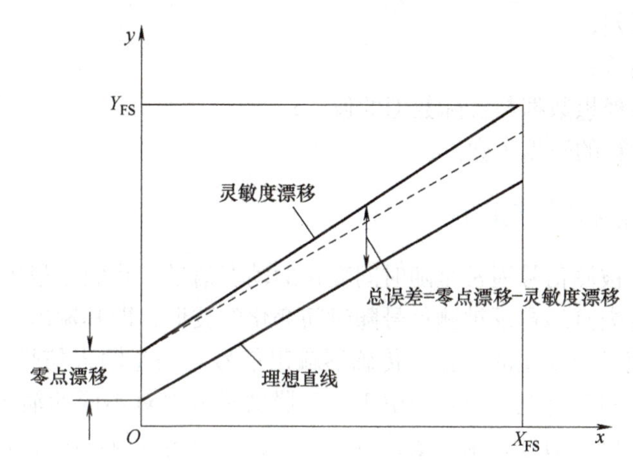

图 2-10　零点漂移和灵敏度漂移示意图

7. 阈值

如果传感器的输入信号小于某一个量值，输出信号特别微小或者没有信号输出，导致传感器输出变化不明显而无法准确检测出被测量，则将产生可测输出变化量时的最小输入量值称为阈值，如图 2-11 所示。

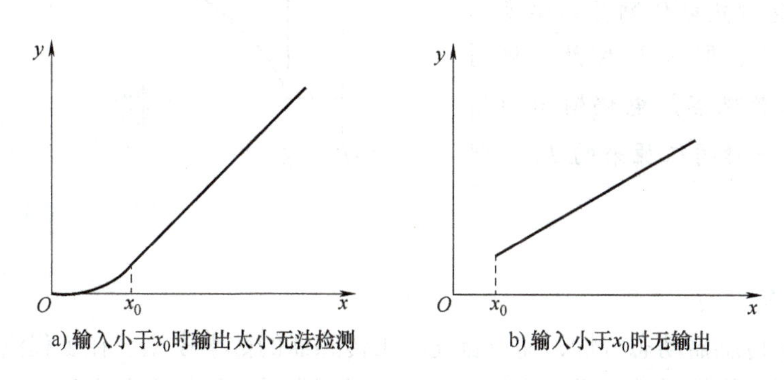

图 2-11　传感器阈值示意图

8. 静态误差(精度)

静态误差是评价传感器静态特性的综合指标，指传感器在满量程内，任一点输出值相对其理论值的可能偏离(逼近)程度，通常由线性度和迟滞构成的系统误差与随机重复性误差综合计算得到。例如，式(2-6)、(2-7)将非线性、滞后、重复性误差进行几何或者代数法综合，这样计算的数值偏大；式(2-8)、(2-9)将全部校准数据相对于拟合直线求标准偏差，作为传感器误差，这样计算的数值偏小。

$$\gamma_s = \pm\sqrt{\gamma_L^2+\gamma_H^2+\gamma_R^2} \tag{2-6}$$

$$\gamma_s=\pm(\gamma_L+\gamma_H+\gamma_R) \tag{2-7}$$

$$\sigma=\sqrt{\frac{\sum_{i=1}^{p}(\Delta y_i)^2}{p-1}} \tag{2-8}$$

$$\gamma_s=\pm\frac{(2\sim3)\sigma}{Y_{FS}}\times100\% \tag{2-9}$$

式中 γ_s——静态误差；

σ——标准偏差；

Δy_i——每一对理想数据与实际数据的偏差；

p——用于计算的数据个数。

2.2.2 传感器动态特性与指标

在实际工作时，被测信号通常是随时间变化的动态信号。我们希望传感器可以迅速测出信号幅值的大小和无失真地再现被测信号随时间变化的波形，即其输出信号的变化曲线应该能够再现输入信号随时间变化的规律。传感器输出信号对动态输入信号(激励信号)的响应特性，称为传感器的动态特性。但是，由于传感器敏感材料对不同的输入变化会产生惯性，输出信号并不具有与输入信号完全一致的时间函数，这种输入与输出之间的差异称为动态误差。可以从时域和频域两个方面分析，获得传感器的动态特性指标。

思考： 图 2-12 所示为利用热电偶进行温度测量时，传感器输出随时间的变化曲线。设 $T_1>T_0$，现在将热电偶迅速插到恒温水槽的热水中(插入时间忽略不计)，这时热电偶测量的温度参数发生一个突变，即从 T_0 突然变化到 T_1，请思考或者观察热电偶输出的指示，能否在这一瞬间从原来的 T_0 立刻上升到 T_1 呢?

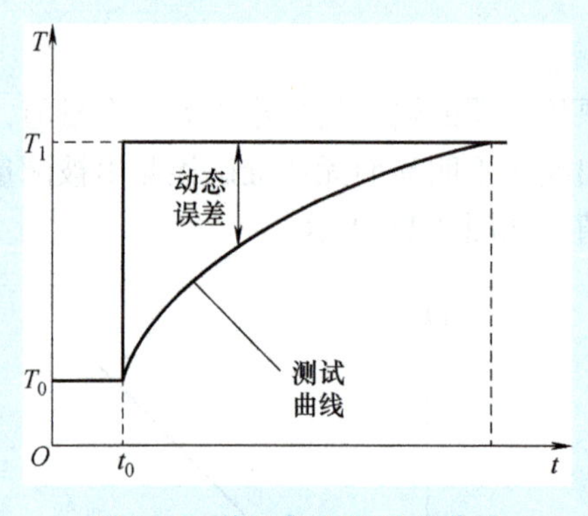

图 2-12 热电偶测温过程曲线

1. 传感器模型

要分析每个传感器动态特性，需要首先写出传感器的数学模型。在工程测试实践中，大多数检测系统属于线性时不变系统，从数学上可以用常系数线性微分方程表示传感器输入与输出量的关系：

$$a_n\frac{d^ny}{dt^n}+a_{n-1}\frac{d^{n-1}y}{dt^{n-1}}+\cdots+a_1\frac{dy}{dt}+a_0y=b_m\frac{d^mx}{dt^m}+b_{m-1}\frac{d^{m-1}x}{dt^{m-1}}+\cdots+b_1\frac{dx}{dt}+b_0x \tag{2-10}$$

对于传感器来说，可以将其简化为低阶系统。零阶、一阶和二阶传感器的微分方程为

$$a_0y=b_0x \tag{2-11}$$

$$a_1\frac{dy}{dt}+a_0y=b_0x \tag{2-12}$$

$$a_2\frac{\mathrm{d}^2y}{\mathrm{d}t^2}+a_1\frac{\mathrm{d}y}{\mathrm{d}t}+a_0y=b_0x \tag{2-13}$$

式中 $a_0,\cdots,a_n$ 和 $b_0,\cdots,b_m$——与系统结构参数有关的常数。

设 $x(t)$ 和 $y(t)$ 及它们各阶导数的初始值为零，对式(2-10)进行拉普拉斯变换，可得

$$(a_ns^n+a_{n-1}s^{n-1}+\cdots+a_1s+a_0)Y(s)=(b_ms^m+b_{m-1}s^{m-1}+\cdots+b_1s+b_0)X(s) \tag{2-14}$$

由此，可以得到初始条件为零时，输出量(响应函数)的拉普拉斯变换与输入量(激励函数)拉普拉斯变换之比，这一比值 $H(s)$ 被定义为传感器的传递函数，即

$$H(s)=\frac{Y(s)}{X(s)}=\frac{b_ms^m+b_{m-1}s^{m-1}+\cdots+b_1s+b_0}{a_ns^n+a_{n-1}s^{n-1}+\cdots+a_1s+a_0} \tag{2-15}$$

输入量 x 按正弦函数变化时，微分方程式(2-10)的特解(强迫振荡)，即输出量 y 也是同频率的正弦函数，其振幅和相位随着频率的变化而变化，这一性质就称为频率特性。对于稳定的常系数线性系统，可用傅里叶变换代替拉普拉斯变换，相应地有

$$H(\mathrm{j}\omega)=\frac{Y(\mathrm{j}\omega)}{X(\mathrm{j}\omega)}=\frac{b_m(\mathrm{j}\omega)^m+b_{m-1}(\mathrm{j}\omega)^{m-1}+\cdots+b_1(\mathrm{j}\omega)+b_0}{a_n(\mathrm{j}\omega)^n+a_{n-1}(\mathrm{j}\omega)^{n-1}+\cdots+a_1(\mathrm{j}\omega)+a_0} \tag{2-16}$$

这里 $H(\mathrm{j}\omega)$ 称为频率响应特性，通常是一个复函数，用指数表示为

$$H(\mathrm{j}\omega)=\frac{Y(\mathrm{j}\omega)}{X(\mathrm{j}\omega)}=H_{\mathrm{R}}(\omega)+\mathrm{j}H_{\mathrm{I}}(\omega)=A(\omega)\mathrm{e}^{\mathrm{j}\varphi} \tag{2-17}$$

其中，$A(\omega)$ 为传感器幅频特性，可表示为

$$A(\omega)=|H(\mathrm{j}\omega)|=\sqrt{[H_{\mathrm{R}}(\omega)]^2+[H_{\mathrm{I}}(\omega)]^2} \tag{2-18}$$

$A(\omega)$ 体现了传感器的输入与输出的幅度比值随频率变化的程度，也称为传感器的动态灵敏度(或增益)。

此外，传感器输出信号的相位随频率变化的关系可用频率特性的相位角 $\Phi(\omega)$ 来表示。故 $\Phi(\omega)$ 也称为传感器相频特性，可用式(2-19)计算：

$$\Phi(\omega)=\arctan\frac{H_{\mathrm{I}}(\omega)}{H_{\mathrm{R}}(\omega)}=\arctan\frac{\mathrm{Im}\dfrac{Y(\mathrm{j}\omega)}{X(\mathrm{j}\omega)}}{\mathrm{Re}\dfrac{Y(\mathrm{j}\omega)}{X(\mathrm{j}\omega)}} \tag{2-19}$$

对于传感器来讲，Φ 通常是负的，表示传感器输出相位滞后于输入相位。

2. 频率响应特性指标

在频域内利用频率响应法来分析传感器动态特性时，可以采用正弦函数形式的输入信号作为传感器输入，观察其输出信号。传感器稳定输出后，其输出信号也是同频率的正弦信号。在不同的频率激励下，其输出信号的幅值和相位都有所不同。用不同频率的正弦信号激励传感器，如果传感器的动态性能好，那么输出信号的幅值衰减和相位滞后的程度就会较低。因此，可以用不同频率的正弦信号去激励传感器，观察其输出信号幅值大小和相位滞后情况，从而得到系统的动态特性。

(1) 零阶传感器的频率响应　零阶传感器的微分方程为

$$a_0y(t)=b_0x(t)\quad 或\quad y(t)=\frac{b_0}{a_0}x(t) \tag{2-20}$$

则经过拉普拉斯变换和傅里叶变换后，零阶传感器的频率响应函数可表示为

$$H(S)=\frac{Y(S)}{X(S)}=\frac{b_0}{a_0}=\frac{Y(\mathrm{j}\omega)}{X(\mathrm{j}\omega)}=H(\mathrm{j}\omega) \tag{2-21}$$

为方便分析，若设 $s_0=b_0/a_0=1$ ，则其幅频函数和相频函数分别为 $A(\omega)=1$，$\Phi(\omega)=0$。可见，零阶传感器的输出值与输入值成恒定的比例关系，与输入量的频率无关。即零阶系统具有理想的动态特性，无论被测量 $x(t)$ 如何随时间变化，零阶系统的输出都不会失真，在时间上也无任何滞后，所以零阶系统又称比例系统。

（2）一阶传感器的频率响应　一阶传感器的微分方程为

$$a_1\frac{\mathrm{d}y}{\mathrm{d}t}+a_0y=b_0x \tag{2-22}$$

设 $\tau=a_1/a_0$，$s_0=b_0/a_0=1$，则对式(2-22)进行拉普拉斯变换，得

$$(\tau s+1)Y(s)=X(s) \tag{2-23}$$

则傅里叶变换后，得到频率响应函数为

$$H(\mathrm{j}\omega)=\frac{1}{\mathrm{j}\omega\tau+1} \tag{2-24}$$

根据式(2-17)和式(2-18)，可以得到传感器的幅频特性和相频特性为

$$A(\omega)=\frac{1}{\sqrt{(\omega\tau)^2+1}} \tag{2-25}$$

$$\Phi(\omega)=\arctan(-\omega\tau) \tag{2-26}$$

当 $\omega\tau\ll1$ 时，有 $A(\omega)\approx1$，$\Phi(\omega)\approx-\omega\tau$。

把不同频率正弦信号激励下传感器输出信号的幅值变化和相位变化都绘制在一张图上，就可以得到幅频特性曲线和相频特性曲线。图 2-13 所示为一阶传感器的频率特性曲线。

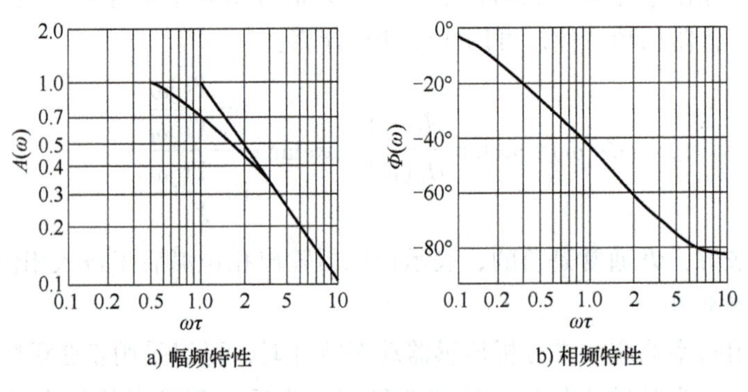

图 2-13　一阶传感器的频率特性曲线

从图 2-13 中可以看到传感器输出幅值特性与输入信号频率之间的关系。一阶传感器的静态灵敏度 s_0 反映了传感器的静态特性；时间常数 τ 具有时间的量纲，反映传感器惯性的大小。一阶系统又称惯性系统。

（3）二阶传感器的频率响应　二阶传感器是指由二阶微分方程所描述的传感器。很多传感器如振动传感器、压力传感器等属于二阶传感器，其微分方程为

$$a_2\frac{\mathrm{d}^2y(t)}{\mathrm{d}t^2}+a_1\frac{\mathrm{d}y(t)}{\mathrm{d}t}+a_0y(t)=b_0x(t) \tag{2-27}$$

若令 $s_0=\dfrac{b_0}{a_0}$，$\omega_n=\sqrt{\dfrac{a_0}{a_2}}$，$\xi=\dfrac{a_1}{2\sqrt{a_0a_2}}$，则有

$$\frac{d^2y(t)}{dt^2}+2\xi\omega_n\frac{dy(t)}{dt}+\omega_n^2y(t)=s_0\omega_n^2x(t) \tag{2-28}$$

为讨论方便，设传感器的静态灵敏度 $s_0=1$，则式(2-28)可经拉普拉斯变换为

$$\left(\frac{1}{\omega_n^2}S^2+\frac{2\xi}{\omega_n}S+1\right)Y(S)=X(S) \tag{2-29}$$

由此可写出传感器频率特性表达式，即

$$H(j\omega)=\frac{\omega_n^2}{(j\omega)^2+2\xi\omega_n(j\omega)+\omega_n^2}=\frac{1}{1-\left(\dfrac{\omega}{\omega_n}\right)^2+j2\xi\dfrac{\omega}{\omega_n}} \tag{2-30}$$

根据式(2-17)和式(2-18)，可以得到传感器的幅频特性和相频特性为

$$A(\omega)=|H(j\omega)|=\frac{1}{\sqrt{\left[1-\left(\dfrac{\omega}{\omega_n}\right)^2\right]^2+\left(2\xi\dfrac{\omega}{\omega_n}\right)^2}} \tag{2-31}$$

$$\Phi(\omega)=-\arctan\frac{2\xi\dfrac{\omega}{\omega_n}}{1-\left(\dfrac{\omega}{\omega_n}\right)^2} \tag{2-32}$$

式中　ω_n——传感器的固有频率；

　　ξ——传感器的阻尼比。

式(2-32)中，相位负值表示相位滞后。由式(2-31)和式(2-32)可画出二阶传感器的频率特性曲线，如图2-14所示。由此可见：

1）二阶传感器的频率响应特性主要取决于传感器的固有频率 ω_n 和阻尼比 ξ；

2）当 $\xi<1$，$\omega_n\gg\omega$ 时，$A(\omega)\approx1$，$\Phi(\omega)$ 很小，此时传感器的输出 $y(t)$ 再现了输入 $x(t)$ 的波形。

3）为了减小动态误差和扩大频率响应范围，可以提高传感器的固有频率 ω_n。通常固有频率 ω_n 至少应为被测信号频率 ω 的3~5倍，即 $\omega_n\geqslant(3\sim5)\omega$，实际测试中 $\omega_n\geqslant10\omega$。

3. 时域阶跃响应特性指标

在时域内，如果传感器的输入信号突然有一个阶跃变化，则称输入信号的时间函数形式是阶跃函数，如式(2-33)所示。其输出信号即为传感器的阶跃响应。

$$b_0x(t)=\begin{cases}0, & t\leqslant0\\ b_0, & t>0\end{cases} \tag{2-33}$$

式中　b_0——阶跃输入信号的幅值。

当 $b_0=1$ 时，输出信号为单位阶跃信号。

而输出信号由于惯性延迟的原因并不能马上跟随输入信号的变化而输出，如图2-15a所示，输出信号会逐步变化到能够反映输入量幅值的稳定值附近。动态特性不同的传感器，其输出信号的响应曲线也不同，动态特性好的传感器会快速跟随输入信号达到稳定值附近，其输出可以再现输入量的变化规律，即具有相同的时间函数。为描述传感器的动态响应情况，

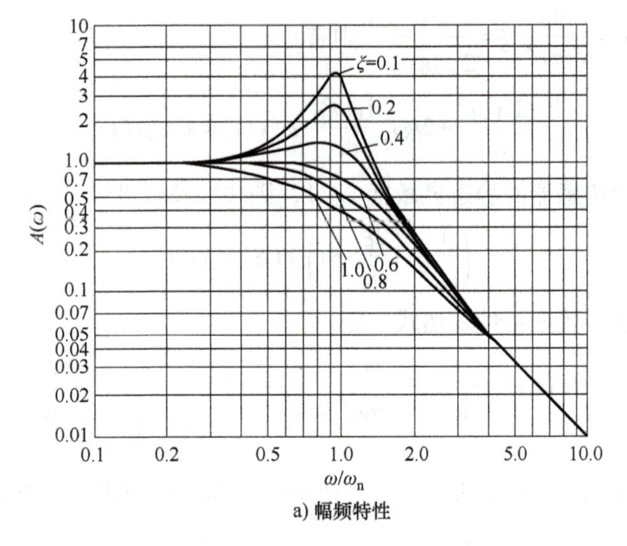

a) 幅频特性

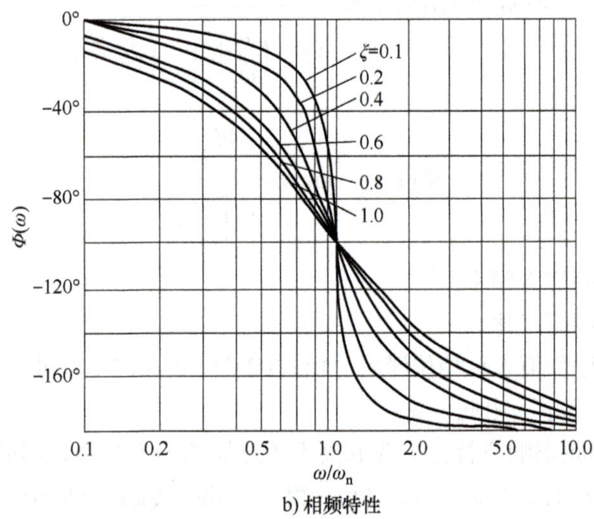

b) 相频特性

图 2-14　二阶传感器的频率特性曲线

可以输入阶跃信号，观察传感器的输出信号是否快速跟随输入信号来评估传感器的动态特性。一般可用延迟时间、上升时间、超调量、响应时间等来表征传感器的动态特性。

（1）一阶传感器阶跃响应　对于一阶传感器，若微分方程为

$$\tau \frac{\mathrm{d}y(t)}{\mathrm{d}t}+y(t)=s_0x(t) \tag{2-34}$$

则该一阶传感器的传递函数为

$$H(s)=\frac{Y(s)}{X(s)}=\frac{s_0}{\tau s+1} \tag{2-35}$$

对初始状态为零的传感器，当输入一个单位阶跃信号，由于单位阶跃信号 $x(t)=1$，$X(s)=1/s$，则传感器输出的拉普拉斯变换为

$$Y(s)=H(s)X(s)=\frac{s_0}{\tau s+1}\frac{1}{s} \tag{2-36}$$

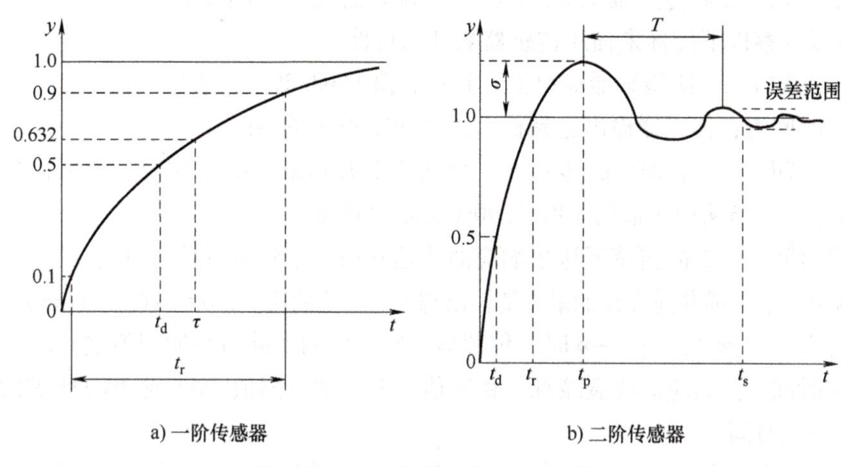

图 2-15　传感器动态阶跃响应特性

可得一阶传感器时域内的单位阶跃响应信号为

$$y(t)=s_0(1-e^{-\frac{t}{\tau}}) \tag{2-37}$$

式中　s_0——传感器的静态灵敏度；

τ——传感器的时间常数，传感器输出上升到稳态值的 63.2%所需的时间。

为了讨论方便，灵敏度一般可归一化。相应地，根据式(2-36)可得一阶传感器时域动态特性响应曲线，如图 2-15a 所示。若响应时间 $t=T_S$时的动态误差设为 e_d，则有

$$e_d=\frac{s_0-(s_0-e^{-\frac{T_S}{\tau}})}{s_0}=e^{-\frac{T_S}{\tau}} \tag{2-38}$$

式中　e_d——传感器的动态误差。

当 $T_S=3\tau$ 时，$e_d\approx 0.05$；$T_S=5\tau$ 时，$e_d\approx 0.007$。

（2）二阶传感器阶跃响应　二阶传感器的阶跃响应函数可表示为

$$a_2\frac{d^2y(t)}{dt^2}+a_1\frac{dy(t)}{dt}+a_0y(t)=b_0x(t) \tag{2-39}$$

若设 $s_0=b_0/a_0$，$\omega_n=\sqrt{a_0/a_2}$，$\xi=a_1/\sqrt[2]{a_0a_2}$，则有

$$\frac{d^2y(t)}{dt^2}+2\xi\omega_n\frac{dy(t)}{dt}+\omega_n^2y(t)=s_0\omega_n^2x(t) \tag{2-40}$$

设传感器的静态灵敏度 $s_0=1$，对其进行拉普拉斯变换，则二阶传感器传递函数为

$$H(s)=\frac{\omega_n^2}{s^2+2\xi\omega_n s+\omega_n^2} \tag{2-41}$$

传感器输出的拉普拉斯变换为

$$Y(s)=H(s)X(s)=\frac{\omega_n^2}{s(s^2+2\xi\omega_n s+\omega_n^2)} \tag{2-42}$$

拉普拉斯反变换后可得二阶传感器时域内的单位阶跃响应信号为

$$y(t)=1-\frac{e^{-\omega_n\xi t}}{\sqrt{1-\xi^2}}\sin\left(\sqrt{1-\xi^2}\,\omega_n t+\arctan\frac{\sqrt{1-\xi^2}}{\xi}\right) \tag{2-43}$$

相应地，可得二阶传感器时域动态特性响应曲线，如图 2-15b 所示。综上所述，从图 2-15中可以观察以下指标来描述传感器的动态特性。

1）时间常数 τ：一阶传感器输出上升到稳态值的 63.2%所需的时间。

2）延迟时间 t_d：传感器输出达到稳态值的 50%所需的时间。

3）上升时间 t_r：对有振荡的传感器，指从 0 上升到第一次达到稳态值所需的时间。对无振荡的传感器，指从稳态值的 10%到 90%所需的时间。

4）峰值时间 t_p：二阶传感器输出响应曲线达到第一个峰值所需的时间。

5）超调量 σ：二阶传感器量的最大值输出超过稳态值的比值，$\sigma=[y(t_p)-y(\infty)]/y(\infty)$。

6）稳态误差 $e(\infty)$：当 $t\to\infty$ 时，传感器阶跃响应的实际值与期望值之差。

7）响应时间 t_s：响应曲线衰减到与稳态值之差不超过阈值 5%（或 2%）所需的时间，有时称为过渡过程时间。

在上述几项指标中，超调量反映了传感器的稳定性能，响应时间反映了传感器响应的快速性，稳态误差反映了传感器的精度。通常情况下超调量、稳态误差、振荡次数和响应时间等指标越小越好。

2.3 传感器标定与校准

2.3.1 标定与校准的定义

为了保证传感器检测到的信号便于后续测量和量值的传递，需要把传感器的输出信号调整到后续处理器输入的范围内。例如，某压力传感器使用时需要测量 0~100N 的力，那么在设计传感器以及调理传感器信号时，100N 压力作用下传感器输出多少电压合适呢？这时需要考虑后续机器人感知系统中控制器模块的接口情况，看它的 A/D 转换单元能够输入的信号范围。假设某 A/D 接口性能为：输入电压范围为 0~10V、10 位数字量信号输出，为了充分利用接口电路的能力，在设计时希望 100N 压力正好对应输出 10V 电压。这样，10 位的 A/D 转换器满量程输出时对应 100N 压力，分辨率为 $1/2^{10}$（对应能够检测到的最小输入信号增量为 $100/2^{10}$ N）。在这个例子中，设计和调理传感器时，把输入 100N 的压力对应输出为 10V 电压的过程，就是标定。在使用一段时间后，传感器的电气性能和机械性能可能产生变化，需要再次对传感器的各项指标进行测试，并调整传感器的结构或者调理传感器的输出信号，使其依然满足 100N 压力对应输出 10V 电压信号，这个过程就是校准。

因此，传感器的标定是指利用某种标准仪器对新生产的传感器进行检验和标度，通过实验来建立传感器输入量和输出量间的关系，并确定在不同使用条件下的误差关系、测量精度等参数的过程。传感器的校准是指对使用或者存储一段时间后的传感器性能进行再次测试和校正的过程。校准的方法和要求与标定相同。

实际应用中，传感器输入的标准量可用标准传感器测量得到。标准仪器的测量精度必须高于被标定传感器测量精度至少一个等级时，被标定传感器的测量结果才是可靠的。在我国，传感器标定过程一般可分为三个精度等级：中国计量院的测量仪器具有一级精度，在此处标定出的传感器为标准传感器，具有二级精度；用标准传感器再对其他传感器进行标定，得到的传感器具有三级精度；在实际测试中经常使用的传感器一般属于三级精度传感器。

2.3.2　标定与校准方法

传感器的标定分为静态标定和动态标定。传感器的静态标定是在输入信号不随时间变化的静态标准条件下确定传感器的静态特性指标，如线性度、灵敏度、迟滞、重复性等。静态标准条件是指没有加速度、振动、冲击，室温(20±5)℃、相对湿度小于85%，一个标准大气压(101±7)kPa时的情形。

1. 静态标定

静态标定步骤如下：

1）准备满足要求的静态标准条件。

2）选用1个与被标定传感器的精度要求相适应的标准仪器，以便对输入输出量进行测量。

3）确定被标定传感器量程，并按一定标准设置若干测量点。一般将全量程划分成若干个等间距点。

4）根据测量点设置情况，采用由小到大或者由大到小的方式逐点输入标准量值，并测量与记录每一测量点对应的输出量值。

5）按照第4)步的过程，对传感器进行正反行程多次测量，得到被标定传感器的多组测量数据。

6）对测量数据进行最小二乘法等必要的处理，根据处理结果可得到传感器的校正曲线，即可确定被标定传感器的静态特性指标。

例2-1　一个位移传感器的校验数据见表2-2，求拟合直线方程(最小二乘法)、非线性误差、迟滞误差。

解　(1) 最小二乘法求拟合直线方程。

① 设拟合直线为 $y=kx+b$。

② 计算残差 $\Delta i=y_i-(kx_i+b)$。

最小二乘法拟合直线的原理就是使 $V=\sum_{i=1}^{n}\Delta i^2$ 最小，即 V 对 k 和 b 求一阶导数，并令 $\frac{\partial V}{\partial k}=0$，$\frac{\partial V}{\partial b}=0$。从而求出 k 和 b 的表达式为

$$k=\frac{\sum_{i=1}^{n}x_i\sum_{i=1}^{n}y_i-n\sum_{i=1}^{n}(x_iy_i)}{\left(\sum_{i=1}^{n}x_i\right)^2-n\sum_{i=1}^{n}x_i^2}$$

$$b=\frac{\sum_{i=1}^{n}x_i\sum_{i=1}^{n}(x_iy_i)-\sum_{i=1}^{n}x_i^2\sum_{i=1}^{n}y_i}{\left(\sum_{i=1}^{n}x_i\right)^2-n\sum_{i=1}^{n}x_i^2}=\frac{1}{n}\left(\sum_{i=1}^{n}y_i-K\sum_{i=1}^{n}x_i\right)=\bar{y}-k\bar{x}$$

式中　$\bar{y}$——输出量均值；

$\bar{x}$——输入量均值；

i——校验数据点个数。

为了求取上述参数，将位移传感器的校验数据进行统计计算。校验数据点数 $n=6$，

对三次正反行程校验输出值平均，作为每一个校验点的输出值。然后求取以下中间数据，计入表 2-2 中以便后续计算。

表 2-2　位移传感器的校验数据及数据处理表

项目			输入量 x_i/mm						合计
			0	0.5	1.0	1.5	2	2.5	
输出量 y_i/V	1	正	0.0020	0.4030	0.8010	1.200	1.5998	2.0000	
		反	0.0030	0.4040	0.8040	1.2020	1.6010	2.0000	
	2	正	0.0025	0.4040	0.8020	1.200	1.5988	1.9990	
		反	0.0035	0.4060	0.8040	1.2030	1.6010	1.9990	
	3	正	0.0035	0.4040	0.8020	1.2000	1.5988	1.9990	
		反	0.0040	0.4060	0.8040	1.2030	1.6010	1.9990	
输出量均值$\bar{y}$/V			0.0031	0.4045	0.8028	1.2013	1.6001	1.9993	6.0111
x_i^2/mm^2			0.0000	0.2500	1.0000	2.2500	4.0000	6.2500	13.7500
$x_i\bar{y}$/mm·V			0.0000	0.2023	0.8028	1.8020	3.2002	4.9983	11.0062
y_i'/V			0.0042	0.4033	0.8023	1.2014	1.6004	1.9995	
ΔL/V			-0.0011	0.0012	0.0005	-0.0001	-0.0003	-0.0002	

最后，依据上述公式可以求得 $k=0.7981\text{V/mm}$，$b=0.0042\text{V}$，则传感器拟合之后的直线方程为 $y=0.7981x+0.0042$。

（2）求非线性误差。

将各校验点的输入值代入拟合直线方程，即可得到理论拟合直线上对应点的输出值 y_i'，计入表 2-2 中。由此可得实验曲线与拟合直线间各校验点的非线性误差 $\Delta L=y_i-y_i'$。最大非线性误差 $\Delta L_{max}=0.0012\text{V}$，所以非线性误差为

$$\nu_L=\pm\frac{\Delta L_{max}}{y_{FS}}\times100\%=\pm\frac{0.0012}{1.9993}\times100\%=\pm0.06\%$$

（3）求迟滞误差。

计算传感器每一个测试点的正反行程输出平均值，见表 2-3。计算每一个点的输出差值，计算最大的输出差值与满量程输出的比值，即求得迟滞误差为

$$\nu_H=\frac{|\Delta H_{max}|}{y_{FS}}\times100\%=\frac{0.0027}{1.9993}\times100\%=0.14\%$$

表 2-3　传感器正反行程输出平均值与输出差值

正行程输出平均值	0.0027	0.4037	0.8017	1.200	1.5991	1.9993
反行程输出平均值	0.0035	0.4053	0.8040	1.2027	1.6010	1.9993
输出差值	0.0008	0.0016	0.0023	0.0027	0.0019	0.0000

2. 动态标定

一般情况下，可以通过实验得到传感器动态性能指标，比如一阶传感器的时间常数 τ、二阶传感器的固有频率 ω_n、阻尼比 ξ 等，这个过程被称为传感器的动态标定。

对于一阶传感器，一种简单的实验方法为：给传感器输入一个阶跃信号，观察并记录其

输出响应信号，获得其阶跃响应曲线。根据该阶跃响应曲线，得到输出值达到其稳态值的63.2%时所经历的时间，这个时间称为时间常数。或者根据式(2-37)所述一阶传感器的单位阶跃响应函数，当灵敏度设为1时，定义

$$z=\ln[1-y(t)]=-\frac{t}{\tau} \tag{2-44}$$

可见，t 与 z 呈线性关系。因此，只要测量出一系列的时间 t 与输出 $y(t)$ 的数值，就可以依据式(2-44)通过数据处理得到时间常数。值得注意的是，标定系统中所用标准设备的时间常数应该比待标定传感器小得多，而固有频率应该高得多，这样它们的动态误差才可以忽略不计。

对于二阶传感器，根据式(2-43)或图2-15b，可以测得单位阶跃响应下的峰值，得到超调量为

$$\sigma=\mathrm{e}^{-\frac{\xi\pi}{\sqrt{1-\xi^2}}} \tag{2-45}$$

由此可推算

$$\xi=\frac{1}{\sqrt{\left(\frac{\pi}{\ln\sigma}\right)^2+1}} \tag{2-46}$$

这样，只要测量超调量 σ，就可以根据上述公式求出阻尼比 ξ。同时，根据阶跃响应曲线，不难测出振动周期 T，于是可以计算有阻尼时的振荡频率为

$$\omega_{\mathrm{d}}=\frac{2\pi}{T} \tag{2-47}$$

相应地，可以求得无阻尼时的固有频率为

$$\omega_{\mathrm{n}}=\frac{\omega_{\mathrm{d}}}{\sqrt{1-\xi^2}} \tag{2-48}$$

此外，除上述阶跃信号响应法，也可以给传感器输入不同频率的正弦信号，观察测量不同频率下传感器的输出和输入的幅值比和相位差来确定传感器的幅频特性和相频特性，绘制传感器的幅频特性曲线和相频特性曲线，通过特性曲线测量零增益、共振频率增益以及共振角频率等参数。

2.4　常见传感器敏感元件

2.4.1　电阻式传感器

电阻式传感器将被测量的变化转换为传感器的电阻值变化，再经一定的测量电路实现对测量结果的输出，常用来测量位移、压力、应变、扭矩和加速度等。依据产生电阻变化的原理不同，电阻式传感器可分为电阻应变式、压阻式、热敏式、光敏式等。本节主要以应变片式电阻传感器为例进行介绍。

1. 应变效应

导体或半导体材料在受到外界力的作用时会产生机械变形，这会导致电阻值发生相应的变化，这种现象称为应变效应。应变电阻式传感器利用其敏感元件应变效应，被测物理量如

力、力矩、压力等作用在弹性元件上使其变形，再将形变传递给应变片，引起应变片电阻值的变化，进而利用测量电路变成电压等电量信号输出。输出电压值的大小体现了被测物理量的大小。

如图 2-16 所示，圆形金属丝的电阻随着它所受机械变形的大小而发生相应变化的现象，就是金属的电阻应变效应。在未受外力时，金属丝的原始电阻可用式(2-49)表示。

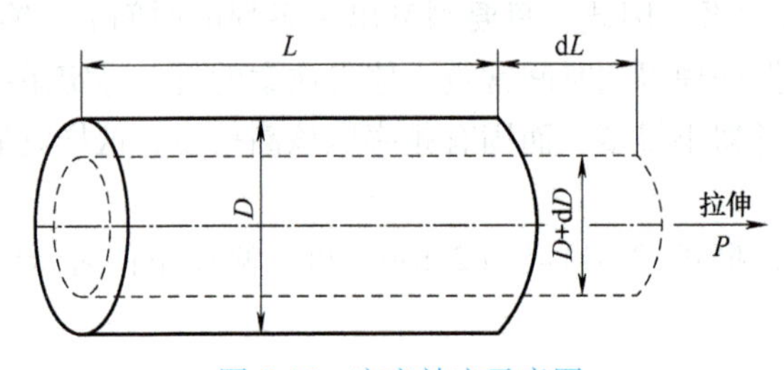

图 2-16　应变效应示意图

$$R=\rho\frac{L}{A} \tag{2-49}$$

式中　R——金属丝原始电阻；

ρ——金属丝的原始电阻率；

L——金属丝原始长度；

A——金属丝原始截面积。

当金属丝受力拉伸时，L 将伸长 ΔL，截面积相应减小 ΔA，电阻率因材料晶格发生变形等因素影响而改变了 $\Delta\rho$，为研究电阻值的变化，将式(2-49)进行全微分

$$\mathrm{d}R=\frac{\rho\mathrm{d}L}{A}-\frac{\rho L\mathrm{d}A}{A^2}+\frac{L\mathrm{d}\rho}{A} \tag{2-50}$$

再结合式(2-49)，对式(2-50)左边除以 R，右边除以 $\rho\frac{L}{A}$，可以得到电阻相对变化量为

$$\frac{\mathrm{d}R}{R}=\frac{\mathrm{d}L}{L}-\frac{\mathrm{d}A}{A}+\frac{\mathrm{d}\rho}{\rho} \tag{2-51}$$

式中　$\mathrm{d}L/L$——长度相对变化量，可用应变 $\varepsilon=\mathrm{d}L/L$ 表示；

$\mathrm{d}A/A$——金属丝截面积相对变化量，设 D 为金属丝的原始直径，截面积微分后可得 $\mathrm{d}A=\pi D\mathrm{d}D/2$，则 $\mathrm{d}A/A=2\mathrm{d}D/D$。

在弹性范围内，金属丝受拉力时，由材料力学知识可知金属丝轴向应变和径向应变为反比例关系，令 $\mathrm{d}L/L=\varepsilon$ 为轴向应变，那么轴向应变和径向应变的关系可表示为

$$\frac{\mathrm{d}D}{D}=-\mu\frac{\mathrm{d}L}{L}=-\mu\varepsilon \tag{2-52}$$

式中　μ——电阻丝材料的泊松比，负号表示轴向应变和径向应变方向相反。

将式(2-52)代入式(2-51)，可以得到

$$\frac{\mathrm{d}R}{R}=(1+2\mu)\varepsilon+\frac{\mathrm{d}\rho}{\rho} \tag{2-53}$$

也可以写成

$$k_0=\frac{\mathrm{d}R/R}{\varepsilon}=(1+2\mu)+\frac{\mathrm{d}\rho/\rho}{\varepsilon} \tag{2-54}$$

式中 k_0——单位应变能引起的电阻值变化，称为电阻丝的灵敏度系数，其物理意义是单位应变所引起的电阻相对变化量。

由此可见，电阻丝灵敏度一方面受到材料几何变化影响，即 $1+2\mu$ 的影响，另一方面受到电阻率变化影响。对金属材料来说，电阻丝灵敏度系数表达式中 $1+2\mu$ 的值要比$(\mathrm{d}\rho/\rho)/\varepsilon$大得多。一般金属材料在弹性形变时，$\mu$ 范围一般在 0.25~0.5，当 μ 为 0.3 时 k_0 的第一项约为 1.6。

2. 电阻应变片种类

常用的电阻应变片有两种：金属电阻应变片和半导体电阻应变片。

（1）金属电阻应变片　用金属电阻材料制成的应变片主要有丝式应变片和箔式应变片，这两种应变计主要使用的材料是康铜和卡码合金。其灵敏度系数 k_0 主要取决于式(2-54)的第一项，即由电阻率的变化而引起的电阻值变化是较小的，主要由应变片形变来引起电阻变化，进而感知外部受力情况。

图 2-17a、b 所示分别为两种金属应变片结构示意图。其中丝式应变片按图 2-17a 所示形状弯曲后粘贴在纸或有机聚合物衬底上，在两端焊有引出线，电阻丝直径在 0.012~0.050mm 之间。箔式应变片是用光刻、腐蚀等工艺制成的金属箔栅，厚度为 0.003~0.010mm，箔式应变片与被粘贴的零件表面的接触面积更大，利于散热，且能更好地“跟随”应变零件的变化。目前，箔式应变片由于具有散热条件好、允许电流大、横向效应小、疲劳寿命长、生产过程简单、适于批量生产等优点，已经取代丝式应变片而得到了广泛的应用。

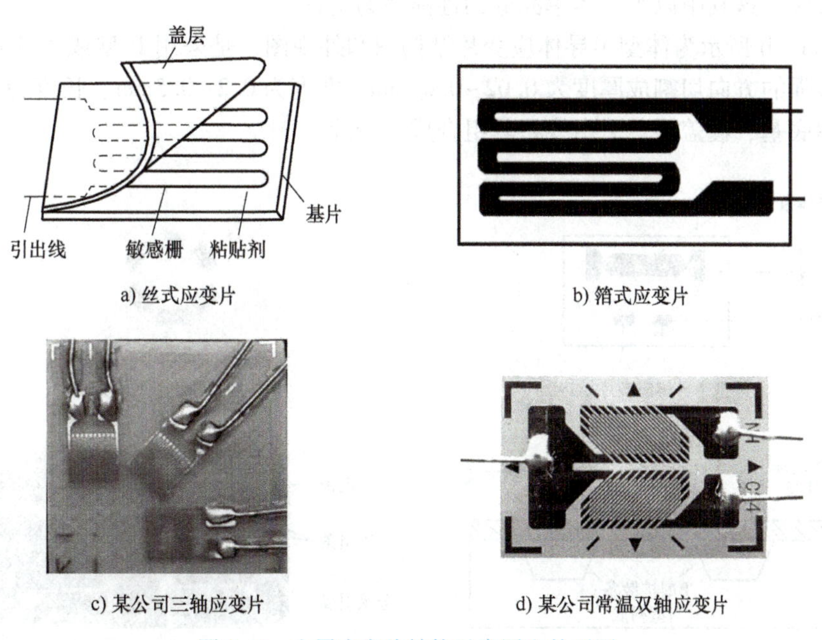

a) 丝式应变片　b) 箔式应变片

c) 某公司三轴应变片　d) 某公司常温双轴应变片

图 2-17　金属应变片结构示意图和外观图

图 2-17c、d 所示为箔式应变片外观图，目前常用电阻值为 60Ω、120Ω、350Ω、500Ω 和 1000Ω 等规格，其中以 120Ω 最为常用。应变片的电阻值越大，所允许施加的及传感器输出的电压就会越高，较高的电压输出更便于后续电路的检测。但是电阻值大的应变片，其尺寸也大，在条件允许情况下，一般尽量选用高阻值应变片。

实际应用中，应变片会被粘贴在各种弹性元件上使用，当传感器的弹性元件受到外部作用力、力矩、位移、加速度等各种参数作用时，会产生位移、应力或应变，此时电阻应变片就可将其转换为电阻的变化，再结合测量电路实现被测量的检测输出。

（2）半导体电阻应变片　半导体电阻应变片也可粘贴在被测弹性元件上使用，随着弹性元件的变形，其电阻发生变化。但对于半导体电阻应变片来说，其灵敏度系数表达式如式(2-54)所示，其前一项即受到材料几何变化引起的 $1+2\mu$ 的值变化要比后一项 $(\mathrm{d}\rho/\rho)/\varepsilon$ 小得多。即半导体电阻应变片工作时主要是基于半导体材料的压阻效应，半导体材料在机械应力的作用下，使得材料本身的电阻率发生了较大的变化，这种现象叫作压阻效应。

半导体敏感元件产生压阻效应时，其电阻率的相对变化与应力间的关系为

$$\frac{\Delta\rho}{\rho}=\pi\sigma=\pi E\varepsilon \tag{2-55}$$

式中　π——半导体材料的压阻系数；

σ——所受应力；

ε——材料应变；

E——材料弹性模量。

因此，半导体电阻应变片的灵敏度系数 $K\approx\Delta\rho/(\rho\varepsilon)=\pi E$，近似为常数。

基于半导体材料的压阻式传感器可分为两种类型：一种是将半导体材料体电阻做成粘贴式应变片，也称为体型半导体应变片；另一种是在半导体材料的基片上用集成电路工艺制成扩散压敏电阻，称为扩散型压阻式传感器或固态压阻式传感器。很多半导体材料都能产生明显的压阻效应，这其中以半导体单晶硅的性能最为优良。

图 2-18a、b 所示为体型半导体应变片结构图和外观图，是采用 P 型或 N 型硅材料按其压阻效应最强的方向切割成厚度为 0.02~0.05mm、宽度为 0.2~0.5mm、长度为几毫米的薄片，然后用底基、覆盖层、引出线将其组合成应变片。

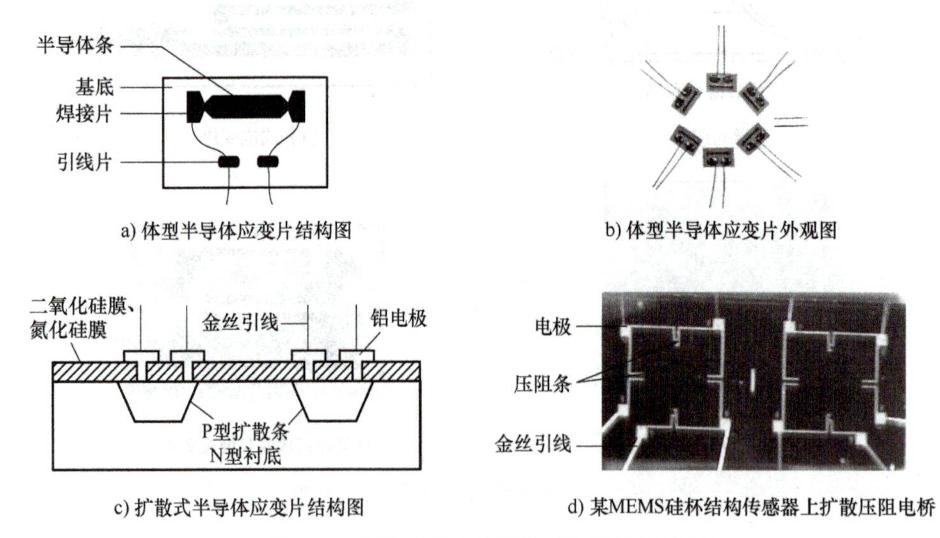

a) 体型半导体应变片结构图　b) 体型半导体应变片外观图

c) 扩散式半导体应变片结构图　d) 某MEMS硅杯结构传感器上扩散压阻电桥

图 2-18　半导体应变片结构示意图与外观图

扩散式半导体应变片是随着近代半导体工艺发展而出现的新型元件。如图 2-18c、d 所示，扩散式半导体应变片将 P 型半导体扩散到 N 型硅基底上，形成一层极薄的 P 型导电层线条，再通过金丝引线键合连接，可与外部电路相连。扩散式方法形成的电阻，往往与传感

器结构一起制作完成，集成度好。

压阻式传感器具有体积小、灵敏度高、动态响应好、频响范围大、高分辨率、易于微型化和集成化的特点。其主要用于测量压力、加速度等参数。由于半导体材料对温度很敏感，因此压阻式传感器一般需要有温度补偿电路。

3. 检测电路

电阻应变式传感器的灵敏度系数通常较小，其电阻变化也很小，一般为 0.1～100mΩ。实际应用中，微小应变会引起电阻的微小变化，可设计电桥检测电路将电阻变化量转换成电流或电压变化。其他电阻式传感器也常常利用此类电桥电路进行信号变换，以便进一步放大或记录被测量。

图 2-19 所示为直流电桥（典型的惠斯通电桥）。如果电桥电路采用直流电源作为驱动电源，则称其为直流电桥。

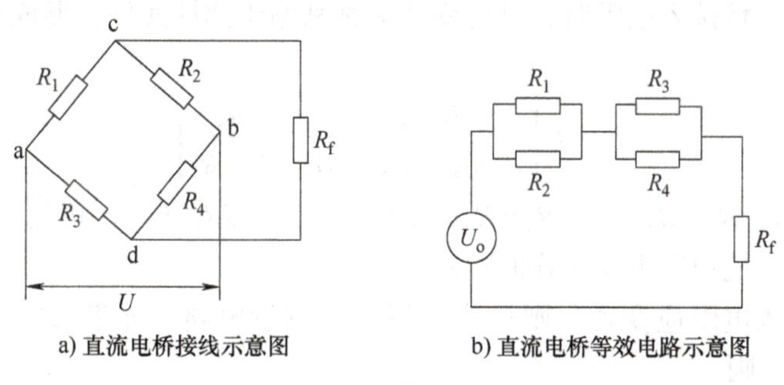

a) 直流电桥接线示意图　　b) 直流电桥等效电路示意图

图 2-19　直流电桥

图 2-19 中 R_1 是测量臂，R_2、R_3、R_4 是已知数值的固定电阻构成的臂。在测量某一物理量之前可以调整 R_2、R_3、R_4 的数值，使电桥的输出端 c、d 之间的电位差为零，若在 c、d 之间接入电流表，电流表中无电流通过，此时电桥达到平衡状态，可称之为平衡电桥。

根据戴维南定理，可以把此直流电桥简化成图 2-19b 所示的等效电路。首先把电桥输出端 c、d 之间看成开路状态，则 c、d 之间有开路电压 U_o，c、d 之间的电阻为 R_f。直流电桥的特性方程为

$$U_o=U\left(\frac{R_1}{R_1+R_2}-\frac{R_3}{R_3+R_4}\right) \tag{2-56}$$

根据特性方程，当电桥平衡时，即 $U_o=0$，可以得到

$$\frac{R_1}{R_2}=\frac{R_3}{R_4} \tag{2-57}$$

当 $R_1=R_2=R_3=R_4=R$ 时，称为等臂电桥。这也是电桥的平衡条件。

灵敏度是电桥测量技术的一个重要指标，电桥的电压灵敏度 S_u 和电流灵敏度 S_i 可以用电桥测量臂的单位相对变化量导致输出端电压或电流的变化来表示，即

$$S_u=\frac{\Delta U_0}{\frac{\Delta R}{R}} \text{或} S_i=\frac{\Delta I_0}{\frac{\Delta R}{R}} \tag{2-58}$$

设组成电桥 4 个臂的电阻 R_1、R_2、R_3、R_4因应变而产生增量 ΔR_1、ΔR_2、ΔR_3、ΔR_4时，因 R_1 应变而产生的输出电压为

$$U_o=U\left[\frac{R_1+\Delta R_1}{R_1+\Delta R_1+R_2}-\frac{R_3}{R_3+R_4}\right]=U\left[\frac{\Delta R_1 R_4}{(R_1+\Delta R_1+R_2)(R_3+R_4)}\right]$$

$$=U\frac{\frac{R_4}{R_3}\frac{\Delta R_1}{R_1}}{\left(1+\frac{\Delta R}{R_1}+\frac{R_2}{R_1}\right)\left(1+\frac{R_4}{R_3}\right)} \tag{2-59}$$

设桥臂比 $R_2/R_1=n$，由于 $\Delta R_1 \ll R_1$，结合电桥平衡条件 $R_1/R_2=R_3/R_4$，则有

$$U_o=U\frac{n}{(1+n)^2}\frac{\Delta R_1}{R_1} \tag{2-60}$$

当 $R_1=R_2=R_3=R_4=R$，单臂变化 ΔR 时，其他值是固定的，由式(2-60)可得 $\Delta U_o=\pm 0.25U(\Delta R/R)$，即电压灵敏度 $S_u=0.25U$。

当有 2 个相邻桥臂接入电阻时，且应变片对称粘贴于弹性元件，形成差动电桥，则电桥输出电压为

$$U_o=U\left[\frac{R_1+\Delta R_1}{R_1+\Delta R_1+R_2-\Delta R_1}-\frac{R_3}{R_3+R_4}\right] \tag{2-61}$$

如果 $\Delta R_1=\Delta R_2$，$R_1=R_2=R_3=R_4=R$，则 $U_o=0.5U(\Delta R_1/R_1)$。可见 U_o 与 ΔR_1 呈线性关系，电桥电压灵敏度比单臂电阻工作时提高 1 倍。

若将四臂都接入电阻应变片，则构成全桥差动测量电路，如果 $\Delta R_1=\Delta R_2=\Delta R_3=\Delta R_4$，$R_1=R_2=R_3=R_4=R$，则

$$U_o=U\left[\frac{R_1+\Delta R_1}{R_1+\Delta R_1+R_2-\Delta R_1}-\frac{R_3-\Delta R_3}{R_3-\Delta R_3+R_4+\Delta R_4}\right] \tag{2-62}$$

整理得

$$U_o=U\frac{\Delta R_1}{R_1} \tag{2-63}$$

可见，全桥差动测量不仅没有非线性误差，而且电压灵敏度是单臂电桥工作时的 4 倍。

2.4.2 电容式传感器

电容式传感器是以各种类型的电容器作为传感元件，将被测物理量或机械量转换成电容量变化的一种转换装置，可以将其理解为一个具有可变参数的电容器。电容式传感器被广泛用于位移、角度、速度、压力、振动、介质特性等方面的测量，最常用的是平板电容器或圆筒形电容器。

1. 基本原理

(1) 平板电容器　图 2-20 所示为典型的平板电容器示意图，其由上下两块平行的金属导体极板构成，中间被介质材料隔开。当忽略边缘效应影响时，其电容量与绝缘介质的介电常数、极板有效面积和极板间距离有关：

$$C=\frac{\varepsilon_0\varepsilon_r A}{\delta} \tag{2-64}$$

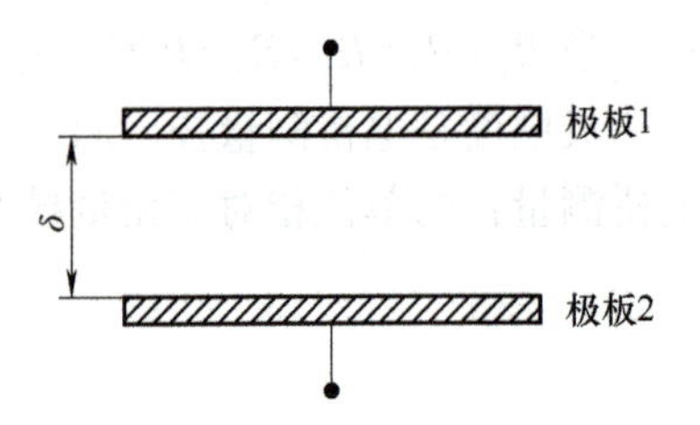

图 2-20　平板电容器示意图

式中　C——电容量(F)；

ε_0——真空介电常数，$\varepsilon_0=8.85\times10^{-12}\mathrm{F/m}$；

ε_r——极板间介质的相对介电常数；

A——极板的有效面积(m^2)；

δ——两平行极板间的距离(m)。

(2) 圆筒形电容器　圆筒形电容器的结构如图2-21所示，在不考虑边缘效应的情况下，电容量为

$$C=\frac{2\pi\varepsilon_0\varepsilon_r l}{\ln R/x} \tag{2-65}$$

式中　C——电容量(F)；

ε_0——真空介电常数，$\varepsilon_0=8.85\times10^{-12}\mathrm{F/m}$；

ε_r——极板间介质的相对介电常数；

R——定极筒的半径(m)；

x——动极筒的半径(m)；

l——定极筒和动极筒重合长度(m)。

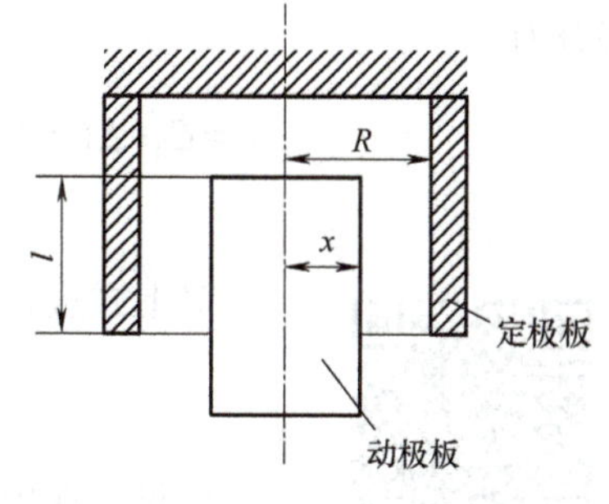

图2-21　圆筒形电容器

从上述公式可见，对于平板电容器，通过合理设计传感器结构形式，被测量变化引起A、ε_r或者δ等任意参数变化，都会引起电容量发生变化。实际应用中，通常只改变其中一个参数，其他两个参数不变，将该参数的变化转换成电容量的变化，再通过测量电路转换为电量输出。例如，可将平板传感器设计成电极板与薄膜衬底相连的形式，当薄膜受压力作用时会发生一定的变形，导致上下电极之间的距离发生一定的变化，从而使电容发生变化。同理，对于圆筒形电容器，实际应用中定极筒和动极筒结构尺寸固定，通过合理设计传感器的结构形式，使被测量变化引起动极筒重合长度的变化，进而使电容发生变化。

根据被测量变化导致传感器电容量变化的形式不同，电容式传感器可分为变面积型、变极距型和变介电常数型等。

2. 灵敏度分析

例2-2　变极距型电容式传感器分析：若一个以空气为介质的平板电容式传感器结构如图2-20所示，其中一个极板的长为a、宽为b，两极板间距为d_0。测量时，一般将平板电容器的一个极板固定(称为定极板)，另一个极板与被测体相连(称为动极板)。如果动极板因被测参数改变而位移，导致平板电容器极板间距缩小Δd，求间距变化后该传感器的电容变化量、电容相对变化量。(已知空气的相对介电常数ε_r、真空介电常数ε_0)

解　平板电容式传感器的初始电容量为

$$C_0=\frac{\varepsilon_0\varepsilon_r A}{d_0}$$

如果动极板因被测参数改变而发生位移，导致平板电容器极板间距缩小Δd，电容量增大，则有

$$C=\frac{\varepsilon_0\varepsilon_r A}{d_0-\Delta d}=\frac{C_0}{1-\Delta d/d_0}=C_0+\Delta C$$

因此，将上式减去C_0，得到电容变化量ΔC为

$$\Delta C=C_0\frac{\Delta d}{d_0-\Delta d}$$

这样，电容相对变化量可表示为

$$\frac{\Delta C}{C_0}=\frac{\Delta d}{d_0-\Delta d}$$

可见，传感器的输出特性 $C=f(\Delta d)$ 是非线性关系。所以，实际中常常做成差动式来改善非线性。另外，如果变极距型电容式传感器的极板间距很小，$\Delta d/d_0 \ll 1$，则按泰勒级数展开有

$$C=C_0+\Delta C=C_0\frac{1}{1-\dfrac{\Delta d}{d_0}}=C_0\left[1+\left(\frac{\Delta d}{d_0}\right)+\left(\frac{\Delta d}{d_0}\right)^2+\left(\frac{\Delta d}{d_0}\right)^3+\cdots\right]$$

泰勒级数展开公式

对上式进行线性化处理，忽略高次的非线性项，可得

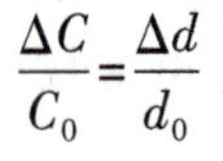

$$\frac{\Delta C}{C_0}=\frac{\Delta d}{d_0}$$

可见，在极板间距离变化非常小的情况下，电容相对变化量近似与极板间距离变化呈线性关系。

例 2-3 线位移变面积型平板电容式传感器分析：一个以空气为介质的线位移变面积型平板电容式传感器结构如图 2-22 所示，其中极板的长为 b，宽为 l，两极板初始间距为 d。测量时，一块极板在原始位置上向左平移了 Δl，求该传感器的电容变化量、电容相对变化量和位移灵敏度 K_0。（已知空气的相对介电常数 ε_r、真空介电常数 ε_0）。

解 极板移动 Δl 距离，导致变化后的电容量为

$$C=C_0+\Delta C=\frac{\varepsilon_0\varepsilon_r b(l-\Delta l)}{d}$$

因为初始电容量 $C_0=\varepsilon_0\varepsilon_r bl/d$，所以电容变化量为

$$\Delta C=-\frac{\varepsilon_0\varepsilon_r b\Delta l}{d}$$

这样，电容相对变化量可表示为

$$\frac{\Delta C}{C_0}=-\frac{\Delta l}{l}$$

电容变化的位移灵敏度为

$$K_0=\frac{\Delta C}{\Delta l}=-\frac{\varepsilon_0\varepsilon_r b\Delta l}{d\Delta l}=-\frac{\varepsilon_0\varepsilon_r b}{d}$$

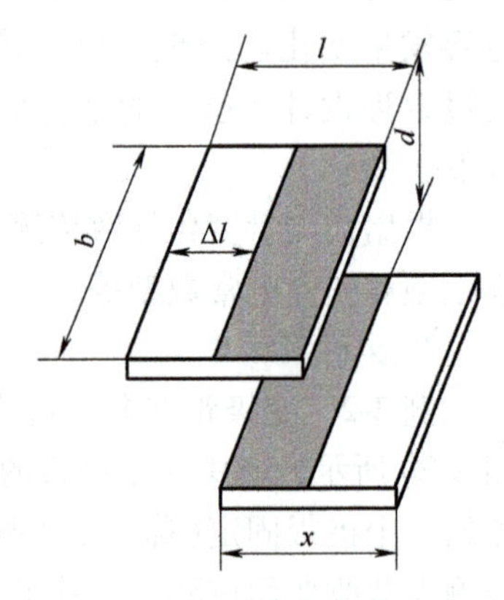

图 2-22 线位移变面积型平板电容式传感器结构

可见，平板电容式传感器的电容改变量只与极板移动位置有关；在结构参数固定的情况下，灵敏度与极板间初始距离有关。

例 2-4 角位移变面积型电容式传感器灵敏度分析：一个以空气为介质的角位移变面积型电容式传感器结构如图 2-23 所示，其中两块极板均为半月形。当动极板从初始位置转动一个角度 θ 时，求该传感器的电容变化量、电容相对变化量和位移灵敏度 K_0。

解 当动极板从初始位置转动一个角度时，与定极板的有效覆盖面积 A 发生变化，为图 2-23 中阴影所示部分，即

$$A=A_0-\frac{\theta r^2}{2}$$

此时的电容量可用下面公式计算：

$$C=\frac{\varepsilon_0\varepsilon_r A_0(1-\theta/\pi)}{d}=C_0(1-\theta/\pi)=C_0+\Delta C$$

因此，电容变化量为

$$\Delta C=-\frac{\varepsilon_0\varepsilon_r A_0}{d}\frac{\theta}{\pi}$$

这样，电容相对变化量可表示为

$$\frac{\Delta C}{C_0}=-\frac{\theta}{\pi}$$

电容变化的位移灵敏度 K_0 可表示为

$$K_0=\frac{\Delta C}{\Delta\theta}=\frac{\Delta C}{\theta}=-\frac{\varepsilon_0\varepsilon_r A_0}{d}\frac{1}{\pi}$$

式中　A_0——初始极板覆盖面积，$A_0=\pi r^2/2$；

θ——转动角度(rad)；

C_0——初始电容量，$C_0=\frac{\varepsilon_0\varepsilon_r A_0}{d}$。

可见，角位移变面积型电容式传感器的电容变化量与输入量(角位移)呈线性关系。

例 2-5　圆筒状线位移变面积型电容式传感器灵敏度分析：一个以空气为介质的圆筒状线位移变面积型电容式传感器结构如图 2-24 所示，其中内外两块极板均为筒形，当动极板内筒从初始位置向下移动一个距离 Δx 时，求该传感器的电容变化量、电容相对变化量和位移灵敏度 K_0。

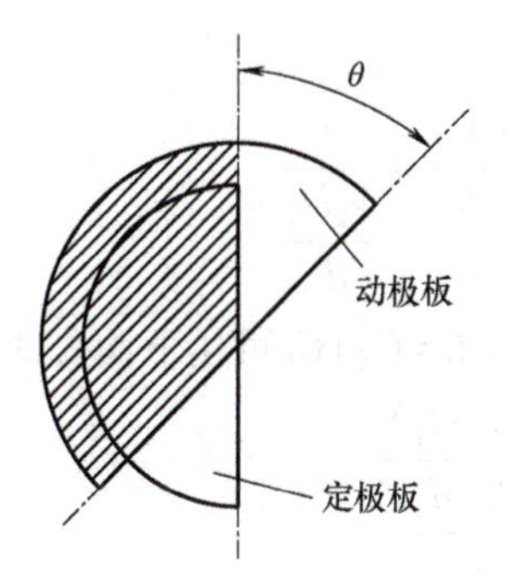

图 2-23　角位移变面积型电容式传感器结构

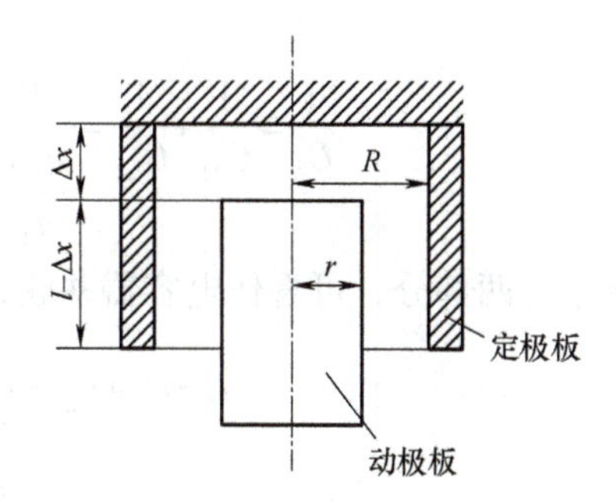

图 2-24　圆筒状线位移变面积型电容式传感器结构

解　对于如图 2-24 所示的圆筒形状，当动极板在初始位置时，初始电容量为

$$C_0=\frac{2\pi\varepsilon_0\varepsilon_r l}{\ln\frac{R}{r}}$$

当动极板向下移动一个距离 Δx 时，根据式(2-65)有变化后的电容为

$$C=\frac{2\pi\varepsilon_0\varepsilon_r(l-\Delta x)}{\ln\frac{R}{r}}=C_0\left(1-\frac{\Delta x}{l}\right)=C_0+\Delta C$$

因此，电容变化量为

$$\Delta C=-\frac{2\pi\varepsilon_0\varepsilon_r\Delta x}{\ln\frac{R}{r}}$$

这样，电容相对变化量可表示为

$$\frac{\Delta C}{C_0}=-\frac{\Delta x}{l}$$

电容变化的位移灵敏度K_0可表示为

$$K_0=\frac{\Delta C}{\Delta x}=-\frac{2\pi\varepsilon_0\varepsilon_r}{\ln\frac{R}{r}}$$

可见，电容变化量只与极板移动位置有关，呈线性关系。电容变化的位移灵敏度与内外筒半径有关。

例 2-6 变介质型电容式传感器分析：一个变介质型电容式传感器结构如图 2-25 所示。测量时，如果电容传感介质发生变化，在两个极板间所加入介质的介电常数为ε_2。极板宽度一致为b，长度为l_0，介质深入长度为l_1，深入部分与上极板的距离为d_1。求插入极板后该传感器的电容量。

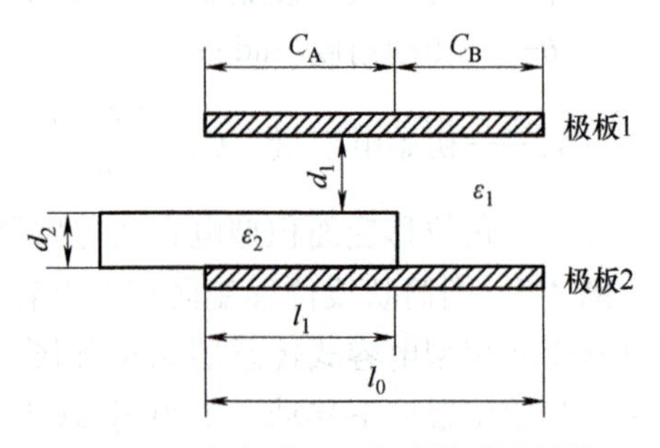

图 2-25 变介质型电容式传感器结构

解 插入极板后，对于传感器左半部分，可以看作是串联型电容器；其电容量C_A可用下面公式计算：

$$\frac{1}{C_A}=\frac{1}{C_{A1}}+\frac{1}{C_{A2}}=\frac{1}{\frac{\varepsilon_1 A}{d_1}}+\frac{1}{\frac{\varepsilon_2 A}{d_2}}=\frac{1}{\frac{\varepsilon_1 bl_1}{d_1}}+\frac{1}{\frac{\varepsilon_2 bl_1}{d_2}}$$

传感器左右两部分，可看作电容器并联，其电容量$C=C_A+C_B$可用下面公式计算：

$$C=C_A+C_B=\frac{bl_1}{\frac{d_1}{\varepsilon_1}+\frac{d_2}{\varepsilon_2}}+\frac{b(l_0-l_1)}{\frac{d_1+d_2}{\varepsilon_1}}$$

因为初始时刻极板间介电常数为ε_1，所以初始电容量可用下面公式计算：

$$C_0=\frac{\varepsilon_1 bl_0}{d_1+d_2}$$

综上所述，整理后电容量可表示为

$$C=C_0+C_0\frac{l_1}{l_0}\frac{1-\frac{\varepsilon_1}{\varepsilon_2}}{\frac{d_1}{d_2}+\frac{\varepsilon_1}{\varepsilon_2}}$$

可见，当极板厚度以及极板的介电常数都固定后，该传感器的电容增量与插入极板的长度呈线性关系。

3. 测量电路

电容式传感器通常还需要配合后续信号调节电路才能将其微小的电容变化值转换为与其成正比的电压、电流或频率值。对于单个电容量变化的测量，可以用调频电路、运算放大器来实现；对于差动电容量变化的测量，可以用二极管双T型交流电桥、脉冲宽度调制电路等实现。这里简单介绍一下调频电路和运算放大器电路的基本原理。

（1）调频电路　调频电路原理如图2-26所示，电容式传感器是振荡器谐振回路的一部分，振荡器的频率为

$$f=\frac{1}{2\pi\sqrt{LC}} \tag{2-66}$$

式中　L——振荡回路的电感；

C——振荡回路的总电容量，$C=C_0+\Delta C$。

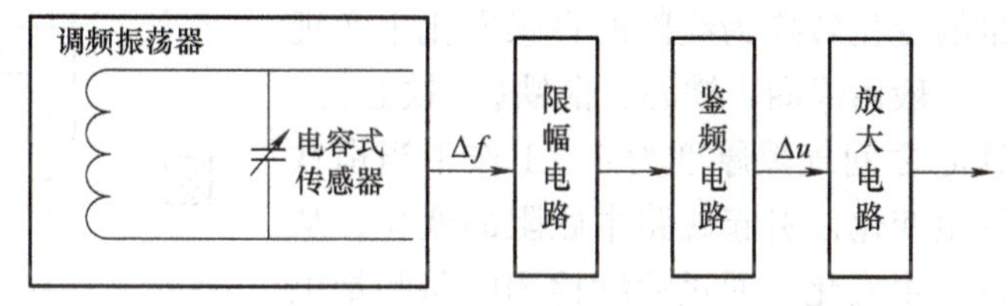

图2-26　电容式传感器调频电路原理

当有被测信号时，$\Delta C\neq0$，振荡器频率有一个相应的改变量Δf，改变后的频率为

$$f'=\frac{1}{2\pi\sqrt{L(C_0+\Delta C)}}=f_0\pm\Delta f \tag{2-67}$$

可见，当被测输入量变化时，会导致电容变化，这会使振荡器的频率发生改变。此时，频率就可以作为测量系统的输出，其体现了输入量变化。但由于系统是非线性的，不易校正，通常在后续电路中加入鉴频电路，该电路单元会将频率的变化转换为振幅的变化，再经过放大电路放大后，便于后续测量与读入。电容式传感器的调频电路可测量0.01μm级位移变化量，具有灵敏度高、抗干扰能力强、稳定性能好、能取得伏特级高电平的直流信号、易于用数字仪器测量、与计算机接口等特点。

（2）运算放大器　运算放大器具有放大倍数大、输入阻抗高的特点，将其作为电容式传感器的测量电路，其测量原理如图2-27所示。

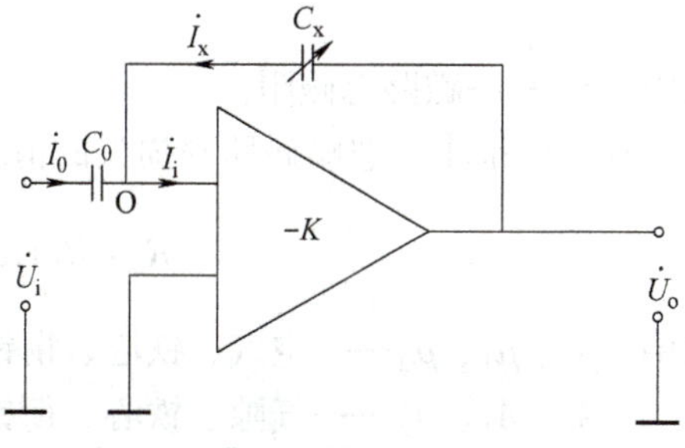

图2-27　典型运算放大器测量原理

图2-27中C_x代表传感器电容，O点为“虚地”。由于运算放大器的放大倍数、输入阻抗都很高，假设它们为无穷大时有$\dot{I}_i=0$。因此，对于运算放大器有

$$\dot{U}_o=-\frac{C_0}{C_x}\dot{U}_i \tag{2-68}$$

如果传感器是变极距型平板电容器，则有$C_x=\frac{\varepsilon A}{\delta}$，代入式(2-68)有

$$\dot{U}_o=-\frac{\dot{U}_i C_0}{\varepsilon A}\delta \tag{2-69}$$

式中　A——电容式传感器极板覆盖面积；

ε——电容式传感器介电常数；

δ——电容式传感器极板间距；

$\dot{U}_i$——运算放大器的输入电压。

由上述分析可知，运算放大器式的测量电路，其输出电压与极板间距离(输入位移)呈线性关系，可以克服变距离型电容式传感器的非线性问题。

2.4.3 电感式传感器

电感式传感器是将被测量转换为线圈的自感或互感的变化来实现测量的装置，其一般利用磁场作为媒介或者利用铁磁体的某些现象，通常这类传感器具有电感线圈。

1. 自感式传感器

图 2-28 所示为一种典型的变磁阻自感式传感器，它是一种将被测距离量的变化转换为线圈的自感变化来实现测量的装置。传感器一般由线圈、铁心、衔铁(动铁心)三部分组成，衔铁与铁心之间气隙厚度为 δ。工作中当衔铁移动时，气隙厚度发生变化，引起磁路中磁阻的变化，从而导致线圈的电感量发生变化。通过后续检测电路测量电感量的变化，就可以确定衔铁的位移量和方向。

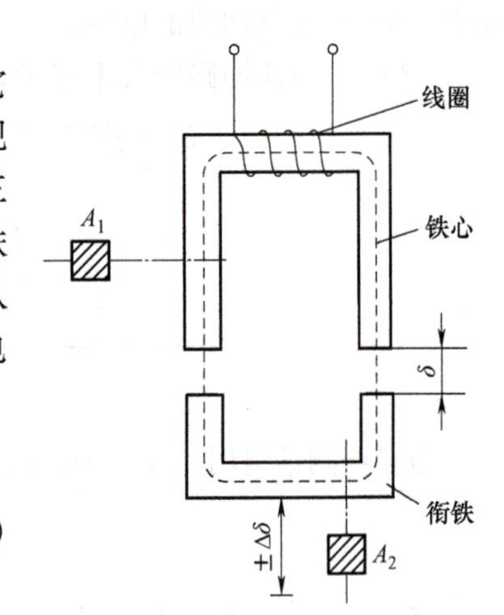

图 2-28 变磁阻自感式传感器

线圈中电感量定义为

$$L=\frac{\psi}{I}=\frac{N\Phi}{I} \tag{2-70}$$

式中 ψ——线圈总磁链；

Φ——穿过线圈磁通；

I——通过线圈电流；

N——线圈匝数。

由磁路欧姆定律可以得出

$$\Phi=\frac{IN}{R_m} \tag{2-71}$$

式中 R_m——磁路总磁阻。

在气隙很小，忽略磁路磁损失的情况下，磁路总磁阻可表示为

$$R_m=R_1+R_2+R_\delta=\frac{l_1}{\mu_1 A_1}+\frac{l_2}{\mu_2 A_2}+\frac{2\delta_0}{\mu_0 A_0} \tag{2-72}$$

式中 μ_0、μ_1、μ_2——空气、铁心、衔铁的磁导率；

A_0、A_1、A_2——气隙、铁心、衔铁的截面积；

l_1、l_2——磁通通过铁心和衔铁中心线的长度；

δ_0——气隙的厚度；

R_δ、R_1、R_2——气隙、铁心、衔铁的磁阻。

由于实际应用中气隙磁阻远大于铁心和衔铁的磁阻，即 $R_\delta \gg R_1+R_2$，所以式(2-72)可以近似为

$$R_m=\frac{2\delta_0}{\mu_0 A_0} \tag{2-73}$$

上述公式联立，可得

$$L_0 \approx \frac{N^2}{R_\delta} = \frac{\mu_0 A_0 N^2}{2\delta_0} \tag{2-74}$$

从式(2-74)可见，自感式传感器当线圈的匝数一定的时候，可以通过改变气隙 δ_0 或者 A_0 来改变电感量。一般情况下变气隙型传感器使用更为广泛。

当图 2-28 中衔铁下移 $\Delta\delta$ 时，磁间隙 $\delta=\delta_0+\Delta\delta$，那么自感变化可用以下公式表示：

$$\Delta L_1 = L_1 - L_0 = \frac{\mu_0 A_0 N^2}{2(\delta_0+\Delta\delta)} - \frac{\mu_0 A_0 N^2}{2\delta_0} = \frac{\mu_0 A_0 W^2}{2\delta_0}\left[\frac{2\delta_0}{2(\delta_0+\Delta\delta)}-1\right] = L_0\ \frac{-\Delta\delta}{\delta_0+\Delta\delta} \tag{2-75}$$

$$\frac{\Delta L_1}{L_0} = \frac{-\Delta\delta}{\delta_0+\Delta\delta} = \frac{1}{1+\dfrac{\Delta\delta}{\delta_0}}\left(-\frac{\Delta\delta}{\delta_0}\right) \tag{2-76}$$

当 $\Delta\delta/\delta_0 \ll 1$ 时，有

$$\frac{\Delta L_1}{L_0} = -\frac{\Delta\delta}{\delta_0} + \left(\frac{\Delta\delta}{\delta_0}\right)^2 - \left(\frac{\Delta\delta}{\delta_0}\right)^3 + \cdots \tag{2-77}$$

忽略式(2-77)高次项，有 $\Delta L_1 = -L_0\Delta\delta/\delta_0$，则灵敏度近似表达式为

$$S = \left|\frac{\Delta L_1}{\Delta\delta}\right| = \left|\frac{L_0}{\delta_0}\right|$$

同理，当衔铁上移 $\Delta\delta$ 时，$\delta=\delta_0-\Delta\delta$，也可以得出

$$\Delta L_2 = L_2 - L_0 = \frac{\mu_0 A N^2}{2(\delta_0-\Delta\delta)} - \frac{\mu_0 A N^2}{2\delta_0} = L_0\ \frac{\Delta\delta}{\delta_0+\Delta\delta} \tag{2-78}$$

当 $\Delta\delta/\delta_0 \ll 1$ 时，有

$$\frac{\Delta L_2}{L_0} = \frac{\Delta\delta}{\delta_0} + \left(\frac{\Delta\delta}{\delta_0}\right)^2 + \left(\frac{\Delta\delta}{\delta_0}\right)^3 + \cdots$$

忽略上式高次项，有 $\Delta L_2 = L_0\Delta\delta/\delta_0$，则灵敏度近似表达式为

$$S = \left|\frac{\Delta L_2}{\Delta\delta}\right| = \left|\frac{L_0}{\delta_0}\right|$$

可见自感式传感器的灵敏度取决于气隙的初始厚度，而气隙的初始厚度是一固定值。但这是进行线性化处理后得出的近似结果。而且，无论衔铁上移还是下移，$\Delta\delta$ 的增加都将引起非线性部分的增加，线性度变差。因此，变磁阻自感式传感器主要用于测量微小位移。为了减小非线性误差，实际工作中往往采用图 2-29 所示的差动结构。

对于图 2-29 所示的差动结构，当衔铁下移时，导致上、下线圈的电感量发生变化，分别为

$$L_1 = \frac{\mu_0 A N^2}{2(\delta_0+\Delta\delta)} \tag{2-79}$$

$$L_2 = \frac{\mu_0 A N^2}{2(\delta_0-\Delta\delta)} \tag{2-80}$$

当 $\Delta\delta/\delta_0 \ll 1$ 时，可以按泰勒展开方式写成以下公式表示形式：

$$L_1 = L_0\left[1 - \frac{\Delta\delta}{\delta_0} + \left(\frac{\Delta\delta}{\delta_0}\right)^2 - \left(\frac{\Delta\delta}{\delta_0}\right)^3 + \cdots\right] \tag{2-81}$$

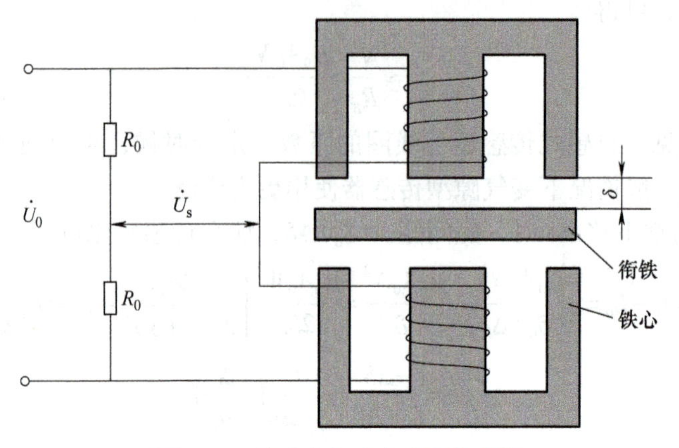

图 2-29　差动变气隙自感式传感器

$$L_2=L_0\left[1+\frac{\Delta\delta}{\delta_0}+\left(\frac{\Delta\delta}{\delta_0}\right)^2+\left(\frac{\Delta\delta}{\delta_0}\right)^3+\cdots\right] \tag{2-82}$$

因此，将上、下线圈串联，电感变化为

$$\Delta L=L_2-L_1=2L_0\left[\frac{\Delta\delta}{\delta_0}+\left(\frac{\Delta\delta}{\delta_0}\right)^3+\left(\frac{\Delta\delta}{\delta_0}\right)^5+\cdots\right] \tag{2-83}$$

忽略式(2-83)高次项，可见灵敏度 $S=2L_0/\delta_0$，提高了 1 倍。而且，式(2-83)中第一个忽略的非线性项为 $2(\Delta\delta/\delta_0)^3$，而对于单线圈结构，相对应的自感变化的第一个非线性项为 $(\Delta\delta/\delta_0)^2$，且由于 $\Delta\delta/\delta_0\ll1$，所以差动结构传感器的线性度得到明显改善。

如图 2-30 所示，除了变气隙形式的自感式传感器(图 2-30a)，还可以通过气隙截面积变化，构成变截面型传感器，如图 2-30b 所示；或者通过在线圈中放入柱形衔铁，当衔铁上下移动时，也可以改变线圈自感量，构成螺管型传感器，如图 2-30c 所示。

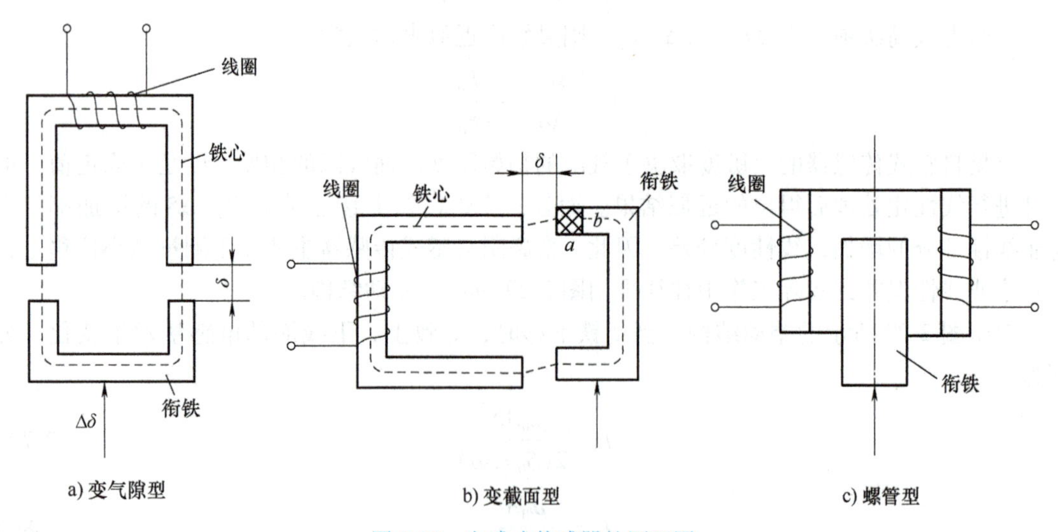

图 2-30　自感式传感器的原理图

变气隙型传感器优点是灵敏度高，对后续测量电路的放大倍数要求低；缺点是非线性严重，为限制非线性导致的示值范围较小，衔铁运动受铁心限制导致的自由行程较小等。

变截面型传感器优点是具有较好的线性、自由行程较大、制造装配比较方便、批量生产中的互换性较好；缺点是较大空气隙使磁路的磁阻高、灵敏度低。

螺管型传感器的优点是自由行程可任意安排、线性范围大、结构简单、制造装配容易方便、互换性好。

2. 互感式传感器

互感式传感器是把非电量的变化转变为线圈互感量变化的装置。它是依据变压器的基本原理制成的。互感式传感器相当于互感系数可变的变压器，当一次线圈接入激励电压后，二次线圈将产生感应电压输出，互感系数变化时，输出电压将相应变化。如图 2-31 所示，如果有两个线圈互相靠近，则其中一个线圈中电流所产生的磁通有一部分与第二个线圈相环链。当第一个线圈中电流发生变化时，则其与第二个线圈环链的磁通也发生变化，在第二个线圈中产生感应电动势。这种现象叫作互感现象。

由于二次线圈一般都采用差动形式连接，也称为差动变压器式传感器。从传感器的具体结构形式上分类，也可以分为变气隙式和螺线管式的差动变压器式传感器。图 2-31 所示为一种差动变气隙互感式传感器原理图。

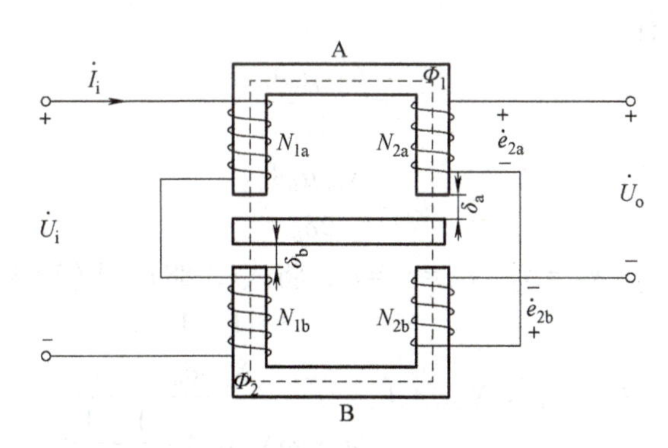

图 2-31　差动变气隙互感式传感器原理图

设在上磁心上绕有两个线圈 N_{1a}、N_{2a}，则当匝数为 N_{1a} 的一次线圈通入激励电流 $\dot{I}_i$ 时，它将产生磁通 Φ_1(线圈 N_1 所链磁通)，理想情况该磁通继续穿过匝数为 N_{2a} 的二次线圈，从而在线圈 N_{2a} 中产生互感电动势 $\dot{e}_{2a}$，其表达式为

$$\dot{e}_{2a}=\frac{d\psi_a}{dt}=M_a\frac{d\dot{I}_i}{dt} \tag{2-84}$$

式中　ψ_a——穿过 N_{2a} 的磁链，$\psi_a=N_{2a}\Phi_1$；

M_a——线圈 N_{1a} 对 N_{2a} 的互感系数，$M_a=d\psi_a/d\dot{I}_i=N_{2a}\Phi_1/\dot{I}_i$。

设 $\dot{I}_i=I_{iM}e^{-j\omega t}$，其中 I_{iM} 为电流模量，ω 为电源角频率，则 $d\dot{I}_i/dt=-j\omega I_{iM}e^{-j\omega t}$，代入式(2-84)，所以有

$$\dot{e}_{2a}=-j\omega M_a\dot{I}_i \tag{2-85}$$

同理，可得下铁心中的感应电动势为

$$\dot{e}_{2b}=-j\omega M_b\dot{I}_i \tag{2-86}$$

这样输出电压为

$$\dot{U}_o=\dot{e}_{2a}-\dot{e}_{2b}=-j\omega\dot{I}_i(M_a-M_b)=-j\omega N_{2a}(\Phi_1-\Phi_2) \tag{2-87}$$

在忽略铁心磁阻和漏磁通的情况下，有

$$\Phi_1=\frac{\dot{I}_i N_{1a}}{R_{ma}} \tag{2-88}$$

$$\Phi_2=\frac{\dot{I}_i N_{1b}}{R_{mb}} \tag{2-89}$$

式中　R_{ma}、R_{mb}——上、下磁回路中的磁阻，可用式(2-90)、式(2-91)表示，即

$$R_{ma}=\frac{2\delta_a}{\mu_0 A_0} \tag{2-90}$$

$$R_{mb}=\frac{2\delta_b}{\mu_0 A_0} \tag{2-91}$$

其中一次线圈的激励电流为

$$\dot{I}_i=\frac{\dot{U}_i}{Z_{1a}+Z_{1b}}=\frac{\dot{U}_i}{r_{1a}+j\omega L_{1a}+r_{1b}+j\omega L_{1b}} \tag{2-92}$$

式中　Z_{1a}、r_{1a}、L_{1a}——一次线圈的复阻抗、等效电阻、等效电感；

Z_{1b}、r_{1b}、L_{1b}——二次线圈的复阻抗、等效电阻、等效电感。

而且根据式(2-74)有

$$L_{1a}=\frac{N_{1a}\,\mu_0 A_0}{2\delta_a} \tag{2-93}$$

$$L_{1b}=\frac{N_{1b}\,\mu_0 A_0}{2\delta_b} \tag{2-94}$$

当 $N_{1a}=N_{1b}=N_1$，$N_{2a}=N_{2b}=N_2$，$r_{1a}=r_{1b}=r_1$，将式(2-88)~式(2-94)代入式(2-87)，有

$$\dot{U}_o=-j\omega N_1 N_2 \mu_0 A_0 \dot{U}_i \frac{\dfrac{1}{\delta_a}-\dfrac{1}{\delta_b}}{4r_1+j\omega N_1{}^2\mu_0 A_0\left(\dfrac{1}{\delta_a}+\dfrac{1}{\delta_b}\right)} \tag{2-95}$$

在机械品质较好时，式(2-95)中的 $4r_1$ 可以忽略，从而简化为

$$\dot{U}_o=\dot{U}_i\frac{N_2}{N_1}\frac{\delta_a-\delta_b}{\delta_a+\delta_b} \tag{2-96}$$

由上述公式分析可知：

1）当衔铁位于中间时，$\delta_a=\delta_b$，输出电压为 0。

2）当衔铁上移 $\Delta\delta$ 时，即 $\delta_a=\delta_0-\Delta\delta$，$\delta_b=\delta_0+\Delta\delta$，计算有 $\dot{U}_o=-\dot{U}_i\dfrac{N_2}{N_1}\dfrac{\Delta\delta}{\delta_0}$，变压器输出电压与衔铁的位移变化量 $\Delta\delta$ 成正比。

3）同理，当衔铁下移 $\Delta\delta$ 时，输出电压 $\dot{U}_o=\dot{U}_i\dfrac{N_2}{N_1}\dfrac{\Delta\delta}{\delta_0}$，变压器输出电压与衔铁的位移变化量 $\Delta\delta$ 成正比，且输出电压与输入电压同相。

根据输出电压的大小和极性可以反映被测物体的大小和方向。与自感式传感器类似，互感式传感器也分为变气隙型、变截面型和螺管型。

3. 电涡流式传感器

根据法拉第电磁感应原理，块状金属导体置于变化的磁场中，导体内将产生涡旋状的感应电流，此电流叫电涡流，这种现象称为电涡流效应（导体在磁场中做切割磁力线运动时有

涡流，切割不变化的磁场时无涡流）。根据电涡流效应制成的传感器称为电涡流式传感器。要形成涡流，必须具备两个条件：存在交变磁场与导体处于磁场之中。因此，电涡流式传感器主要由产生交变磁场的线圈和置于磁场中的金属导体两部分组成。金属导体本身也可以是被测对象本身。

如图 2-32 所示，如果把一个线圈放在金属导体附近，当线圈中通以正弦交变电流 $\dot{I}_1$ 时，线圈的周围空间就产生了正弦交变磁场，磁场强度为 H_1，处于此交变磁场中的金属导体内就会产生涡流 $\dot{I}_2$，此涡流也将产生交变磁场，磁场强度为 H_2，H_2 的方向与 H_1 的方向相反。由于 H_2 的作用，涡流要消耗一部分能量，从而使产生磁场的线圈阻抗发生变化。线圈与金属导体之间存在着磁性联系。可以把导体形象地看作一个短路环，则涡流传感器的等效电路可用图 2-32b 所示的等效电路来表示。

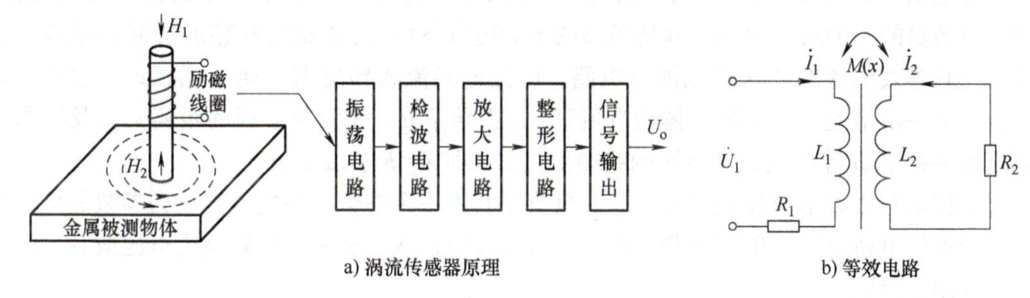

图 2-32　涡流传感器原理与等效电路

设线圈和金属导体之间互感系数为 M，它将随着间距 x 的减少而增大。根据基尔霍夫电压定律，可列出如下方程

$$R_1\dot{I}_1+\mathrm{j}\omega L_1\dot{I}_1-\mathrm{j}\omega M\dot{I}_2=\dot{U}_1 \tag{2-97}$$

$$R_2\dot{I}_2+\mathrm{j}\omega L_2\dot{I}_2-\mathrm{j}\omega M\dot{I}_1=0 \tag{2-98}$$

式中　ω——线圈励磁电流角频率；

R_1、L_1——线圈电阻和电感；

R_2、L_2——导体短路环等效电阻和等效电感；

$\dot{U}_1$——线圈励磁电压；

M——线圈和金属导体之间的互感系数。

对式(2-97)和式(2-98)求解励磁电流和涡流，有

$$\dot{I}_1=\frac{\dot{U}_1}{R_1+R_2\dfrac{\omega^2M^2}{R_2^2+\omega^2L_2^2}+\mathrm{j}\omega\left(L_1-L_2\dfrac{\omega^2M^2}{R_2^2+\omega^2L_2^2}\right)} \tag{2-99}$$

$$\dot{I}_2=\frac{\omega^2ML_2+\mathrm{j}\omega MR_2}{R_2^2+\omega L_2^2}\dot{I}_1 \tag{2-100}$$

由式(2-100)可见，线圈受到金属导体影响后的等效阻抗为

$$Z=\frac{\dot{U}_1}{\dot{I}_1}=R_1+R_2\frac{\omega^2M^2}{R_2^2+\omega^2L_2^2}+\mathrm{j}\omega\left(L_1-L_2\frac{\omega^2M^2}{R_2^2+\omega^2L_2^2}\right) \tag{2-101}$$

可见等效电阻和等效电感为

$$R=R_1+R_2\frac{\omega^2M^2}{R_2^2+\omega^2L_2^2} \tag{2-102}$$

$$L=L_1-L_2\frac{\omega^2M^2}{R_2^2+\omega^2L_2^2} \tag{2-103}$$

由上述公式可以看出，产生涡流后，线圈等效电阻的复阻抗实部，即等效电阻 R 相比 R_1 增大，虚部即等效电感 L 相比 L_1 减小。式(2-102)中等效电阻 R 增加，这是因为涡流损耗、迟滞损耗使阻抗增加。很明显金属导体的导电性和距离都将影响实部阻抗的大小。式(2-103)中的 L_1 与磁效应有关。若金属导体为非磁性材料，则 L_1 就是空心线圈的电感；若金属导体是磁性材料，则 L_1 增大，且随着距离 x 的变化而变化。式(2-103)中第二项与涡流效应有关，涡流产生磁场使得电感减小，而且距离 x 越小，电感减小的程度越大。

实际应用中，涡流传感器可利用转换电路测量阻抗 Z 或者电感 L 中的任一参数变化，达到测量的目的。而且，电涡流式传感器的等效电气参数 Z、L 都是互感系数 M 的函数，通常可利用其等效电感的变化组成测量电路，因此电涡流式传感器也属于互感式传感器。此外，在尺寸一定情况下，金属导体的电阻率 ρ、磁导率 μ、线圈与金属的距离 x 以及线圈激励电流的角频率 ω 等参数，都会影响线圈阻抗 Z，即 $Z=F(\rho,\mu,\omega,x)$。

若能控制其中大部分参数恒定不变，只改变其中一个参数，阻抗就能成为参数的单值函数，后续可用电桥电路、谐振电路、正反馈电路等把这些参数的变化转换为电压或频率的变化，实现测量目的。

4. 测量电路

电感式传感器先将被测量的变化转换为自感量或互感量的变化，为了便于信号读取与输出，需要用测量电路把自感量(或互感量)的变化再转换成电压或电流变化。常见的测量电路有交流电桥、变压器电桥、谐振式电路等。

(1) 交流电桥　图 2-33 所示为交流电桥示意图，Z_1、Z_2 为传感器线圈的阻抗，另两臂 Z_3、Z_4 为纯电阻 R。当电感式传感器由于被测量变化导致线圈阻抗变化时，例如，差动变气隙自感式传感器的衔铁上移时，差动线圈的阻抗产生变化，即

$$Z_1=Z_0+\Delta Z_1=\mathrm{j}\omega L_0+\mathrm{j}\omega\Delta L_1 \tag{2-104}$$

$$Z_2=Z_0-\Delta Z_2=\mathrm{j}\omega L_0-\mathrm{j}\omega\Delta L_2 \tag{2-105}$$

$$\dot{U}_\mathrm{o}=\dot{U}_\mathrm{i}\left(\frac{Z_2}{Z_1+Z_2}-\frac{R}{R+R}\right)=\dot{U}_\mathrm{i}\left[\frac{Z_2-Z_1}{2(Z_1+Z_2)}\right]=-\dot{U}_\mathrm{i}\left[\frac{\Delta Z_1+\Delta Z_2}{2(Z_1+Z_2)}\right] \tag{2-106}$$

对于差动式结构，$\Delta Z_1=\Delta Z_2$，$\Delta L=2L_0\Delta\delta/\delta_0$。所以联立上述各式可得

$$\dot{U}_\mathrm{o}=-\frac{\dot{U}_\mathrm{i}}{2}\frac{\Delta\delta}{\delta_0} \tag{2-107}$$

可见，对于差动自感式传感器，电桥输出与气隙变化量 $\Delta\delta$ 成正比。

(2) 变压器电桥　图 2-34 所示为变压器电桥示意图，本质上与交流电桥的分析相同。Z_1、Z_2 为传感器线圈的阻抗，另两臂为电源变压器二次线圈的两半，每半的电压为 $U_\mathrm{i}/2$。在初始位置时，$Z_1=Z_2=Z$，$\dot{U}_\mathrm{AB}=0$。

由于被测量变化导致线圈阻抗变化时，例如，对于差动变气隙自感式传感器，当衔铁上移时，差动线圈的阻抗产生变化，有 $\Delta Z_1=\Delta Z_2=\Delta Z$，$\Delta L=\Delta L_1+\Delta L_2=2L_0\Delta\delta/\delta_0$，所以变压器输出可表示为

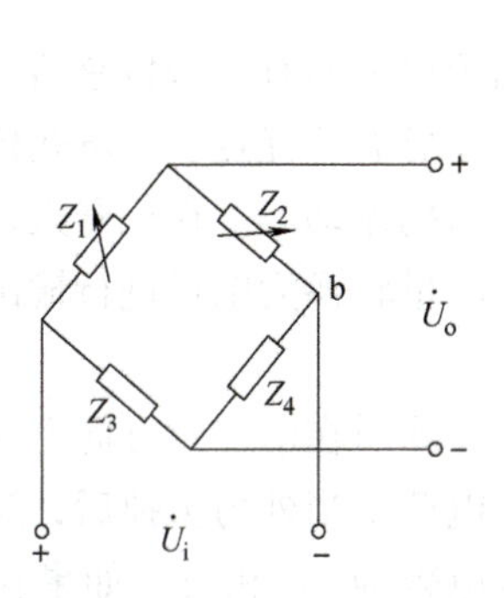

图 2-33　交流电桥示意图

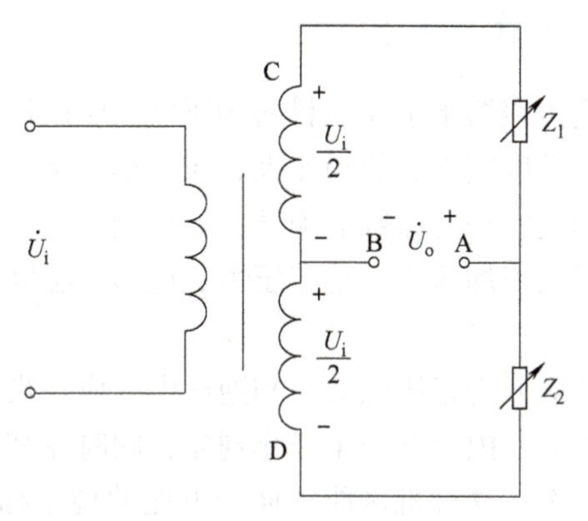

图 2-34　变压器电桥示意图

$$\dot{U}_o=\dot{U}_i\left[\frac{Z_2}{Z_1+Z_2}\right]-\frac{\dot{U}_i}{2}=\dot{U}_i\left[\frac{Z_2-Z_1}{2(Z_1+Z_2)}\right]=-\frac{\dot{U}_i}{2}\frac{\Delta Z}{Z}=-\frac{\dot{U}_i}{2}\frac{\mathrm{j}\omega\Delta L_1}{R_0+\mathrm{j}\omega L_0}\approx-\frac{\dot{U}_i}{4}\frac{\Delta L}{L_0}\tag{2-108}$$

将 $\Delta L=\Delta L_1+\Delta L_2=2L_0\dfrac{\Delta\delta}{\delta_0}$代入式(2-108)，可以得出

$$\dot{U}_o\approx-\frac{\dot{U}_i}{4}\frac{\Delta L}{L_0}\approx-\frac{\dot{U}_i}{2}\frac{\Delta\delta}{\delta_0}\tag{2-109}$$

可见，对于差动结构，电压输出与衔铁上移或下移的位移，即气隙变化量成正比。

（3）谐振式电路　谐振式电路有调幅和调频两种。图 2-35 所示为谐振式调幅电路。与被测量有关的传感器的电感 L 按图 2-35 所示接入电路，它与电容 C 和变压器一次侧串联在一起，接入交流电源，变压器的二次侧有电压输出 $\dot{U}_o$。输出电压的频率与电源频率一致，但是其幅值却随着电感 L 的变化而变化。如图 2-35b 所示，在 L_0 处会出现一个峰值，这一点称为谐振电路的谐振点。此电路的灵敏度很高，但线性差，仅适用于线性度不高的场合。

谐振式调频电路如图 2-36 所示，传感器电感 L 变化引起输出电压频率发生改变，频率与电感呈现明显的非线性关系。当 L 变化时，振荡频率也发生变化，根据频率大小即可以确定被测量的值，如式(2-110)所示。

$$f=\frac{1}{2\pi\sqrt{LC}}\tag{2-110}$$

式中　L——振荡回路的总电感；

　　　C——振荡回路的电容。

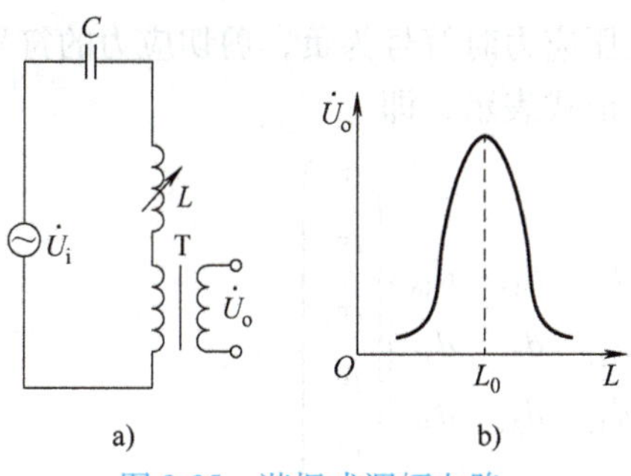

图 2-35　谐振式调幅电路

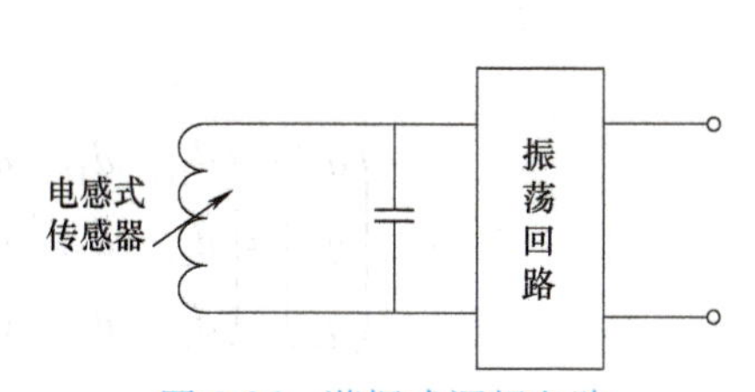

图 2-36　谐振式调频电路

2.4.4 压电式传感器

压电式传感器基于晶体材料的压电效应进行工作，属于典型的有源型传感器。其具有响应频带宽、灵敏度高、信噪比大、质量小、结构简单、工作可靠等优点。压电式传感器主要用于与力相关的动态参数的测试，如机械冲击、动态力、结构振动等。在机器人领域，压电式传感器可以把加速度、动态压力、位移、温度等许多非电量转换为电量进行输出。

1. 压电效应与压电材料

压电效应分为正压电效应和逆压电效应。当某些电介质物质在沿一定方向上受到外力的作用而变形时，内部会产生极化现象，同时在其表面产生电荷；当外力去掉后，又重新回到不带电的状态，这种机械能转换为电能的现象称为“正压电效应”。相反，如果在电介质的极化方向上施加电场，它会产生机械变形；当去掉外加电场时，电介质的变形随之消失，这种将电能转换为机械能的现象称为“逆压电效应”。

当压电元件受到外力 F 作用时，在相应的表面产生表面电荷 Q，如图 2-37 所示。其关系可用式(2-111)表示。

$$Q=dF \tag{2-111}$$

式中 d——压电系数。

压电系数是描述压电效应程度的物理量。为了描述更一般的场合，有

$$q=d_{ij}\sigma_j \tag{2-112}$$

式中 i——晶体极化的方向，通常 $i=1, 2, 3$；

j——沿着 x、y、z 三个轴的方向作用的单向应力和在垂直于三轴的方向作用的剪切力，通常 $j=1, 2, 3, 4, 5, 6$，如图 2-38 所示；

d_{ij}——压电应力常数，表示 j 向受力时在与极化方向 i 垂直平面上产生电荷的能力。

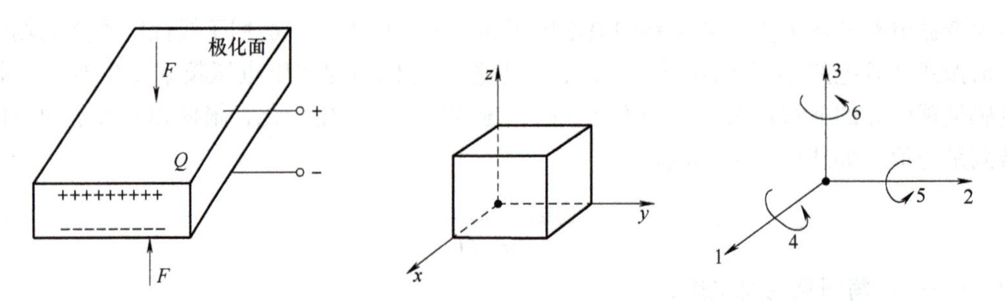

图 2-37 正压电效应示意图

图 2-38 压电元件坐标系

一般规定单向应力是拉应力时符号为正，是压应力时符号为负，剪切应力的符号用右手螺旋法则确定。压电材料的压电特性可用矩阵的形式表示，即

$$\begin{pmatrix} q_1 \\ q_2 \\ q_3 \end{pmatrix}=\begin{pmatrix} d_{11} & d_{12} & d_{13} & d_{14} & d_{15} & d_{16} \\ d_{21} & d_{22} & d_{23} & d_{24} & d_{25} & d_{26} \\ d_{31} & d_{32} & d_{33} & d_{34} & d_{35} & d_{36} \end{pmatrix}\begin{pmatrix} \sigma_1 \\ \sigma_2 \\ \sigma_3 \\ \sigma_4 \\ \sigma_5 \\ \sigma_6 \end{pmatrix} \tag{2-113}$$

式中　q_1、q_2、q_3——与 x、y、z 轴垂直平面上的电荷密度；

σ_1、σ_2、σ_3——作用在 x、y、z 轴垂直平面 S_x、S_y、S_z 上的应力；

σ_4、σ_5、σ_6——切应力。

上述压电常数矩阵是正确选择压电材料元件、受力状态、变形方式、能量转换率以及晶片几何切型的重要依据。具有明显压电效应的功能材料称为压电材料，常见产生压电效应的材料有石英晶体、压电陶瓷、新型有机高分子压电材料(如 PVDF)等。

常见压电材料及特性见表 2-4。构建传感器时，通常选择具有较大压电常数、机械强度高、振动频率高、电阻率和介电系数大、居里点高、温度、湿度和时间稳定性好的压电材料。

表 2-4　常见压电材料及特性

类别	材料	成分	特性	产品外观示例
石英晶体	单晶体 水晶(人造、天然)	SiO_2	$d_{11}=2.31\times10^{-12}$C/N 压电系数稳定 固有频率稳定 承受压力 700～1000kg/cm^2	石英晶振片
压电陶瓷	人造多晶体	钛酸钡 锆钛酸钡 铌酸盐系	压电系数高 $d_{33}=1.9\times10^{-10}$C/N 品种多，性能各异	压电陶瓷片
高分子压电材料	有机高分子聚合物	聚偏二氟乙烯	质轻、柔软 抗拉强度高 机电耦合系数高	PVDF压电薄膜

2. 等效电路与测量电路

以压电陶瓷或者石英等材料构成的压电元件是绝缘体，在压电元件两个平面间制作电极，这样压电元件在工作时可以等效为一个电容器。正负电荷聚集的表面相当于电容器的两个极板，压电材料相当于一种介质，其电容量为

$$C_a=\frac{\varepsilon_r\varepsilon_0 A}{\delta} \tag{2-114}$$

式中　ε_r——相对介电常数；

ε_0——真空介电常数；

A——压电片面积；

δ——压电元件厚度。

压电元件受到外力时，两极板表面会产生等量的正负电荷，假设电荷量为 Q，压电元件的开路电压为 U，则

$$U=\frac{Q}{C_a} \tag{2-115}$$

这样，可以将其等效为图 2-39a 所示的与电容并联的电流源，也可以等效为图 2-39b 所示的与电容串联的电压源。R_f为外电路负载，C_a 为压电元件等效电容。

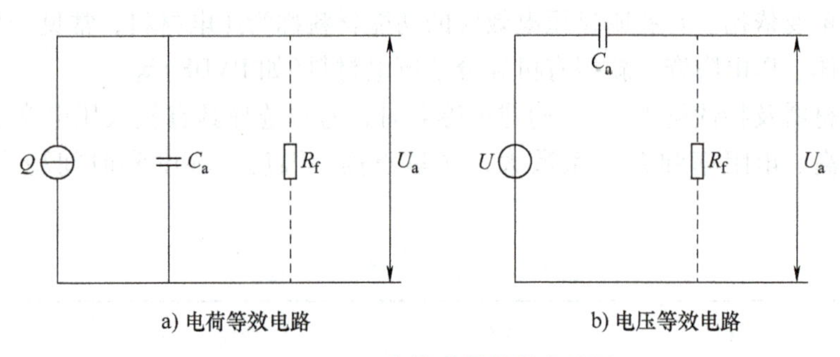

a) 电荷等效电路　　b) 电压等效电路

图 2-39　压电式传感器等效电路图

压电式传感器在测量系统中的实际等效电路如图 2-40 所示。实际应用中，压电式传感器与后续测量仪器或电路连接，还须考虑连接电缆的等效电容 C_c、放大器的输入电阻 R_i、放大器输入电容 C_i 以及压电式传感器的泄漏电阻 R_a。压电元件本身阻抗很高($10^{10}\Omega$ 以上)，输出能量很小，后续测量电路通常接入一个高输入阻抗的前置放大器，将高输入阻抗转换为低输入阻抗，对传感器的微弱信号进行放大。

根据等效方式不同，压电式传感器可以输出电荷信号或电压信号，相应的放大器也有电荷放大器和电压放大器两种形式。

(1) 电荷放大器　如图 2-40a 所示，假设反馈电容折合到放大器输入端的有效电容为 C_f'，那么有

$$\begin{cases}U_i=\dfrac{Q}{C_a+C_c+C_i+C_f'}\\U_o=-KU_i\end{cases} \tag{2-116}$$

将式(2-116)整理后可将输出电压表示为

$$U_o=\frac{-KQ}{C_a+C_c+C_i+(1+K)C_f} \tag{2-117}$$

当 $K\gg1$，且满足 $(1+K)C_f>10(C_a+C_c+C_i)$ 时，输出电压可近似表示为

$$U_o\approx\frac{-Q}{C_f} \tag{2-118}$$

可见，放大器输入阻抗极高，输入端几乎没有分流时，电荷 Q 只对反馈电容 C_f 充电；而且，输出电压与 Q 成正比，即输出电压与被测压力呈线性关系。

(2) 电压放大器　如果压电元件受到正弦力 $f=F_m\sin\omega t$ 作用，则在力作用下产生的电压也按照正弦规律变化，即

$$u=U_m\sin\omega t=\frac{d_{33}F_m}{C_a}\sin\omega t \tag{2-119}$$

式中　d_{33}——压电系数；

U_m——输出电压的幅值。

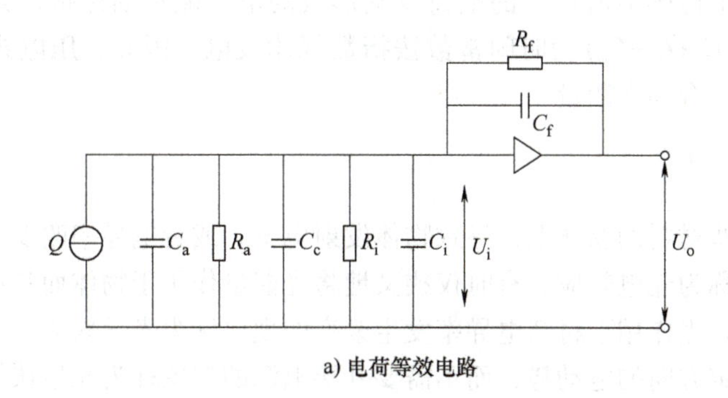

a) 电荷等效电路

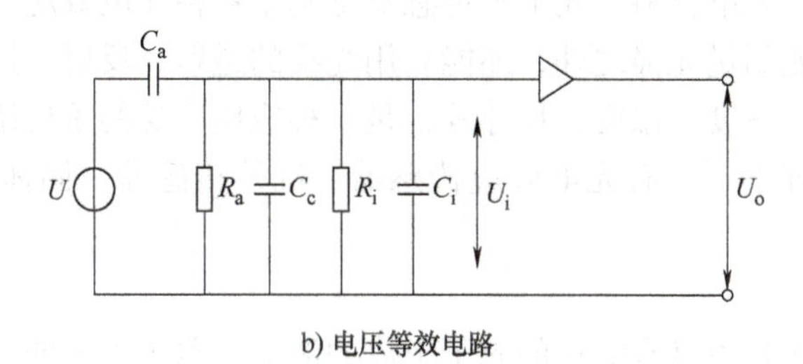

b) 电压等效电路

图 2-40　压电式传感器在测量系统中的实际等效电路

如图 2-40b 所示，等效电路中电阻 R_a、R_i 与 C_c、C_i 并联阻抗为 Z_{RC}，之后再与 C_a 串联的总阻抗为 Z，表达式为

$$Z_{RC}=\frac{\frac{1}{j\omega C}R}{\frac{1}{j\omega C}+R}=\frac{R}{1+j\omega RC} \tag{2-120}$$

$$Z=\frac{1}{j\omega C_a}+Z_{RC}=\frac{1}{j\omega C_a}+\frac{R}{1+j\omega RC} \tag{2-121}$$

因此，放大器输入端电压为

$$\dot{U}_i=\frac{Z_{RC}}{Z}U_m \tag{2-122}$$

综上所述，将式(2-120)和式(2-121)代入式(2-122)整理有

$$\dot{U}_i=d_{33}F_m\frac{j\omega R}{1+j\omega R(C+C_a)}=d_{33}F_m\frac{j\omega R}{1+j\omega R(C_c+C_i+C_a)} \tag{2-123}$$

可见，放大器输入电压幅值为

$$U_{im}=\frac{d_{33}F_m\omega R}{\sqrt{1+\omega^2R^2(C_c+C_i+C_a)^2}} \tag{2-124}$$

因此，放大器输入电压与作用力相位差为

$$\varphi=\frac{\pi}{2}-\arctan[\omega R(C_c+C_i+C_a)] \tag{2-125}$$

可见，当作用在压电元件的力为静态力时($\omega=0$)，放大器输入端的电压为0。因此电荷会通过输入放大器的电阻和传感器本身泄漏电阻漏掉。只有在外电路负载 R_f 无穷大，而且

内部无漏电时，压电传感器所产生的电荷及其形成的电压能长期保持，如果负载不是无穷大，则电路将以 $R(C_c+C_i+C_a)$ 为时间常数按指数规律放电。因此，压电式传感器不适合测量静态物理量，更适合动态测量。

2.4.5 光电式传感器

当光照射到某些材料的物体上，导致物体发射电子，或者电导率改变，或者产生光生伏特效应等现象，统称为光电效应。有时仅狭义地将光能量作用于物体而释放电子的现象称为光电子发射效应，将光作用下材料电导率发生改变的现象称为光导效应，将某些半导体器件受到光照时产生一定方向的电动势，而不需要外接电源的现象称为光生伏特效应。具有光电效应的敏感材料称为光电材料。光电式传感器是基于各种光电效应将光信号转换成电信号的检测装置。它除了能测量光强之外，还能利用光线的透射、反射、遮挡、干涉等原理测量多种物理量，如位移、速度、温度、尺寸等，是一种应用广泛的重要敏感元件。常用的光电式传感器根据工作原理不同，有光电效应传感器、红外传感器、固体图像传感器和光纤传感器等。

1. 外光电效应与器件

物理学界认为光是由具有能量的光子组成的波群，每个光子的能量和光的振动频率的关系为

$$E=h\omega \tag{2-126}$$

式中 E——每个光子的能量；

h——普朗克常数，$h=6.626\times10^{-34}\mathrm{J\cdot s}$；

ω——光的振动频率。

爱因斯坦假设一个光子的能量只给一个电子。光照时物质中电子要逃逸，必须使光子能量 E 大于表面逸出功 A_0。逸出表面后的电子称为光电子，其具有的动能可用光电效应方程表达，即

$$E_k=\frac{mv^2}{2}=h\omega-A_0 \tag{2-127}$$

式中 m——电子的质量(kg)，$m=9.1\times10^{-31}\mathrm{kg}$；

v——电子逸出的初始速度(m/s)。

光照在物体表面，物体在光能量作用下而释放电子的效应称为光电效应。单位时间内，入射光子的数量越大，逸出的光电子就越多，光电流也就越强。光电子发射发生在物体表面，称其为外光电效应，通常当光照射在金属和金属氧化物等光电材料表面时会发生此现象。根据外光电效应制作的光电器件有光电管和光电倍增管。

(1) 光电管　光电管有真空光电管和充气光电管两类。真空光电管如图 2-41 所示，在密封真空玻璃管内，或者将阴极装在玻璃内壁上，或者装入柱形金属板作为阴极。阳极由弯曲成各种形状的金属丝构成，并置于玻璃管中央。一般阴极涂有光电材料。当光通过光窗照在阴极上时，光电子就从阴极射出。在阴极和阳极之间加有一定的电压，且阳极为正极、阴极为负极，这样在电场作用下，光电子在极间做加速运动，且被高电位的中央阳极收集形成电流。光电流的大小主要取决于阴极灵敏度和入射光的强度。

充气光电管也被称为离子光电管，与真空光电管结构类似，由封装在充气管内的光阴极和阳极构成。与真空光电管不同的是，光电子在电场作用下向阳极运动时与管中气体原子碰

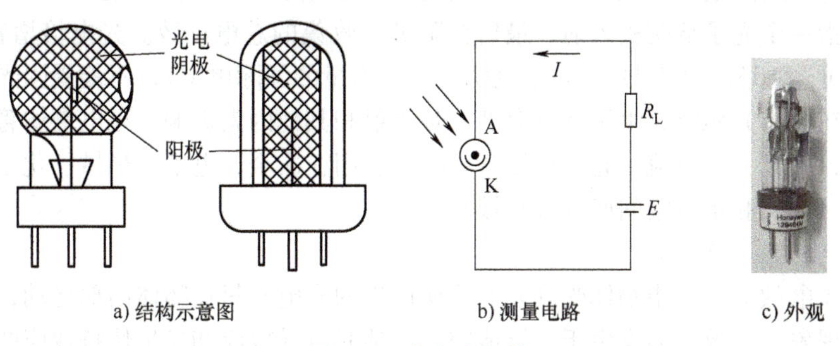

图 2-41　真空光电管

撞而发生电离现象。由电离产生的电子和光电子都被阳极接收，而正离子却反向运动被阴极接收。因此，在阳极电路内形成的光电流比真空光电管的光电流大数倍以上。光电管的性能主要用伏安特性、光照特性、光谱特性、响应时间等描述。其中，伏安特性是指在一定光照强度下，光电管所加电压和产生光电流之间的关系；光照特性是指光电管阳极和阴极之间所加电压一定时，光通量与光电流的关系；光谱特性是指光电管采用不同阴极材料时，对不同波长的光灵敏度不同的特性。光电管存在灵敏度低、体积大、易破损的问题，目前已有被固体光电器件所代替的趋势。

（2）光电倍增管　光电倍增管是一种具有高灵敏度的光电管，如图 2-42a 所示，其主要由光阴极、多个次阴极（倍增电极）和阳极三部分组成。倍增管阳极用来收集电子，它输出的是电压脉冲。使用时各倍增电极上均施加电压，其中光阴极电位最低，各倍增电极到阳极的电位依次升高。同时这些倍增电极用次级发射材料制成，即在具有一定能量的电子轰击下，能够产生更多的“次级电子”。这样，当光照时从阴极发出光电子，电子在相邻两个倍增电极之间的电场不断多次加速，而且倍增电极上会产生二次电子发射。如此不断倍增后收集到的电子数将达到阴极发射电子数的 $10^5 \sim 10^8$ 倍。因此，光电倍增管的灵敏度比普通光电管高几十万倍到上亿倍，电流可由零点几微安放大到最高 10A 级别，即使在很微弱的光照下仍然能产生很大的光电流。

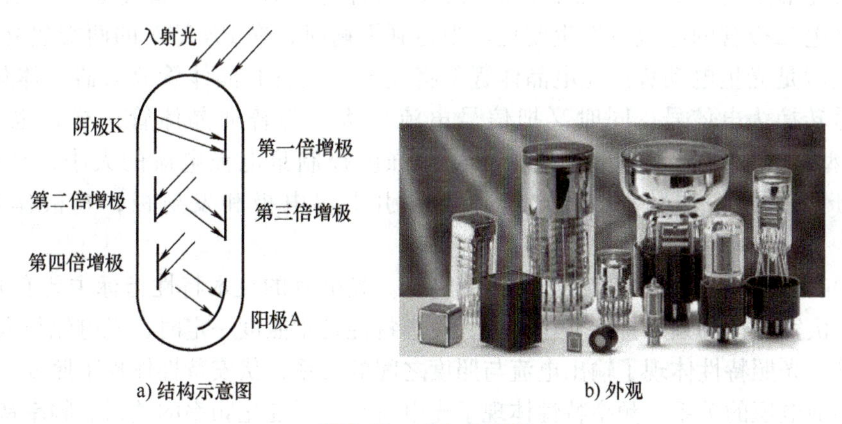

图 2-42　光电倍增管

光电倍增管的主要参数有倍增系数、阴极灵敏度、总灵敏度、暗电流、光谱特性等。其中，倍增系数等于各个倍增电极二次电子发射系数的乘积，体现了阳极电流相比阴极电流扩大的倍数，它与所加电压有关。阴极灵敏度是指一个光子在阴极上所能激发的平均电子数。总灵敏度是指一个光子从阴极入射，最后在阳极上收集的总电子数。光电倍增管灵敏度高，最大灵敏度可达10A/lm(符号lm表示流明，是光通量的国际单位)，不能受强光照射，否则容易损坏。在没有光照时，由于环境温度、热辐射和其他因素影响，光电倍增管加压后阳极仍然有电流，称其为暗电流。光电倍增管广泛地应用在冶金、电子、机械、化工、地质、医疗、核工业、天文和宇宙空间研究等领域。

2. 内光电效应与器件

所谓内光电效应，是指物体受到光照后所产生的光电子只在物体内部运动，而不会逸出物体表面的现象。该效应多发生于半导体内，包括光电导效应和光生伏特效应两种。基于光电导效应的光电器件有光敏电阻，基于光生伏特效应的光电器件有光电二极管、光电晶体管、光电池等。本节主要介绍光敏电阻和光电管。

(1) 光敏电阻　光敏电阻也称光导管，是用硫化镉或硒化镉等半导体材料制成的特殊电阻器。光敏电阻对光线十分敏感，在无光照时，呈高阻状态，电阻一般可达1.5MΩ。随着光照强度的升高，其电阻值迅速降低，可降至1kΩ以下。如果把光敏电阻接到外电路中，当外加电压时，电路中有电流通过，通过检测该电流的变化即可反映光度量的变化。光敏电阻具有灵敏度高、工作电流大、光谱响应范围宽、体积小、质量小、机械强度高、耐冲击、耐振动、抗过载能力强、寿命长、使用方便等优点，但也存在响应时间长、频率特性差、强光线性差、受温度影响大等缺点，主要用于红外弱光探测和开关控制领域。光敏电阻的技术参数主要有暗电阻、亮电阻、光电流等。所谓暗电阻是指未光照时的电阻，此时流过的电流称为暗电流；亮电阻是指光照时的电阻，此时流过的电流称为亮电流；亮电流和暗电流之间的差值称为光电流。此外，也同样需要关注光敏电阻的伏安特性、光照特性、光谱特性、温度特性、时间响应、频率响应等指标。

(2) 光电管　光电管包括光电二极管和光电晶体管等，是一种当光集中在其敏感区域时，能够将光根据使用方式转换成电流或者电压信号的光探测器。

图2-43a所示为一种光电二极管，它是一种PN结型的半导体器件。如图2-43b所示，其上面有一个透镜制成的窗口，便于光线集中在其敏感面上。其基本电路如图2-43c所示，当没有光照射时，二极管处于截止状态；当有光照时，二极管导通，而且入射光强度变化时光电二极管的电流也发生变化。当达到平衡时，在PN结对的两端建立起稳定的电压差，这就是光生电动势。光电晶体管是将光电二极管和晶体管放大器一体化的器件。它把光信号转换为电信号，同时又把信号电流放大。与普通晶体管一样，也分为PNP型和NPN型结构。光电晶体管可以根据光照强度控制集电极电流的大小，从而使光电晶体管处于不同的工作状态。光电晶体管仅引出集电极和发射极，基极作为光接收窗口。

图2-43d所示为光电晶体管的基本使用电路。光电管的技术特性指标主要有光谱特性、光照特性、伏安特性和频率特性等。其中，光谱特性是指照度一定时，光电流与入射光波长之间的关系；光照特性体现了输出电流与照度之间的关系；伏安特性体现了照度一定条件下光电流与外加电压的关系；频率特性体现了光电流与光强变化频率的关系。频率特性好的光电管响应时间短。

光电二极管和光电晶体管主要差别体现在光电流、响应时间和输出特性上，见表2-5。

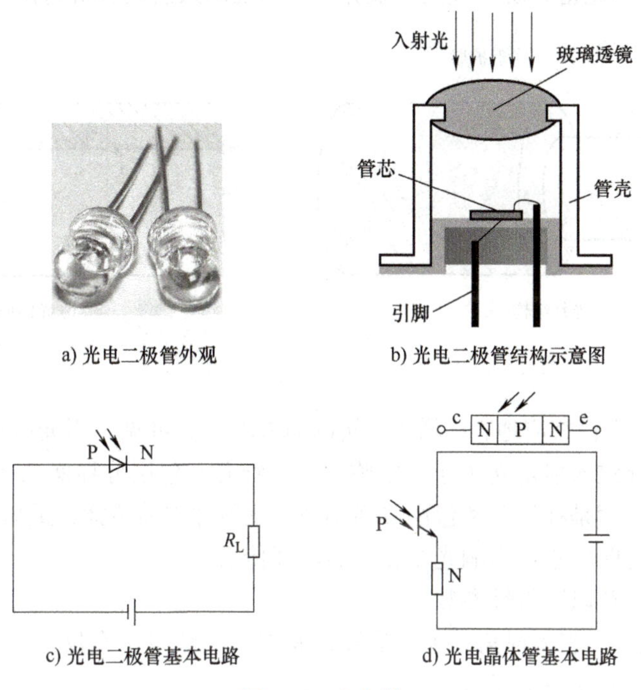

a) 光电二极管外观　b) 光电二极管结构示意图

c) 光电二极管基本电路　d) 光电晶体管基本电路

图 2-43　光电管

表 2-5　光电二极管和光电晶体管性能对比

名称	光电流	响应时间	输出特性
光电二极管	<100μA	<100ns	线性好
光电晶体管	0.4~4mA	5~10μs	线性较差

3. 光纤传感器

（1）光纤基本概念原理　光纤是一种能够传输光的丝状多层介质结构，可以将进入光纤一端的光线传到光纤的另一端。光纤从里向外由纤芯、包层和保护层组成。其中纤芯由高透明的材料制成，是传输光的主要通道。包层和纤芯对光的折射率不同，它们的相对折射率差$(1-n_2/n_1)$一般为0.005~0.14。光在光纤内传播主要是基于光的全反射原理，如图 2-44 所示，当光线以不同角度入射光纤端面时，在端面发生折射进入光纤，然后又入射到纤芯和包层交界面。由于纤芯(光密介质)的折射率 n_1 大于包层(光疏介质)的折射率 n_2，光线在该处有一部分投射到光疏介质，一部分又反射回到光密介质。根据光的全反射条件，即当光在两物质分界面的入射角 θ_k 大于一定临界角时，光线不会透过界面而全部反射到光密介质内部，即发生全反射。

根据光折射定理，有

$$\begin{cases}\dfrac{\sin\theta_k}{\sin\theta_j}=\dfrac{n_2}{n_1}\\[2ex]\dfrac{\sin\theta_i}{\sin\theta_i'}=\dfrac{n_0}{n_2}\end{cases}\tag{2-128}$$

式中　θ_i、θ_i'——光纤端面光线的入射角和折射角；

θ_k、θ_j——纤芯光密介质与包层光疏介质界面处的入射角和折射角。

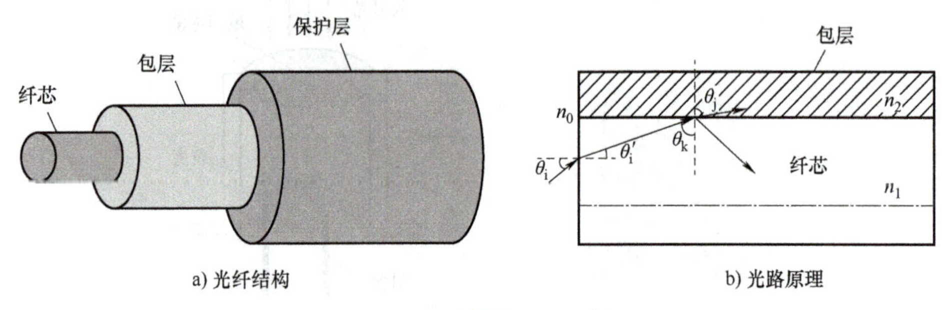

图 2-44 光纤传输原理示意图

当 θ_i减小，θ_i'减小；相应地，θ_k增大，θ_j也随之增大。可见，当光线端面入射角小于一定临界值时，就会导致入射角 θ_k大于一定临界角，纤芯和包层分界面二次折射发生全反射，光线不会射出光纤，而是在纤芯和包层界面不断全反射并向前传播，最后从光纤的另一端面射出。而且，光纤弯曲也不会影响光线在纤芯内部传播。

光纤传播时要注意以下特性参数：

1）光纤数值孔径：当入射角 θ_i小于临界值 θ_c时，光线发生全反射，在光纤内传播。该临界值由分界面两端物质折射率决定，有 $\sin\theta_c=\sqrt{n_1^2-n_2^2}$。光纤光学中定义 $\sin\theta_c$为光纤的数值孔径，用 NA 表示，它体现了光纤入射角度的范围要求。NA 越大，表明该光纤可以在较大入射角度范围内输入全反射光，集光能力强。但 NA 越大，光信号的畸变也越大，所以要适当选择 NA 指标。石英光纤 NA 为 0.2～0.4，对应临界值 $\theta_c=11.5°\sim23.5°$。

2）光纤模式：光纤按照其传输的模式可分为单模光纤和多模光纤。简单来讲，光波在光纤中传播分为轴向和径向平面波，沿着径向传播的光波在纤芯和包层分界面上产生反射。如果此波在一个相邻反射中相位变化 2π 的整数倍，就可以形成驻波并在光纤中传播。一个驻波就是一个模。在光纤中只能传播有限个模。单模光纤纤芯直径小(9μm 或 10μm)，信号畸变小，信息容量大，线性好，灵敏度高；缺点是直径小导致制造连接困难，适用于远程通信，需使用激光器作光源，成本高。多模光纤纤芯直径大(50～62.5μm)，传输模式多，制造连接容易，可使用发光二极管作光源，成本低；缺点是性能较差，模间色散较大，限制了数字信号频率，传输距离一般只有几千米。目前多模光纤是网络传输介质的主体，随着网络传输速率的不断提高和垂直腔面发射激光器(VCSEL)光源在其中的使用，多模光纤得到了更多应用和发展。

3）传输损耗：光信号在光纤中的传播存在一定损耗。损耗主要有本征损耗(包括光的固有损耗、瑞利散射、固有吸收等)、吸收损耗(通常由杂质、材料密度、浓度不均匀、折射率不均匀等引起)、散射损耗(通常因光纤拉制时粗细不均匀引起)、光波导弯曲损耗(由光纤在使用中可能发生的挤压、弯曲引起)、对接损耗(通常因光纤对接时不同轴、端面与轴心不直、端面不平、对接心径不匹配和熔接质量差等引起)等。

（2）光纤传感器组成　光纤传感器是用光而不是用电来感受信息的载体，当被测量如温度、压力、电场、磁场、振动等对光纤的作用，引起光波特征参量如振幅、相位、偏振态等发生变化时，只要能测出这些参量随外界因素的变化关系，就可以用它检测这些物理量。概括地说，光纤传感技术就是利用光纤将被测量对光纤内传输的光波参量进行调制，并对被调制过的光波信号进行解调检测，从而获得被测量。

光纤传感器主要由光源、光导纤维和光探测器组成。光源种类很多，按照光的相干性可分为相干光和非相干光。相干光源包括各种激光器，如氦氖激光器、半导体激光二极管等；非相干光源有白炽光、发光二极管等。光探测器主要用来将接收端的光信号转变成电信号，以便进行后续检处理与检测。常用的光探测器件有光电二极管、光电晶体管、光电倍增管等。

（3）光纤传感器分类　按照光纤在传感器中作用的不同，光纤传感器分为功能型与非功能型两类。

1）功能型光纤传感器。功能型（FF）光纤传感器是利用光纤本身对外界被测对象具有敏感能力和检测功能这一特性开发的传感器。光纤不但起到传光作用，而且在被测对象作用下，诸如光强、相位、偏振态等光学特性得到了调制，携带了被测对象的信息。再通过对被调制过的信号进行解调，从而测出被测信号。图 2-45a 所示的功能型光纤传感器中光纤是连续不断的，但为了感知被测对象的变化，往往需要采用特殊截面、特殊用途的光纤。

2）非功能型光纤传感器。非功能型（NFF）光纤传感器的基本原理如图 2-45b 所示。光纤只是传播光的媒介，对被测对象的调制功能是依靠其他物理性质的光转换敏感元件来实现的。入射光纤和出射光纤之间插有敏感元件，传感器中的光纤是不连续的。非功能型光纤传感器中的光纤仅起到传光的作用，所以可采用通信用光纤甚至普通的多模光纤。为使非功能型光纤传感器能够尽可能多地传输光信号，实际应用中应尽量采用大芯径、大数值孔径的多模光纤。

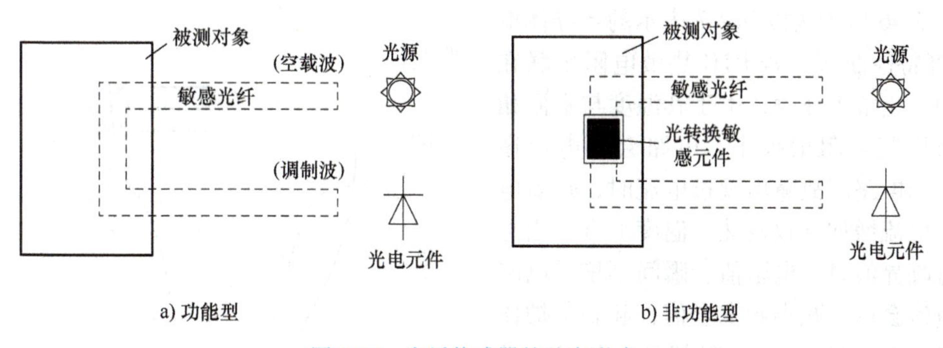

图 2-45　光纤传感器的基本形式

光纤传感器具有不受电磁场干扰、传输信号安全、可实现非接触测量的特点，因此具有高灵敏度、高精度、高速度、高密度、适应恶劣环境、非破坏性检测和使用简便等优点，无论是在电量（电流、电压、磁场）的测量，还是在非电量（位移、温度、压力、速度、加速度、液位等）的测量方面，都得到了广泛应用。

2.4.6　其他传感器

1. 热电式传感器

热电式传感器是将温度变化转换为电量变化的装置。它是利用某些材料或元件的性能随温度变化的特性来进行测量的。实际使用中最普遍的方法是将温度变化转换为电阻变化（如热电阻和热敏电阻）和电动势变化（如热电偶）。

（1）热电阻　热电阻也被称为金属热电阻，是利用金属导体的电阻随温度变化的特性对温度及其相关参数进行测量的。目前大多数热电阻在温度增加1℃时电阻增加0.4%~0.6%。热电阻材料通常需要具备以下特点：高电阻率、高温度系数、较宽测量范围内具有稳定的物理和化学性质、良好的输出特性和工艺性。为此，纯金属是制造热电阻的主要材料，比如铂、铜、铁、镍等，其相关参数见表2-6。

表2-6　常见金属材料热电阻的相关参数

材料	温度系数 α/(1/℃)	电阻率/Ω·m	温度范围/℃	特性
铂	3.92×10^{-3}	0.0981	-200~650	近线性
铜	4.25×10^{-3}	0.0170	-50~150	线性
铁	6.50×10^{-3}	0.0910	-50~150	非线性
镍	6.60×10^{-3}	0.1210		

实际使用时热电阻产品引出导线也会有一定电阻值，为避免导线电阻引入电桥等测量电路导致误差，实际热电阻产品引线有二线制、三线制和四线制，分别用于接入不同的测量电路中，分别适用于普通场合、工业精确测量场合和高精度测量应用中。

(2) 热敏电阻　热敏电阻也是利用电阻值随温度变化这一特性制成的热敏元件。与金属热电阻不同，热敏电阻采用半导体材料制成。例如，热敏电阻可利用钴、锰、镍等材料的氧化物采用不同比例配方、高温烧结而成。根据半导体电阻-温度特性的不同，热敏电阻可分为正温度系数(PTC)、负温度系数(NTC)和临界温度系数(CTR)热敏电阻。

图2-46所示为以ln$R$-T表示的半导体电阻-温度特性曲线，若PTC热敏电阻串联在电路中，正常工作时，由于其温度与室温相近，所以其电阻值很小，电路会有电流通过；而当电路因故障出现过电流时，热敏电阻由于电流增加导致发热、温度上升，当温度超过临界值时，电阻值会瞬间剧增，电路中的电流会迅速减小到安全值，起到保护作用。NTC和CTR热敏电阻都具有负温度系数，但CTR在某个温度范围电阻值下降速度更快，主要用于温度开关。

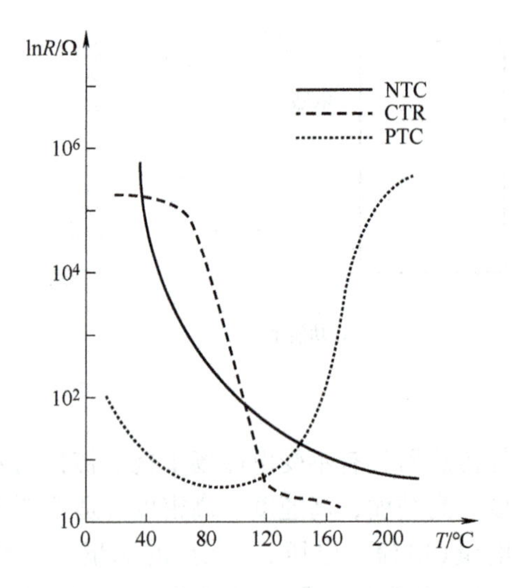

图2-46　半导体电阻-温度特性曲线

热敏电阻相比于热电阻，具有结构简单、体积小、温度系数大、灵敏度高、电阻率高、热惯性小、适宜动态测量、可测点温度等优点。热敏电阻的测温范围通常为-50~350℃。同时，热敏电阻阻值随温度变化灵敏度高，由于电流对热敏电阻有加热作用，所以注意不要使用大电流，以防带来测量误差。热敏电阻的电阻值常温下通常在数千欧姆以上，连接导线的电阻值对测温几乎没有影响，因此不必采用三线制或者四线制接法，使用方便。

(3) 热电偶　热电偶主要是基于塞贝克效应(也称第一热电效应)进行工作的。所谓塞贝克效应是1821年T. J. Seebeck发现的一种现象，即当两种不同性质的导体两端连接在一起、组成一个闭合回路时，如果结合点处的温度不同，则在两导体间产生电动势，并在回路中形成电流。该现象其实是受热物体中的电子（空穴）在温度梯度作用下由高温区往低温区移动，所产生电流或电荷堆积的一种现象，这种现象被称为塞贝克效应。

在上述闭合回路中的两种导体称为热电极。两个结合点中，一个工作端称为热端，另一个参比端称为冷端。由两种导体组合并将温度转换成热电动势的传感器称为热电偶。热电偶被广泛用于测量100~1300℃范围内的温度。

回路中导体间的热电动势主要包括两部分，即两种导体的接触电动势和单一导体的温差电动势。

1）接触电动势。当两种不同种类的金属导体接触时，在接触面上会发生电子扩散。电子扩散的速率一般与两导体的电子密度和接触区的温度有关。设导体A和B的自由电子密度为 n_A 和 n_B，若 $n_A>n_B$，则导体A失去电子带正电，在接触面形成电场。该电场阻止电子继续扩散，逐渐达到平衡后形成一个稳定的电位差，称为接触电动势，可表示为

$$E_{AB}(T)=\frac{kT}{e}\ln\frac{n_A}{n_B} \tag{2-129}$$

式中 k——玻尔兹曼常数，$k=1.38\times10^{-23}$J/K；

e——电子电荷，$e=1.6\times10^{-19}$C；

n_A、n_B——导体A、B的自由电子密度；

$E_{AB}(T)$——导体A、B在温度为 T 时的接触电动势。

由式(2-129)可知，温度越高，两种导体自由电子密度相差越大，形成的接触电动势越大。

2）温差电动势。对于同一导体，如果两端温度不同，在两端会产生电动势，称为温差电动势。这是由于高温端的自由电子具有较大的动能，其具有向低温端扩散的趋势，这导致高温端失去电子带正电。温差电动势大小与导体性质和温差有关，可表示为

$$E_A(T,T_0)=\int_{T_0}^{T}\sigma_A\mathrm{d}T \tag{2-130}$$

式中 T、T_0——导体两端的高、低温度；

σ_A——温差系数，即导体两端温差为1℃时所产生的温差电动势，比如在0℃时，$\sigma_A=2\mu V/℃$。

综上，如图2-47所示，温度不同的导体A和B组成闭合回路，回路中总电动势可用式(2-131)计算：

$$\begin{aligned}E_{AB}(T,T_0)&=E_{AB}(T)-E_{AB}(T_0)+E_A(T,T_0)-E_B(T,T_0)\\&=\frac{kT}{e}\ln\frac{n_A}{n_B}-\frac{kT_0}{e}\ln\frac{n_A}{n_B}+\int_{T_0}^{T}\sigma_A\mathrm{d}T-\int_{T_0}^{T}\sigma_B\mathrm{d}T\\&=\frac{k}{e}\ln\frac{n_A}{n_B}(T-T_0)+\int_{T_0}^{T}(\sigma_A-\sigma_B)\mathrm{d}T\end{aligned} \tag{2-131}$$

式中 $E_{AB}(T,T_0)$——回路的总电动势；

$E_{AB}(T)$、$E_{AB}(T_0)$——导体A、B在温度 T 和 T_0 处产生的接触电动势；

$E_A(T,T_0)$、$E_B(T,T_0)$——导体A、B由于温差产生的温差电动势。

由式(2-131)可知，导体材料确定后热电偶总电动势只与接点温度有关。而且，热电偶必须采用不同电极材料、两端温度不同才能形成电动势。

此外，热电偶还具有如下一些基本定律，比如连接导体定律(包括中间导体定律、均质导体定律)、中间温度定律、参考电极定律。

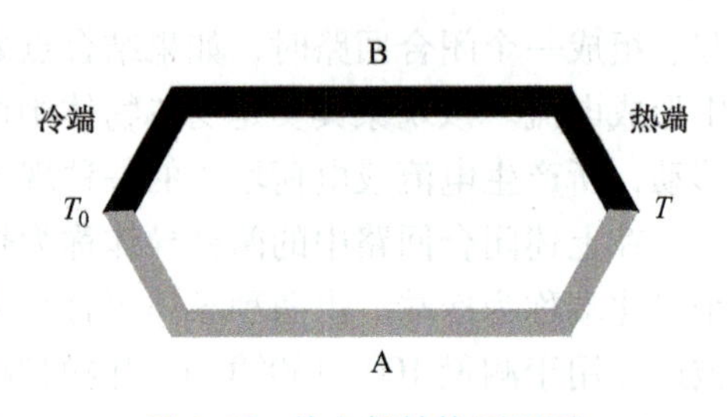

图 2-47　热电偶结构原理图

如图 2-48 所示，在导体 A、B 组成的热电偶中插入第三种导体 C，只要导体 C 两端温度相同，则对热电偶总电动势无影响，这称为热电偶中间导体定律。这说明可以用电器仪表直接测量电动势。该定律是采用补偿导线法进行温度测量的理论基础。同理，当加入更多导体后，只要保证加入导体的两端温度相等，就不会影响回路中总电动势。如图 2-49 所示，热电偶导体 A、B 分别与连接导线 C、D 相接，总电动势仍为两部分的代数和，即

$$E_{ABCD}(T,T_n,T_0)=E_{AB}(T,T_n)+E_{CD}(T_n,T_0)$$

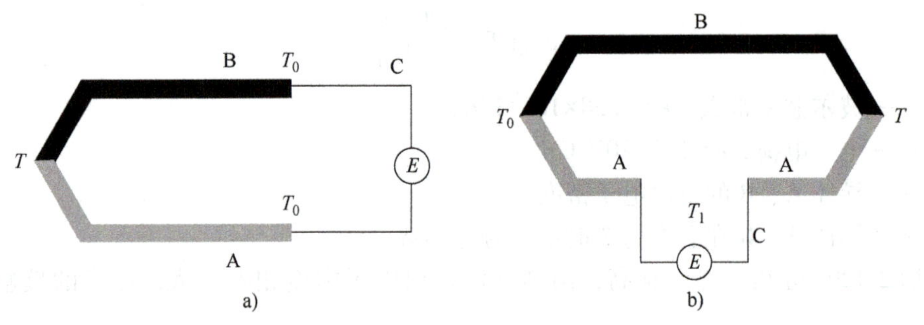

图 2-48　中间导体回路结构图

如果组成热电偶两个接点的材料相同，无论两接点的温度是否相同，热电偶回路中的总电动势为零，这称为均质导体定律。

同样如图 2-49 所示，若导体 A 与 C、B 与 D 的材料分别相同，热电偶在接点温度 T、T_0 时的电动势等于它在接点温度 T、T_n 和 T_n、T_0 时电动势的代数和，这也被称为中间温度定律，即

$$E_{AB}(T,T_n,T_0)=E_{AB}(T,T_n)+E_{AB}(T_n,T_0)$$

若两种导体 B、C 分别与第三种导体 A 组成热电偶的电动势已知，则 B、C 组成的热电偶也可知，如图 2-50 所示，这称为参考电极定律，即

$$E_{BC}(T,T_0)=E_{BA}(T,T_0)-E_{CA}(T,T_0)$$

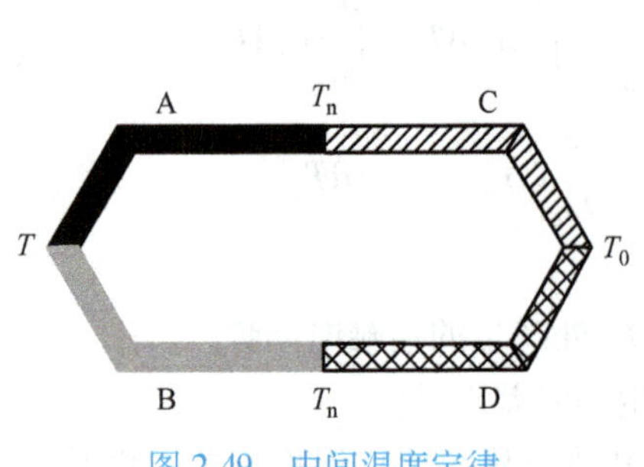

图 2-49　中间温度定律

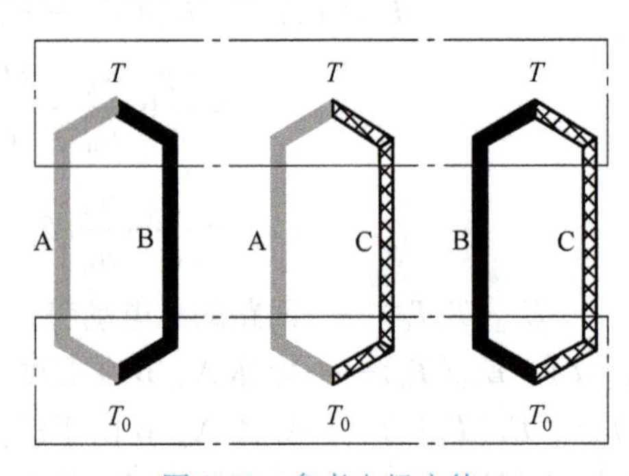

图 2-50　参考电极定律

根据热电偶定律，只要是两种不同金属材料，都可以形成热电偶。但为了保证可靠性和测量精度，要求热电偶材料具有热电性质稳定，不易氧化腐蚀，电阻温度系数小，电导率高等特点。根据上述定律，可以进行平均温度、单点温度、温差等测量，测温原理见表 2-7。

表 2-7 热电偶测温原理

测量内容	连接示意图	计算公式
测单点温度	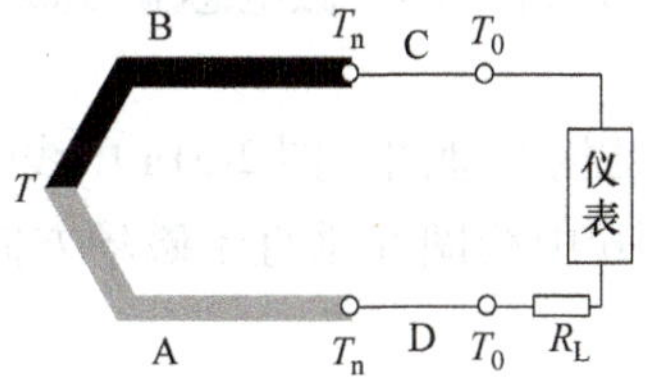 B T_n C T_0 仪表 T A T_n D T_0 R_L	$I=\dfrac{E_{AB}(T,T_0)}{R_L}=\dfrac{E_{AB}(T,T_0)}{R_z+R_c+R_M}$ R_z、R_c、R_M——热电偶、补偿导线和仪表内阻
测量两点之间的温差	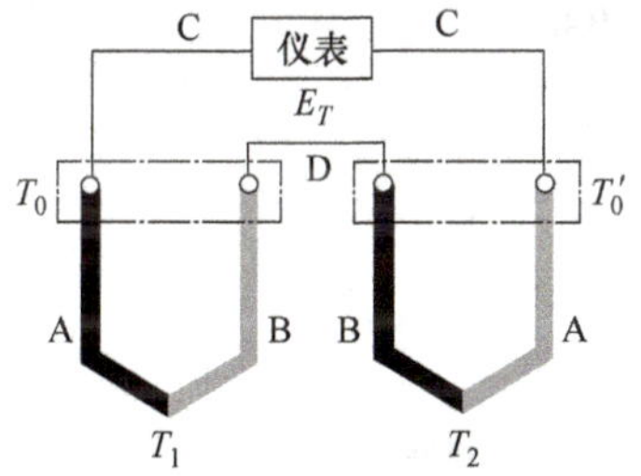 C 仪表 C E_T D T_0 T_0' A B B A T_1 T_2	$E_T=E_{AB}(T_1)+E_{BD}(T_0)+E_{DB}(T_0')+E_{BA}(T_2)+E_{AC}(T_0')+E_{CA}(T_0)$ $E_T=E_{AB}(T_1)+E_{BA}(T_2)=E_{AB}(T_1)-E_{AB}(T_2)$
测量平均温度	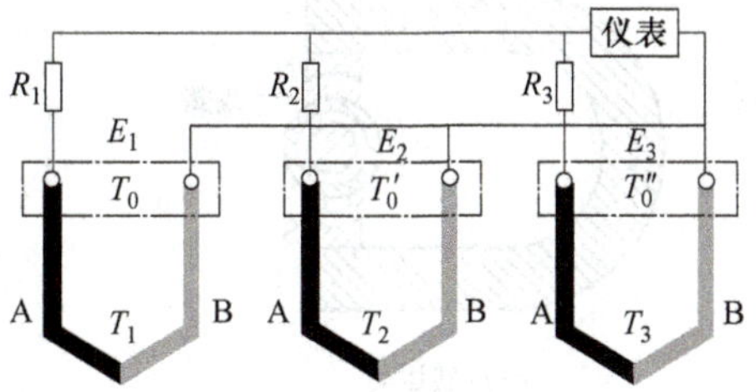 仪表 R_1 R_2 R_3 E_1 E_2 E_3 T_0 T_0' T_0'' A T_1 B A T_2 B A T_3 B	$E_T=\dfrac{E_1+E_2+E_3}{3}$ $=\dfrac{1}{3}[E_{AB}(T_1,T_0)+E_{AB}(T_2,T_0')+E_{AB}(T_3,T_0'')]$
串联测温度之和	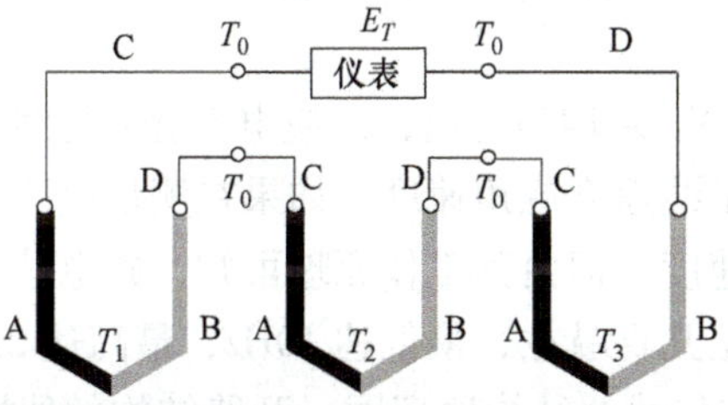 C T_0 E_T 仪表 T_0 D D T_0 C D T_0 C A T_1 B A T_2 B A T_3 B	$E_T=E_{AB}(T_1)+E_{DC}(T_0)+E_{AB}(T_2)+E_{DC}(T_0)+E_{AB}(T_3)+E_{DC}(T_0)$ $=E_{AB}(T_1,T_0)+E_{AB}(T_2,T_0)+E_{AB}(T_3,T_0)$

2. 磁电式传感器

磁电式传感器主要通过磁电作用将被测量的变化转换为感应电动势的变化来实现检测功能，主要有磁电感应传感器、霍尔式传感器等。

（1）磁电感应传感器　根据法拉第电磁感应定律，当线圈在磁场中运动切割磁力线或线圈所在磁场的磁通变化时，线圈中产生的感应电动势的大小决定于穿过线圈的磁通变化，如式(2-132)所示。

$$e=N\frac{\mathrm{d}\Phi}{\mathrm{d}t} \tag{2-132}$$

式中 e——感应电动势；

N——线圈匝数；

Φ——穿过线圈的磁通。

磁电感应传感器是利用导体和磁场相对运动时在导体两端输出感应电动势的原理进行工作的。而磁通变化率与磁场强度、磁路磁阻、线圈的运动速度等参数有关，若改变其中任一个因素，都会改变线圈的感应电动势。根据工作原理不同，磁电感应传感器可分为恒定磁通式和变磁通式两种。

图 2-51 所示为恒定磁通式磁电感应传感器结构原理图，图 2-51a 中线圈在垂直于磁场方向做直线运动，相对磁场运动速度为 v；图 2-51b 中线圈在垂直于磁场方向做旋转运动，转速为 ω，则所产生的感应电动势 e 为

$$\begin{cases}e=NBlv\\e=kNBA\omega\end{cases} \tag{2-133}$$

式中 B——磁感应强度；

l——每匝线圈的平均长度；

A——每匝线圈的平均截面积；

k——传感器结构参数。

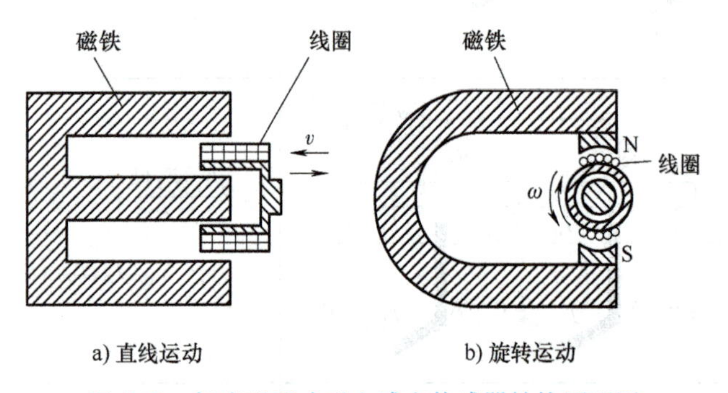

图 2-51 恒定磁通式磁电感应传感器结构原理图

可见，当传感器结构参数确定后，B、N、A 均为定值，感应电动势 e 与线圈相对磁场的运动速度 v 或角速度 ω 成正比，可直接测量线速度或角速度。如果在测量电路中接入积分电路或微分电路，还可以用来测量位移或加速度。但由其工作原理可知，磁电感应传感器只适用于动态测量，一般频率响应范围为几十至几百赫兹，最低达 10Hz，最高达 2kHz。

图 2-52a 所示为开路变磁通式磁电感应传感器结构原理图。开路结构的线圈和磁铁静止不动，导磁材料制成的测量齿轮安装在被测旋转体上。工作时每转过一个齿会导致磁路磁阻变化一次。这样，线圈产生的感应电动势的变化频率反映了齿轮的齿数和转速的乘积。该方法结构简单，但被测对象上需要加装齿轮，不宜高转速测量。

图 2-52b 所示为闭合磁路变磁通式磁电感应传感器结构原理图。被测转轴带动椭圆形铁心在磁场中均速转动，使气隙平均长度发生周期性变化，因而磁路磁阻及磁通也周期性变化。这样，在线圈中产生感应电动势，其频率 f 为椭圆形铁心转速的 2 倍。变磁通式磁电感应传感器能在 $-150\sim90$℃ 的温度下工作，但它的工作频率下限较高，约为 50Hz，上限可

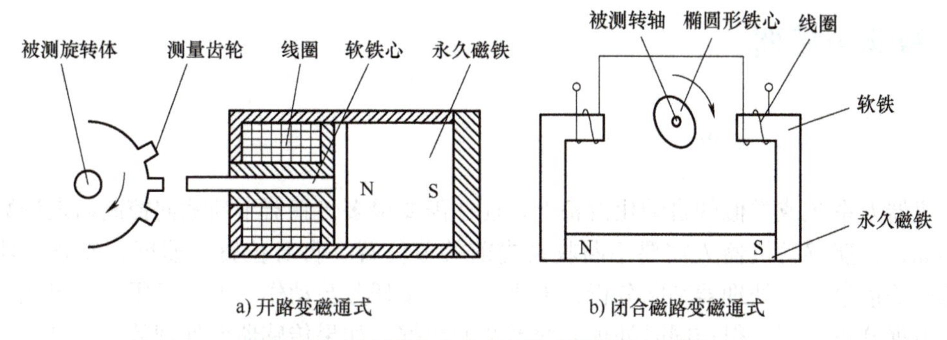

图 2-52　变磁通式磁电感应传感器结构原理图

达 100kHz。

（2）霍尔式传感器　霍尔式传感器是利用霍尔效应原理将被测量转换成电动势输出的一种传感器。如图 2-53 所示，当电流垂直于外磁场通过半导体时，由于外磁场的作用，使电子受到磁场力 F(洛伦兹力)而发生偏转，结果在半导体的后端面上电子积累带负电，使垂直于电流和磁场的方向产生一附加电场，从而在半导体的两端产生电势差，这一现象就是霍尔效应。霍尔效应中电场方向可使用左手定则判断。

霍尔效应电动势 e_H 可用式(2-134)计算。

$$e_H = R_H \frac{BI}{d} = K_H BI \tag{2-134}$$

式中　B——磁感应强度(T)；

I——电流(A)；

R_H——霍尔常数($m^3 \cdot C^{-1}$)，由材料物理特性决定；

d——霍尔片厚度(m)；

K_H——灵敏度($V \cdot A^{-1} \cdot T^{-1}$)。

基于霍尔效应工作的半导体器件称为霍尔元件，多用 N 型半导体材料。霍尔片越薄，灵敏度越高，薄膜霍尔元件的厚度一般在 1μm 左右。霍尔元件外观如图 2-54 所示，一般由霍尔片、引脚和壳体三部分组成。霍尔元件具有结构简单、体积小、坚固、从直流到微波宽频响、动态范围大、无触点、寿命长、可靠性高、易微型化和集成化等优点。但霍尔元件检测受温度影响大，若要求转换精度较高时必须增加温度补偿。目前，霍尔元件被广泛用于测量微位移、转速、加速度、振动、压力、流量和液位等。

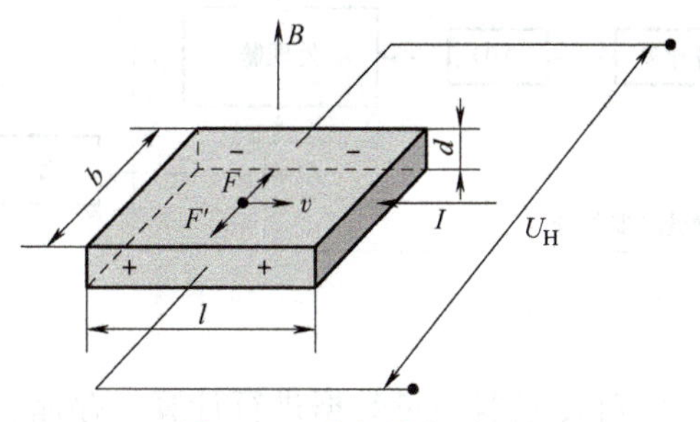

图 2-53　霍尔效应原理

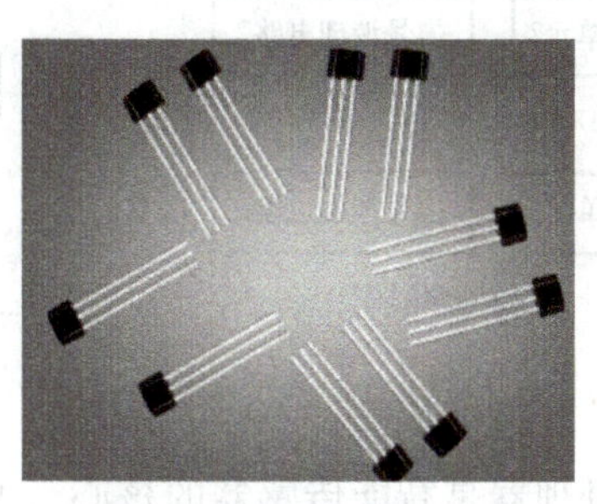

图 2-54　霍尔元件外观

2.5 智能传感器

2.5.1 智能传感器定义

在机器人系统或类似的自动化设备上，往往需要很多传感器不断地向控制器发送数据信息。例如，智能移动机器人需要不断收集当前关节位置、自身位置、速度、姿态、环境温度、障碍等信息，供处理器判断分析，再决定下一步任务与动作。如果都用计算机或处理器来完成数据分析处理，很难同时处理如此庞杂的数据。如果传感器能处理数据，具备一定的数据存储、转换，甚至集成微处理器具备分析功能，不丢失数据并降低成本，那将是非常有用的。20 世纪 80 年代开始，随着微电子技术、微型电子计算机技术的发展，具有信息监测、信息处理及逻辑思维和判断功能的智能传感器应运而生。智能传感器一般应具有数据处理、故障诊断、非线性处理、自校正、自调整以及人机通信等多种功能。

随着技术不断发展进步，对智能传感器的理解和定义也在不断变化。

早期，智能传感器强调在工艺上将传感器的敏感元件与微处理器紧密结合，认为"传感器的敏感元件及其信号调理电路与微处理器集成在一块芯片上是智能传感器"。目前，人们主要从功能上强调，智能传感器是"灵巧、聪明的传感器"。

因此，智能传感器是带有微处理器、兼有信息监测和处理功能的传感器，它融合了传感器的信息监测功能和微处理器的信息处理功能。其中，微处理器可以与传感器集成在一个芯片上，构成"单片智能传感器"，也可以单独与传感器敏感元件搭配集成构成智能传感器，后者的定义范围更宽。

2.5.2 智能传感器构成与功能特点

智能传感器的构成如图 2-55 所示，主要由传感检测部分和微处理器部分组合构成。它充分利用微处理器的计算和存储能力，对传感器数据进行处理，并对它的内部行为进行调节。智能传感器根据其敏感元件的不同，具有不同的功能、名称、用途，其硬件组合方式也不完全相同，但是其结构模块基本类似，一般有以下几个模块：一个或多个敏感元件、配有存储器的微处理器或控制器、数据通信接口、模拟量输入和输出接口、电源模块等。

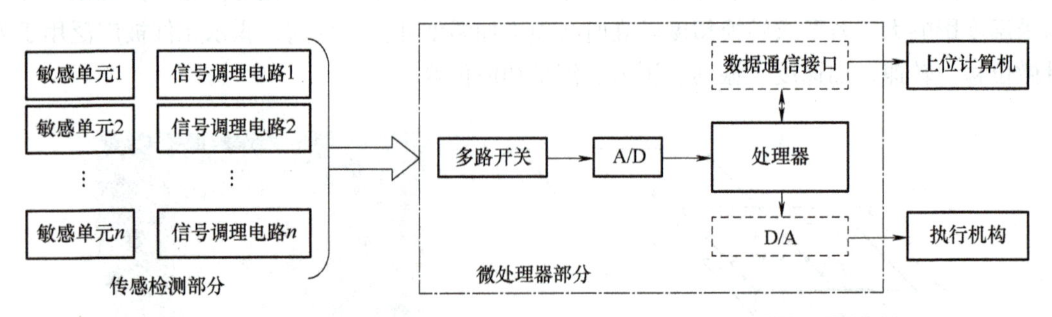

图 2-55 智能传感器的构成

微处理器是智能传感器的核心，不但可以对传感器测量数据进行计算、存储、数据处理，还可以通过反馈回路对传感器进行调节。微处理器发挥软件功能，可以完成硬件难以完成的任务，从而能有效地降低制造难度，提高传感器性能，降低成本。智能传感器一般在结构上具有微型化、结构一体化、精度高、多功能阵列式等特点，在性能上也具有高精度、高可靠性、高稳定性、高信噪比、高分辨率、较强自适应性等特点。

智能传感器一般具有如下功能：

（1）自补偿功能 根据传感器和环境先验知识，可通过软件算法对传感器的非线性、温漂、响应时间等进行自动补偿，以便更好地恢复被测信号，达到软件补偿硬件缺陷的目的。

（2）信息存储和记忆功能 智能传感器一般具备实时处理所检测到的大量数据的功能，可以根据需要对接收到的信息进行存储和记忆。

（3）数据自动计算和处理功能 传感器的智能处理器，可根据给定的数学模型，利用补偿的数据计算出无法直接测量的物理量。例如，根据统计模型可计算被测对象总体的统计特性和参数；利用已知的电子数据表，处理器可重新标定传感器特性等。

（4）自学习与自适应功能 传感器处理器可通过对已有被测量和影响参数等样本值进行学习，利用软件算法可具备认知新的被测量的能力，并可通过判断准则自适应地重构结构和重置参数。

（5）自诊断、自校准功能 在传感器接通电源后，可自动检查传感器各部分是否正常；若遇到传感器性能下降或失效等故障，可依据检测数据，通过电子故障字典或有关算法预测、检测和定位故障。自校准即操作者输入零值或某一标准量值后，自校准软件可以自动地对传感器进行在线校准。

（6）双向通信功能与多种接口 智能传感器一般具有标准数字式通信接口、无线协议等，通过此接口可以向上位机发送数据，也可以接收上位机指令，对测量过程进行调节和控制。而且，许多带微处理器的传感器能通过编程提供模拟量输出、数字量输出或同时提供两种形式的数据输出接口，并且各自具有独立的检测窗口。最新的智能传感器都能提供两个互不影响的输出通道。

（7）复合敏感功能 智能传感器一般可集成多个敏感单元，在处理器的控制协调下能够同时测量多种物理量或化学量，具有复合敏感功能。

（8）断电保护功能 智能传感器一般集成备用电源，当系统掉电时，能自动将后备电源接入内存，保证数据不会丢失。

2.5.3 智能传感器的实现

智能传感器按照制造技术的不同，可分为基于微机电系统（MEMS）技术的传感器、互补金属氧化物半导体（CMOS）传感器、基于光谱学原理的传感器三大类。MEMS 和 CMOS 技术容易实现低成本、大批量生产，能在同一衬底或同一封装中集成传感器元件、调理电路，甚至超大规模电路，使器件具有数据智能化处理等多种功能。根据集成程度不同，可分为非集成化和集成化智能传感器。

1. 非集成化智能传感器

非集成化智能传感器就是将传统的经典传感器、信号调理电路、微处理器以及相关的输入/输出接口电路、存储器等进行组合集成而得到的测量系统。在这种方式下，传感器与微处理器可以分为两个独立的部分。

例如，图 2-56 所示为罗斯蒙特 3051CD 智能差压变送器。其可测量液体管路中两个位置处的压力差，主要用于工业现场如油田、电站等管路的压力测量。工作时高、低压侧的隔离膜片和灌充液将过程压力传递给灌充液，然后灌充液将压力传递到传感器中心的传感膜片上。传感膜片是一个张紧的弹性元件，其位移随所受压力而变化。膜片位移量与压力成正比。两侧的电容极板检测传感膜片的位置，膜片和电容极板间电容差值被转换为相应的电流、电压或高速可寻址远程发送器数据总线标准(HART)的数字输出信号。该传感器是在原有传统电容式传感器基础上增加数字总线式接口处理器组装而成的，并配置通信、控制、自诊断等智能化软件，进而实现传感器的智能化。

图 2-56　罗斯蒙特 3051CD 智能差压变送器

非集成化智能传感器是在现场总线控制系统发展形势的推动下迅速发展起来的，因为这种控制系统要求连接到系统的传感器(变送器)必须是智能型的。而非集成化智能传感器原有的生产工艺不变，这对于自动化仪表生产厂家来说，是一种经济、快捷地建立智能传感器系统的途径与方式。

2. 集成化智能传感器

传感器的集成化技术是指以硅材料为基础，采用微机械加工技术和大规模集成电路工艺来实现各种仪表传感器系统的微米级尺寸化，也称为专用集成微型传感技术。图 2-57 所示为美国 ADI 公司基于 MEMS 技术的一款小而薄的超低功耗三轴加速度计(ADXL345)。该加速度计具有 13 位分辨率，测量范围达到± 16g。数字输出数据是 16 位二进制补码格式，可通过数字接口访问。用户可通过接口对传感器芯片进行编程实现灵活设置与功能。利用 MEMS 工艺，传感器本体单元和信号调理滤波电路、数字接口、控制器集成在一片芯片上，不仅减小器件尺寸、降低功耗与成本，还提高了性能和定制生产能力。

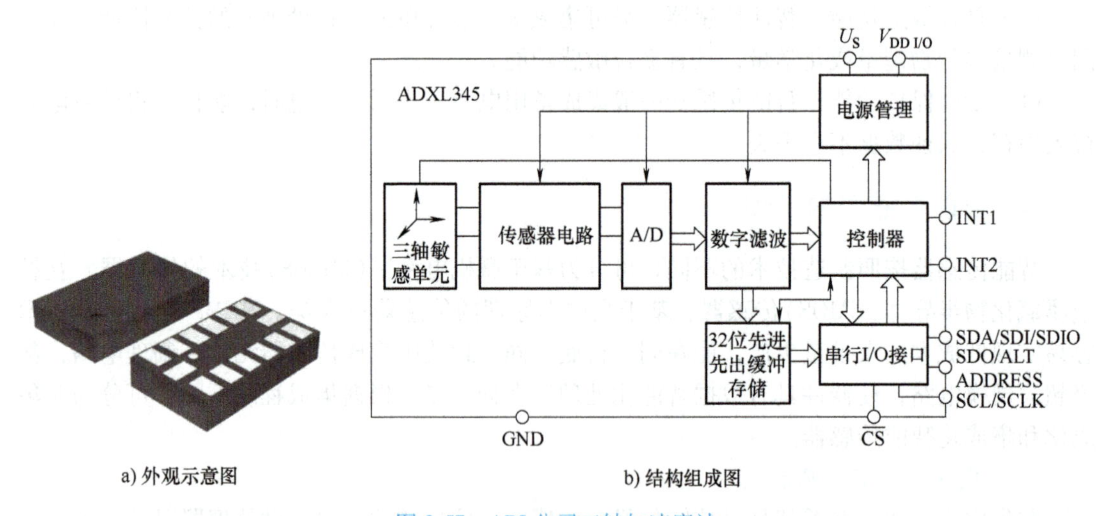

a) 外观示意图　　b) 结构组成图

图 2-57　ADI 公司三轴加速度计

传感器的集成化是传感器的发展方向，集成化的传感器具有微型化、一体化、多功能、阵列式、精度高、使用方便、操作简单等特点。随着微电子技术的飞速发展，大规模集成电路工艺技术越来越完善，现在已经有不同集成度的芯片级传感器商品面世。

3. 混合式

在一块芯片上实现智能传感器全系统并不总是人们希望的，也并不总是必需的。系统可以根据需要，将各个集成化模块以一种混合的方式实现传感器的智能化。如图 2-58a 所示，敏感单元和信号调理电路是单独的芯片，然后再与微处理器和数字总线接口芯片，共三块芯片一起封装在外壳里。图 2-58b、c 是将两块集成芯片封装在外壳里。

图 2-58 中，集成化敏感单元一般包括各种敏感元件及其变换电路；微处理器单元一般包括数字存储器、数据转换、I/O 接口等；智能信号调理电路除包括基准、多路开关、放大器、A/D 转换等常规部分外，电路还具有部分智能化功能，比如自校零点、自动温度补偿等。目前市场上有些芯片具有零点校准和温度补偿功能，常常单独出售，比如 MAX1452 等。

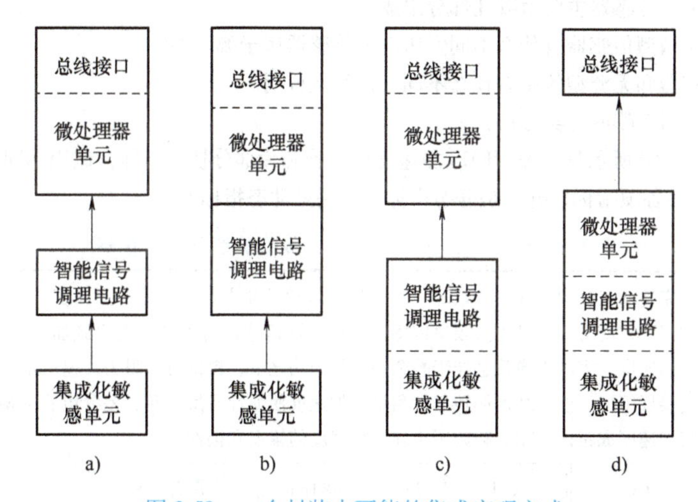

图 2-58　一个封装中可能的集成实现方式

图 2-59 所示为 Seyonic 公司的一种压差式 MEMS 微流量传感器，就是采用混合式封装的智能传感器。该流量传感器是基于微流体通道的压差原理进行检测的，通过测量微通道两端压力差来计算液体流速。该传感器中，在陶瓷和玻璃基底上通过 MEMS 工艺刻蚀微通道；通过 MEMS 硅杯压力传感器测量通道两端压力，基于温度补偿和校准芯片进行电路集成，最后将其封装在一个外壳中。

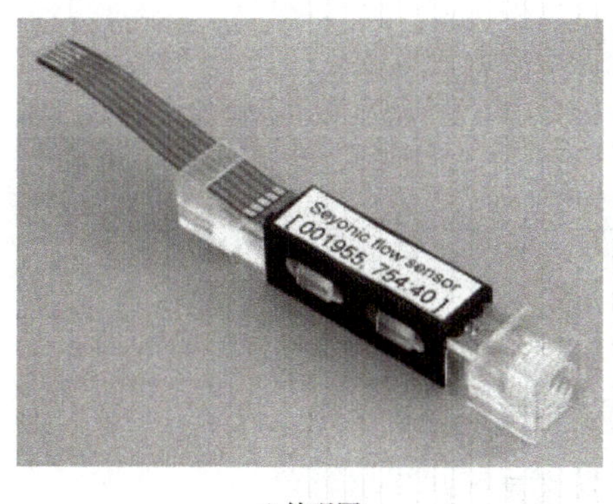

a) 外观图

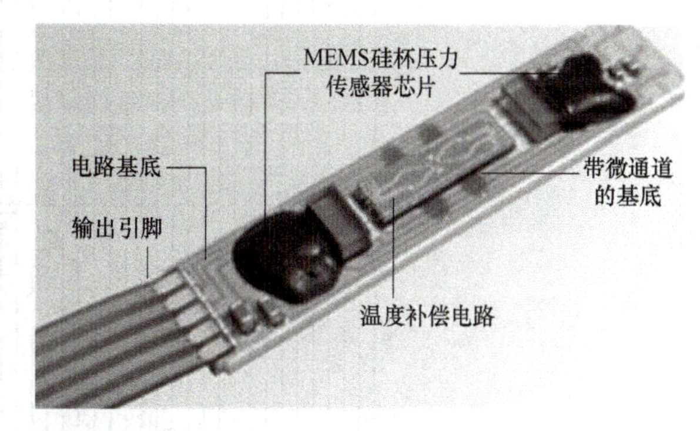

b) 内部结构图

图 2-59　Seyonic 公司的一种压差式 MEMS 微流量传感器

本章小结

本章首先介绍了传感器的定义、组成、分类等基本知识；然后介绍了传感器静态、动态特性和指标，以及传感器的标定与校准方法；接下来详细讲解了电阻式、电容式、电感式、压电式、光电式以及磁电式和热电式等常见传感器敏感元件的工作原理、常见器件以及后续检测电路；最后，介绍了智能传感器的相关知识和概念，包括智能传感器的定义、构成、特点和实现等。

思考题与习题

2-1 通常情况下，传感器主要由哪几部分组成？

2-2 物性型和结构型传感器有什么不同？压电式传感器属于哪一种？

2-3 有源型传感器和无源型传感有什么不同？试举例说明。

2-4 机器人传感器有哪些分类方法？

2-5 表 2-8 和图 2-60 所示是一种 MEMS 加速度传感器芯片部分技术指标，试用不同的分类方法来分析该传感器的类型。观察各项指标，哪些是静态指标？哪些是动态指标？

表 2-8 某型号三轴微型加速度传感器部分技术指标

<table>
<tr><td>工作原理</td><td colspan="5">是一款完整的三轴加速度测量系统，既能测量运动或冲击导致的动态加速度，也能测量静止加速度，如重力加速度，使得器件可作为倾斜传感器使用。该传感器为多晶硅表面微加工结构，置于晶圆顶部。由于应用加速度，多晶硅弹簧悬挂于晶圆表面的结构之上，提供力量阻力。差分电容由独立固定板和活动质量连接板组成，能对结构偏转进行测量。加速度使惯性质量偏转、差分电容失衡，从而传感器输出的幅度与加速度成正比。相敏解调用于确定加速度的幅度和极性</td></tr>
<tr><td>供电</td><td>2.0~3.6V</td><td>尺寸</td><td>3mm×5mm×1mm</td><td>开启时间</td><td>1.4ms</td></tr>
<tr><td>分辨率</td><td>13 位(3.9mg/LSB)</td><td>测量范围</td><td>±16g</td><td>稳定时间</td><td>4τ，其中 τ=1/(数据速率)</td></tr>
<tr><td>灵敏度</td><td>平均 256 LSB/g</td><td>灵敏度变化</td><td>±0.01%/℃</td><td>引脚输出上升时间</td><td>210ns</td></tr>
<tr><td>输出</td><td>16 位，数字接口访问</td><td>非线性度</td><td>±0.5%</td><td>引脚输出下降时间</td><td>150ns</td></tr>
</table>

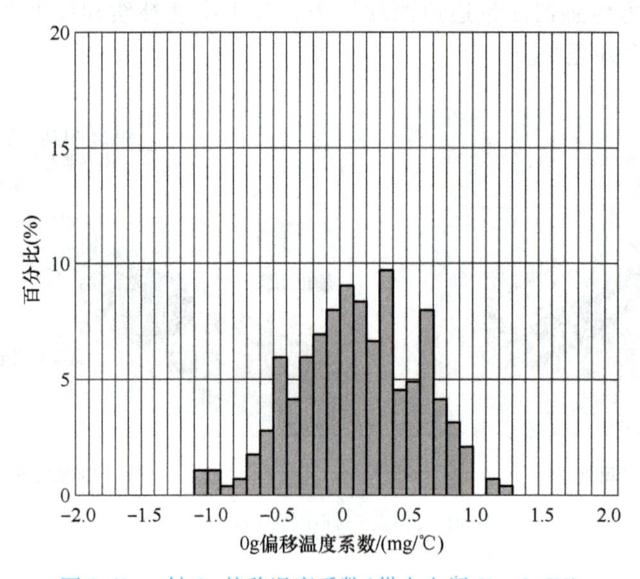

图 2-60 z 轴 0g 偏移温度系数(供电电压 U_S=2.5V)

2-6　请说一说传感器的静态特性指标中的灵敏度、分辨率和阈值有何不同?

2-7　对于一个以空气为介质的变极距型电容式传感器，如图 2-20 所示。其中一个极板的长 a 为 10mm、宽 b 为 16mm，两极板间距 d_0 为 1mm。测量时，一般将平板电容器的一个极板固定(称为定极板)，另一个极板与被测体相连(称为动极板)。如果动极板因被测参数改变而产生位移，导致平板电容器极板间距缩小 Δd，求间距变化分别为 0.1mm 和 0.2mm 时，该传感器的电容变化量、电容相对变化量。(已知空气的相对介电常数 $\varepsilon_r=1$，真空介电常数 $\varepsilon_0=8.854\times10^{-12}\mathrm{F/m}$)

2-8　有一个以空气为介质的平板电容式传感器结构如图 2-20 所示，其中极板的长 b 为 10mm，宽 l 为 16mm，两极板初始间距 d 为 1mm。测量时，一块极板在原始位置上向左平移了 2mm，求该传感器的电容变化量、电容相对变化量和位移灵敏度 K_0。(已知空气的相对介电常数 $\varepsilon_r=1$，真空介电常数 $\varepsilon_0=8.854\times10^{-12}\mathrm{F/m}$)

2-9　试描述热电偶测温的基本原理，并简述热电偶的几个重要定律。

学习拓展

在网络上搜索一款传感器，请说明其是否为智能传感器，说明其原理，由哪些功能模块构成?

第3章 机器人自身运动测量与感知

导读

机器人传感器主要分为内部传感器和外部传感器。其中，内部传感器以机器人本身的坐标轴来确定其位置，安装在机器人中，用来感知机器人自身的状态，以调整和控制机器人行动。本章主要介绍用于机器人自身位置、速度、加速度以及自身姿态、位置等信息测量的内部传感器。

本章知识点

- 光电开关进行规定位置测量的原理与应用
- 光电式编码器进行角度位移、直线位移及速度测量的原理与应用
- 加速度测量的基本原理，MEMS 加速度传感器原理与应用
- 陀螺仪等惯性传感器原理与应用
- 了解机器人定位原理与方法，理解内部传感器在机器人定位中的应用

3.1 机器人位置与位移测量

机器人的位置与位移检测，是机器人最基本的感知功能，是判断机器人是否运动到指定位置、测量机器人行走距离或者关节角度的关键。在具体应用中，根据检测目标的不同，还可细分为规定位置检测、位移检测和角度检测。第 2 章所讲的电阻式、电容式、电感式、光电式、霍尔式等多种原理传感器都可用来进行规定位置检测。

3.1.1 规定位置检测方法及元件

在控制机器人动作时，常常需要判断机器人是否到达指定位置，以决定是否进行下一步动作。例如，对于工业搬运机器人来说，常常需要控制执行器在 x、y、z 轴三个方向上的动作。对于直角坐标三自由度机器人平台来说，常使用图 3-1 所示的运动平台来控制工作台移动。电动机旋转运动，带动丝杠旋转，经由丝杠螺母副将旋转运动转变为工作台沿着导轨的直线运动。在控制工作台运动的过程中，需要控制运动平台到达预先设定的位置进行初始化，检测平台是否运动到终点位置来避免碰撞到两端极限位置，或者根据应用需要检测运动平台是否到达指定的位置点。以上情况均需要判断工作台是否到达指定位置，这就是规定位

置检测。

规定位置检测，其实质是判断机器人是否运动到某个指定的位置点，通常可以在结构上安装限位开关来实现检测，使规定的平台位移（或者力）作用到开关的可动部分上，电气触点打开或闭合，并向控制回路发出信号。

如图 3-1 所示，可以在运动平台边缘 1 处固定开关，在极限位置 2 和 3 处合理安排结构挡块，使工作台到达极限位置时触碰限位开关，触发电信号。根据检测元件是否与被测位置接触，限位开关可分为接触式（触点式）和非接触式（无触点式）两大类。

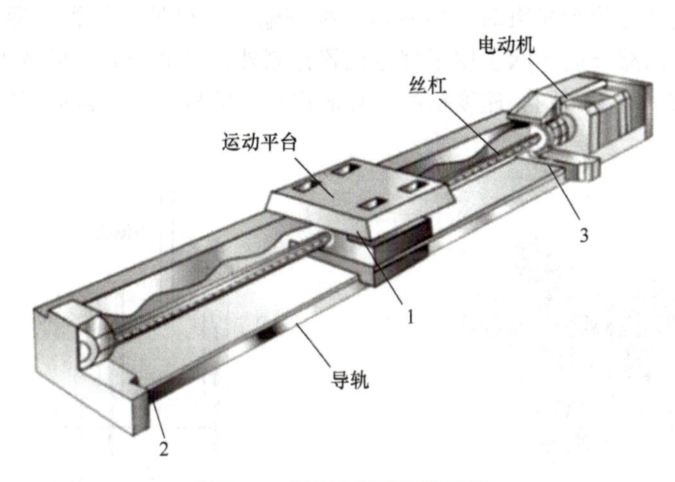

图 3-1 直线运动平台示意图

1. 接触式限位开关

接触式限位开关一般为机械式结构。以上述运动平台的位置检测为例，可在运动平台上安装限位开关，在极限位置 2 和 3 处安装极限位置挡块；或者在运动平台处安装挡块，在极限位置 2 和 3 处安装两个限位开关。当限位开关的机械触头触碰挡块时，切断或改变了控制电路，平台就停止运动或改变运动方向。图 3-2 所示为某型号限位开关外观及原理示意图。其可通过安装孔被固定在机械结构上，如果运动平台触碰到触头时，会带动开关内部上触点断开，下触点所在电气回路导通，触发信号。根据触头形式不同，限位开关还有直线柱塞型、滚轮型、滚轮推杆型、旋转摆杆型以及盘簧万向型等多种规格，以适应不同接触方式和结构。机械式限位开关有一定的超行程，以保护开关不受损坏。

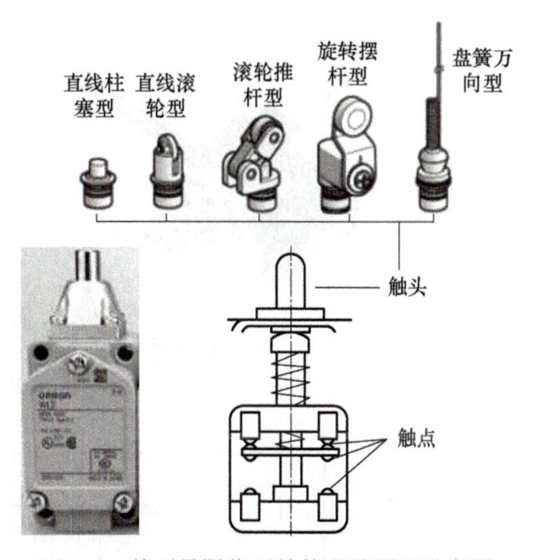

图 3-2 某型号限位开关外观及原理示意图

2. 非接触式限位开关

非接触式限位开关在检测位置时，移动结构与限位挡块之间不必产生接触，当两者逐渐接近，小于设定的距离阈值时即可触发信号。非接触式限位开关也称为接近开关。凡是可以检测距离变化并转变为电信号（通常为开关量）的位置传感器，从原理上均可用于规定位置检测。检测原理有光电式、电感式、磁式、电容式、霍尔式等。下面以最常见的光电式限位开关(简称光电开关)为例进行介绍。

光电开关一般可分为对射式和反射式，图 3-3 所示为对射式和反射式光电开关外观举例和原理示意图，其主要由发光器、受光器和检测电路等部分组成。发光器可由半导体光源、发光二极管、激光二极管或红外发射二极管等构成，其发出的光束被物体阻断或部分反射。受光器可由光电二极管、光电晶体管、光电池等光电元件组成。检测电路能够根据受光器接收光束情况，控制回路是否导通，进而输出开关信号。图 3-4 所示为某 NPN 型光电开关接线示意图，当受光器接收到光束时，检测电路控制输出接口处晶体管导通，2、3 引脚低电平，控制负载所在回路导通。除了用于规定位置检测外，光电开关还可被用作物位检测、液位控制、产品计数、宽度判别、速度检测、孔洞识别、信号延时、自动门传感以及安全防护等诸多领域。

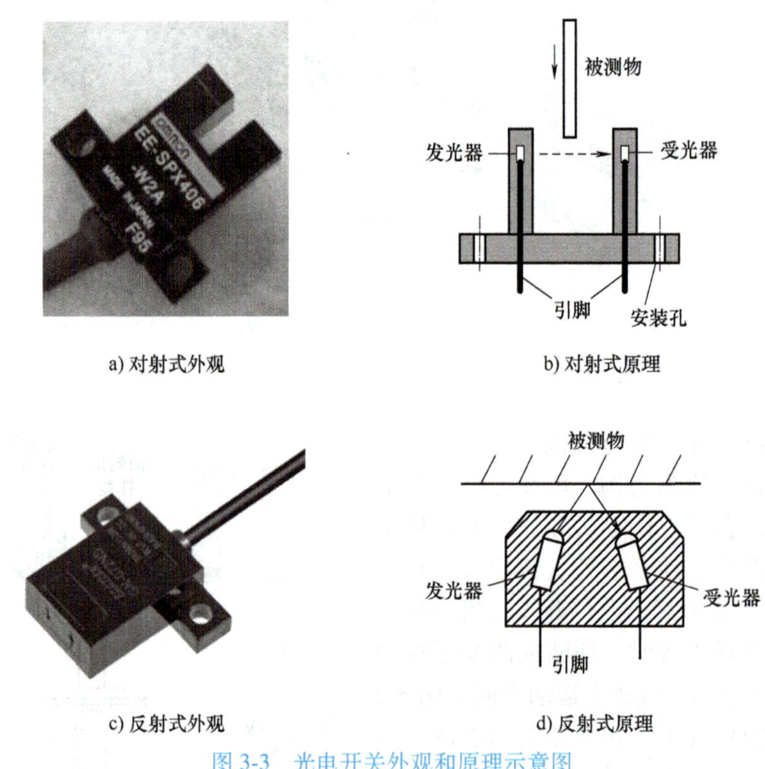

图 3-3　光电开关外观和原理示意图

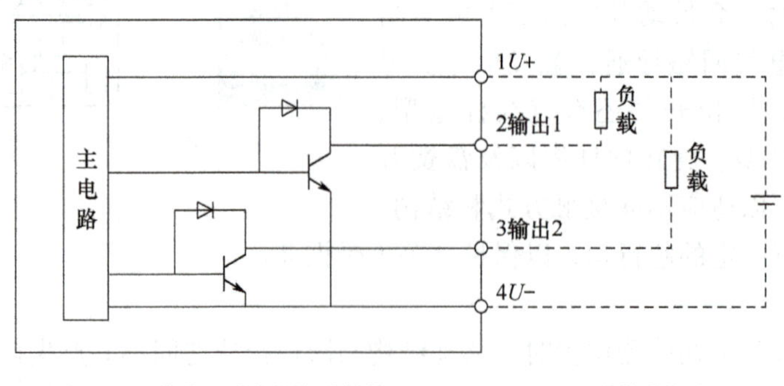

图 3-4　某 NPN 型光电开关接线示意图

3.1.2　常用位移（角度）检测方法及元件

位移检测不仅能检测当前位置，还能记录运动距离，分为直线位移检测和转动位移（角度）检测，比如机器人系统中各关节转动角度或直线运动关节的位移测量等。

机器人系统中应用的位移（角度）传感器一般为编码器，它是将旋转或直线位移转换为一串数字脉冲信号的传感器。当被测量是旋转角度时，有时也称其为轴角编码器。根据测量原理不同，编码器有点接触式、光电式、磁电式、旋转变压器式等。其中最常用的是光电式编码器，它是一种基于光电转换原理，将输出轴位移或角度转换成脉冲或数字量的传感器。本节主要以光电式编码器为例来进行介绍。

根据测量形式不同，光电式编码器可分为旋转式光电编码器和直线式光电编码器。

1. 旋转式光电编码器

旋转式光电编码器也称为光电轴角编码器、光电码盘等，可用于测量轴旋转角度和速度。图 3-5 所示为一些旋转式光电编码器的外观。使用编码器时主要从机械结构（如其与旋转轴的安装形式）、性能参数（如编码器分辨率等）、电气信号输出规格与形式等方面进行选择。图 3-6 所示为旋转式光电编码器的结构示意图，其主要由发光元件、旋转光栅（码盘）、固定光栅、光电元件等组成。编码器码盘与被测轴同心，轴转动时会带动码盘旋转。码盘上刻有小孔，这样在旋转时使透过码盘的光束产生间断。经过光电元件的接收和电子线路的处理，将产生特定电信号输出，再经过数字处理可计算出位置和速度信息。编码器根据码盘形式和检测方式不同，还可分为绝对式编码器和增量式编码器。

图 3-5　一些旋转式光电编码器的外观

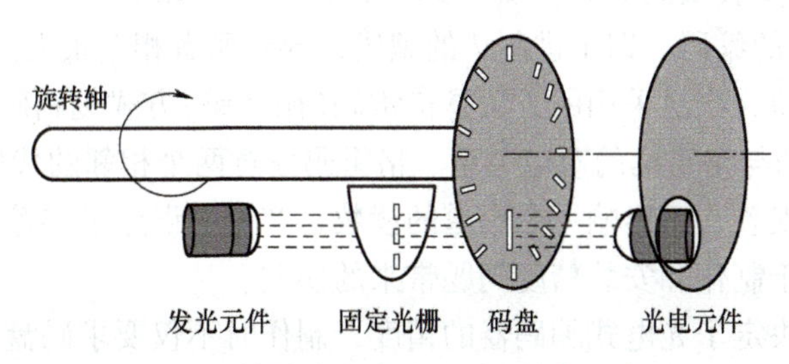

图 3-6　旋转式光电编码器的结构示意图

（1）绝对式编码器　绝对式编码器的码盘由多个同心码道组成，如图 3-7 所示。它是在一个基体上，采用光刻技术制作透明和不透明的码区，分别代表二进制的 1 和 0。每个码道有一个对应的光电元件，光电元件沿着码盘的径向直线排列。码盘的刻画可采用二进制、十进制、格雷码（循环码）等形式。如图 3-7a 所示，4 位绝对式编码器码盘采用二进制编码，将码盘一周 360°分为 2^4 即 16 个区域。码道对应的二进制位是内高外低，即最外层对应二进制数的第一位，最内层对应二进制数的最高位。当码盘旋转时，光电器件会与不同的区域对准，4个光电元件可产生一个4位二进制编码。测量时每一个角度区域会对应一个二进制编码。例如，当光电元件与全部透光的区域对准时，会产生1111的编码，因此码盘旋转一圈将会产生16个编码，相应地把码盘分成16区域。这样根据编码数值的不同，就可以推测出目前码盘转到哪个区域与光电检测器件对齐，进而检测出角度位置。绝对式编码器的位置检测分辨率取决于码盘的码道数目，即能产生的二进制编码位数。例如，一个10码道的码盘，可将一圈360°分为2^{10}即1024个区域位置，角度的分辨率为21′6″，目前绝对编码器可做到23个码道，即23位绝对编码器。

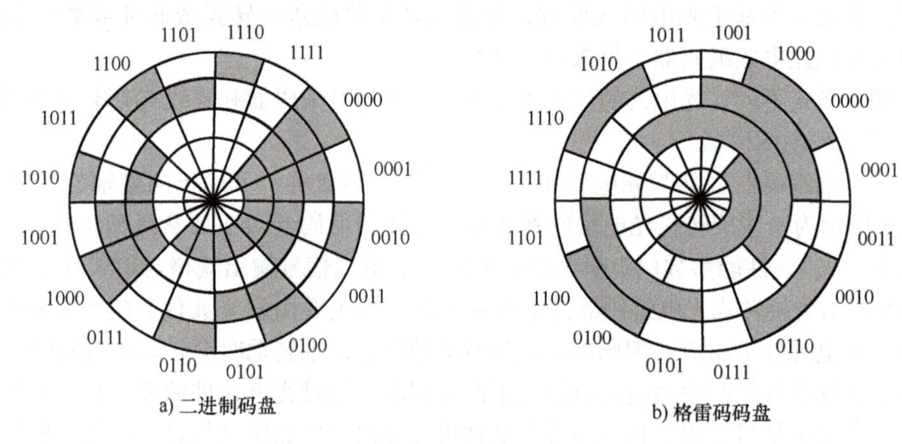

图 3-7　绝对式编码器码盘

采用二进制编码时，每一个相邻区域的编码是按照二进制数的顺序来编码的，例如，全部透光的区域编码为0000，下一个区域为0001，0010，…。即对于二进制编码，任何相邻两个位置中高位改变时，所有比它低的各个位都要改变。有些相邻区域，比如编码为0011和0100的两个区域，当码盘旋转时，从0011旋转到0100位置时，有3个位的数都要改变，即存在多个位的数据需要同时改变的情况。因此，在制作码盘时，需要制作精度很高。因为任何一个码道上的刻画误差，都可能导致某一位提前或者延后改变，进而给出错误的编码。例如，某一位置由0011转换到0100，如果第三位已经由0改变为1，而后两位还没来得及改变，则会出现0111的编码，即十进制7的编码，导致两者相差很大。

为了消除上述误差，广泛采用的方法是格雷码(循环码)方式刻画码盘，如图3-7b所示。表3-1所示为二进制码与格雷码的对应关系。格雷码任意两个相邻的代码只有一位二进制数不同，如果码盘存在误差，只影响一个码道的读数，产生的误差最多等于一个分辨率单位的误差，能有效克服由于制作和安装精度问题带来的误差。

光电码盘的精度决定了光电式编码器的精度，制作时不仅要求码盘分度精确，而且要求其透明区和不透明区的转接处有陡峭的边缘，以减小逻辑“1”和“0”转换时所引起的噪声。

光电码盘的分辨率取决于位数，与码盘采用的码制没有关系，如4位格雷码码盘的分辨率与4位二进制码盘的分辨率都是22.5°。

绝对式编码器的优点：掉电以后再恢复供电时，输出值取决于码盘位置，位置不变则数据输出不变，还可以保留数据记忆；其抗干扰性和数据可靠性好，广泛应用于各种工业系统的测量和定位控制。其缺点：格雷码属于循环码的一种，是一种无权码，译码相对困难，需要专门的译码转换电路；一般单个码盘所测量的角度为0~360°，即码盘所转动一周的角度范围。

表 3-1 二进制码与格雷码的对应关系

十进制	二进制	格雷码	十进制	二进制	格雷码
0	0000	0000	8	1000	1100
1	0001	0001	9	1001	1101
2	0010	0011	10	1010	1111
3	0011	0010	11	1011	1110
4	0100	0110	12	1100	1010
5	0101	0111	13	1101	1011
6	0110	0101	14	1110	1001
7	0111	0100	15	1111	1000

（2）增量式编码器　增量式编码器原理示意图如图 3-8 所示，码盘（也称圆光栅）上开有相等角度的缝隙（分为透明和不透明部分）。相邻窄缝之间的角度称为栅距角。此外，为了保证光电元件检测到的信号变化更明显，在光路中增加一个固定的、与光电元件的感光面几何尺寸相近的遮光板，也称光栏板，并且板上开有几何尺寸与码盘（主光栅）相同的窄缝。在码盘和光栏板两边分别安装光源及光电元件。有时，码盘上还开有一个（或一组）特殊的窄缝，用于产生零位信号，测量装置或运动控制系统可以利用该信号产生回零或复位操作。

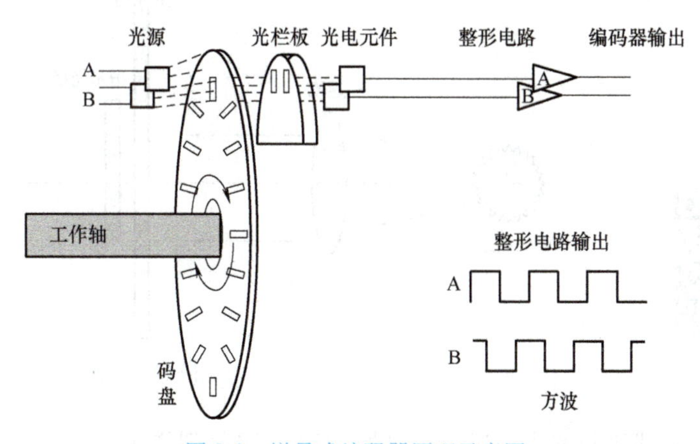

图 3-8　增量式编码器原理示意图

当码盘随工作轴一起转动时，码盘与光栏板上遮挡光栅的覆盖就会变化，导致光电元件上的受光量产生明显的变化。码盘每转过一个缝隙，光电元件就会检测到一次光线的明暗变化，光电元件输出的电信号近似于正弦波。该波形再经整形放大，可以得到一定幅值和功率的电脉冲输出信号，脉冲数就等于转过的缝隙数。再通过计数器对该脉冲信号进行计数，从测得的脉冲数可知码盘转过的角度。码盘的分辨率以码盘旋转一周可在光电检测部分可产生的脉冲数来表示。为了检测旋转方向，一般在光栏板上设置 A、B 两个狭缝，并设置两组对应的光电元件，其距离为栅距的 1/4，对应输出 A、B 两相信号。根据 A、B 信号的先后即可推测出旋转方向。

交流与思考

【问题】 实际工作中，选择绝对式编码器还是增量式编码器？

【解答】 绝对式编码器只能测位置，码值与位置一一对应，计算机处理简单，不需要方向辨别电路，抗干扰能力强，但加工难、安装严、体积大、价格高。在掉电后需要记忆位置的情况下可以选用。

增量式编码器既能测位置也能测速度，体积小、加工安装容易、价格低，但抗干扰能力差，需要方向辨别电路，后续计算处理较复杂。尽管如此，由于相关技术已经成熟，实际应用中大都使用增量式编码器。

一般电动机同轴安装光电式编码器，可实现电动机精确闭环运动控制。增量式光电编码器能记录旋转轴或移动轴的相对位置变化量，却不能给出运动轴的绝对转动位置，因此这种光电式编码器通常用于定位精度不高的机器人，如喷涂、搬运、码垛机器人等。

2. 直线式光电编码器

直线式光电编码器的工作原理与旋转式光电编码器原理类似，也可分为增量式和绝对式两种。在这里简要介绍直线增量式光电编码器。

图 3-9 所示为一直线增量式光电编码器的原理示意图。其中的关键部件是光栅，即在一个条形镀膜玻璃上均匀刻制许多明暗相间、等间距分布的细小刻线。刻线的不透光和透光部分的宽度总和称为光栅的栅距，也叫光栅常数。栅距越小，编码器的分辨率越高。

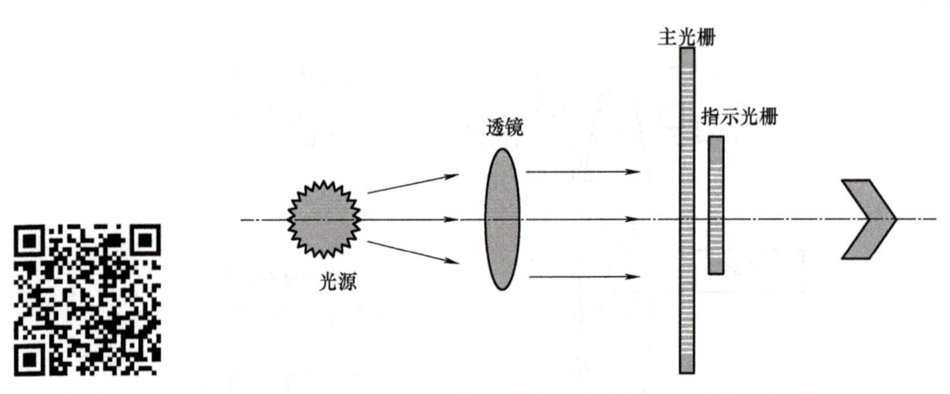

莫尔条纹

图 3-9 直线增量式光电编码器的原理示意图

光源经过透镜形成平行光束，透过主光栅（标尺）照射到指示光栅上。这里的指示光栅与旋转编码器中的光栏板作用类似，可与主光栅制作为一个整体。主光栅与运动部件连在一起，它的大小与测量范围一致。光源透过光栅组合后的光线，会形成明暗交替的波纹，也称为莫尔条纹。两个光栅相对移动一个光栅栅距时，产生的莫尔条纹也移动一个条纹间距。这样在对应的光电元件上，通过测量莫尔条纹的移动数量，即可测量光栅的相对位移，这比直接计数光栅的线纹数更容易，是精密测量的一种有效手段。

交流与思考

【问题】 某直线光栅的刻线密度为 50 线/mm，光电元件检测到脉冲数为 300，那么移动的距离为多少？

【解答】　两个光栅如果相对移动一个栅距时，产生的莫尔条纹也移动一个条纹间距。如果采用刻线密度为 n/线 mm 的光栅，则栅距为$\frac{1}{n}$mm，光电元件检测的脉冲数为 p，对应光栅的莫尔条纹移动条数也为 p，那么移动距离为移动条数乘以栅距，即对应距离 x 为

$$x=p/n=300/50\text{mm}=6\text{mm}$$

3.2　机器人速度测量

速度传感器可用来测量机器人行走轮的转动速度、关节的运动速度等。速度传感器是机器人内部传感器之一，是构成机器人操作或者运动控制系统的重要组成部分。机器人控制系统中，如果需要考虑机器人运动过程的品质时，往往需要速度传感器甚至加速度传感器来感知运动状态，为后续速度控制甚至加速度控制提供感知数据。

一般能进行机器人位置测量的传感器，都可以间接通过时间统计进行速度测量。这里仅介绍在机器人控制中普遍采用的几种速度传感器，这些速度传感器根据输出信号的形式可分为模拟式和数字式两种。

3.2.1　模拟式测速发电机

模拟式测速传感器输出的电信号为模拟量。最常用的一种模拟式测速传感器是测速发电机，它可以将转子转动的速度转换为模拟电气信号输出，或者可以将其理解为一种输出电动势与转速成比例的微特电机。测速发电机可分为直流和交流测速发电机，而直流测速发电机又可分为他励式直流测速发电机和永磁式直流测速发电机。

图 3-10a 所示为某型号永磁式直流测速发电机，它的结构和工作原理与小功率直流发电机类似。如图 3-10b 所示，导体 ab、cd 切割磁力线产生感应电动势，N 极下电动势方向由 b 指向 a，S 极下导体 cd 中电动势由 c 指向 d，因此电刷 A 为正，B 为负；当线圈转动 180°时，导体 cd 处于 N 极下，电动势由 d 到 c，S 极下导体 ab 电动势由 a 到 b，仍然是电刷 A 为正，B 为负。电枢连续旋转，导体 ab、cd 轮流交替地切割 N 极和 S 极下的磁力线，ab、cd 中产生交变电动势。但是由于换向器的作用，使电刷通过换向片只与处于一定极性下的导体相连接，从而使电刷两端得到的电动势极性不变。

当励磁磁通恒定时，其输出电压和转子转速成正比，即

$$U=kn \tag{3-1}$$

式中　U——测速发电机输出电压(V)；

k——比例系数；

n——测速发电机转速(r/min)。

由式(3-1)可知，电刷两端的感应电动势与测速发电机的转速成正比，直流测速发电机能够把转速信号转换成电动势信号，因此，其可用来测速。

测速发电机在机器人控制系统中的应用如图 3-11 所示。工作时测速发电机总是与驱动电动机同轴连接，这样就能测出驱动电动机的瞬时速度。

模拟法测速的相位滞后较小，反应速度快。但用在数字系统时还需要 A/D 转换，目前

a) 某型号永磁式直流测速发电机外观

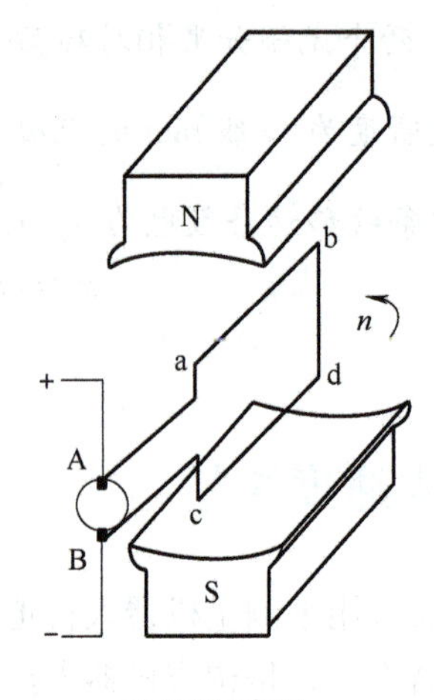

b) 原理示意图

图 3-10 测速发电机外观与原理示意图

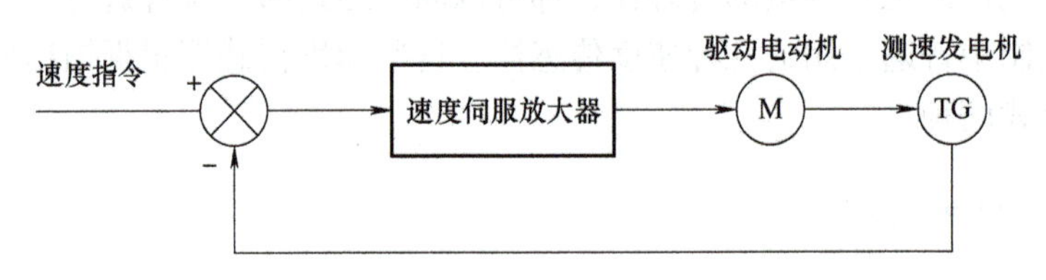

图 3-11 测速发电机应用示意图

应用已经逐渐减少。

3.2.2 数字式编码器测速

在机器人控制系统中，增量式编码器一般用作位置传感器，也可用作速度测量。测速方法通常有 M 法测速、T 法测速。

1. M 法测速

编码器输出的脉冲数代表位置，则单位时间内的脉冲数表示这段时间的平均速度。因此，可以通过计量单位时间脉冲数估算平均速度，即 M 法测速(测脉冲数)原理，如图 3-12a 所示。

例如，若编码器每转产生 N 个脉冲，在 T 时间(单位为 s)产生 m 个脉冲，那么平均转速为

$$n=\frac{60m}{NT} \tag{3-2}$$

式中 n——平均转速(r/min)；

T——测速采样时间(s)；

m——T 时间内测得的编码器脉冲数(p)；

N——编码器每转脉冲数(p/r)。

交流与思考

【问题】 某型号增量式编码器，每转脉冲数为 1024p/r，在 5s 时间内产生 65536 个脉冲，那么转速是多少？

【解答】 根据式(3-2)，在5s时间内产生65536个脉冲，则转速为

$$n=\frac{60m}{NT}=\frac{60\times65536}{1024\times5}\text{r/min}=768\text{r/min}$$

【思考】 脉冲数代表位置，而单位时间内的脉冲数表示这段时间的平均速度。显然，单位时间越短，越能代表瞬时速度。但是在更短的时间里，如果速度较低，有时只能记到几个脉冲，则降低了速度分辨率。你用什么方法解决呢？

2. T法测速

若用M法测速，在记录时间短、速度低的时候，只能记录几个脉冲，则分辨率降低。针对该问题，目前的解决方法为：采用输出编码器脉冲为一个时间间隔，然后用计数器记录这段时间里高速脉冲源发出的脉冲数。即通过采集到脉冲源脉冲数来计量编码器两个脉冲的时间间隔，从而估算速度，这种方法称为T法测速(测脉冲周期)，如图3-12b所示。

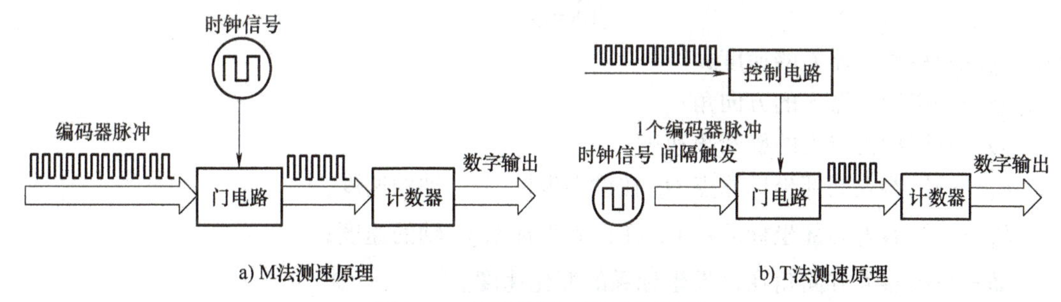

图3-12　编码器测速原理示意图

T法测速中，编码器产生的脉冲用作门电路的触发信号，用已知频率f的时钟信号作输入。若控制门电路在编码器脉冲上升沿到来时开始导通，再次上升沿到来时关闭，即计数器只记录一个编码器脉冲周期内的脉冲数。若在编码器相邻脉冲之间记录的脉冲数为m，则两个编码器脉冲的时间间隔为m/f；若编码器每转有N个线脉冲输出，那么编码器转过$1/N$转时需要时间m/f。据此，编码器同轴转速为

$$n=\frac{60f}{Nm} \tag{3-3}$$

式中　n——平均转速(r/min)；

f——时钟脉冲频率(Hz)；

m——两个编码器脉冲之间的脉冲数(p)；

N——编码器每转脉冲数(p/r)。

交流与思考

【问题】 某型号增量式编码器，每转脉冲数为1024p/r。记录两个相邻编码器脉冲之间的脉冲数为3000个，脉冲的频率为1MHz，那么根据T法测速原理测得转速为多少？

【解答】 根据式(3-3)，两个相邻编码器脉冲之间的脉冲数为3000个，时钟脉冲的频率为1MHz，则转速为

$$n=\frac{60f}{Nm}=\frac{60\times1000000}{1024\times3000}\text{r/min}\approx19.53\text{r/min}$$

3.2.3 基于编码器测速的定位

对于机器人来说，通常在驱动轮上安装码盘，由码盘信号可以得到驱动轮的里程或者速度信息。目前市场上已经有集成码盘安装、信号处理以及显示、分析于一体的产品，通常称能够测量移动速度以及里程信息的装置为里程计。利用里程计的里程或速度信息，可以计算出机器人从某一起点处移动的位置和姿态，从而累加计算出机器人当前的相对位置和姿态。

图 3-13 所示为轮式移动机器人差动驱动示意图。假设两个驱动轮上安装了速度传感器，可分别测量两轮的转动角速度，则可以根据式(3-4)计算机器人在全局坐标系的速度，即

$$\begin{cases}\dot{P}_x = v\cos\phi \\ \dot{P}_y = v\sin\phi \\ \dot{\phi} = \omega\end{cases} \tag{3-4}$$

式中 v——移动机器人的速度；

ϕ——移动机器人的方向角；

ω——移动机器人的旋转角速度；

$\dot{P}_x$——机器人局部坐标原点 O_m 在世界坐标系 x_w 轴的速度；

$\dot{P}_y$——机器人局部坐标原点 O_m 在世界坐标系 y_w 轴的速度；

$\dot{\phi}$——机器人方向角在世界坐标系的变化速度。

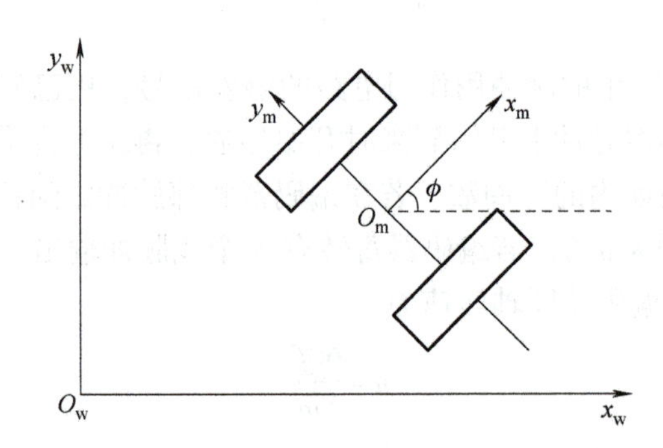

图 3-13 轮式移动机器人差动驱动示意图

若假设两轮半径相等，驱动无打滑现象，则机器人的线速度和旋转角速度为

$$\begin{cases}v = \dfrac{r(\omega_1+\omega_2)}{2} \\ \omega = \dfrac{r(\omega_1-\omega_2)}{l}\end{cases} \tag{3-5}$$

式中 r——移动机器人驱动轮半径；

ω_1——左轮角速度；

ω_2——右轮角速度；

l——两轮间距离。

将式(3-5)代入式(3-4)，则得到移动机器人的速度为

$$\begin{cases}\dot{P}_x=\dfrac{r(\omega_1+\omega_2)}{2}\cos\phi\\ \dot{P}_y=\dfrac{r(\omega_1+\omega_2)}{2}\sin\phi\\ \dot{\phi}=\dfrac{r(\omega_1-\omega_2)}{l}\end{cases}\tag{3-6}$$

在此基础上，得到基于驱动轮速度的机器人定位推算公式：

$$\begin{cases}P_{x,k+1}=P_{x,k}+\dfrac{r}{2}\cos\phi_k\displaystyle\int_{t_k}^{t_{k+1}}(\omega_1+\omega_2)\mathrm{d}t\\ P_{y,k+1}=P_{y,k}+\dfrac{r}{2}\sin\phi_k\displaystyle\int_{t_k}^{t_{k+1}}(\omega_1+\omega_2)\mathrm{d}t\\ \phi_{k+1}=\phi_k+\dfrac{r}{l}\displaystyle\int_{t_k}^{t_{k+1}}(\omega_1-\omega_2)\mathrm{d}t\end{cases}\tag{3-7}$$

式中　ϕ_k——移动机器人第 k 次采样时的方向角；

ϕ_{k+1}——移动机器人第 $k+1$ 次采样时的方向角；

$P_{x,k}$——移动机器人第 k 次采样时局部坐标原点 O_m 在世界坐标系 x_w 轴的位置；

$P_{x,k+1}$——移动机器人第 $k+1$ 次采样时局部坐标原点 O_m 在世界坐标系 x_w 轴的位置；

$P_{y,k}$——移动机器人第 k 次采样时局部坐标原点 O_m 在世界坐标系 y_w 轴的位置；

$P_{y,k+1}$——移动机器人第 $k+1$ 次采样时局部坐标原点 O_m 在世界坐标系 y_w 轴的位置；

t_k——第 k 次采样时刻；

t_{k+1}——第 $k+1$ 次采样时刻。

上述计算中的速度利用直线近似圆弧，所以采样时间应尽可能短。此外，利用式(3-7)进行定位推算时，定位误差会进行累加。

3.3　机器人加速度测量

随着机器人高速化、高精度化，机器人在动态情况下的精确控制也是需要考虑的问题。例如，机器手在快速抓取物体时，由于速度快速变化，即加速度带来的惯性力反作用于手指，会产生振动而给抓取物体带来操作误差，影响灵巧手操作的快速性和平稳性。为抑制振动问题，有时在机器人关键杆件(如手腕)上安装加速度传感器，测量振动加速度，并将其反馈给控制器，用于振动的检测和抑制。另外，对于飞行机器人系统，不仅需要进行系统和关节的位置与姿态控制，还需要控制系统和关节的加速度，以控制飞行状态。

3.3.1　加速度测量基本原理

基于牛顿第二定律，加速度传感器可通过检测一定质量的物体所受的力或者力矩来推算其加速度。若已知物体质量和作用外力，则物体的加速度如式(3-8)所示：

$$F=ma\tag{3-8}$$

式中　F——物体所受外力；

m——物体质量；

a——物体的加速度。

因此，质量一定时，可通过检测施加在物体上的力或者力矩来确定物体的加速度。这样，凡是能进行力测量的传感器，或者是将力经过转换机构变换成其他物理量并进行测量的传感器，原理上均可用来进行加速度测量。

3.3.2 常见加速度传感器

一般来说，根据测量原理不同，常见加速度传感器分为应变电阻式、压电式、微电容式和微压阻式等；根据尺寸的不同，分为宏加速度传感器和 MEMS 微加速度传感器等；近年来，还有基于 MEMS 技术的微热电偶式、微谐振式和微光波导等其他加速度传感器出现。

1. 应变式加速度传感器

应变式加速度传感器一般是由质量块和弹性体组成的振动系统，将被测物体由于加速度产生的惯性力转化为弹性体的弹性形变。弹性体为弹性结构部分，是应变式加速度传感器的核心部件。电阻应变片粘贴在弹性体相应应变区。

工作时，被测物体加速度产生的惯性力转化为弹性体的弹性形变，应变片电阻由于应变效应而产生阻值变化。这样，通过粘贴在弹性体应变区的电阻应变片测出敏感区的应变大小及方向，从而建立起加速度信号和应变之间的确定关系。即系统在不同加速度惯性力作用下，弹性体的形变不同，粘贴在其表面的应变片电阻值的变化不同，通过电桥电路输出相应电压。通过建立加速度惯性力→结构形变→应变片电阻→电桥电压输出这一系列的对应关系，进而形成加速度与电信号输出的对应关系，获得被测物体的加速度信息。应变式加速度测量主要测量低频振动的物体加速度。

应变式加速度传感器的设计关键是弹性体结构。如 3-14a 所示为由板簧支承重锤所构成的单维振动系统，板簧上下两面分别粘贴两个应变片。而质量块受到加速度惯性力后会产生振动应变，导致粘贴在其表面的应变片的电阻值产生变化，通过图 3-14b 所示电桥电路输出相应电压。因此，可以利用板簧结构在加速度惯性力作用下，产生的应变幅度不同来测量加速度，还可以通过合理设计弹性体结构，实现二维、三维，甚至六维加速度的测量。

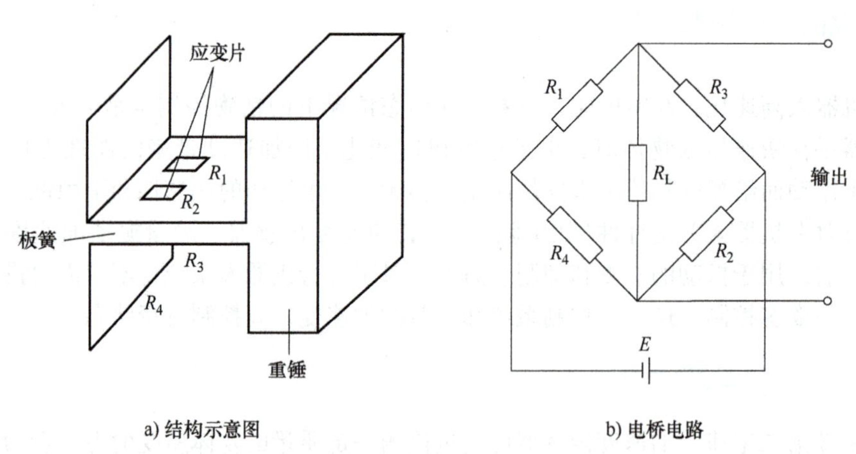

a) 结构示意图　　b) 电桥电路

图 3-14　应变式加速度传感器原理

2. 压电式加速度传感器

压电式加速度传感器主要基于压电效应进行测量。传感器内的质量块受加速度作用后会产生一个与加速度成正比的力，具有压电效应的元件受到此力作用后，将沿其表面形成与该力成正比的电荷信号。压电式加速度传感器建立了加速度→惯性力→电荷→电信号输出之间的对应关系，进而获得被测物体的加速度信息。

关于压电式传感器的基本原理可参考 2.4.4 节。压电元件的形变一般有三种基本模式：压缩、剪切和弯曲形变。图 3-15 所示为采用剪切方式的加速度传感器及其结构示意图。传感器中一对平板形压电陶瓷在轴对称位置上垂直固定，当底座受到加速度惯性作用时，会使压电陶瓷元件剪切，进而产生电信号。压电式加速度传感器具有动态范围大、频率范围宽、坚固耐用、受外界干扰小以及不需要外界电源等特点，是目前被广泛使用的振动测量传感器。与压阻式和电容式加速度传感器相比，其最大的缺点是不能测量零频率的信号。

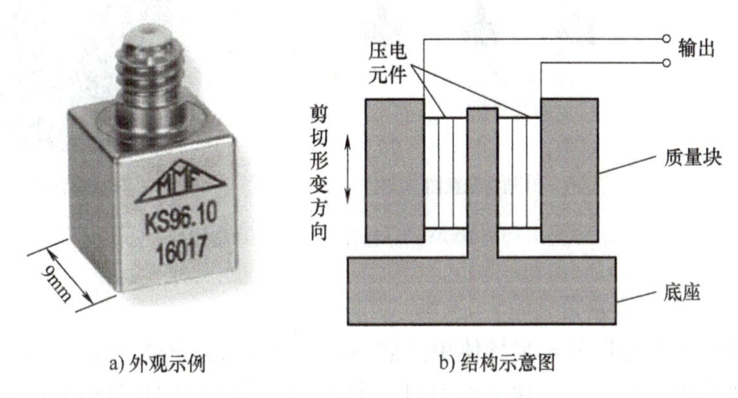

a) 外观示例　　b) 结构示意图

图 3-15　采用剪切方式的压电式加速度传感器

3. 微电容式加速度传感器

近年来 MEMS 技术迅猛发展，可以利用 MEMS 技术在硅片内形成弹簧质量块系统的结构。MEMS 技术是随着微电子技术领域半导体制造技术的进步而发展起来的，其融合了光刻、腐蚀、薄膜等硅微加工、非硅微加工和精密机械加工等微结构、微电路的制作技术。MEMS 是集微传感器、微执行器、微机械结构、微电源、信号处理和控制电路、高性能电子集成器件、接口、通信等于一体的微型器件或系统。

基于 MEMS 技术制作的加速度计，具有体积小、质量小、成本低、功耗低、可靠性高等优点。图 3-16a 所示为 MEMS 微电容式加速度传感器的结构示意图，该微结构中的弹簧质量系统由质量块、可动极板、固定极板等组成。MEMS 技术将电容、弹簧、质量块等集成加工在芯片级硅结构中。

当受加速度作用时，质量块在惯性力作用下向左或向右运动，由质量块带动的动极板和定极板之间的间隙会产生变化，进而使电容量产生变化，就建立了加速度→惯性力→质量块位移→电极间隙→电容量变化→感应电路输出电信号的对应关系，进而获得被测物体的加速度信息。采用 MEMS 技术制成的微电容式加速度传感器，其敏感芯片体积可以小至 $5mm^2$，质量小，能承受高冲击。图 3-16b 所示为某型号微电容式加速度传感器外观，图 3-16c 所示为焊接微电容式加速度传感器的电路模块。微电容式加速度传感器具有灵敏度高、零频响应、环境适用性好等特点，尤其受温度的影响比较小，可用于苛刻现场环境下。但 MEMS 微电容式加速度传感器信号的输入与输出为非线性关系、量程有限，且由于电容式传感器本身是高阻抗信号源，输出信号易受电缆电容的影响，因此输出信号往往需要通过后续电路调理改善，对屏蔽电缆线有着很高的要求。在实际应用中，电容式加速度传感器大多数情况下用于低频测量场合。

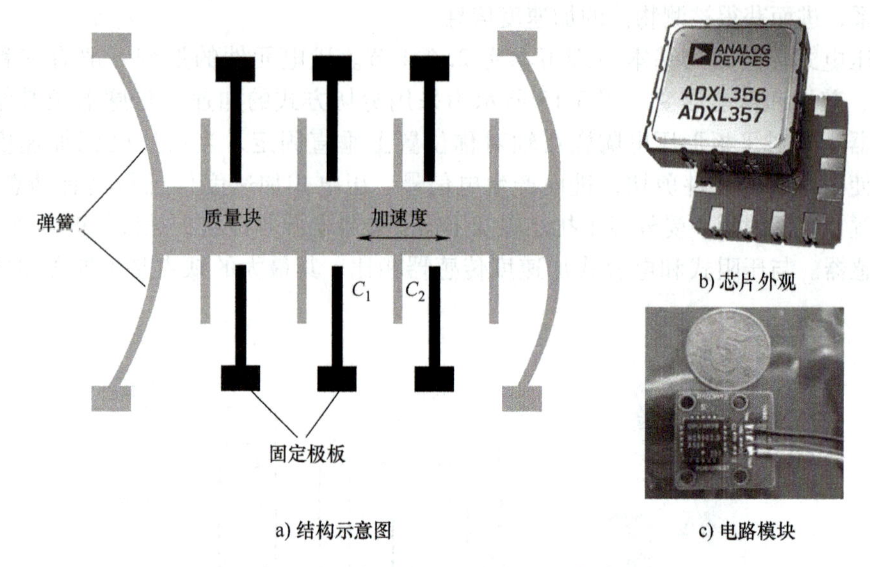

图 3-16　MEMS 微电容式加速度传感器

4. 微压阻式加速度传感器

微压阻式加速度传感器基于半导体单晶硅材料的压阻效应进行测量，和应变式加速度传感器的测量原理类似，它由质量块和弹性体结构组成。但采用 MEMS 技术在硅基材料上制作传感器，可以将弹性体制成单悬臂梁、双悬臂梁、多悬臂梁等多种结构形式的微型梁-岛结构，再利用压阻效应来检测加速度。图 3-17a 所示为单悬臂梁结构的微压阻式加速度传感器结构示意图。在悬臂梁应变应力敏感区通过离子注入的方式制作压敏电阻，在加速度作用下，质量块运动会带动悬臂梁弯曲，在敏感区产生应力，进而由于压阻效应使压敏电阻变化，将电阻接至外围电桥电路后可输出电信号变化。可见，通过建立加速度→惯性力→悬臂梁弯曲→压敏电阻变化→电桥电压输出这一系列的对应关系，形成了加速度与电信号输出的对应关系。合理设计悬臂梁结构和弹性体结构，还可以同时测量多个维度方向的加速度，制作多维加速度传感器。

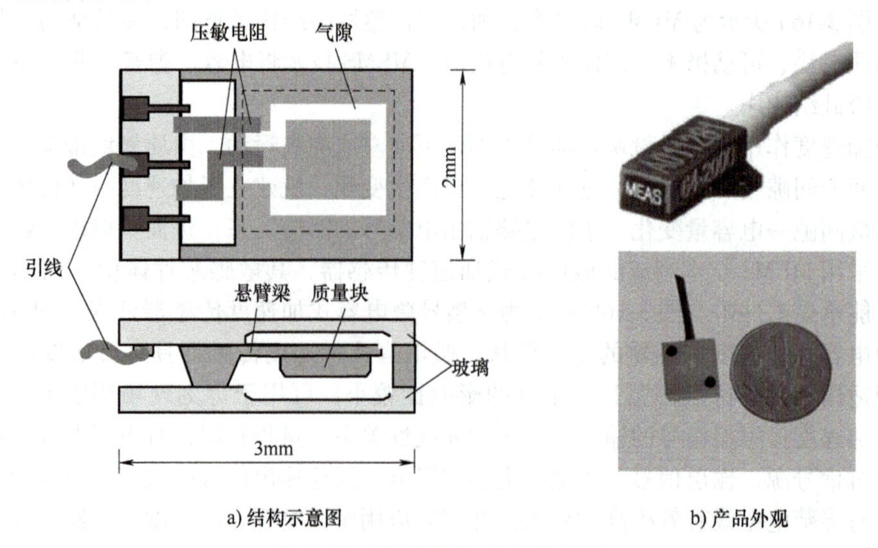

图 3-17　微压阻式加速度传感器

微压阻式加速度传感器，其结构动态模型仍然是弹簧质量系统，只不过采用 MEMS 技术利用半导体材料制成电阻测量电桥。MEMS 技术使压阻式敏感芯体的设计具有很大的灵活性，以适合各种不同的测量要求，测量频率可高达几十 kHz，结构紧凑可在狭小空间内使用。图 3-17b 所示为一些常见微压阻式加速度传感器外观。

通常，针对某个特定设计的压阻式芯体而言，微压阻式加速度传感器使用范围一般要小于压电式传感器。此外，其性能受温度的影响较大，一般需要进行温度补偿。

3.4 惯性传感器组及其应用

机器人某些结构的运动是空间的，比如灵巧手的操作。其产生的加速度必然有六个分量，即 x、y、z 三个方向的加速度(线运动)和 t_x、t_y、t_z 绕三个坐标轴旋转的加速度分量(角运动)。要想测量各个方向的加速度，研制能够易于安装在腕部、检测各个维度方向的多维传感器非常重要。目前常见的加速度传感器有二维、三维以及多维等不同维度，可以测量相对于传感器自身坐标系的加速度。实际机器人开发时可购买加速度芯片，或者集成智能的加速度传感器模块。此外，将加速度计和陀螺仪等器件组合在一起，还可以用于测量物体相对空间多个维度的速度、加速度、姿态、方位等，用于机器人等自动化设备的导航、姿态动作控制估计等，称其为惯性测量组。市场上已经商业化的惯性测量组也称为多轴姿态传感器模块、惯性传感器单元等。

3.4.1 陀螺仪基本知识

1. 普通陀螺仪

1850 年法国的物理学家莱昂·傅科在研究地球自转时，发现高速转动中的转子由于具有惯性，它的旋转轴永远指向某一固定方向。后来基于此原理，人们研制了一种机械装置，用来测量壳体相对于旋转轴的转动角度情况，这就是陀螺仪。随着技术的不断进步，利用物体惯性，人们基于经典物理学理论以及现代物理学理论，研制出了不同原理的陀螺仪。广义上讲，凡能测量载体相对惯性空间旋转的装置都可称为陀螺仪。

图 3-18a 所示为普通三自由度陀螺仪结构示意图。其主要部分是一个绕旋转轴以极高角速度旋转的转子，转子安装在支架内，称为内环；在内环架外加上一外部框架，称为外环；陀螺自转轴为 x 轴，内环转动轴为 y 轴，外环转动轴为 z 轴。三轴交汇于空间一点，称为陀螺支点，内外环构成陀螺万向支架。可见，陀螺在空间上可以绕三轴自由转动。

高速旋转后的陀螺具有惯性，显现出以下特性：

(1) 定轴性　当没有任何外力矩作用在陀螺仪上时，如果陀螺仪的转子以高速旋转，那么其自转轴在惯性空间中指向固定方向不变，且反抗任何改变转子轴方向的力量，这种物理现象称为陀螺仪的定轴性。转子的转动惯量越大，角速度越大，其定轴稳定性越好。

(2) 进动性　当转子高速旋转时，如果有外力矩作用于外环轴，陀螺仪将绕内环轴转动；如果外力矩作用于内环轴，陀螺仪将绕外环轴转动。陀螺仪受到外力矩作用时，其并不是顺着外力矩的方向运动，而是在与外力矩垂直的平面内运动，转动角速度方向与外力矩作用方向互相垂直，这种特性叫作陀螺仪的进动性。如图 3-18b 所示，进动角速度的方向取决于动量矩 H 的方向(与转子自转角速度矢量的方向一致)和外力矩 M 的方向，而且是陀螺仪主轴动量矩 H 将向外力矩 M 的矢量方向运动，以最短的路径追赶外力矩。这可用右手定则

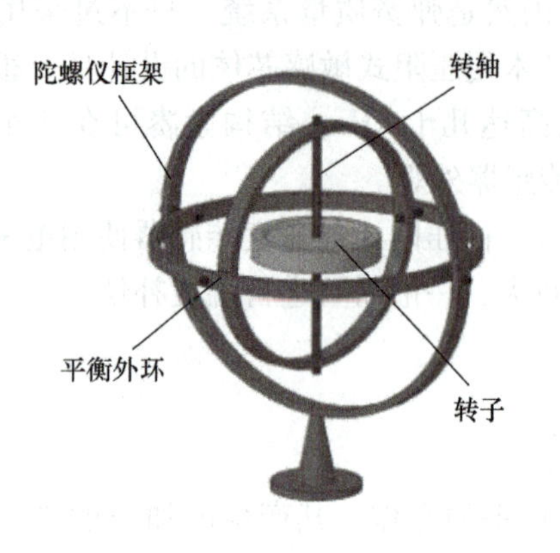

a) 三自由度陀螺仪结构示意图

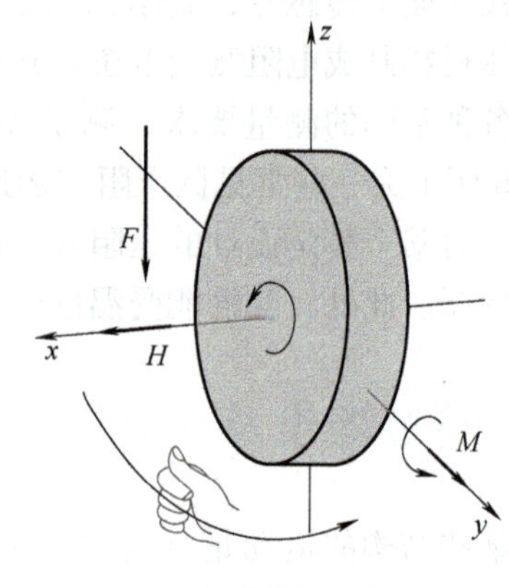

b) 进动性原理

图 3-18 陀螺仪原理

判断，图 3-18b 所示大拇指的方向就是进动角速度的方向。进动角速度 ω 的大小取决于 H 和 M 的大小，可用式(3-9)表示：

$$\omega=\frac{M}{H} \tag{3-9}$$

式中 ω——进动角速度；

M——转子动量矩；

H——转子主轴外力矩。

有三个因素会影响进动性，即外界作用力、转子惯量和角速度。外界作用力越大、进动角速度也越大；转子的转动惯量越大、角速度越大，则进动角速度越小。利用陀螺仪的特性，若将陀螺仪外部框架安装在飞行机器人结构上，转子在驱动作用下高速旋转具有惯性，则轴方向不变，就可以通过测量框架相对于旋转轴的角度来估计飞行机器人空间角度情况。将此方向与飞行机器人的轴心比对后，就可以精确得到飞行机器人的正确方向。

2. 现代陀螺仪

上述普通三自由度陀螺仪，若要完成角度测量，需要陀螺高速旋转，还需要加工可自由转动的内外环框架，体积较大，需要加工精度较高。现在已经有基于各种惯性原理的陀螺仪产品，主要可以分为两大类：一类是基于经典力学理论的机械式陀螺仪，如振动陀螺仪、MEMS 陀螺仪等；另一类是基于现代物理学理论的光学陀螺仪，如激光陀螺仪、光纤陀螺仪等。

（1）振动陀螺仪　振动陀螺仪主要利用高频振动的物体随基座旋转时，所产生的科里奥利效应来检测角运动。科里奥利效应基本原理如图 3-19 所示，假设一个小球在平台中心，沿着径向向外边缘运动。平台旋转的速度，由于半径的变化，越靠近边缘速度越大。当小球从中心向边缘运动时，它相对地面的速度就会不断增加。由于惯性

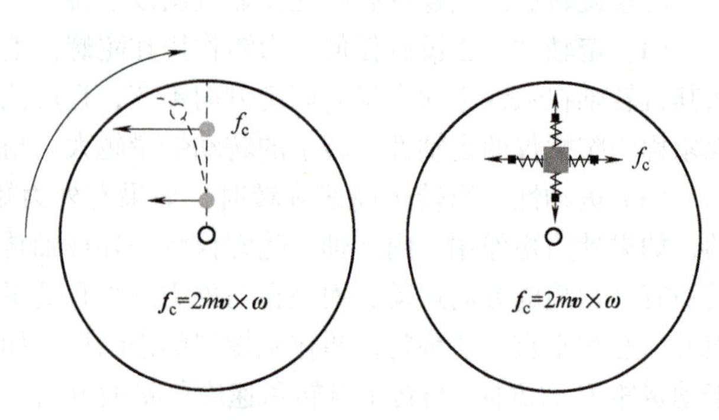

图 3-19 科里奥利效应基本原理

作用，小球会受到一个与旋转方向相反的力的作用，这就是科里奥利力。受到科里奥利力的作用，小球不会一直沿直线运动到平台边缘，而是会向平台旋转方向相反的方向产生偏移。

科里奥利力可表示为

$$\boldsymbol{f}_c = 2m\boldsymbol{v}\times\boldsymbol{\omega} \tag{3-10}$$

式中　$\boldsymbol{f}_c$——科里奥利力；

m——质点质量；

$\boldsymbol{v}$——质点相对旋转参考系的运动速度(矢量)；

$\boldsymbol{\omega}$——旋转体系角速度(矢量)。

×——表示矢量相乘，方向满足右手螺旋定则。

从科里奥利效应可见，小球由于径向速度的改变会导致切向速率的增加。如果物体在圆盘上没有径向运动，就不会产生科里奥利力。基于此原理，让小球被驱动后沿着径向不停地做径向运动或振动，那么与此对应的科里奥利力就会在与其垂直的横向来回变化，使其做横向微小振动。因此，可以利用这个横向感生振动的幅值来测量转动的角速度，即振动陀螺仪是利用高频振动的物体随基座旋转时所产生的科里奥利效应来检测角运动的。根据结构不同，振动陀螺仪可分为音叉振动陀螺仪、压电振动陀螺仪、壳体谐振陀螺仪等。

（2）MEMS 陀螺仪　MEMS 陀螺仪是利用 MEMS 技术、基于硅基材料制作的微型结构陀螺仪。虽然 MEMS 陀螺仪的设计方案可能多种多样，但公开的陀螺仪基本都采用振动陀螺仪原理，即利用振动来诱导和探测科里奥利力来进行设计。图 3-20a 所示为哈尔滨工程大学设计的某微型梳状线振动陀螺仪结构示意图，其具有两方向的可移动电容板。该陀螺仪采用 x 轴方向驱动和 y 轴方向检测的方式。在驱动方向的固定梳齿状电极上施加带偏置电流的驱动电压，在静齿与动齿之间产生周期变化的静电力。静电力的作用，使得质量块产生沿 x 轴的线振动。此时，如果载体绕 z 轴相对于惯性坐标系旋转，则会在 y 轴受到科里奥利力的作用，质量块将在 y 轴产生线振动。通过检测差分电容的变化量，就可以获得载体在 z 轴方向的角速度。

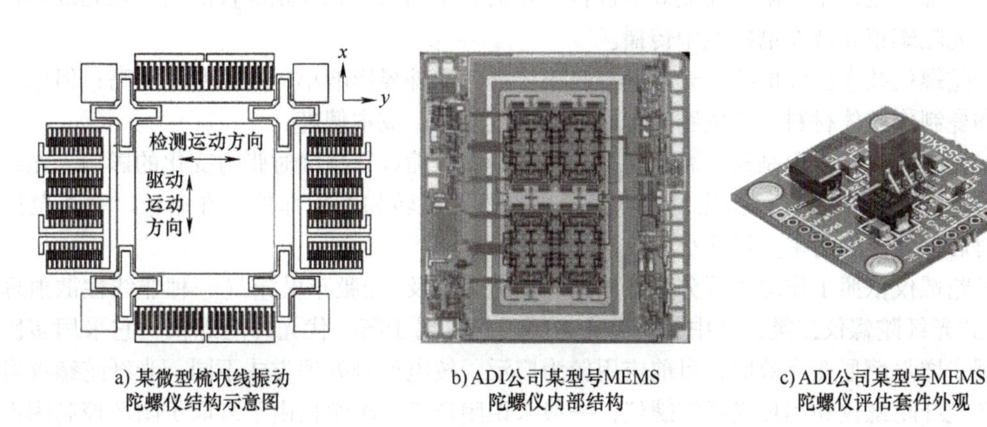

a) 某微型梳状线振动陀螺仪结构示意图　b) ADI公司某型号MEMS陀螺仪内部结构　c) ADI公司某型号MEMS陀螺仪评估套件外观

图 3-20　微型梳齿振动陀螺仪

相比光纤或者激光陀螺仪，基于 MEMS 的陀螺仪价格便宜很多，但使用精度较低，需要使用参考传感器进行补偿，以提高使用精度。基于 MEMS 技术的陀螺仪，具有体积小、质量小、成本低、能批量生产、高可靠性、无内部转动部件、抗冲击、寿命长、大量程、易于数字化和智能化等特点，已经得到广泛应用。目前，市场上可以购买到许多公司的 MEMS

陀螺仪芯片进行载体的位置、速度、姿态等信息测量。图 3-20b、c 所示为 ADI 公司某型号 MEMS 陀螺仪内部结构和评估套件外观。

(3) 光学陀螺仪　光学陀螺仪主要包括激光陀螺仪和光纤陀螺仪。

激光陀螺仪利用萨尼亚克(Sagnac)效应产生的光程差来测量旋转角速度。即在任何几何形状的闭合光路中，如图 3-21 所示环形光路，从某一光源点发出光束在 M 处被分成一对光波，分别沿着顺时针方向和逆时针方向传输，传输速度分别为 C_{cw} 和 C_{ccw}。若该环形光路没有转动，则两个方向的光束沿着环路同时到达 M 处。若环形光路通道本身以一定速度转动，那么光线沿着通道转动方向行进再次到达 M 处所需要的时间，要比沿着这个通道反方向行进所需要的时间多。也就是说当光学环路转动时，在不同的行进方向上，光学环路的光程相对于环路在静止时的光程会产生变化。即正反向光波的相位(光程 Δl)将因为闭合光路相对惯性空间的旋转而不同。因此，当这两束光再次相遇产生干涉时，检测其相位差或者干涉条纹的变化，就可以测出闭合光路旋转角速度。

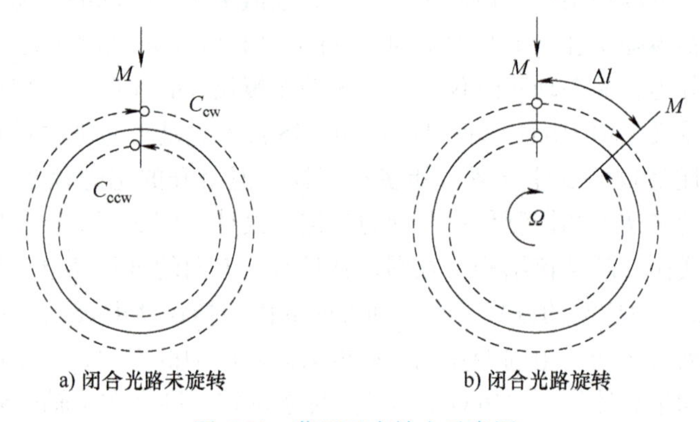

图 3-21　萨尼亚克效应示意图

光纤陀螺仪也是基于萨尼亚克效应进行工作的，不同的是光纤陀螺仪的光波在光纤中传播，而激光陀螺仪光波在谐振腔中传播。

激光陀螺仪技术已经成熟，光在谐振腔中传播，受外界影响小，因此精度较高；但用石英或者陶瓷制作腔体材料，谐振腔成本昂贵，工艺复杂，成本偏高。

虽然光纤成本低，但是易受温度变化导致的热胀冷缩以及缠绕时张力变化的影响。光纤陀螺仪与传统的机械陀螺仪相比，优点是全固态、无旋转和摩擦部件、寿命长、动态范围大、瞬时启动、结构简单、尺寸小、质量小。

光纤陀螺仪依照工作原理可分为干涉式、谐振式以及“受激布里渊”(一种非线性散射理论)散射式光纤陀螺仪三类。其中，干涉式光纤陀螺仪属于第一代光纤陀螺仪，它采用多匝光纤线圈来增强萨尼亚克效应，目前应用较为广泛。按电信号处理方式不同，光纤陀螺仪可分为开环光纤陀螺仪和闭环光纤陀螺仪，一般来说闭环光纤陀螺仪由于采取了闭环控制因而拥有更高的精度。按结构不同，光纤陀螺仪又可分为单轴和多轴光纤陀螺仪，其中三轴光纤陀螺仪由于具有体积小、可测量空间位置等优点，是光纤陀螺仪的一个重要发展方向。

3.4.2　惯性测量组

对于移动机器人或飞行机器人，常常利用惯性元件测量运动物体相对于惯性空间的线运动和角运动参数，进而在给定初始条件下，推算出机器人的运动速度、位置、姿态、方位等信息，以便完成预定的导航任务。为了完成上述工作，不仅要测量单一维度速度、加速度，通常将测量空间多个维度的速度与加速度传感器组合，构成惯性测量组。

惯性测量组一般由惯性测量单元、处理器和控制显示等部分组成。其中，惯性测量单元(IMU)是测量物体姿态角、角速率以及加速度的装置。例如，某型号IMU包含三个单轴的加速度计和三个单轴的陀螺仪，加速度计检测物体在载体坐标系统中独立的三轴加速度信号，而陀螺仪检测载体相对于导航坐标系的角速度信号，测量物体在三维空间中的角速度和加速度，并据此算出物体的姿态。处理器可依据初始条件和测量的加速度，计算出物体的速度和位置。控制显示部分用来给定初始条件和其他控制指令，显示导航参数等。

惯性系统按照其在机器人等运动物体上的安装方式，可分为平台式惯性测量组和捷联式惯性测量组。平台式惯性测量组，在结构上具备有一个用于支撑安装加速度计等传感器的平台结构，为测量提供坐标基准并把它稳定在惯性空间。同时，惯性平台也可以按照导航指令跟踪所选定的导航坐标系。捷联式惯性测量组，取消了三轴稳定平台，将陀螺仪和加速度计等元件直接安装在运动物体上，并分别处于机体轴系的3个轴向位置上，通过数学方法实现姿态矩阵和姿态角等计算，实现“数学平台”的功能。

图3-22 某公司惯性测量组外观

图3-22所示为某公司惯性测量组外观，可测量三轴加速度、三轴角速度、角度、三轴方向磁场、GPS经纬度信息以及气压信息，内置状态估算以及滤波算法，可通过串行接口将检测信号上传到上位机。

3.4.3 基于惯性传感器的定位

随着社会的进步以及人类需求的提高，更多机器人将被不断研发出来，并且机器人的自主化也将越来越重要，而机器人的自主导航技术则是实现移动机器人自主控制和智能化的核心与基础。简单来说就是要让机器人明白“我在哪”“我要往哪里去”“我该怎么去”等，涉及的关键技术有定位与建图、命令的下达、路径规划、动态避障、运动控制等。其中，机器人定位技术是解决这些问题的基础。

对于移动机器人来说，定位就是确定其在运动环境中的方位，可以分为绝对定位和相对定位两种。绝对定位又称全局定位，需提前对环境进行建模，或者通过传感器直接获得位置信息。比如信标定位，即在环境中设置大量人工路标，然后通过识别标志来确定机器人自身所处位置；再比如GPS(全球定位系统)，以卫星为基础的高精度无线电导航的定位系统，它在全球任何地方以及近地空间都能够提供准确的地理位置、行驶速度及精确的时间信息。但它在机器人领域常用作室外机器人定位，定位精度约为10m，在室内效果较差。

相对定位也称跟踪定位，一般需要先假定初始点，然后通过传感器信息来跟踪估计机器人的位姿。例如，通过编码器速度信息的相对定位，即通过安装在轮式机器人驱动轮上的编码器来得到轮子的里程或速度信息，通过积分推断出轮子的位置和姿态；惯性传感器定位，即通过陀螺仪和加速度计等惯性元件获得机器人当前的加速度和角速度等信息，进而推断出机器人的移动距离、位置以及相对姿态。相对定位使用的传感器包括里程计(编码器)、陀螺仪、加速度计等，它的缺点是容易产生累计误差，只适用于短距离定位。在3.2.3节，已经介绍了基于编码器测速的轮式机器人定位，接下来介绍如何基于惯性传感器组来计算轮式移动机器人定位信息。

假设移动机器人的底座框架上安装了惯性传感器组，惯性传感器系统由三个加速度计和三个陀螺仪组成。如图3-23a所示，分别测量沿着 x_m、y_m、z_m 方向的线加速度 $\ddot{x}$、$\ddot{y}$、$\ddot{z}$，以及绕 x_m、y_m、z_m 轴的角速度 $\dot{\psi}$、$\dot{\theta}$、$\dot{\phi}$。

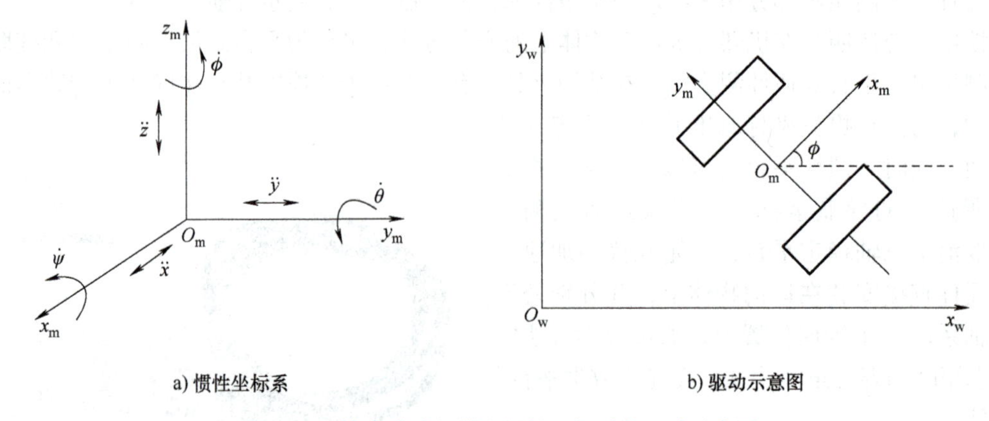

图3-23　轮式移动机器人惯性坐标系与驱动示意图

如果将初始时刻机器人的位置和姿态设为坐标原点，可累积 t 时间内的传感器信息，获得当前时刻相对初始时刻的位置和姿态。取一个足够小的采样周期 t_s，在这个周期内，惯性传感器组测量线加速度和角速度可以用一常值来近似，比如该段周期时间内的平均值。则移动机器人的速度矩阵为

$$\boldsymbol{\Delta}=\begin{pmatrix} 0 & -\dot{\phi} & \dot{\theta} & \dot{x} \\ \dot{\phi} & 0 & -\dot{\psi} & \dot{y} \\ -\dot{\theta} & \dot{\psi} & 0 & \dot{z} \\ 0 & 0 & 0 & 0 \end{pmatrix}=\begin{pmatrix} 0 & -\dot{\phi} & \dot{\theta} & \ddot{x}t_s \\ \dot{\phi} & 0 & -\dot{\psi} & \ddot{y}t_s \\ -\dot{\theta} & \dot{\psi} & 0 & \ddot{z}t_s \\ 0 & 0 & 0 & 0 \end{pmatrix} \tag{3-11}$$

机器人位姿的递推公式为

$$T_{i+1}=T_i+T_i\boldsymbol{\Delta}t_s \tag{3-12}$$

式中　$\boldsymbol{\Delta}$——速度矩阵；

$\dot{\psi}$、$\dot{\theta}$、$\dot{\phi}$——陀螺仪获得的绕 x、y、z 轴的角速度；

$\dot{x}$、$\dot{y}$、$\dot{z}$——沿 x、y、z 轴的线速度；

$\ddot{x}$、$\ddot{y}$、$\ddot{z}$——加速度计获得的沿 x、y、z 轴的线加速度；

t_s——采样周期；

T_{i+1}——第 $i+1$ 次采样时刻机器人的位姿；

T_i——第 i 次采样时刻机器人的位姿。

当移动机器人工作于室内平整地面时，如图3-23b所示，其旋转运动只有绕 z 轴的转动。而且，机器人不可能沿着驱动轮的轴向移动，即机器人不可能沿着 y_m 轴方向移动。因此对于室内平整地面移动的机器人，有

$$\begin{cases}\dot{P}_x = v\cos\phi \\ \dot{P}_y = v\sin\phi \\ \dot{\phi} = \omega\end{cases} \tag{3-13}$$

式中 v——移动机器人速度；

ϕ——移动机器人方向角；

ω——移动机器人旋转角速度；

$\dot{P}_x$——机器人局部坐标原点 O_m 在世界坐标系 x_w 轴速度；

$\dot{P}_y$——机器人局部坐标原点 O_m 在世界坐标系 y_w 轴速度；

$\dot{\phi}$——机器人方向角在世界坐标系的变化速度。

根据惯性传感器测量数据，可以得到机器人位置和方向角递推公式为

$$\begin{cases}P_{x,k+1} = P_{x,k} + \ddot{x}_m\cos\phi_k t_s^2 \\ P_{y,k+1} = P_{y,k} + \ddot{x}_m\sin\phi_k t_s^2 \\ \phi_{k+1} = \phi_k + \dot{\phi}_k t_s\end{cases} \tag{3-14}$$

式中 $\ddot{x}_m$——移动机器人沿着 x_m 轴的加速度；

$\dot{\phi}_k$——移动机器人的方向角转动速度；

ϕ_k——移动机器人第 k 次采样时的方向角；

ϕ_{k+1}——移动机器人第 k+1 次采样时的方向角；

$P_{x,k}$——移动机器人第 k 次采样时局部坐标原点 O_m 在世界坐标系 x_w 轴的位置；

$P_{x,k+1}$——移动机器人第 k+1 次采样时局部坐标原点 O_m 在世界坐标系 x_w 轴的位置；

$P_{y,k}$——移动机器人第 k 次采样时局部坐标原点 O_m 在世界坐标系 y_w 轴的位置；

$P_{y,k+1}$——移动机器人第 k+1 次采样时局部坐标原点 O_m 在世界坐标系 y_w 轴的位置；

t_s——第 k 次采样时间。

由上述公式可知，在惯性传感器组获得角速度和加速度的基础上，可以递推计算机器人的实时位置。但由于某些惯性传感器精度限制，比如 MEMS 惯性传感器的精度相对较低，定位仅仅能够提供短期精确的导航解。虽然通过实验标定可以消除大多数确定性的传感器误差影响，但低成本 MEMS 惯性器件仍然存在着严重的温度敏感性，并且各种传感误差不断累积而导致姿态误差，进而使速度和位置解发散。近年来，惯性传感器精度有所提升，比如已发展出光纤陀螺仪、激光陀螺仪等新型高精度惯性传感器件，并获得广泛应用。此外，为得到长期高精度的导航与定位解，学者们经常把 MEMS 惯性传感器与其他传感器技术相融合，形成各种组合导航与定位技术。对于室内移动机器人，由于高精度惯性传感器成本较高，更倾向于采用信息融合方法提高定位精度。

3.4.4 GPS 简介

1. GPS 组成

全球定位系统(Global Positioning System，GPS)是一种以卫星为基础的高精度无线电导航的定位系统，由美国于 20 世纪 70 年代开始研制并于 1994 年建成。GPS 主要由空间部分、地面控制监控部分和用户接收部分即信号接收机三部分组成。

GPS 的空间部分由 24 颗卫星组成，位于距地表约 20000km 的上空，运行周期为 12h。

卫星的分布使得在全球任何地方、任何时间都可观测到4颗以上的卫星。用户可以通过至少4颗卫星的信号到达时间，来确定经度、纬度、高度、时间4个导航参数。

地面控制监控部分负责检测和控制卫星状态，收集由卫星传回的信息，并计算卫星星历(卫星运行的轨道和参数)、相对距离、大气校正等数据。同时，地面监控系统还负责保持调整各个卫星时钟，使其处于同一时间，即标准GPS时间。

用户接收部分即GPS信号接收机，可安装在需要定位和导航的移动机器人等运动物体上。其主要功能是能够捕获到按一定卫星截止角所选择的待测卫星信号，并跟踪这些卫星的运行。卫星和接收机之间连线与地平面的夹角称高度角。而高度截止角是指跟踪卫星的最低高度角，接收机将忽略截止角以下的卫星信号。接收机捕获到跟踪的卫星信号后，就可测量出接收天线到卫星的距离以及距离的变化率，解调出卫星轨道参数等信息，从而计算出待测点的三维位置、三维速度和时间。

2. GPS定位原理

GPS定位根据测量距离的方法不同分为伪距测量和载波相位测量；根据接收机的运动状态分为静态定位和动态定位；根据定位模式不同可分为绝对单点定位、相对定位和差分定位等。本节以单点定位为例，介绍GPS定位的基本原理。

如图3-24所示，对于地面基站和1颗卫星的情况，测量卫星和基站的距离后，可以确定基站位于以卫星为中心、以距离 r_1 为半径的球面上；如果能够测量2颗卫星到基站的距离 r_1、r_2，就可以确定基站肯定在两个球面的交界环上；依次类推，知道3颗卫星的距离，则可以确定基站在两点之间；因此，如果知道至少4颗卫星的距离，则可以确定基站在空间坐标系中的位置。

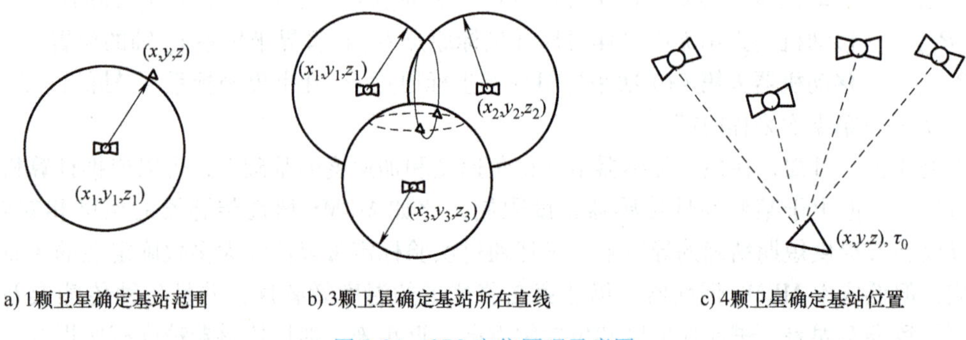

图3-24 GPS定位原理示意图

假设 t 时刻在地面某一静止机器人上安装GPS，则可以测量GPS信号到达接收机的时间为 t_i，再加上接收机所接收的其他星历信息，可以确定如下4个方程：

$$\sqrt{(x_1-x)^2+(y_1-y)^2+(z_1-z)^2}=ct_1-c(\tau_1-\tau_0) \tag{3-15}$$

$$\sqrt{(x_2-x)^2+(y_2-y)^2+(z_2-z)^2}=ct_2-c(\tau_2-\tau_0) \tag{3-16}$$

$$\sqrt{(x_3-x)^2+(y_3-y)^2+(z_3-z)^2}=ct_3-c(\tau_3-\tau_0) \tag{3-17}$$

$$\sqrt{(x_4-x)^2+(y_4-y)^2+(z_4-z)^2}=ct_4-c(\tau_4-\tau_0) \tag{3-18}$$

式中 t_i——卫星 i 的信号到达接收机所经历的时间；

c——GPS信号的传播速度，即光速；

$(x、y、z)$——待测点的空间坐标；

$(x_i、y_i、z_i)$——卫星 i 在 t 时刻的空间坐标，$i=1$，2，3，4；

τ_0——接收机的钟差；

τ_i——各个卫星的钟差，$i=1$，2，3，4。

上面 4 个方程可以确定待测点坐标 (x, y, z) 和接收机的钟差 τ_0 四个未知数。上述方法也称为伪距法单点定位，就是利用 GPS 接收机在某一时刻测定与 4 颗以上 GPS 卫星的伪距，及从卫星导航电文中获得的卫星瞬时坐标，采用距离交会法求待测点坐标。

目前 GPS 提供的定位精度优于 10m，如果想得到更高的精度，可以采用差分定位。即在已知的精确地心坐标点上设置基准站，安放固定 GPS 接收机，利用已知的地心坐标和星历计算 GPS 观测值的校正值，并通过无线电设备将校正值发送给运动中的 GPS 接收机。这样，利用校正值对自己的 GPS 观测值进行修正，可消除上述误差，进而提高实时定位精度。经过修正后的定位误差一般在 1~3m 之间。可见，利用 GPS 对机器人进行定位，只能初步估计位置。若要获得更为精确的定位，可同其他传感器配合使用。

3. GPS 芯片

GPS 芯片是 GPS 的关键部分之一，2003 年以后 GPS 芯片产业发展迅速。目前设计生产 GPS 芯片的厂家主要美国瑟孚(SiRF)、高明(Garmin)、摩托罗拉、索尼、富士通、飞利浦、Nemerix、uNav、uBlox 等。我国的北京东方联星科技有限公司在 2008 年也自主设计开发出了当时世界启动速度最快的卫星导航芯片 OTrack-32。其冷开机 35s，暖开机 30s，热开机 1s，重捕获时间小于 1s，可以同时追踪 32 个卫星信道。2005 年 7 月，西安华迅微电子有限公司推出了国内第一块 GPS 芯片。2006 年中科院微电子所也成功开发出了两款 GPS 基带 SOC 芯片。2008 年，我国“北斗”卫星导航系统的核心芯片“领航一号”已在上海研制成功。“领航一号”是我国自主开发的完全国产化的首个卫星导航基带处理芯片，并将替代“北斗”系统内的国外芯片。

GPS 芯片主要由射频电路、软件及存储器、处理器三部分组成。目前有些芯片可配合笔记本计算机使用，GPS 芯片的很多功能可以通过软件完成，成本可以进一步降低，称为非独立式 GPS。例如，瑟孚公司在 2004 年发布了最新的第三代芯片 SiRF starⅢ(GSW 3.0/3.1)，使得民用 GPS 芯片性能大幅提升。该芯片采用 20 万次/频率的相关器，提高了灵敏度，冷开机/暖开机/热开机的时间分别达到 42s/38s/8s，可同时追踪 20 个卫星信道，2005 年推出的很多非独立式 GPS 接收机都采用了这一芯片。

我国北斗系统推出以来，很多模块产品兼有 GPS 定位和北斗卫星定位双模定位功能，与各类单片机以及计算机系统兼容使用，可用于飞行机器人、智能移动机器人等开发。目前市场上的 GPS 开发模块产品很多，选择时主要从核心芯片性能、定位精度、定位更新速率、启动时间、产品接口、天线、外观尺寸等技术参数综合考虑。2020 年 7 月 31 日，我国北斗三号全球卫星导航系统建成开通。从 2000 年 10 月第一颗北斗一号试验卫星成功发射，到 2020 年 6 月 23 日北斗三号最后一颗全球组网卫星完成部署，经过 20 年的发展，我国已成为世界上第三个独立拥有全球卫星导航系统的国家。

GPS 具有以下特点：

1) 无须用户发射信号，GPS 能为全球或近地空间任何地点的各类用户提供全天候的导航定位能力，满足多用户使用。

2) 利用 GPS 定位时，在 1s 内可取得几次位置数据；能同时为用户提供连续的三维位置、速度和精确时间信息。它具有定位精度高、观测时间短的特点，具备近乎实时的导航能力，满足用户高动态监测的需求。

3）GPS 采用扩频技术和伪码技术，用户只需接收 GPS 信号，自身不会发射信号，因此不会受到外界其他信号源的干扰，具有抗干扰能力强、保密性好的特点。

目前商用的 GPS 产品可实现 10m 量级的粗略位置定位，再利用机器人搭载的短距离精确测距设备，比如声呐、激光雷达等，可实现小范围的局部精确定位。GPS 模块在户外机器的定位导航方面应用广泛。对于室内移动机器人，建筑物的屋顶和墙体会把 GPS 卫星信号大幅度削弱，一般商用级别的 GPS 模块接收不到符合要求的信号，GPS 定位应用较少。

本章小结

本章首先介绍了机器人感知自身运动，比如位置、速度、加速度以及方位角等信息的传感器检测手段；随后详细介绍了各种位置、速度、加速度检测传感器的基本原理和器件；在此基础上，简单介绍了基于机器人自身运动测量信息，如何进行机器人空间定位的原理和方法，比如基于编码器测速的轮式移动机器人定位、基于加速度计和陀螺仪等惯性传感器组的移动机器人定位，以及基于 GPS 的机器人定位等。

思考题与习题

3-1　在工业产线上配置一台机械臂，试设计一种方案，能够在机械臂小臂与大臂之间关节角度超过 60°时发出警报信号，同时可以实时测量各个关节之间的转动速度。

3-2　一奶制品生产线上需要配置一台机械臂，要求快速抓取传送带上袋装奶并将其以规定的姿态整齐摆放在盒子中，这需要控制手臂关节转动加速度以及平移加速度。试设计一种检测方案，能够检测手臂关节转动加速度。如果还需要测量手臂末端手爪相对世界坐标系的三维度方向的加速度，应该如何设计方案？

3-3　如何设计感知系统来判断飞行机器人的姿态和角度？

3-4　增量式编码器和绝对式编码器有何不同？

3-5　某型号增量式编码器，每转脉冲数为 1024p/r，在 10s 时间内产生 65536 个脉冲，那么编码器所测量的转轴的转速(r/min)为多少？

3-6　有一个增量式编码器，每转脉冲数为 1024p/r。填充到两个相邻脉冲之间的脉冲数为 4000，脉冲频率 f_c 为 1MHz，那么编码器所测量的转轴的转速(r/min)为多少？

3-7　编码器和陀螺仪测量角速率，其应用场景和检测原理各有什么不同？

3-8　利用某二进制码盘测得结果为“1010”，设码盘的初始位置为“0000”，该码盘的最小分辨率是多少？其实际转过的角度是多少？如果要求每个最小分辨率对应的码盘圆弧长度最大为 1mm，则码盘半径应有多大？

3-9　对于移动式机器人，试描述编码器测速定位、惯性传感器定位和 GPS 进行定位，其应用场合和定位原理有何不同？如果设计一台室内用轮式移动机器人，你更倾向于选择上述哪种方案？

学习拓展

试在网络上搜索资料，说一说目前世界上有哪几个全球定位系统？并说明它们各自的历史、特点、性能与应用情况等。

第 4 章

机器人力与触觉

导读

人体的五官感知是人与自然、环境交互的基础，其中触觉和力觉感知是接收外界特征信息的主要感知能力。机器人若要具备同样的感知能力，需采用力与触觉类传感器，真实复原人的肌肉运动觉和触觉，接收外界的力、运动、刺激等信息源，感知硬度、质量、惯性、纹理、形状等信息。本章以力与触觉类传感器为基础，基于机器人的实际应用为导向，重点介绍和阐述机器人力、力矩、触觉传感器等方面知识，包括关节力与力矩测量传感器及其原理、多维力传感器的应用、触觉感知传感器的原理和基于导电橡胶的人工皮肤原理和结构等。

本章知识点

- 机器人关节力与力矩的测量基本原理和方法
- 机器人多维力传感器基本原理
- 触觉传感器基本原理
- 柔性人工皮肤触觉
- 触觉传感器的发展

4.1 机器人关节力与力矩测量

力与力矩传感器是机器人获取外界力/力矩信息的关键感知设备，其通过其他物体的物理或化学变化量的转换，实现对实时力/力矩的间接检测。一般情况下，力与力矩传感器通过对机器人末端力的检测，获取关节力或力矩实时信息，并将感知信息融入机器人的运动控制系统，通过控制自身参数变化来进行动态调节和优化，实现机器人系统与外部环境的有机结合，从而使机器人适应环境变化，保证机器人系统的稳定运行。

力与力矩传感器一般是将受力大小转变为与力同比例的电信号，通过测量电信号来检测力与力矩的大小。目前机器人主要的力矩传感器有应变式力矩传感器、磁式力矩传感器、电式力矩传感器等。此外，随着电子技术的快速发展，目前力与力矩传感器的测量方式也正在从静态测量转向动态测量，具备了自补偿、自修正、远程设定、信息存储、优化配置等智能化功能，提高了测量精度和检测效率。

4.1.1 机器人力与力矩测量研究现状

图 4-1、4-2 所示分别为一些机器人力与力矩测量传感器，它们都属于传统传感器，技术相对成熟，可直接进行工程应用。

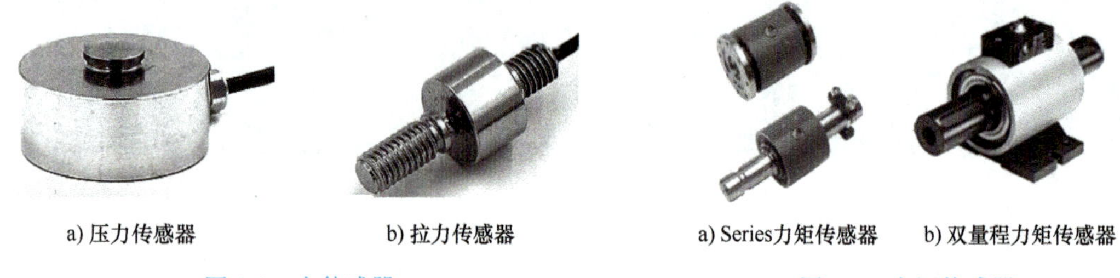

a) 压力传感器　b) 拉力传感器

图 4-1　力传感器

a) Series力矩传感器　b) 双量程力矩传感器

图 4-2　力矩传感器

力传感器是将力这一物理变化量转换为与力大小相对应的电信号的器件。力传感器将力引起的物质运动变化作为检测对象，可以检测张力、拉力、压力、内应力和应变等力学量，其主要构成包括力敏元件(如弹性体)、转换元件(如应变片)和电路部分。力传感器主要分为整体式和组合式两种类型。

力矩传感器是将各种旋转或非旋转机械部件上，由于扭转力矩而导致的物理变化量转换为与之对应的电信号的器件。

根据力/力矩所产生的工作原理，力/力矩传感器主要分为应变式、磁式、电式。

1. 应变式

应变式力/力矩传感器是以应变片的变形为基础的间接检测器件，应变片材质多采用金属或半导体。其结构通常是将应变片粘贴在易于变形的弹性基体上，随着基体形变的发生，应变片的阻值会改变，再利用后续检测电路放大阻值变化的影响，从而可实现基体形变量的测量。应变式力/力矩传感器在自动化检测、机器人、工业制造、航空航天等领域应用广泛，但存在阻尼小、固有频率低、动态测量精度较差等缺点。

实际应用中，应变式力/力矩传感器内部弹性单元上往往会粘贴多个应变片，可测量不同方向的力或者力矩。应变片所产生的不易测量的微小变化通过桥式测量电路转变为差分电压，再通过信号处理等步骤，实现力/力矩值的测量。为获取良好的测量效果，应变片经常粘贴在弹性体区域应力集中以及应变最大的地方，因此，应变式传感器设计的关键在于弹性体结构形式的设计和应变片粘贴位置的选取。

根据应变片粘贴位置的不同，主要分为轴式、梁式、管内式、柱式等。

(1) 轴式　应变片的粘贴位置为轴上应力或者应变最大的位置。而且，为避免应变片重叠后相互影响，一般采用对称均布粘贴形式。以图 4-3 所示弹性单元为例，由于轴刚度较高，应变位移小，在运动过程中受到扭力发生的最大应变位置为与中心轴线成 45°的两个方向，即轴向 45°和 135°。通常情况下采用四只应变片，以均布方式沿轴圆周分散粘贴，四只应变片中两只检测拉伸应变，电阻增加；另外两只应变片检测压缩应变，电阻减小，它们一起组成全桥差动结构，配合集流环实现信号传输，具有较高的灵敏度和最小的非线性误差。这种检测方式在动态扭矩的测量中使用较多。

(2) 梁式　横梁在受到横向载荷时，测量的物理量不是其受到的正应力，而是由剪切力引起的切应力。实际中切应力无法直接测得，因此，可检测在与梁中心轴线成 45°的位置

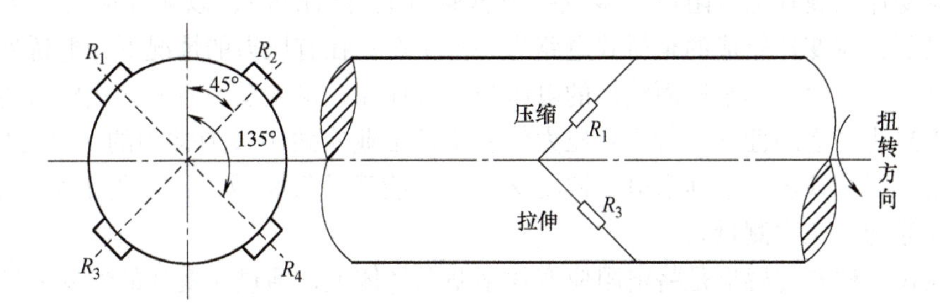

图 4-3　轴式应变片粘贴结构示意图

处，互相垂直方向上的主应力，其分别是由切应力而引起的拉伸应力及压缩应力。当横梁满足弯曲强度，但剪切强度较大时，为提高贴片处的切应力效应，可采用图 4-4 所示的粘贴结构。即在弹性体两侧各挖一个盲孔（盲孔的中心在中性层处），将应变片贴于盲孔底部，而且 4 片应变片分别贴在工字梁腹板的两面，并与中心轴线成 45°的相互垂直的位置上。这样，4 片应变片组成全桥结构电路，受到载荷时，应变计 R_1、R_3 的电阻值增大，R_2、R_4 的电阻值减小，电桥会产生与载荷成正比的电信号输出。该方法结构简单、密封性好、高度低、体积小、质量小、稳定性高，且易于安装和维修，截面腹板切应力提高明显。该方法由于只测量与切应力对应的主应力，弯曲应力影响小，因此具有线性好、精度高的特点，提高了传感器测量灵敏性。但此方式也对粘贴工艺要求较高，容易引入噪声干扰。

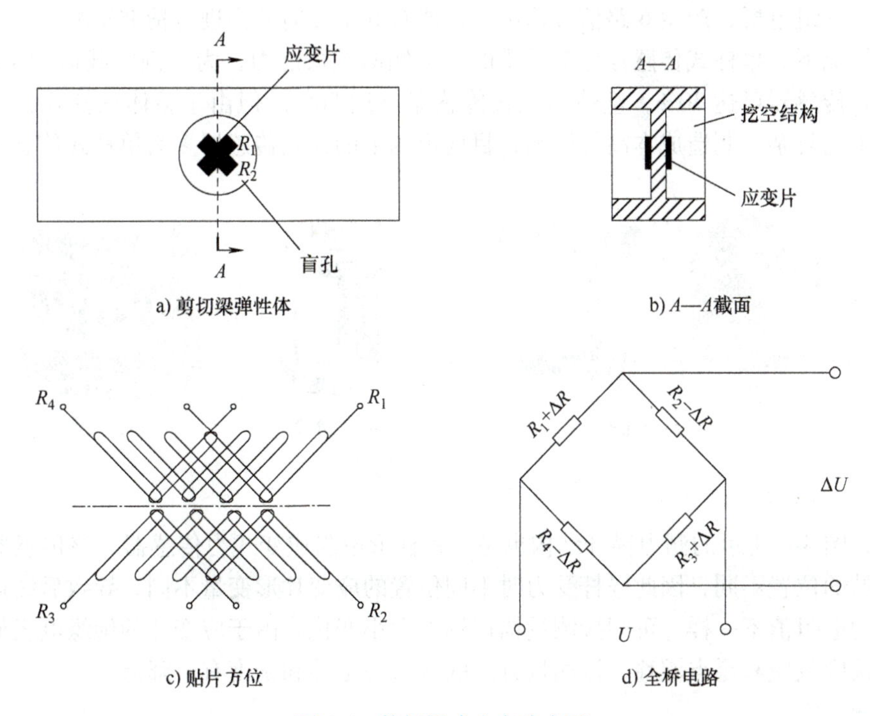

图 4-4　剪切梁式应变片应用

（3）管内式　管内部的力/力矩测量多采用应变管内式压力传感器。管内介质压力直接作用在传感器的膜片（如陶瓷材料）上，膜片产生微形变，带动应变片的电阻发生变化。使用中一般以 2 的倍数将应变片粘贴在筒壁膜片上，一半数量应变片作为温度补偿片，另一半作为测量应变片。膜片上电阻可连接成一个惠斯通电桥(闭桥)，以4片应变片为例，在无压力的情况下，应变片组成的全桥式电路为平衡状态；在有压力的情况下，电桥处于非平衡状态，因此，电桥由于不平衡而输出的电压与压力存在一定关系。应变管式压力传感器结构简单、易于制造、适用性强。管内式压力传感器是工业实践中最为常用的一种压力传感器，经常被应用于石油管道、水利水电、铁路交通、智能建筑等领域，也可用于军事上火箭弹、炮弹和火炮等动态压力测量。

(4) 柱式　柱式传感器是将电阻应变片粘贴在柱体上，通过应变片的形变来检测柱体受到载荷情况。由于其结构刚性较大，因此固有频率高，动态响应快。但是，当柱体承受拉向载荷时，圆柱式弹性体随着载荷的增加，截面积由于横向收缩而减小，应变力与应变会呈现非线性，且输出大于按照线性比例预测的线性值。当柱体承受压向载荷时，输出小于按照线性比例预测的线性值。因此，外载荷越大，非线性误差越大，需进行非线性补偿。

图4-5a所示为单柱应变式力传感器(压力称重传感器)，一般在重力作用下，弹性体产生形变，这一应变被粘贴在弹性体上的应变片转换为电子信号。单柱式力传感器结构简单紧凑、金属加工的工艺性好、额定量程大，主要用于检测拉伸或压缩载荷。

多柱应变式力传感器的柱体沿弹性体呈对称分布，每个柱体作为独立感应机构，可以消除传感器测量力的误差，弹性体顶部中心为球面或球碗，用于引入外部载荷。图4-5b所示为整体三柱式弹性元件机构示意图。

图4-5c所示为一款四柱式结构的六维力传感器，该传感器在横梁上粘贴了28个应变片，共组成6组电桥，产生6路信号输出，以便对6个方向的力进行精准检测。

通常情况下，单柱式传感器能够承受的水平侧向载荷能力，为其额定载荷的10%以下，整体三柱式传感器可达30%，整体四柱式传感器可达50%。但由于整体三柱式、四柱式传感器加工工艺复杂、制造成本高等原因，目前市场上的柱式传感器多为单柱式传感器。

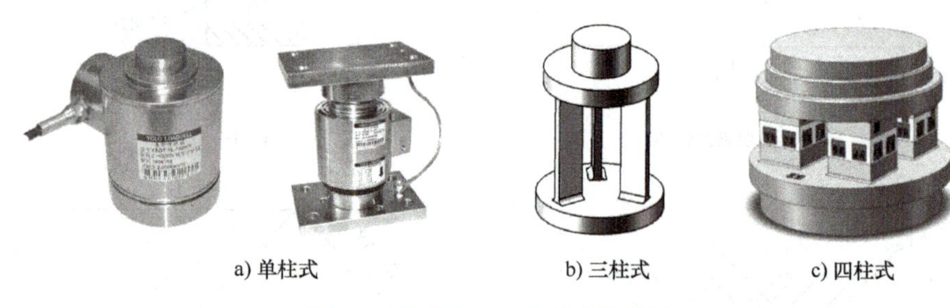

a) 单柱式　　b) 三柱式　　c) 四柱式

图4-5　柱形电阻应变式力传感器

此外，图4-6所示的测力锚杆结构也是一种柱形电阻应变式力传感器。该传感器结构中应变片粘贴的位置不同，因此锚杆受力时不同位置的应变片形变量不同，导致后续通过处理电路测量的电阻值不一样，可间接测量锚杆轴力大小变化。由于应变片的绝缘电阻低，敏感元件存在温度效应和零点漂移，该测量方法的测量稳定性和精度有所降低。

2. 磁式

与接触式力/力矩测量方式相比，磁式非接触式测量方式具有传感器寿命长、工作环境要求低等特点。磁式力矩传感器主要是根据铁磁材料在不同外磁场条件下，会发生几何尺寸可逆变化的线磁致伸缩和体磁致伸缩(焦耳效应)来间接检测扭矩的。磁致伸缩用的材料较多，主要有镍、铁、钴、铝、铽类合金，陶瓷和非晶体金属玻璃等。实际应用中，传统铁磁

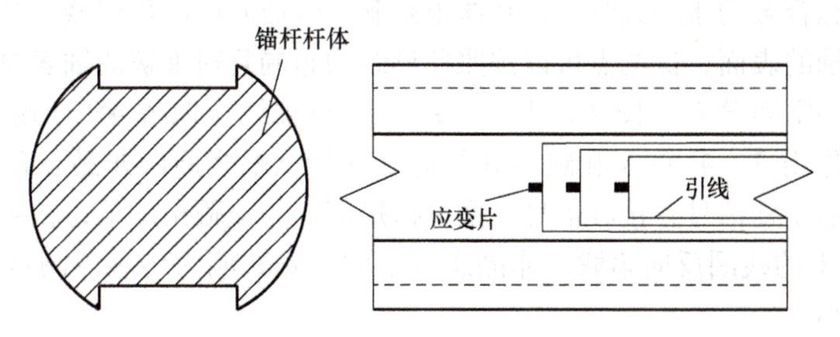

图 4-6　电阻式应变式测力锚杆

材料由于机电耦合系数低、能量转换效率低，难以应用，因此多在其中附加其他材料形成合金如铁基纳米合金，来制备高磁导率、高饱和磁感应强度和高磁致伸缩系数的材料。

例如，在机器人智能制造等领域的机械设备的自动化故障诊断和预测中，常常需要对其传动轴的瞬间扭矩和应力进行实时检测，以判断其工作状态。基于磁弹性效应的扭矩传感器由于具备非接触检测、高灵敏度、小型易安装、适应复杂环境等特点而成为主要的选择检测仪器。

目前，磁弹性扭矩传感器的基本结构分为共轴线圈型和正交磁头型。

软磁谐波传感器(Magnetically-soft Harmonic Sensor)属于共轴线圈型结构，由一个 8 字形接收线圈内置在一个圆形线圈中组成，两者对称轴重合，其中接收线圈由两个并行放置的非共轴方形子线圈反串构成。

图 4-7 所示的磁弹性扭矩传感器属于正交磁头型结构，它由两个缠绕线圈的 U 型铁心组成，两个铁心垂直交叉放置，其中具有磁极 E_1 和 E_2 的 U 型铁心与轴的母线平行，并在铁心上绕有激励线圈；磁极为 D_1 和 D_2 的铁心与轴线垂直，其上绕有检测线圈。根据材料力学原理，与轴线成 45°斜角能够同时产生较大的拉伸应力和压缩应力，即图 4-7 中的 σ。工作时，当激励线圈中通以交流激励电流时，激励铁心和轴的表面形成一个封闭磁路，产生磁通。而另外一个检测线圈则负责感受磁场变化。当传感器无扭矩加载时，线圈处于平衡状态。当增加扭矩负载时，弹性轴变形，进而导致弹性轴表面的激励线圈产生磁场变化，检测线圈感应电动势也随之变化，由此检测扭矩。磁弹性扭矩传感器具有线性度高、实时性好、超载能力强等优点，广泛应用在大量程的检测环境中；但存在结构复杂，制造成本高，易受电磁干扰等缺点，因此不具有普适性，此外，因其测量精度和分辨率不高，在小测量扭矩加载情况下应用受到限制。

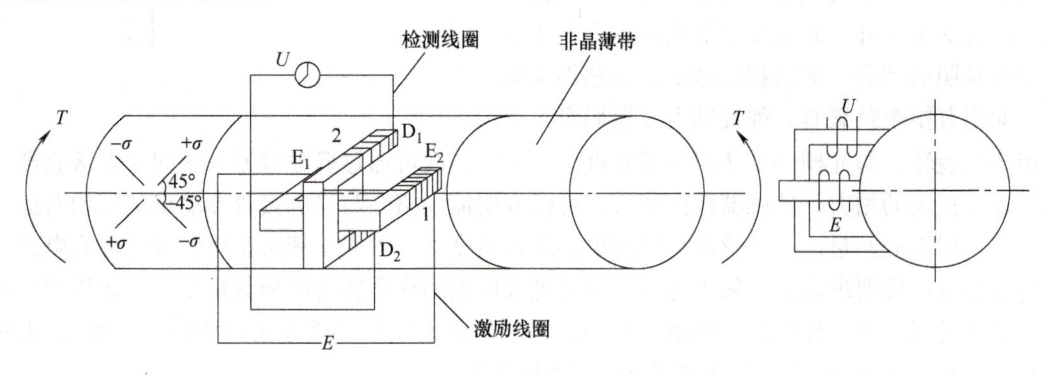

图 4-7　磁弹性扭矩传感器

此外，非晶态合金的压磁式测力传感器也是基于磁通效应的传感器，其一般是将非晶态合金粘贴在检测轴的表面，探测点可以按照环形结构布局且对准被测轴表面，磁心安装在环形支撑架上。磁心空间分布如图 4-8 所示，磁心 A 与轴线方向成 45°，磁心 B 与轴线方向成-45°。在扭矩作用下，磁心 A 和磁心 B 的应变导致粘贴表面的非晶态合金层的磁导率发生变化，探头附加激励信号并接收信号，换算扭矩值。为使输出加倍，在接线时采用反接的方式，将 A 与 B 上的线圈反向串联。非晶态合金的压磁式测力传感器测量精度和灵敏度都较高，测量误差小。

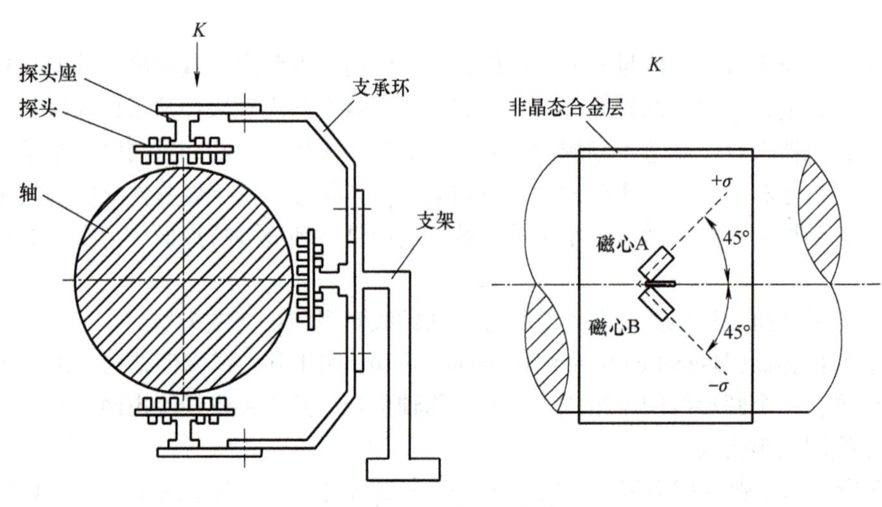

图 4-8 压磁式测力传感器

3. 电式

(1) 光电式　光电式力矩传感器工作时，受到载荷作用后弹性体变形而导致光路变化，而光路变化量与力矩输入量呈对应关系，由此可依据光路变化来实现力矩的测量。图 4-9 所示为一种利用光栅码盘结构的光电式力矩传感器，可测量轴扭矩负载，该传感器将光栅码盘固定在弹性轴上，光栅两侧分别布置一个光电发射器和一个光电接收器。无扭矩负载时，光栅码盘 1 和光栅码盘 2 位置交叉互补，光电发射器发出的光线无法穿过码盘照射到另一侧的接收器上，传感器无输出。而当有扭矩负载时，弹性轴上光栅码盘 1 受扭矩产生旋转，与光栅码盘 2 产生部分重合，此时光线可通过缝隙被另一侧的光电接收器接收。随着扭矩的增大，传感器输出增大，可以依据输入扭矩与光电接收器输出信号的对应关系，实现扭矩的测量。该传感器结构简单，测量精度高，可用于精密扭矩测量。但光电式力矩传感器对环境要求较高，粉尘等易干扰其光线传播的介质容易影响其精度，不适用于工业打磨抛光机器人等工作的恶劣环境。此外，基于光电式原理，该方法只能用于一维力/力矩的测量，对于多维力/力矩的测量需求环境使用受限。

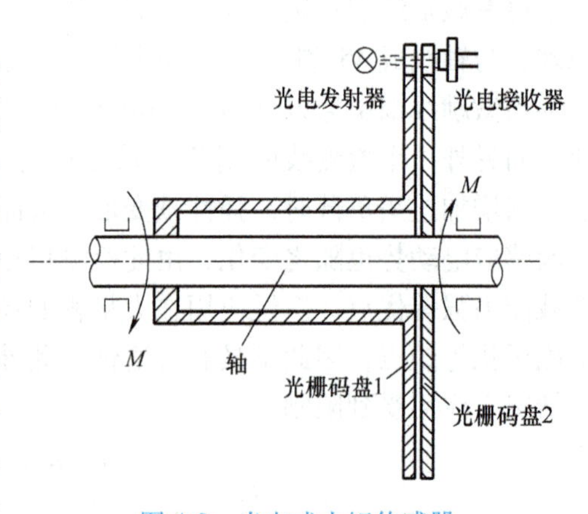

图 4-9 光电式力矩传感器

为解决上述问题，匈牙利 OptoForce 公司曾经开发了一种基于四路光线接收器的传感器。

如图 4-10 所示，传感器内部有一个光发射器，发射的光线经反射层反射，并被 4 个感光元件接收。当负载导致元件变形时，反射光线的光路变化使 4 个感光元件接收到的光量不等，从而依据光强差实现高精度力/力矩检测。现阶段，光电式力/力矩测量传感器技术门槛较高，国内代表性产品比较少。

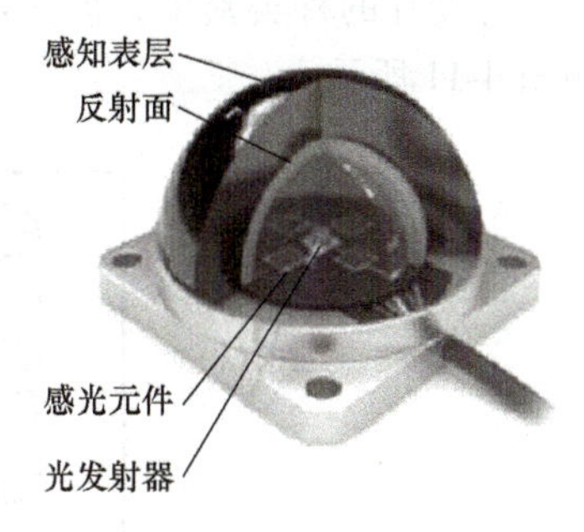

图 4-10　三维力传感器

（2）电容式　电容式力/力矩传感器在设计时通常会将两对相互垂直放置的电极板组成差动式结构的电容器，基于电容边缘效应，通过测量极板间电容差的变化来实现力/力矩检测。最常用的是平行板型电容器或圆筒型电容器。电容器的两个电极板分别固定在传感器的上下底面，无负载时的电容为初始值；受到载荷后，传感器上下端面之间发生相对转动或倾斜，两对极板的间距或者极板的相对面积会产生变化，进而导致两对极板间电容量差值发生改变，通过载荷与电容改变量的对应关系，可实现力矩测量。通常情况下电容式力传感器的电容量与上下极板之间距离的关系是非线性关系，因此需要采用具有补偿功能的测量电路对输出电容进行非线性补偿。

电容式力/力矩传感器可用于位移、角度、振动、速度、压力等参数的测量。其具备温度稳定性好、响应快、非接触测量等优点，但测量精度偏低，不适用于高精度测量场合。此外为提高电容式力/力矩传感器的测量精度，一般需要对其电容极板、金属套筒的刚度和结构密封性能进行优化，以减弱环境对其影响。目前，电容式力/力矩传感器主要应用于机器人力控和工业环境中机械手抓取控制，国内产品较少。

综上所述，机器人的力/力矩/扭矩传感器根据原理不同，主要有应变式、磁式、电式三种类型。应变式力/力矩传感器利用应变片，结构简单，测量精度高，集成体积小，便于机器人内部狭小空间的安装和检测，在机器人领域应用比较广泛。磁式力/力矩传感器具有线性度好的特点，但分辨率低、体积较大、易受电磁干扰影响，常用于大量程和工作环境要求低的场合，在机器人领域应用较少。电式力/力矩传感器具备测量精度高、环境要求严格、成本昂贵等特点。其中，光电式适用于精准测量，多用于机器人末端执行机构；电容式适用于对响应速度、动态特性有需求的场合，比如机器人电机检测等。

目前，在机器人关节等部位的力/力矩（扭矩）传感器选择方面，往往需要具有分辨率高、线性度好、结构简单可靠、厚度小、响应快等特点，因此实际机器人应用中主要以应变式传感器为主，磁式和电式传感器辅助的设计方式居多。

4.1.2　机器人力与力矩测量原理

本节以应变式传感器为例简要介绍力与力矩测量原理。

1. 应变片测量原理

应变片（应变计）主要利用导体或半导体材料的物理和几何特性来实现外界物理量的测量。将导体材料在外力的作用下产生形变，其电阻值会发生相应变化的现象称为应变效应。

根据敏感元件材料的不同，应变片可分为金属应变片和半导体应变片。常见的金属应变片有丝状应变片和箔式应变片。其中，箔式应变片是采用金属箔作为敏感栅，依据金属材料的应变效应将被测量转换成电阻变化量。半导体应变片工作时，半导体材料受到某一轴向外力作用，电阻率发生变化，即主要基于压阻效应进行工作。此外，还有一种基于布拉格光栅玻璃纤维的光学应变片，其依据光线的接收率来实现力的测量，精度较高。

应变片的种类繁多，但其基本结构相近，一般由基片、电阻箔、保护膜、引线等组成，如图 4-11 所示。

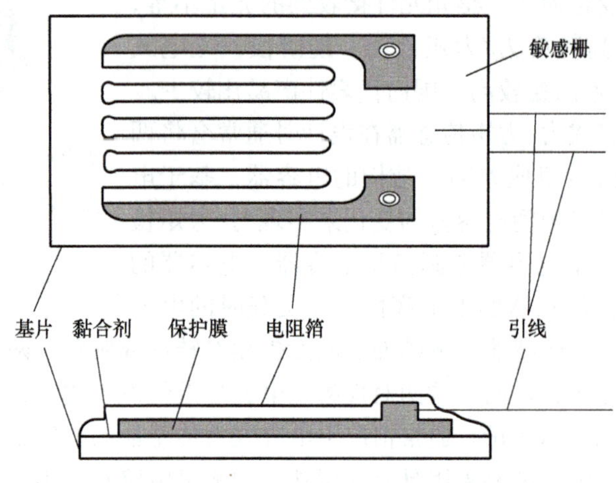

图 4-11　金属丝式电阻应变片结构示意图

2. 应变片种类及特点

电阻应变片主要分为金属丝式应变片、箔式应变片和半导体式应变片。金属丝式电阻应变片通常有金属丝式和金属管式两种，形状可制成 U 形、V 形、H 形等。应变片按结构可分为单片、双片、特殊结构；按其基片材质不同分为纸基、纸浸胶基、胶基等；按制作工艺可分为金属丝式、箔式、薄膜式等。金属丝式应变片通常采用电阻率高、直径为 0.015～0.05mm 的金属细丝(铜镍合金、镍铬合金、铂铬合金等)制成。金属箔式应变片的工作原理和基本结构与丝式基本相同，通常采用光刻腐蚀工艺，制成厚度为 0.003～0.01mm 的金属箔栅。图 4-12 所示的箔片横向粗，可减少横向效应。金属薄膜式应变片采用真空溅射或真空沉积技术，金属敏感材料直接镀在弹性基片上，应变传递性能比较好。

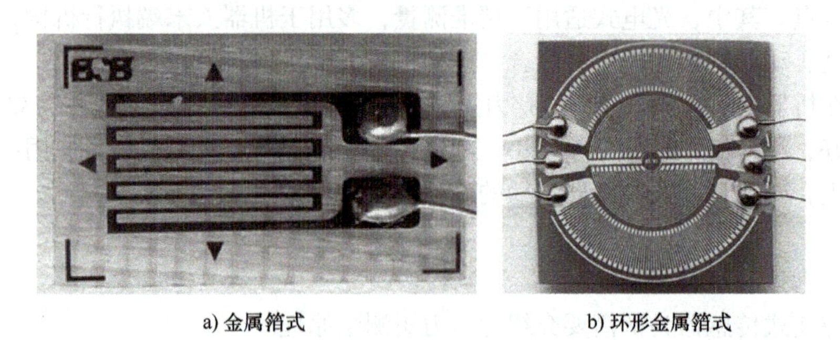

a) 金属箔式　　b) 环形金属箔式

图 4-12　金属应变片图片

3. 金属丝电阻应变片工作原理

(1) 基本原理　金属导体受外力作用下产生形变，进而导致电阻值变化的现象称为电阻效应，表示为

$$R=\frac{\rho l}{S} \tag{4-1}$$

式中　ρ——导体的电阻率(Ω·m)；

l——导线长度(m)；

S——导体截面积(mm^2)；

R——金属丝电阻(Ω)。

当金属导体受外力时，电阻率、长度和截面积都会发生变化，导致电阻值变化。如图4-13所示，导体受力拉伸时，金属体轴向拉长Δl，导体的截面积相应地减少ΔS，电阻率因其形变改变$\Delta\rho$，导致电阻值变化ΔR。

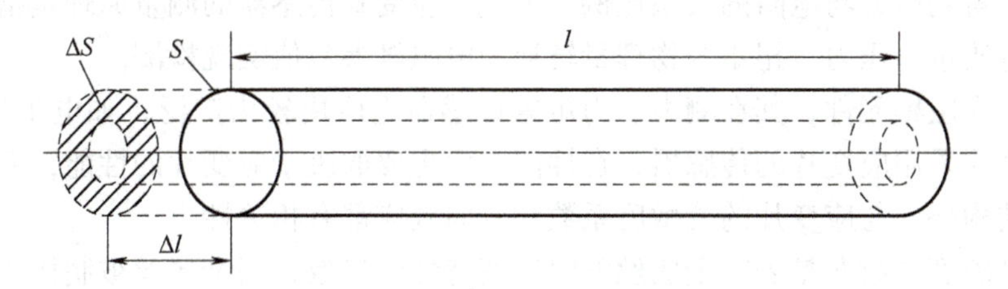

图4-13　金属应变片形变

式(4-1)左侧对R求导，右侧对l、S、ρ分别求导，则

$$\mathrm{d}R=\frac{\rho}{S}\mathrm{d}l-\frac{\rho l}{S^2}\mathrm{d}S+\frac{l}{S}\mathrm{d}\rho \tag{4-2}$$

左侧除以R，右侧除以$\frac{\rho l}{S}$，得

$$\frac{\mathrm{d}R}{R}=\frac{\mathrm{d}l}{l}-\frac{\mathrm{d}S}{S}+\frac{\mathrm{d}\rho}{\rho} \tag{4-3}$$

导体轴向应变为

$$\varepsilon_x=\frac{\mathrm{d}l}{l} \tag{4-4}$$

令$S=\pi r^2$，r为导体截面近似圆半径，导体径向应变定义为$\varepsilon_y=\frac{\mathrm{d}r}{r}$，则

$$\frac{\mathrm{d}S}{S}=\frac{2\mathrm{d}r}{r}=2\varepsilon_y \tag{4-5}$$

(2) 应变片灵敏度系数　金属丝在拉伸情况下，轴向应变和径向应变为反比例关系，其弹性范围内的泊松比为

$$\mu=-\frac{\varepsilon_y}{\varepsilon_x}=-\frac{\mathrm{d}r/r}{\mathrm{d}l/l} \tag{4-6}$$

将式(4-5)、式(4-6)代入式(4-2)，得

$$\frac{\mathrm{d}R}{R}=\frac{\mathrm{d}l}{l}(1+2\mu)+\frac{\mathrm{d}\rho}{\rho}=(1+2\mu)\varepsilon_x+\frac{\mathrm{d}\rho}{\rho} \tag{4-7}$$

单位形变的电阻相对变化为

$$\frac{\mathrm{d}R}{R}=(1+2\mu)\varepsilon_x+\frac{\mathrm{d}\rho}{\rho} \tag{4-8}$$

$$k_s=\frac{\mathrm{d}R/R}{\varepsilon_x}=1+2\mu+\frac{\mathrm{d}\rho/\rho}{\varepsilon_x} \tag{4-9}$$

k_s称为该金属导体的灵敏度系数。k_s越大，则单位形变引起的电阻值变化越大，应变片

越灵敏。由式(4-9)可知，金属丝灵敏度系数 k_s 主要由两个参数决定。其一为泊松比 μ，主要是由于材料的几何尺寸变化所引起的，金属丝的泊松比 μ 一般为 0.25~0.5；其二为电阻率和轴向应变 $(d\rho/\rho)/\varepsilon_x$，主要由材料形变中自由电子的活动能力和数量变化所引起的。通常情况下，轴向应变参数值不能用解析式来表达，所以 k_s 多依靠实验求得。此外，轴向应变参数值相对于泊松比可忽略，所以金属电阻丝的灵敏度系数可简化为 $k_s \approx 1+2\mu$。

综上所述，金属应变的检测是利用应力与应变存在比例关系，应变与电阻变化率存在比例关系，最后得到应力与电阻的关系比例。因此，应变式传感器的测量原理是指通过金属体的弹性形变将质量、压力、扭矩等物理量转换为电阻等参数值实现检测。

应变片作为敏感元件，其在测力、力矩等传感器上应用较为广泛，如电子秤、汽车衡、拧紧机等。这些采用应变片的传感器，在性能方面主要取决于应变片的性能，而应变片的性能除了排列结构外，与应变片的灵敏度系数和横向效应都有相关性。

金属丝灵敏度系数 k_s 是表征金属丝电阻应变特性的参数，当金属丝被制作成感应栅，金属的电阻与应变关系发生变化，需采用实验重新测定。一般情况下，应变片采用粘贴方式与弹性元件结合，受外力时，应变量通过胶层传递到应变片敏感栅上。因此，为提高应变感应精度，工艺上要求黏合层有较大的剪切弹性模量，如图 4-14 所示。

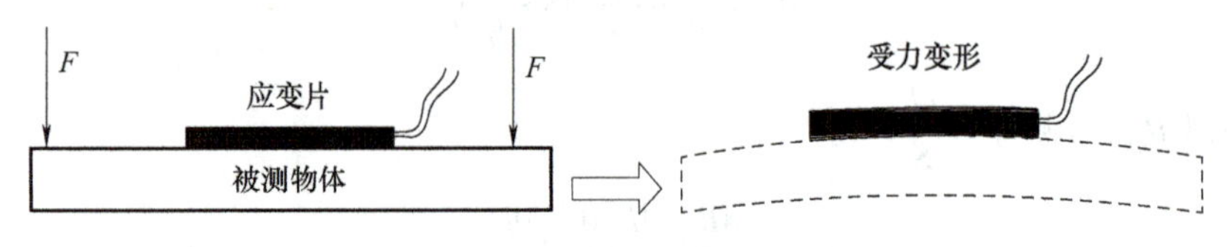

图 4-14　粘贴在被测物体上的应变片

应变片的灵敏度系数受到基片、黏合剂以及敏感栅的横向效应影响，其恒小于采用同一材料制成的金属丝的灵敏度系数。理论上，当金属丝受到拉伸时，每个位置受到的应变应该相同，由此各段电阻都有增加，而金属丝总电阻的增量为各段电阻增加的总和。将金属丝制成应变片的敏感栅后，虽然长度和金属丝相同，但由于其前端变为圆弧形，不仅仅受到轴向应变 ε_x，在其垂直方向上也会产生径向应变 ε_y，该段电阻不仅没有增大，反而减小。由此可以看出，相同长度的直线金属丝和制成敏感栅的金属丝相比，应变状态不同。受力相同时，应变片敏感栅的电阻变化比直线金属丝的电阻变化小，灵敏度系数下降，该现象称为横向效应，如图 4-15 所示。

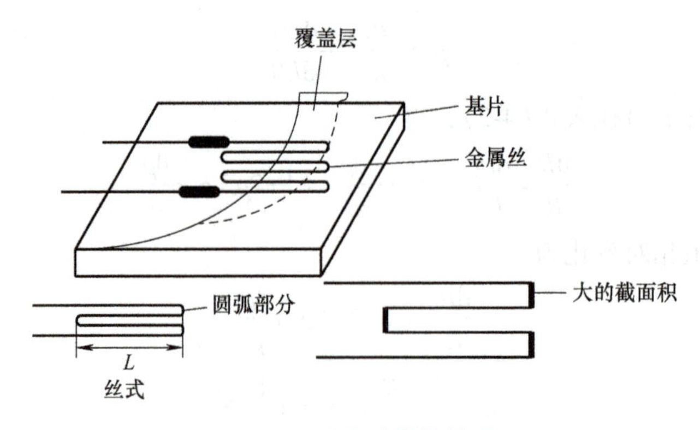

图 4-15　应变片横向效应

实际应用中，一般使用实验法对应变片的电阻和应变关系进行标定。以一批相同应变片为例，取应变片总量的5%(常规比例)，测定其灵敏度系数，然后取平均值作为该批应变片的灵敏度系数。

4.1.3 机器人多维力与力矩传感器及应用

多维力传感器通常是指同时可以完成两个方向以上力与力矩分量测量的力传感器。在无外界约束的情况下，任何物体在笛卡儿坐标空间中都存在6个自由度，在外力驱动下可实现自由运动。6个自由度运动是指沿 x、y、z 3个直角坐标轴方向的移动自由度和绕这3个坐标轴的转动自由度。为实现预定轨迹或既定运动，可以通过在自由度方向施加的力的大小和方向来控制。因此，准确检测多维力是完成物体准确运动和精确控制的关键技术。而多维力传感器可以同时测量3个正交力分量(F_x，F_y，F_z)和3个正交力矩分量(M_x，M_y，M_z)中的2~6个参数值。

多维力传感器主要由力敏检测部分和信号处理部分组成。力敏检测部分是将作用力的信号转化为电压、电流、几何尺寸等信号输出。信号处理部分是将力敏信息转换为可读电信号，其性能主要取决于敏感元件的形式和布置。目前多维力传感器按组装结构不同可分为一体式和组装式；按测量原理主要分为应变式、电容式、压电式、光电式等。

1. 应变式

电阻应变片由于其尺寸小、质量小、灵敏度高、精度高等特点，应用历史悠久和广泛，而由其制成的应变式力矩传感器产品相对成熟。应变式力矩传感器在受到载荷作用时，粘贴在弹性体上的应变片产生微形变，导致其电阻值变化，通常采用电桥电路来测量应变片电阻的变化量。

如图4-16所示，为完成机器人的关节扭矩检测，韩国科学技术院曾研制了一款用于外骨骼系统的关节应变式三维力/力矩传感器。该传感器可检测 z 轴方向的法向力 F_z，绕 x 轴、y 轴的扭矩 M_x 和 M_y，其中 M_x、M_y 的量程为30N·m，F_z 的量程为1000N，传感器直径为80mm，厚为25mm，包括12个应变计、3个惠斯通电桥和1个CAN总线，信号转换处理电路板内嵌于传感器内，可有效地降低电噪声。

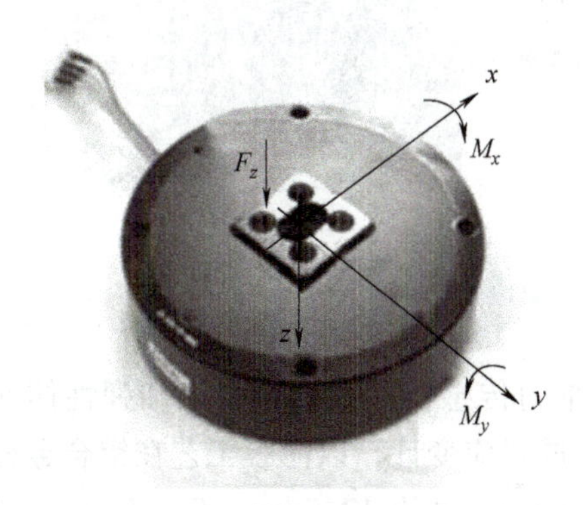

a) 传感器实体

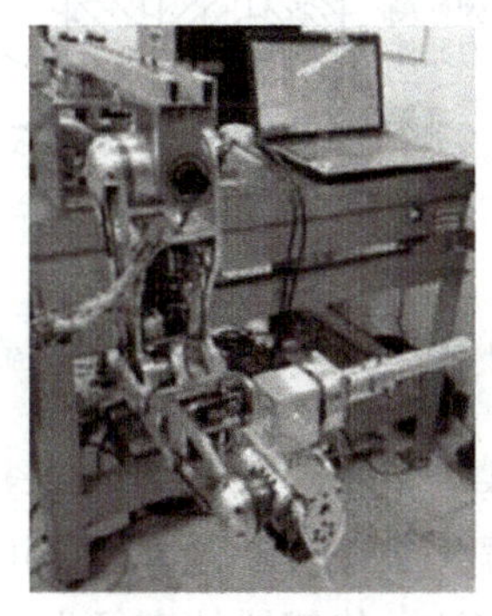
b) 应用场景

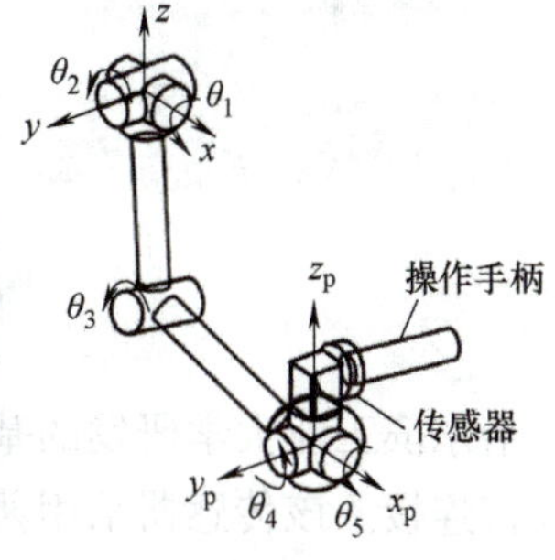

c) 传感器安装位置

图4-16 关节应变片式三维力/力矩传感器

国内的齐重数控装备股份有限公司研发了一款中空环形三维力/力矩传感器，采用环形

8 字孔的弹性体作为传感器外形结构，即在环上均匀分布 6 个 8 字孔，孔的上端为应变梁，在径向梁上粘贴 12 个应变片，组成 3 个惠斯顿桥路，如图 4-17 所示。该传感器可以检测 z 轴方向的法向力 F_z，绕 x 轴、y 轴的力矩 M_x 和 M_y，其中 M_x、M_y 的量程为 0. 3N · m，F_z 的量程为 5N。

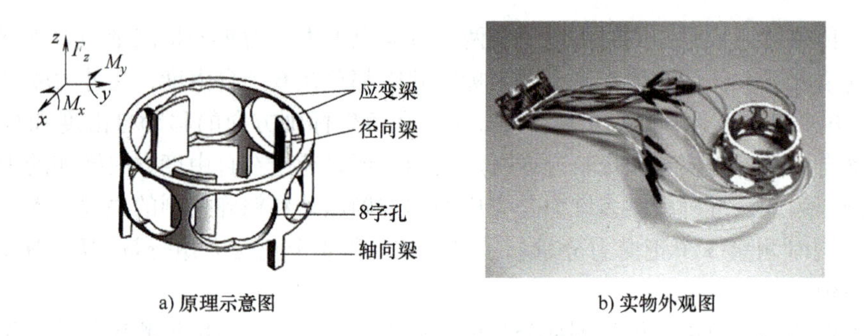

a) 原理示意图　　b) 实物外观图

图 4-17　中空环形三维力/力矩传感器

中国科学院合肥智能机械研究所开发的用于机器人手指执行端的四维力矩传感器是基于 E 型膜的应变式力矩传感器，传感器柱体最大外径为 30mm，长度为 35mm(z 向)，内部结构中 E 型膜厚 0. 7mm，内环直径为 5mm，外环直径为 22mm，如图 4-18 所示。元件为双矩形片的 E 型膜形式，应变片采用 Y 系列线性应变片，标称电阻为 120Ω，应变计的检测应变位置为薄膜的内环和外圈以及双矩形片区域，可以检测 x 轴法向切向力 F_x，范围为−30~30N；x 轴径向切向力 F_y，范围为−30~30N；沿 x 轴径向倾斜 45°的 F_z，范围为 0~50N；沿法线轴向的扭矩 M_z，量程为 8N · m。

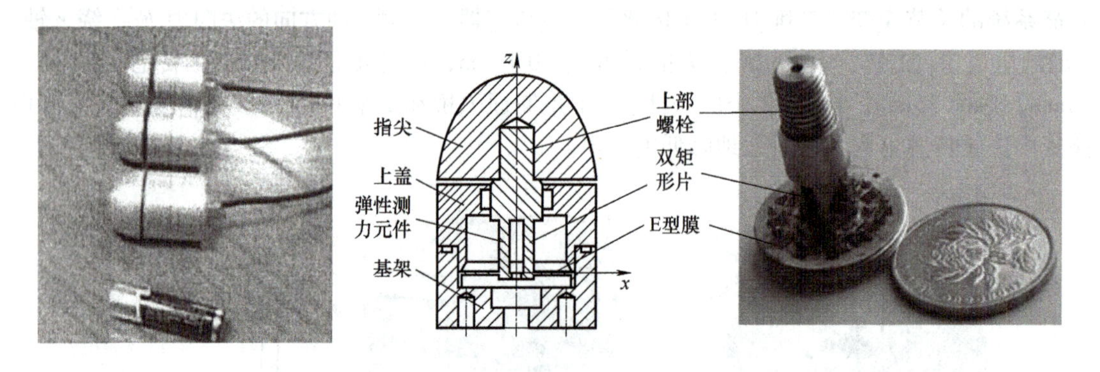

图 4-18　基于 E 型膜的四维力/力矩传感器

哈尔滨工业大学研发的基于 MEMS 工艺的微型多维力传感器，由外壳基座和弹性体通过螺钉连接。该传感器采用薄壁圆筒式弹性体，采用集成式应变计，以薄膜工艺在铝合金材料的弹性体上做薄膜电阻应变计，传感器外直径为 16. 5mm，高为 17. 5mm，F_x、F_y 和 F_z 最大取值为 30N，在 F_x、F_y 方向保留 0. 2mm 间隙，F_z 方向保留 0. 1mm 间隙，为弹性体提供形变空间，增强过载保护，如图 4-19 所示。

随着基于应变片的应变式力/力矩传感器技术的发展成熟，应变片粘贴困难、易受电磁干扰等缺点成为制约其应用的主要问题。

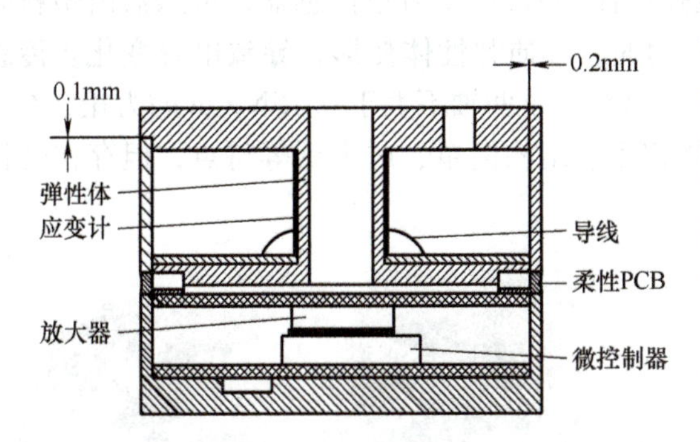

图 4-19　基于 MEMS 工艺的微型多维力传感器

2. 电容式

电容式力矩传感器以各种类型电容器件作为传感元件，按形状可分为平行板型和圆筒型，按工作原理分为变面积型、变极距型和变介质型。电容式力矩传感器对环境一般无特殊需求，它耐高温、抗干扰和辐射、动态响应快，但结构相对复杂、价格昂贵且受轴向力影响。

图 4-20 所示为瑞士联邦理工学院机器人与智能系统研究所设计的一种基于双绝缘硅衬底、MEMS 工艺的可检测亚微牛级力的三维微力/力矩传感器，可测量范围为±20μN 和±200μN。不计探针尺寸时，传感器尺寸为 5mm×6mm，传感器的感知部分为平行的电容器。

加利福尼亚大学研发了一款基于差动电容技术的变面积型电容式力矩传感器，结构的差分有效地降低了传感器的额外误差，其鞍形面设计提高了传感器检测线性度和精度。

广西大学设计了一款基于单维力的电容式传感器，传感器架构基于垂直极板电容和内置十字交叉滚子轴承，利用电容双差动测量方式，传感器的灵敏度、线性度和稳定性良好，可用于检测工业机器人的末端和机床轴力/力矩，如图 4-21 所示。

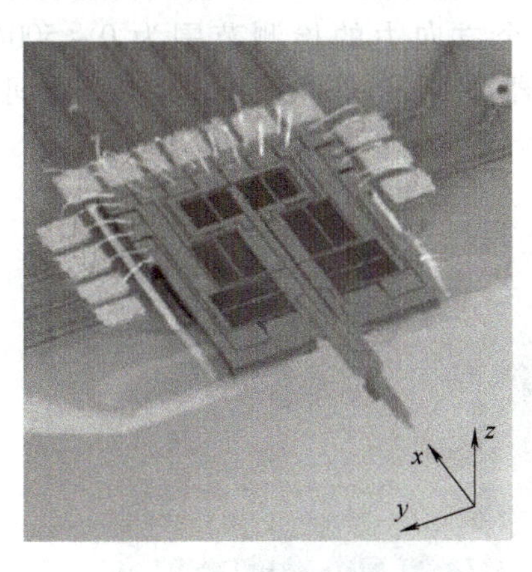

图 4-20　亚微牛级力的三维微力/力矩传感器

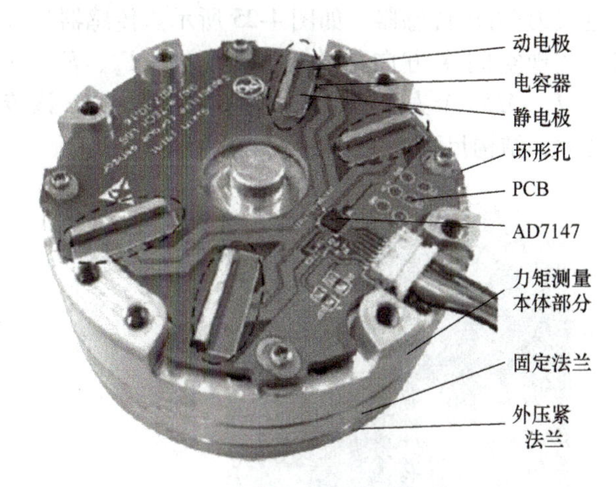

图 4-21　单维力/力矩电容式传感器

荷兰特文特大学研发了一款针对多轴力/力矩检测的电容式传感器，传感器基于多电极差动电容式传感电路，传感电路包括差分振荡器，并可连接多个电容，如图 4-22 所示。

韩国成均馆大学研发了一款基于介电弹性体的六维力/力矩传感器，传感器由塑料壳体和介质弹性体组成，如图 4-23 所示。受外力时，介质弹性体变形，导致电容变化。传感器可检测 x、y、z 3 个轴方向不大于 10N 的力，绕 x、y 两轴不大于 0.15N · m 的力矩，绕 z 轴不大于 0.3N · m 的力矩。该传感器具有体积小、结构简单、成本低等特点，但存在受径向力影响大的缺陷。

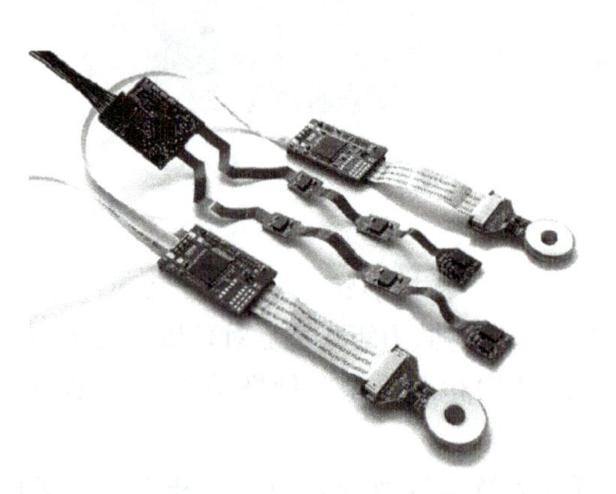

图 4-22 多轴力/力矩电容式传感器

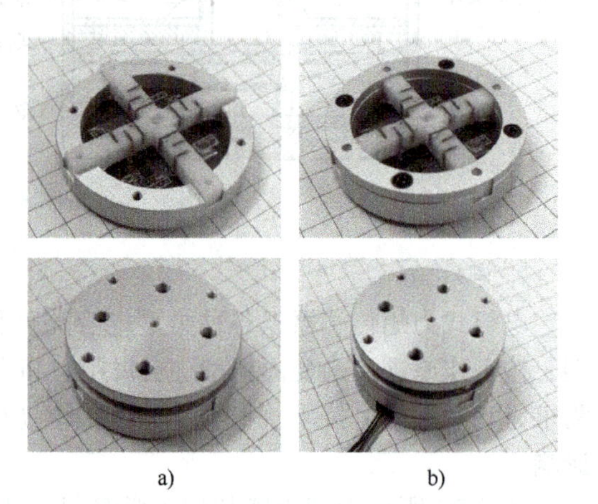

a) b)

图 4-23 基于介电弹性体的六维力/力矩传感器

3. 压电式

压电式力/力矩传感器是基于力敏元件的压电效应，将机械效应转换为电效应，对空间力/力矩检测的传感器。压电式力/力矩传感器的研究起步较晚，但由于其固有频率高、稳定性强、灵敏度高、刚性好等优点，近年来发展迅速。

为解决机器人腕力检测，重庆大学设计了一款基于平板式压电的四维力/力矩传感器，传感器包括石英晶体、电极板、基座等，以分列式机构将圆形石英晶片夹在两块电极板之间，可以检测 F_x、F_y、F_z和 M_z，如图 4-24 所示。此外，还研发了一款基于双压电晶体组的压电式力/力矩传感器，如图 4-25 所示。传感器将多块石英晶片按一定规律排列构成组合晶组，实现空间多方向的力/力矩检测，F_x、F_y、F_z 3 个方向力的检测范围为 0~500N，M_x、M_y、M_z 3 个力矩的量程均为 0~500N · m，该传感器可实现静态力测量，但存在维间耦合度大，结构尺寸大的问题。

图 4-24 四维压电式力/力矩传感器

图 4-25 基于双压电晶体组的压电式力/力矩传感器

大连理工大学研发了一款并联压电式六轴力/力矩传感器，如图 4-26 所示，以压电石英为力敏元件，可同时检测 F_x、F_y、F_z和 M_x、M_y、M_z，其中 3 个方向上力的检测范围均为0N~10kN，力矩检测范围均为 0~250N·m，量程大，适用于大载荷测量。其具有刚性高、固有频率高、线性度好、工艺性优良等优点。总地来说，虽然压电式力/力矩传感器可以实现静态力的测量，但更适合于大量程动态力矩测量。

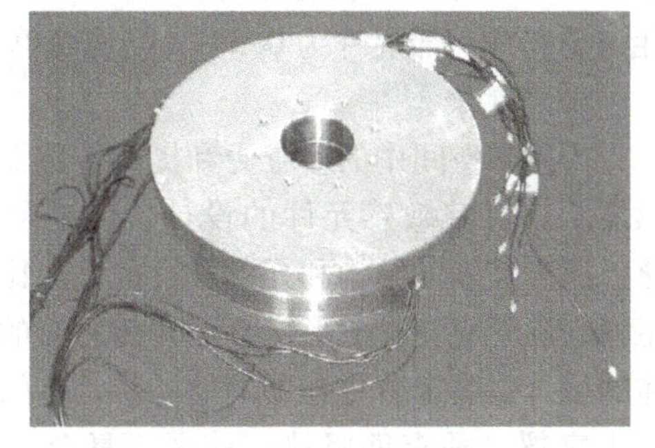

图 4-26　并联压电式六轴力/力矩传感器

4. 光电式

随着机器人智能化、小型化的需求，机器人力/力矩传感器朝着尺寸小、质量小、精度高、集成多、非接触的趋势发展。光电式力/力矩传感器由于其测量中可做到不接触、不施加压力、响应快、无电磁干扰、灵敏度和精度高等优点得到重视。光电式力/力矩传感器是基于光电效应的传感器，可将测量值转变为光信号，再将光信号转换成电信号输出。

针对高温、高压、高辐射的环境和简易快速检测的要求，一款基于光纤光栅的三维力传感器被设计出来，采用 3 个弹性梁结构，弹性梁表面光滑易于保证光纤光栅的贴合，可完成三维力/力矩(F_z，M_x，M_y)的检测。其原理是利用光纤光栅各自中心波长偏移量来转换力/力矩的值，如图 4-27 所示。

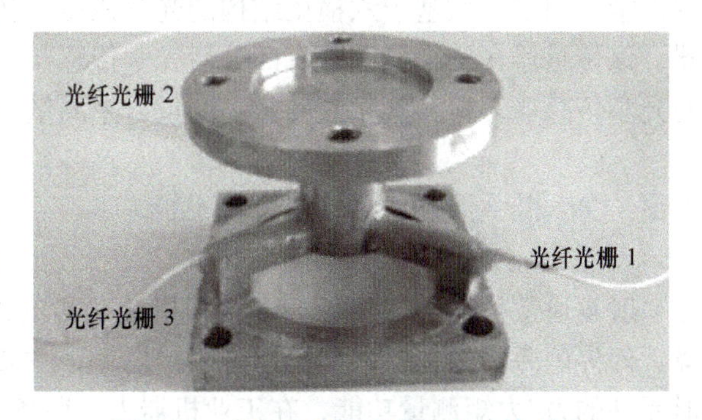

图 4-27　基于光纤光栅的三维力传感器

韩国科学技术院研发了一款紧凑型三轴光电式力/力矩传感器，如图 4-28 所示。其将 4 个光遮断器集中于十字形结构中，用于检测机器人的地面力反馈。该传感器可检测 F_z方向力，精度为 0.018N，可检测 M_x、M_y方向力矩，精度为 0.061N·m。传感器直径为 28mm，厚度为 7mm，质量为 13g。因其不能测量 M_z方向力矩，应用场合受限。

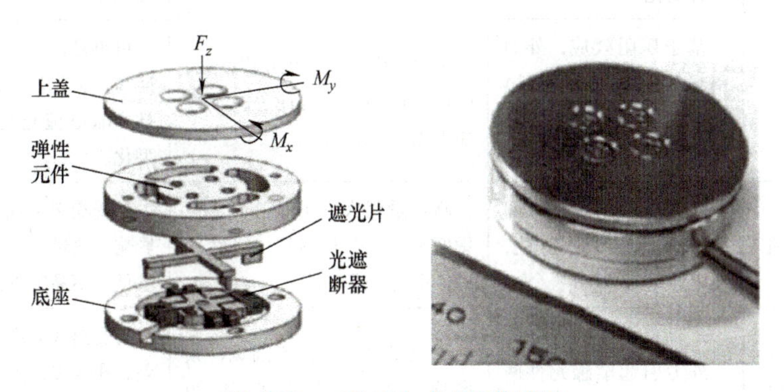

图 4-28　三维光电式力矩传感器

中国科学院沈阳自动化研究所设计了一款基于平面柔性弹簧的一维光电式力矩传感器，

如图 4-29 所示。该传感器外径为 60mm，厚度为 4mm，质量为 16g，线性度为 4.31%，重复性为 2.67%，滞后性为 0.5%，结构简单、集成度高、稳定好。

5. 其他类型

为感知空间中的多维力和提高传感器的精度，传感器不仅对其敏感元件的设计、加工和制造进行优化，还对其辅助结构和元件进行优化。比如应变式传感器，除了应变片的形变会影响传感器的性能，弹性体的设计也决定着传感器的性能。常见的弹性体结构有十字梁、垂直筋竖梁、筒形、复合梁、积木结构等。目前，基于 MEMS 的力/力矩传感器越来越多，该类型传感器结构紧凑、尺寸小、质量小、精度高，适合应用于微小机器人和嵌入在机器人内部，是未来机器人传感器的主要组成。此外，也有学者采用多个传感器集成的模式进行多维力传感器开发，如日本东京大学研制了一款基于六横梁结构的光学六维力传感器，该传感器在三个梁上装有四分性光学传感器，通过梁中心位置的三个光源射向三个不同的光学传感器，检测其相互的微小变量，来测量六维分量力。

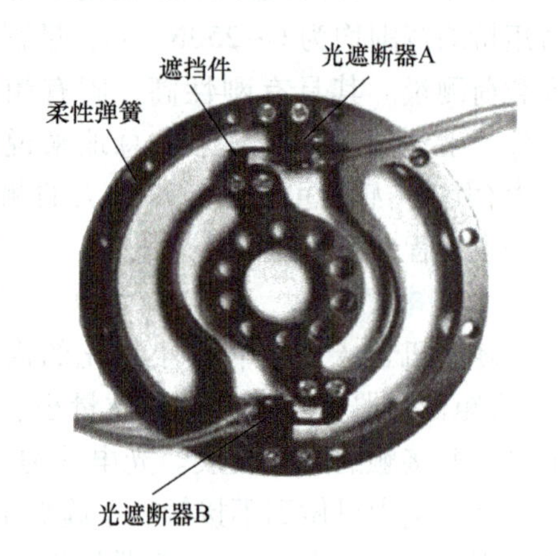

图 4-29 基于平面柔性弹簧的一维光电式力矩传感器

4.2 机器人触觉感知基本原理

触觉通常是滑动、接触、压觉等机械刺激的总称。触觉传感器作为机器人感知周边环境、外界刺激物的主要人体模拟传感器之一，主要模拟人的触感神经元，实现基于弹性/变形元件的力/力矩测量功能，在工业机器人、服务机器人和外科机器人的领域得到广泛应用。各种触觉传感器见表 4-1 所示。

表 4-1 各种触觉传感器

传感器	参数	传感原理	优点	缺点
机械式	位移值	外力引起的机械移动位置变化	结构简单，价格低	阵列结构复杂，空间分辨率受限
压阻式	电阻值	基于压阻效应，外力引起两个相邻(或相对)电极之间的电阻随施加电压而变化	频率响应快，空间分辨率高，噪声干扰小，结构简易，负载能力强	可重复性差，易迟滞，功率耗能高，工艺复杂，单线响应非线性，漏电流稳定性差，不易微型化
电容式	电容值	外力引起平行极板间弹性介质层受压变化，使电容量变化	测量量程大，实时性好，灵敏度高，动态范围宽，线性度好，空间分辨率高	易受噪声干扰，介质易受温度影响，测量电路复杂，空间分辨率低，不易集成，稳定性差
压电式	电荷值	外力引起敏感元件两端电压变化	灵敏度高，动态范围宽，频率响应快，可靠性高，耐用性好	易受热效应影响，空间分辨率差，布线多，测量电路复杂，负载恒定时，输出可能衰减到零，阵列扫描困难

（续）

传感器	参数	传 感 原 理	优点	缺点
磁敏式	磁场强度	基于磁阻和磁致两种伸缩效应	体积小，灵敏度高，动态范围宽，迟滞性低，线性响应快，对垂直力、剪切力、扭矩敏感	分辨率低，易受磁场和噪声影响，结构复杂
光电式	光强度	基于光电效应，受到可见光照射，将光信号转换为电信号输出	空间分辨率高，响应快，无电气干扰，与视觉技术相容性好，布线要求低	整体架构柔性弱，对弹性体依赖强，易滞后，线性度差，标定难
超声式	超声波	基于多普勒效应，弹性层受压处超声波路径变短，传输时间变化	空间分辨率高，不受电磁干扰，适宜作接近觉传感器	布线困难，易滞后，非线性，易受其他超声干扰

4.2.1　开关式阵列触觉传感器

图 4-30 所示为开关式触觉传感器，也称为机械式触觉传感器。

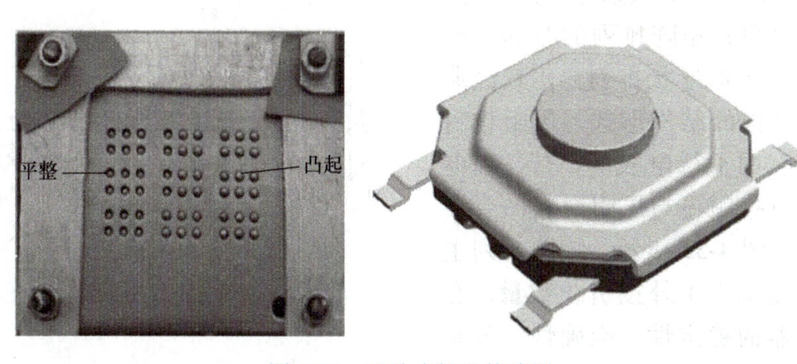

图 4-30　开关式触觉传感器

传感器主要由弹簧和触点构成，利用点阵凹凸触点的通断来实现信息传输，受外力时，触点与基板分离，信号断开，以此检测与外界物体的接触情况。开关式触觉传感器优点在于结构简单、稳定性高、使用方便，缺点是易产生机械振荡和触点易磨损。其主要的应用案例为盲文电子书，盲文电子书的关键在于触点的状态控制和显示的面积。采用微动器实现触点的凸起和平整状态的自动切换。通过 x、y 向的移动平台寻址，由 z 向驱动器来驱动显示针凸起，多个显示针共用一个驱动器。

4.2.2　压阻式阵列触觉传感器

压阻式触觉传感器的工作原理是基于机械材料的压阻效应，即受到压力时，弹性材料的电阻率发生变化的现象。压阻式触觉传感器主要采用半导体、单晶硅等材料作为敏感元件。例如，当单晶硅受到外力时，晶体晶格产生形变，载流子的迁移率发生变化，导致晶体电阻率变化，通过检测敏感元件的电阻值，间接获得外力信息。压阻式触觉传感器一般结构简单，制造成本低，动态范围宽，负载能力好，信号处理电路简单。压阻式触觉传感器多采用电极层-中间传感层-电极层的夹层机构，如图 4-31 所示。现阶段，基于压敏电阻材料的人工触觉传感材料有压敏导电橡胶、压敏电阻纤维、压敏电阻泡沫和力敏电阻等。

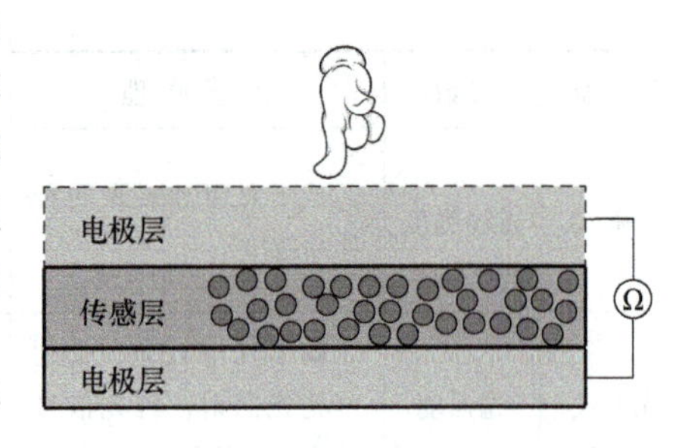

图 4-31　压阻式触觉传感器原理示意图

单个传感单元面积小，获取信息有限，无法满足大面积的测量，为提高检测能力，一般将传感单元阵列化，以获取足够多的受压信息。柔性阵列压力传感器与普通电阻式传感器的工作原理基本相同，受到压力时，力敏感电阻元件将力转化为电阻变化，通过电路转变为电压变化，获取信息。

柔性阵列压力传感器通常为平面结构，以高分子聚合材料、纳米导电材料等作为基板、可用于任意两个柔性或柔/刚接触面的表面作用力检测。柔性阵列压力传感器不仅具备普通阵列式传感器的优势，还具有良好的柔韧性、可弯折性、延展性、轻便性等特点。它可自由弯曲以及折叠，可测量复杂表面形状，广泛用于接触式测量、无损检测、机器人、生物力学等领域。

传感单元的阵列方式较多，如圆周环形排列、矩形排列、异型排列等。圆周环形排列的布局方式是将传感器按不同的直径圆周均匀排布，这样排布便于不同传感器相配合，可分析区域内的物质密度、表面反射率、温度等，设计和加工难度低；矩阵排列的布局方式是将传感器按照矩形形状排列，比较经典是采用行、列电极的结构形式，压阻材料放置于两组垂直的平行电极间，行、列电极的每个交叉点按顺序与压阻材料贴合形成传感单元，如图 4-32 所示。矩阵排列主要优点在于大量减少了外接引线数量，有利于提高传感器的稳定性、准确性，节省空间，降低成本。令传感阵列的行数为 M，列数为 N，则布线引线由 $2MN$ 条减少为 $M+N$ 条。

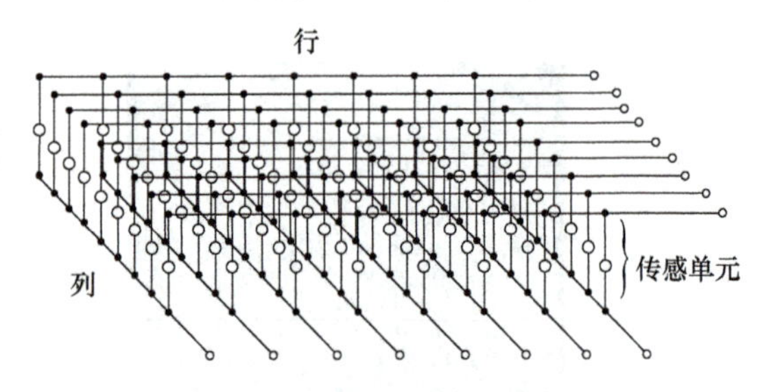

图 4-32　传感器阵列的行、列电极结构

柔性阵列压力传感器使用的高分子材料多为非线性弹性材料，即传感器的压力和电阻是不完全线性关系。对于不具备严格线性度的压力传感器，一般分段进行设置，在规定的范围内，电信号的相对变化量与压力变化量呈现趋近线性关系。与高分子材料相比，以硅材料为基础的压阻式触觉传感器具有性能稳定、接口简单、易集成等优势，但不易折弯。总地来说，压阻式触觉传感器具有负载能力好、动态范围宽等优点，但存在线性度差、有迟滞等缺点。

4.2.3　压电式阵列触觉传感器

压电式触觉传感器主要基于压电材料的压电效应进行工作，即压电材料受沿一定方向的外力作用时，压电材料内部会产生极化现象，在材料两个相对表面产生相反的电荷。如果外力方向改变，则电荷的极性也发生变化，且产生的电荷量与外力大小呈现正向相关性。

现阶段，聚偏氟乙烯(PVDF)或聚偏氟乙烯共聚物(PVDF-TrFE)由于机械弹性好、灵敏度高等优点，常作为柔性压电式触觉传感器的压电敏感材料。图 4-33 所示为以凸点和圆顶形状的压电聚合物微结构及 PVDF-TrFE 薄膜为基础的柔性压电式触觉传感器，该传感器灵敏度高，凹凸形状传感器可测量 40mN 的力，圆顶形状传感器可测量 25mN 的力。图 4-34 所示为浙江大学研发的一款基于 PVDF 的柔性压电式触觉传感器阵列，用于机器人三维动态力测量。其结构包含 4 个方形电极(上层)、PVDF 膜(中层)和方形电极(下层)。传感器由 4 个压电式电容器和凸点组成，受外力时，凸点从顶部传递三维接触力，下面 4 个压电式电容器发生不同的电荷变化，实现力的检测。

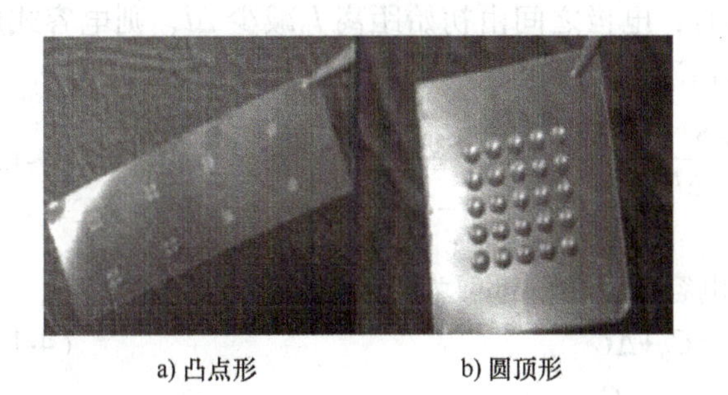

图 4-33 柔性压电式触觉传感器

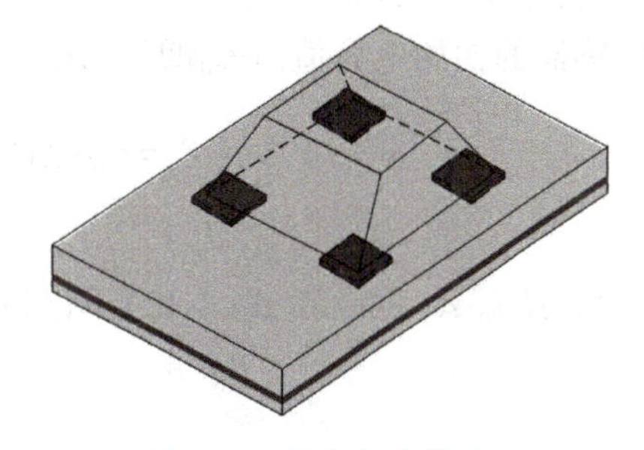

图 4-34 触觉传感器阵列

压电式触觉传感器具有体积小、质量轻、结构简单、动态响应好、灵敏度高、低能耗等优点，但也存在噪声大、易受到外界电磁干扰、难以检测静态力的缺点。压电式触觉传感器的性能与接触对象无关，在发展快速动态响应、低能耗、自供能的柔性触觉传感器方面具有重要价值，可广泛应用于人机交互、机器人、生物医学器件等领域。

4.2.4 电容式阵列触觉传感器

电容式触觉传感器由电极、敏感单元、检测电路组成，传感器在受到外力时，极板间的相对位移发生变化，导致电容变化，通过检测电容变化来间接测量触觉力，具备灵敏度高、温度独立和适用于大面积应用等特点。

而柔性的电容式触觉传感器如图 4-35 所示，主要由电极层、柔性绝缘介质、弹性介电层组成。

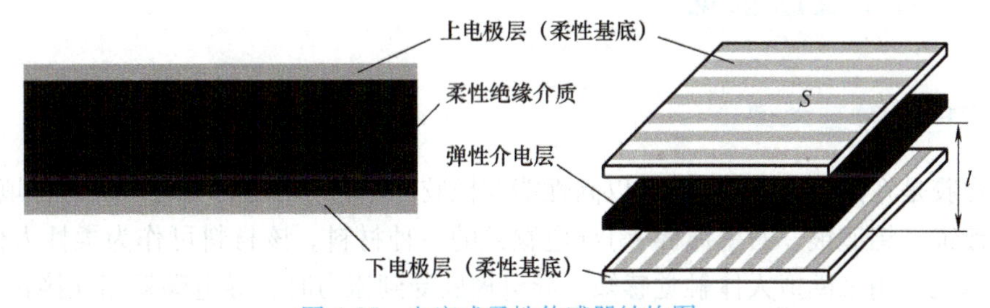

图 4-35 电容式柔性传感器结构图

上下两个平行电极板和中间的柔性绝缘介质/弹性介电层组成了电容器，忽略边缘效应，变极距型电容式传感器的电容量为

$$C=\frac{\varepsilon S}{l} \tag{4-10}$$

式中 S——电容器极板的面积(m^2)；

C——极板间的电容量(F)；

ε——极板间的介电常数(F/m)；

l——极板间距(m)。

通常情况传感器的 ε 和 S 为常数，初始极距设定为 l_0时，则电容量 C_0为

$$C_0=\frac{\varepsilon S}{l_0} \tag{4-11}$$

传感器的柔性绝缘介质是线弹性体，为胡克(Hookean)型材料，即材料的应力与应变(单位变形量)之间呈线性关系。受外力时，电极之间由初始距离 l_0减少 Δl，则电容式触觉传感器的初始电容值由 C_0增加 ΔC，变为 C_x。

$$C_x=C_0+\Delta C=\frac{\varepsilon S}{l_0-\Delta l}=\frac{\varepsilon S}{l_0\left(1-\frac{\Delta l}{l_0}\right)}=\frac{C_0}{1-\frac{\Delta l}{l_0}} \tag{4-12}$$

当 $\Delta l/l_0 \ll 1$ 时，由式(4-12)可以得到电容的变化量近似为

$$C=C_0+\Delta C \tag{4-13}$$

$$\Delta C=C-C_0=\frac{C_0}{1-\Delta l/l_0}-C_0 \tag{4-14}$$

$$\frac{\Delta C}{C_0}=\frac{\Delta l/l_0}{1-\Delta l/l_0} \tag{4-15}$$

将式(4-15)用泰勒级数展开成级数形式为

$$\frac{\Delta C}{C_0}=\frac{\Delta l}{l_0}\left[1+\frac{\Delta l}{l_0}+\left(\frac{\Delta l}{l_0}\right)^2+\left(\frac{\Delta l}{l_0}\right)^3+\cdots\right] \tag{4-16}$$

将式(4-16)忽略高次项，有

$$\Delta C=C_0\frac{\Delta l}{l_0} \tag{4-17}$$

由式(4-17)可知，电容的变化量 ΔC 与极板距离变化量 Δl 趋近于线性关系。柔性绝缘介质具有弹性，当撤去外力时，极板可返回初始位置，电容值恢复为 C_0。

4.3 柔性人工皮肤触觉

4.3.1 导电橡胶基本理论

导电橡胶是在高分子材料(一般以高性能硅橡胶为基料)橡胶中均匀掺入特种填料(铜镀银、玻璃镀银、铝镀银、石墨镀镍等)导电颗粒的一种材料。该材料可作为柔性人体皮肤的主要触觉单元，用来模拟人体触觉感知。导电橡胶受到压力时，导电颗粒相互接触，实现良好的导电性能。导电橡胶的导电性能主要取决于导电颗粒的密度和数量，密度越大、数量越多，则导电的效果越好。但是，导电颗粒的增加会导致导电橡胶的整体伸缩性、弹性、柔性等变差。

导电橡胶具备良好的电磁密封、水汽密封和电磁屏蔽能力，在电子、电信、电力、军工、航空、航天、舰船等领域中广泛应用，近些年在机器人的触觉感知领域也得到广泛应用。在触觉感知应用中，力敏导电橡胶按照比例填入导电材料，在具备导电性能的同时还具备力敏特性，即材料的电阻与外力具备函数关系。测试电路通过检测电阻变化来获取力的变化信息。根据压阻特性，力敏导电橡胶每段都可以单独设定为传感器的一个敏感单元，可通过临时电路切换获取单元力信息。总地来说，导电橡胶由于柔性好、

可弯曲折叠、结构简单、成本低等特点，成为机器人触觉感知的主要和理想柔性触觉传感器敏感材料。

4.3.2 人工皮肤触觉结构

机器人的人工皮肤研究始于20世纪70年代，最早通过测量弹性膜与刚性物体接触过程中产生的形变来识别物体，其后的研究是在柔性板机械臂上设置一款分辨率为5cm的离散型红外传感器来检测周围存在的障碍物。直到1998年，弹性的机器人人工皮肤按照人体皮肤的真皮层、表皮层仿制出来，但人工皮肤的灵敏度、准确度都较为欠缺。

2001年，多模态传感器组成的机器人"敏感皮肤"应用于机器人与非结构化的环境接触中，而后，以有机晶体管为基础集成在含石墨的橡胶压力传感器薄膜中，应用于机械臂，以模拟人工皮肤。美国斯坦福大学以电容式力传感器阵列作为人工皮肤用于机器人，其主要优点是坚固耐用、成本低、噪声低、扩展性好。该校还利用碳纳米管喷涂技术，研发具有硅胶薄片(PDMS)的人工皮肤。在PDMS中以网状形式填埋碳纳米管，受力弯曲或拉伸时，网状碳纳米管随之发生弯曲或拉伸，不会影响碳纳米管的导电性。该人工皮肤透明度高、柔韧性好，但由于电容式传感器存在负载能力差、边缘效应等缺陷，其应用范围受限。此外，基于PDMS和碳纳米管以拱形结构而构建的可感知压力方向的人工皮肤可以感知皮肤表面较小的压力、空气气流的方向和流速的大小。这种人工皮肤灵敏度高，但不能够检测拉伸或弯曲时的压力大小。

现阶段，人工皮肤多采用液体芯PVDF压电纤维材料，该种人工皮肤具有良好的导电性能。在硅橡胶中埋入液体芯PVDF压电纤维，以简支梁结构，固定两端，纤维表面的硅胶层较薄，可忽略其影响。受均布载荷的外力时，人工皮肤中的硅橡胶发生形变，液体芯PVDF压电纤维随着硅橡胶变形，可利用电荷放大器进行检测，如图4-36所示。此时，压电纤维表面的电极与中间液体芯电极之间会产生电荷差，电荷差值体现外力的大小，可利用电荷放大器将其转变为电压信号进行采集。

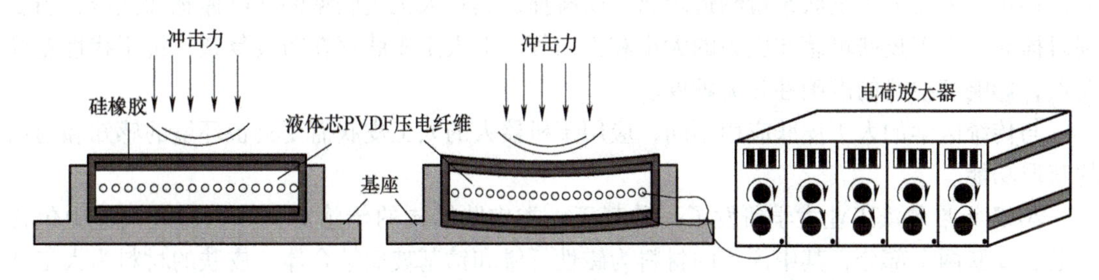

图4-36 基于液体芯PVDF压电纤维的人工皮肤受力情况及检测

4.4 触觉传感器的应用与发展

4.4.1 触觉传感器的应用及趋势

随着传感技术的发展，触觉传感器的灵敏度、准确性、动态响应、稳定性等性能都得到较大提升，越来越趋近于人的触觉性能，在机器人中的应用也越来越广泛。

1. 基于触觉传感器抓取、碰撞检测应用

抓取物品时，需具备高精度、多维的复杂环境和物品信息，才能完成准确的抓取任务，因此获取触觉信息是抓取的先决条件。触觉传感器作为机器人感知外部环境的重要媒介之一，除保证机器人可正确确定目标物外，还可以准确引导机器人实现精准操作。波尔多综合理工学院 CoRo 实验室利用 Robotiq 的机械手、UR10 控制器和基于 Kinect 视觉系统(只瞄准每个物体的几何中心)的抓取系统如图 4-37 所示，以末端手指上一个高适应性的机械性刺激感受器来感受压力和振动的快速变化，并结合视觉检测，基于机器人学习算法，使物品抓取预测准确度达到 83%，识别物体滑动精度达到 92%。Barrett 机器人手爪采用 Pressure Profile Systems(PPS)公司提供的触觉传感器，使机器人手臂实现对目标物的抓取及对信息的保存和处理，该手爪采用的都是电容式传感器，所用 7 个传感器包括 1 个手掌传感器、3 个中间数字传感器和 3 个指尖传感器，如图 4-38 所示。

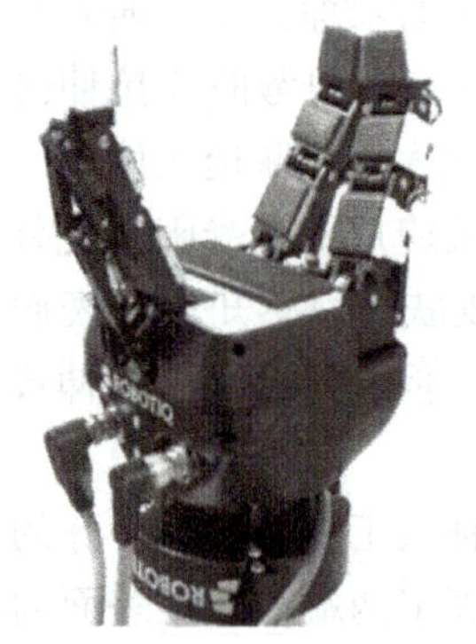

图 4-37 基于触觉传感器的抓取系统

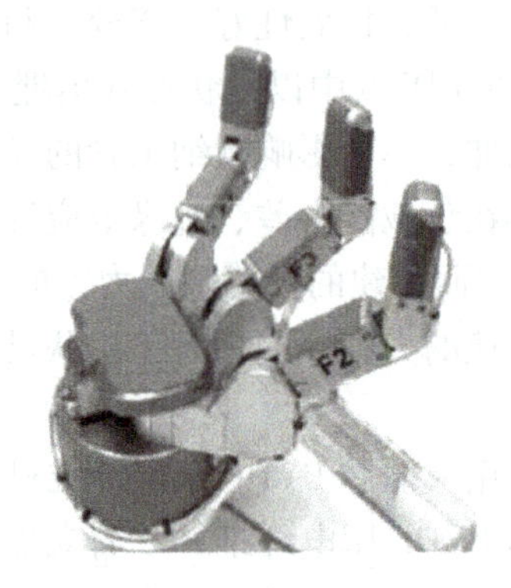

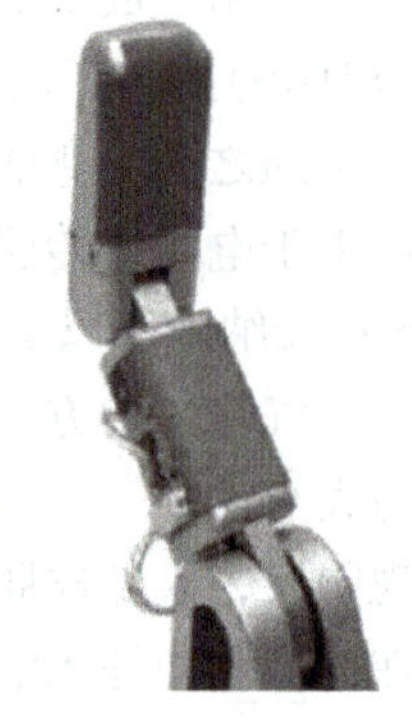

图 4-38 Barrett 机器人手爪

2. 人工皮肤的应用

机器人在碰撞保护或碰撞检测中，除了采用电机电流检测、腕力检测、距离检测等方式外，还可以采用人工皮肤来检测近距离、微碰撞，其将人工皮肤粘贴在碰撞感知区域，当受到碰撞时，人工皮肤可感知压力的大小和方向等。但人工皮肤存在布线复杂、抗干扰性差等弱点，影响其检测的准确性和灵敏度。

与传统医学的人工皮肤应用不同，应用于机器人的人工皮肤需要具备环境的感知和信息的获取功能。

2017 年哈尔滨工业大学研发了一种基于人类皮肤结构的传感器，传感器的构造中包含汗毛、皮肤两个部分，其中汗毛的材料为磁性纤维和钴基玻璃结合体，皮肤的材料为人工硅胶，利用交变磁场，传感器具备高灵敏度，最大可感知 25N 的力，最小可感知 0.15mN 的力，可感知气体流速，也可感知材料属性(磁性体、非磁性导体、绝缘体)，且具有一定的可修复性。目前，该传感器已经初步用于判断机械手夹持中的摩擦力大小。

2018 年韩国高立大学研发了一款超精密皮肤传感器，该传感器在无源情况下可自行启动，受到外力刺激时，利用离子移动传输信息，可实现快速和缓慢两种信号的检测，在血压、心电的检测方面具有应用价值。

3. 触觉传感器其他应用领域

疼痛是人类生命的保护机制，也是未来传感器模拟的主要感知之一。德国科学家正在研发一种人工神经系统，来教机器人感知疼痛。正如人类神经元能够传递痛感一样，人工神经

系统也能传递疼痛信息，机器人可将疼痛分为轻度、中度或重度。机器人手臂上安装一个类似手指的传感器，可以探测压力和温度。该系统可以让机器人探测并分辨意外出现的物体和干扰，分析出可能对其造成的危害，对潜在的危险迅速做出反应，保护自己免受伤害，也能保护与机器人一起工作的人。

日本大阪大学研发了一套可识别多种触碰感知的触觉传感器，该传感器可嵌入人造皮肤，模拟人的触觉系统，感知和分辨轻柔的触摸、轻微击打和重击打。传感器与机器人 Affetto（一种模仿孩子头部的机器人，皮肤采用硅胶制作，嵌入约 116 个计测器，可呈现好奇、生气等表情）系统相连，感知信息并做出反应，Affetto 的面部表情会表达触觉和疼痛程度，如图 4-39 所示。

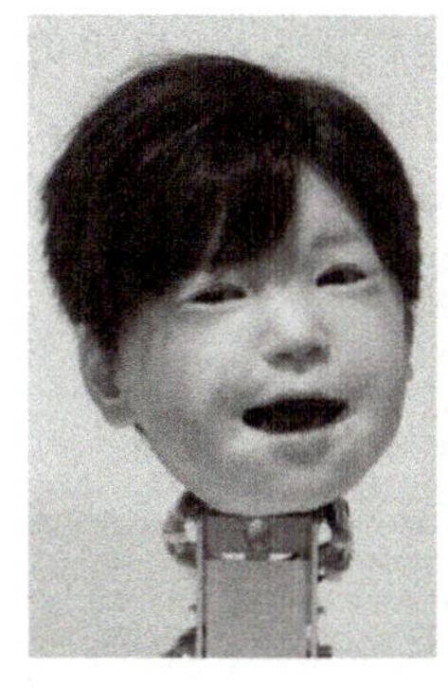
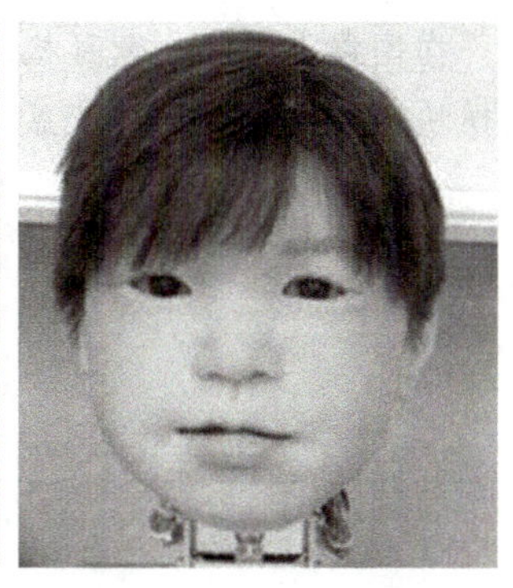

图 4-39　基于“疼痛神经系统”的机器人 Affetto

此外，触觉传感器还用于残疾辅助领域，美国凯斯西储大学将压力传感器嵌入假手中，使其获得类似的触觉功能（如力信号、热信号和湿信号等），虽然机械性的感知传感器受压后，会根据受力的大小通过脉冲频率来反馈，但与人体真实传感器还有较大区别。

4.4.2　触觉传感器的发展与问题

近些年，触觉传感器虽然获得较大进展，但其在应用领域还存在诸多障碍。例如，传感器在多次形变后会出现性能老化问题，多维度、多刺激同时探测时会产生串扰、需要解耦等问题，集成传感系统内部的器件之间力、热、电性能匹配问题，以及传感器敏感度较低、收集的图像分辨率偏低等问题。这些问题必然会推动和促进相关材料制备、器件加工及系统集成等方向的研究。此外，我国由于传感器制造工艺和材料纯度等技术水平限制，触觉传感器发展还面临很多问题。

未来，触觉传感器研究热点可能集中在感知机理、敏感材料、信息获取、图像识别、实际应用等领域，发展趋势为柔性化、小型化、智能化、多功能化、人性化等。

本章小结

本章主要是对机器人力与触觉传感器进行认知介绍，首先介绍关节力与力矩传感器发展、测量原理及其应用情况；然后详细讲解开关式阵列、压阻式阵列、压电式阵列和电容式阵列触觉传感器的原理与应用；接下来介绍了基于嵌入触觉元件的人工皮肤的工作原理、结构；最后介绍了触觉传感器的应用、发展趋势等。

思考题与习题

4-1　机器人力与力矩传感器的基本工作原理是什么？

4-2　机器人力/力矩按工作原理分为哪几类？

4-3　机器人应变式传感器设计的关键是什么？

4-4　机器人应变式传感器的主要构成有哪些？

4-5　根据金属导体应变片工作原理，当导体 l 受力压缩时，金属体轴向压缩 Δl，导体的截面积 S 相应地增加 ΔS，电阻率 ρ 因其变形改变了 $\Delta\rho$ 计算金属导体的灵敏度系数 k_s。

4-6　机器人多维力传感器最多可以测量哪几个参数?

学习拓展

在网络上搜索一款可检测机器人力/力矩的智能或集成传感器，请说明其工作原理、功能模块、应用场合和优缺点。

第5章 机器人视觉

导读

机器人能否像人一样通过眼睛来观察环境、寻找目标或者躲避障碍呢？如何构建机器人的视觉感知系统来获得环境图像呢？在获得环境图像后，机器人能否估计出目标的距离、形成对应的立体图形，以确定被测物体的位置、姿态等信息呢？本章首先讲解了机器人视觉技术的基本概念，接下来从机器人视觉系统的功能和应用讲起，介绍机器人系统的组成原理、结构、分类以及图像传感器的基本知识，并在此基础上介绍了机器人视觉中图像处理、双目立体视觉等知识。

本章知识点

- 机器人视觉技术定义与内涵
- 机器人视觉系统功能形式、组成原理与结构
- 机器人视觉系统 CCD/CMOS 图像传感器原理
- 图片处理的基本知识
- 三维立体视觉的基本知识

5.1 机器人视觉技术概述

5.1.1 机器人视觉技术定义

机器人视觉是利用摄像机等成像仪器获取被测物的形状或图像信息，利用计算机、嵌入式系统等完成图像处理，将有效数据进行辨识，形成机器人运动指令的技术。机器人视觉技术是机器人实现环境辨识和人机交互的基础，也是提高机器人智能水平的关键所在。机器人视觉感知模块是机器人定位与导航、目标识别与跟踪、视觉伺服抓取等应用必不可缺的关键部分。

机器人视觉识别具有如下特点：

1）机器人视觉识别具有灵活性。机器人视觉识别技术不仅能够辅助采集物体图像，还能够将图像信息进行分析及处理，满足了工业生产流程的多样化、灵活性需求。

2）机器人视觉识别具有准确性。机器人视觉识别技术的准确性是其完成复杂工序的基

本条件。在实际生产过程中，工人难以应对批量化的高技术生产任务，而机器人视觉识别技术则能够利用自身的精准化操作代替人工操作。

3）机器人视觉识别具有廉价性。信息技术的普及与计算机处理器价格的下降，使依靠信息与计算机的机器视觉识别技术的应用成本随之下降，为机器人智能应用提供了技术基础。

5.1.2 机器人视觉技术内涵

机器人视觉技术随着计算机视觉、机器视觉等技术的发展而不断进步。机器人视觉、机器视觉和计算机视觉的概念很容易被混淆。图 5-1 所示为机器人视觉知识族谱，机器人视觉与机器视觉都属于计算机视觉的应用技术，在有些应用场合两者有所重叠，但侧重点各有不同。

1. 计算机视觉

计算机视觉是用成像系统和计算机代替“眼”和“脑”对目标进行识别、跟踪和测量等任务，在获取图像的基础上进一步处理，并理解信息含义的技术。计算机视觉的最终研究目标是使计算机能像人一样通过视觉来观察和理解世界，具有环境自适应能力。

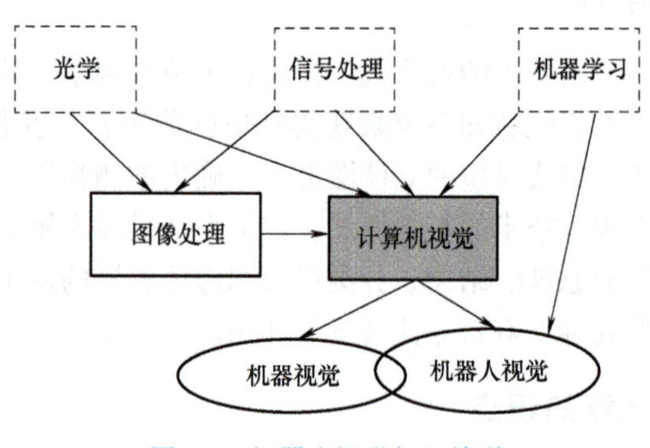

图 5-1 机器人视觉知识族谱

如图 5-1 所示，计算机视觉的研究离不开信号处理、图像处理、机器学习以及光学等科学领域的知识。其中，信号处理主要研究各种电子信号的除噪、预处理、信息提取等问题。图像也可以理解为二维（或更多维）的信号，因此信号处理技术在知识族谱中相当于父辈，计算机视觉图像的处理也属于信号处理范畴，需要借鉴信号处理的基本理论和知识。

图像处理和计算机视觉技术的关系像兄妹，这两个领域都受到光学领域、信号处理领域研究的影响，但它们的研究目标有所不同。图像处理主要研究如何把输入图像按某种需求转换成具有所需特性的另一幅图像，比如图像去噪处理、增强处理、修复处理等，如图 5-2 所示。计算机视觉技术更侧重于研究如何从图像中提取信息并且理解和感知它们。例如，使用图像处理技术将彩色图像转换为灰度图像，然后用计算机视觉技术检测图像中的对象。

图 5-2 图像去噪、增强、修复处理

2. 机器视觉

机器视觉是指通过机器视觉产品，比如 CMOS 或 CCD 摄像机，将目标物品转换成图像信号并处理，从而抽取目标的特征。其主要用于自动检测领域对目标物体的定位、测量、跟踪、辨识等，属于人工智能的分支，为应用工程领域，如图 5-3 所示。相比于人类视觉，由于图像的空间、环境的影响，人们对于某些图片的认知会出现误差（见图 5-4）；而机器视觉却可以很好地克服这样的误差，保证读取图像信息的正确性、准确性。人类视觉与机器视觉的对比见表 5-1。

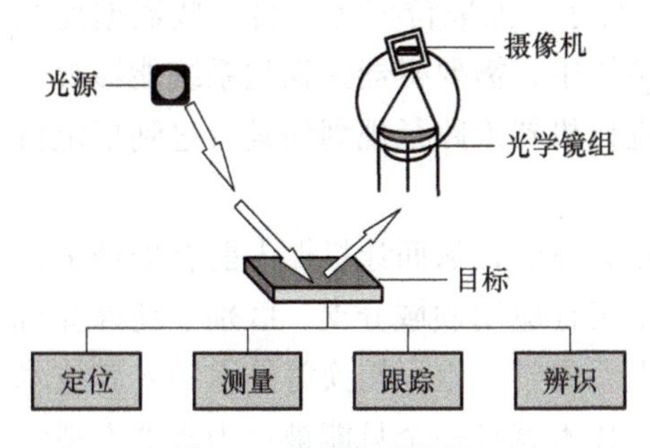

图 5-3　机器视觉原理

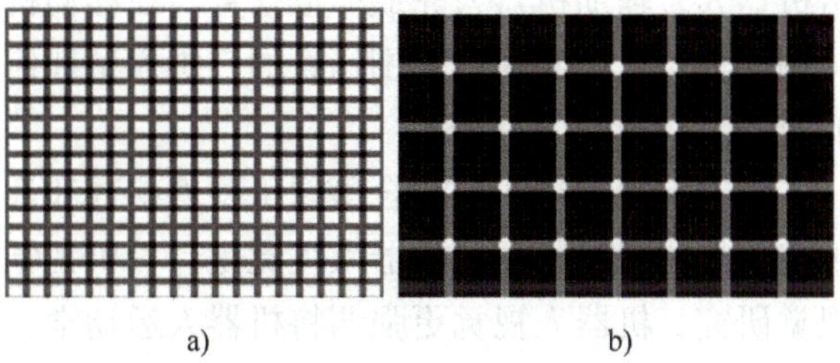

a)　b)

图 5-4　容易引起视觉误差的图

表 5-1　人类视觉与机器视觉的对比

	人类视觉	机器视觉
适应性	适应性强，可在复杂及变化环境中识别目标	适应性差，容易受到复杂背景及环境变化的影响
智能	具有高级智能，可运用逻辑分析及推理能力识别变化目标，并能总结规律	受硬件条件的制约，目前一般的图像采集系统对色彩的分辨能力较差，但具有可量化的优点
色彩识别能力	对色彩分辨能力强，但容易受人的心理影响，不能量化	虽然可利用人工智能及神经网络技术，但技术很差，不能很好地识别变化目标
灰度分辨力	灰度分辨力差，一般只能分辨 64 个灰度级	灰度分辨力强，目前一般使用 256 个灰度级，采集系统对色彩具有 10bit、12bit、16bit 等灰度级
空间分辨能力	分辨率较差	目前有 4K×4K 的面阵摄像机和 12K 的线阵摄像机，通过设置各种光学镜头，可以观察小到微米、大到天体的目标
速度	0.1s 视觉暂留使人无法看清快速运动目标	快门时间可达 10μs 左右，高速摄像机的帧率可达到 1000f/s，处理器的速度越来越快
感光范围	400~750nm 范围的可见光	从紫外到红外的较宽光谱范围，另外有 X 射线等特殊摄像机
环境要求	对环境温度、湿度的适应性差，另外有许多场合对人有损害	对环境适应性强，另外可加防护装置

计算机视觉采用图像处理、模式识别、人工智能技术相结合的手段，着重于一幅或多幅图像的计算机分析，而机器视觉偏重于技术工程化，能够自动获取和分析特定的图像，以控

制相应的行为。机器视觉相当于计算机视觉的子辈，因为它使用计算机视觉和图像处理的技术和算法。机器视觉技术可以用来指导机器人工作，比如工业机器人领域中零件快速检测分析等，使用的视觉技术也可以称为机器视觉，但是机器视觉又不完全等同于机器人视觉技术。

3. 机器人视觉

在机器人视觉研究中，不仅要考虑如何捕获和输入视觉信息，而且还要对这些信息进行处理和分析，进而提取出有用的信息给机器人。例如，在机器人抓取系统中，利用机器人视觉系统检测抓取对象，分析该对象的位置、尺寸、抓取位姿等，将这些数据提供给机器人，辅助机器人完成抓取任务。在移动机器人系统中，需要机器人视觉系统能够观察周围环境，计算和评估周围场景的三维模型和信息，进行机器人路径规划使其行进到指定目的地等。

机器人视觉技术会结合摄像机硬件参数和计算机相关算法，从而让机器人能够处理来自现实世界的视觉数据。机器人视觉是计算机视觉的一个工程应用领域分支，区别于纯计算机视觉研究，机器人视觉更强调将机器人运动学、机器人动力学、坐标转换等技术纳入其技术和算法中。例如，在机器人抓取任务中使用的视觉伺服技术就是一个只能被称为机器人视觉技术而不是计算机视觉的例子。所谓的视觉伺服是指采用计算机视觉数据，从图像中提取视觉特征，控制机器人末端执行器相对于目标的位姿，引导机器人或者执行器向目标物体运动的技术。机器人视觉伺服利用机器视觉的原理，通过图像反馈的信息，快速进行图像处理，在尽量短的时间内对机器人做相应的自适应调整，构成机器人的闭环控制。

综上所述，计算机视觉、机器视觉、机器人视觉之间的信息流差异见表 5-2。从表中可以更好地理解机器人视觉与其他视觉技术的差别。

表 5-2　计算机视觉、机器视觉、机器人视觉之间的信息流差异

技术	输入	输出
信号处理	电子信号	电子信号
图像处理	图像	图像
计算机视觉	图像	信息/特征
图像识别/机器学习	信息/特征	信息
机器视觉	图像	信息
机器人视觉	图像	机器人行动

在应用方面中，计算机视觉、机器视觉、机器人视觉三种视觉技术所涵盖的范围虽然存在区别，但也存在一些交叉，如图 5-5 所示。计算机视觉注重通用算法研究，重点关注图形、图像的处理技术和场景的理解；机器视觉是计算机视觉技术在工业等领域中的应用，注重研究工业结构化场景中的目标测量和分析等，关注检测的可靠性、速度和精度等，比如工业机器人进行零件的质量分析等，主要基于机器视觉技术；机器人视觉技术注重机器人场景理解与交互中提供系统化的关于数据和算法的解决方案，更关注非结构化场景中机器人操作或者运动的高可靠性、高适应性。

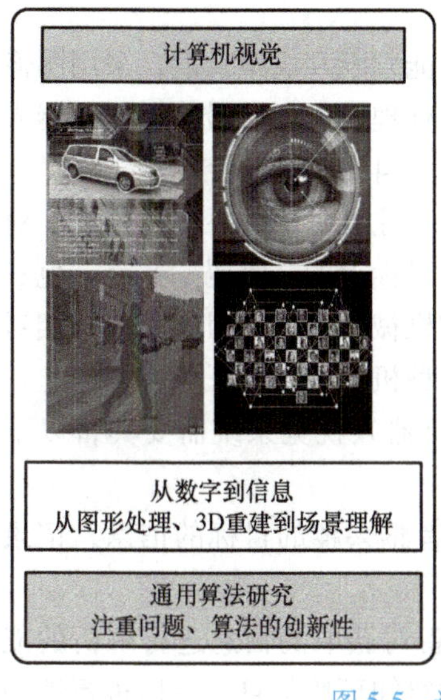

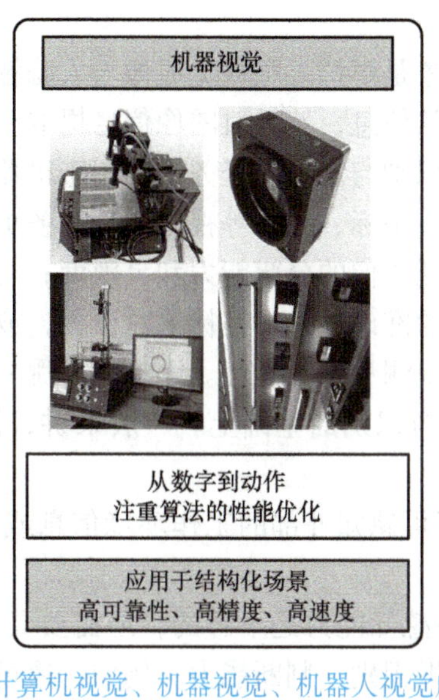

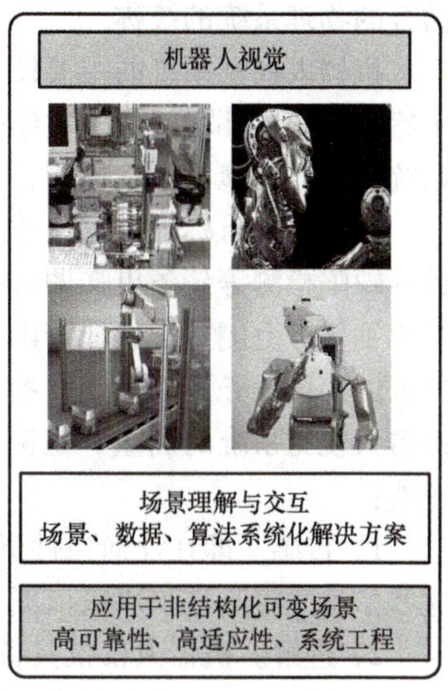

图 5-5 计算机视觉、机器视觉、机器人视觉应用对比

5.1.3 机器人视觉技术发展

当前，机器人视觉技术越来越广泛地应用于视觉测量、检测、识别、引导和自动化装配等领域。机器人视觉技术的主要研究方向和技术涉及深度学习、多光谱/高光谱、偏振成像、嵌入式视觉、3D 成像和计算成像等，其涉及的光源/光泽检测、高速成像检测、不可见成像等项目具备一定难度。

虽然很多机器人具备一定程度的智能化，但还远未达到人类所需的智能化程度，机器人视觉技术的发展在很大程度上决定了机器人的智能化水平，很多问题亟待解决，例如：

1）如何使机器人像人一样，对客观世界的三维场景进行感知、识别和理解。

2）哪些三维视觉感知原理可以对场景目标进行快速和高精度的三维测量，并且基于该原理的三维视觉传感器具有小体积、低成本，方便嵌入机器人系统中。

3）基于三维视觉系统获得的三维场景目标信息，如何有效地组织自身的识别算法，准确、实时地识别出目标。

4）如何通过视觉感知和自学习算法，使机器人像人一样具有自主适应环境的能力，自动地完成人类赋予的任务等。

此外，机器人视觉技术在可靠性、适应性、系统工程方面也具有一定挑战，例如：

1）挑战一：系统需要高可靠性，但目前无法实现 100%的可靠视觉感知。

2）挑战二：系统需要更好的适应性，但目前机器人系统数据通用性、移植性差。

3）挑战三：机器人系统是一个系统工程，目前系统集成技术还需要完善。

5.2 机器人视觉系统

5.2.1 机器人视觉系统的功能与应用

1. 机器人视觉系统功能

机器人视觉系统是利用机器人视觉技术搭建的、在机器人中起到视觉感知作用的软硬件结合的物理系统的统称。

机器人视觉系统的主要任务是模拟人眼视觉成像与人脑智能判断和决策功能，采用图像传感技术获取环境与目标对象的信息，然后对图像信息提取、处理并理解，最终用于机器人系统对目标实施测量、检测、识别与定位等任务，或用于机器人自身的伺服控制。

其中，对目标外形、尺寸、坐标、方位等视觉测量任务更关注视觉成像系统的精度；对目标缺陷检测等任务更强调特征成像的分辨能力和灵敏度；对目标上的二维码、文字、色彩等识别任务更侧重于特征辨识的准确性；对目标绝对位置，或机械手末端与目标之间的相对位置的定位任务更注重成像系统测量的准确性。无论完成哪一种机器人视觉任务，都建立在机器人视觉系统的测量、检测与识别的基础上。一般来讲，机器人视觉系统需要具备以下功能：

1）传感。即在任何条件下可感知外部的工作环境信息或者感兴趣的目标的信息，记录这些信息并将其作为决策依据。

2）理解。机器人仅仅具备感知能力是不够的，还需要具备对获取的信息进行解析的能力，将其解读为机器人语言，即识别、判断能力。例如，通过感知环境信息，可以进行地图构建或者识别障碍物；通过目标感知，能够识别操作目标物体的位置、形状、运动状态、身份等，为后续轨迹规划提供决策基础。

3）行动。机器人可根据获取信息执行相对应的任务或动作。

4）学习。外部的世界是非结构化、动态的，因此需要通过不断地学习来提高自身，以适应环境。

2. 机器人视觉系统应用

机器人视觉技术在机器人自主定位导航、目标物体抓取、人脸识别、障碍物检测与运动估计、视觉伺服控制等方面有着广泛应用，是构建智能机器人系统必不可少的关键技术。其涉及图像采集、图像处理、模式识别、特征匹配、三维重建和视觉跟踪等多个技术研究领域，既要做到图像的准确采集，也要做到对外界变化反应的实时性。

总体来讲，机器人视觉系统主要起到识别和定位功能。识别即通过机器视觉和机器学习等技术结合，对目标特征进行提取和处理，进而对目标对象进行分类和识别。定位即在识别的基础上，对机器人的运动进行准确控制。这包含两层意思：一方面是根据环境特征，结合输入的环境模型对机器人的整体位置进行定位；另一方面是根据操作对象的特征对机器人的运动进行控制，如视觉伺服进行目标分拣等。

为更好地理解机器人视觉系统功能与结构，下面介绍几种机器人视觉系统应用案例。

（1）基于机器人视觉的果蔬采摘机器人目标定位和分类　采摘机器人可大幅度提高采摘工作的效率，节约人力和费用。采摘机器人首要任务是准确地对自然环境中的果实进行定位检测和分类识别，该步骤是成功完成智能化采摘的重要环节。然而果实生长具有随意性，而且环境复杂并具有多样性，在这样非结构条件下连续精准地定位检测与分类识别多种果实是研制果实采摘机器人视觉系统迫切需要解决的问题。

图 5-6 所示为一款基于嵌入式视觉感知系统的果蔬采摘机器人实验系统。其采用嵌入式平台开发了果实采摘机器人视觉系统，实现场景中果实种类的识别，并将该视觉系统应用在六自由度采摘机械臂上，实现了番茄的采摘操作。项目基于卷积神经网络模型进行果实图像分类识别及定位检测。首先采集大量自然环境下的果实图像，进行图像预处理，建立数据库。将构建的果实图像数据库输入到在 Keras 框架下构建的 Faster R-CNN 模型和改进型

VGGNet 模型中进行自主训练并生成模型。在实际应用时，使用网络训练生成的模型对果实图像进行定位检测和分类识别。在实验室环境下，针对 120 个番茄进行了 40 次实验，视觉系统对果实的定位检测和分类识别准确率较高，达到了 97.5%，采摘机器人抓取成功率为 92.5%。

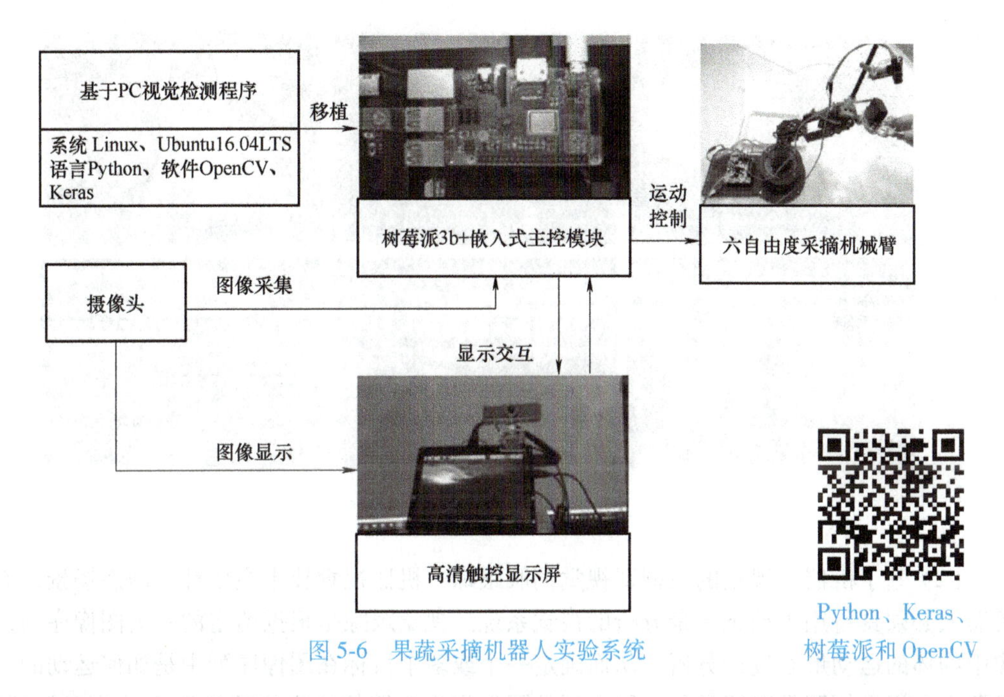

图 5-6 果蔬采摘机器人实验系统

Python、Keras、
树莓派和 OpenCV

该系统硬件主要由摄像头、树莓派嵌入式主控模块、六自由度采摘机械臂、触控显示屏等组成。其中，主控模块是整个硬件系统的核心模块，需要对采集到的果实图像进行集中处理，同时又要与其他模块进行数据交互并为其他模块提供电源。因此，果实采摘机器人视觉系统选用树莓派 3b+开发板作为主控模块，为本文设计的视觉系统提供了硬件平台和软件运行环境。摄像头模块通过 USB 接口连接，在实际应用时，对果实图像进行采集，并将图像数据作为输入数据。输入的图像数据在主控模块中进行果实图像预处理、果实目标的定位检测、分类识别等，并在显示模块上显示系统的运行信息和实验结果。

为保证视觉系统完成对图片中果蔬种类的识别任务，还需要进行视觉系统的软件环境搭建和程序设计。为了方便程序编写和调试，一般首先在 PC 端进行软件环境搭建和程序设计。本项目中在 PC 端安装基于 Linux 平台的 Ubuntu16.04LTS 系统，使用 Python 语言配置系统，配置 OpenCV 平台，完成果实图像定位检测和分类识别的深度学习软件环境的搭建。在程序设计中，基于 Keras 框架构建一种改进型 VGGNet 卷积神经网络模型。利用该程序模型可以读入加载多种果实图像数据集，经图像预处理后，让其在卷积神经网络模型中进行自主训练，可以生成模型，用于不同自然环境下的果实目标定位检测和分类识别。

虽然基于 PC 环境可以实现图片中果蔬的识别，但是对于实际的机器人系统来讲，特别是小型的移动机器人，搭载笔记本计算机等 PC 系统并不方便。因此，该项目将视觉处理算法移植至树莓派嵌入式系统中。首先为树莓派 3b+安装操作系统，接着在系统中配置系统环境，然后搭建 OpenCV 运行环境。选用 Python3.5.2 作为编程语言，将 PC 端设计的视觉系统的程序移植到嵌入式平台。由于 PC 端的 Ubuntu16.04LTS 操作系统与树莓派 3b+开发板的操作系统相似，因此只需要对程序中的语法进行适当调整，便可进行果实图像的定位检测和分类识别。为了便于视觉系统功能的进一步研究和扩展，将视觉系统的程序进行模块化，这将有利于后期视觉系统的优化和升级。图 5-7 所示为基于该视觉检测系统进行不同水果识别时的结果图片。

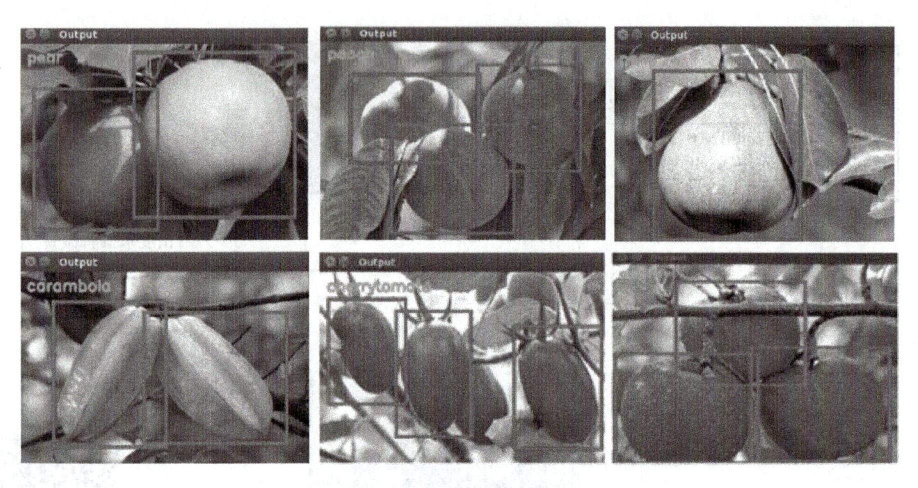

图 5-7　果实种类检测结果图片

（2）基于机器人视觉的机械臂视觉伺服跟踪　机器视觉技术主要针对静态场景，而移动机器人必须具备用于动态场景分析的视觉系统。视觉跟踪是根据给定的一组图像序列，对图像中物体的运动形态进行分析，从而确定一个或多个目标在图像序列中是如何运动的。智能机器人的视觉伺服是以视觉传感器得到的图像作为反馈信息来构造机器人的位置闭环控制，即利用视觉传感器来间接检测机器人当前位姿或者其相对于期望目标图像的当前特征，在此基础上实现机器人的定位控制或者轨迹跟踪。即机器人视觉伺服是利用机器视觉的原理，通过图像反馈的信息快速进行图像处理，在尽量短的时间内对机器人做相应的自适应调整，构成机器人的闭环控制。

视觉伺服的任务是使用从图像中提取的视觉特征，控制机器人末端执行器相对于目标的位姿。如图 5-8 所示，摄像机可以安装在机器人上，随机器人运动，也可以固定在周围环境中。如果摄像机安装在机器人的末端执行器上用以观察目标，这称为端点闭环或手眼（Eye-in-hand）。若摄像机固定在周围环境的某一点上，同时观测目标和机器人的末端执行器，这称为端点开环（Eye-to-hand）。目标的图像是一个相对位姿的函数。

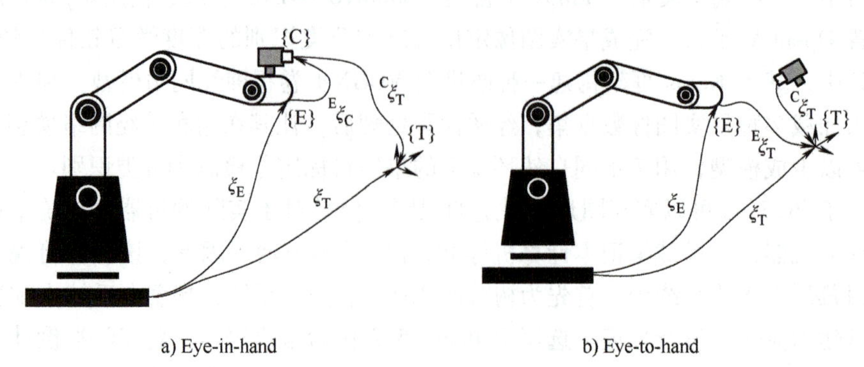

a) Eye-in-hand　　b) Eye-to-hand

图 5-8　视觉伺服的结构与坐标系

目前有两种视觉伺服控制方法：基于位置的视觉伺服(PBVS)和基于图像的视觉伺服(IBVS)，如图 5-9 所示。PBVS 控制，目标的图像是一个相对位姿 ${}^{C}\xi_{T}$ 的函数。利用观察到的视觉特征、一个标定的摄像机和一个已知的目标几何模型，来确定目标相对于摄像机的位姿，机器人随后向那个位姿运动。IBVS 无须位姿估计的步骤，可直接使用图像特征进行反馈控制。控制操作是在图像坐标空间中被执行的。相对于目标的所需摄像机位姿是由期望位姿处的图像特征值隐含定义的。IBVS 是一个具有挑战性的控制难题，因为图像特征是关于摄像机位姿的一个高度非线性函数。

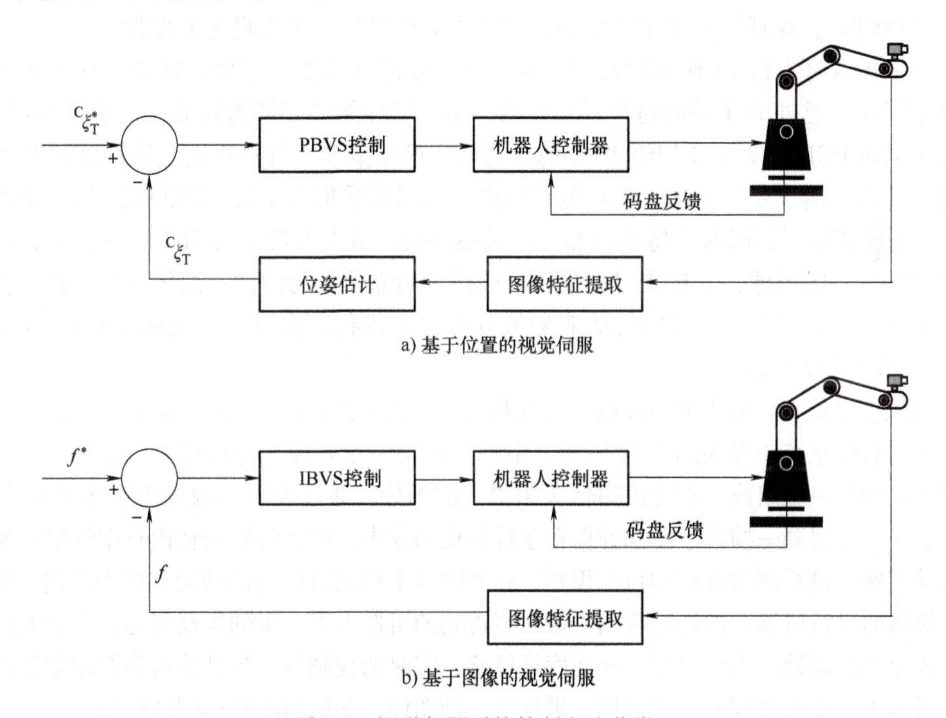

图 5-9 视觉伺服系统控制方法分类

图 5-10 描述了一种基于 Eye-in-hand 结构的机器人视觉系统，该项目研究基于图像的视觉伺服控制算法，即将上一时间步的目标检测和预测的图像特征用于伺服控制，完成机械手末端对运动物体的跟踪和抓取。机器人视觉的功能是识别工件，确定工件的位置和方向以及为机器人运动轨迹的自适应控制提供视觉反馈。

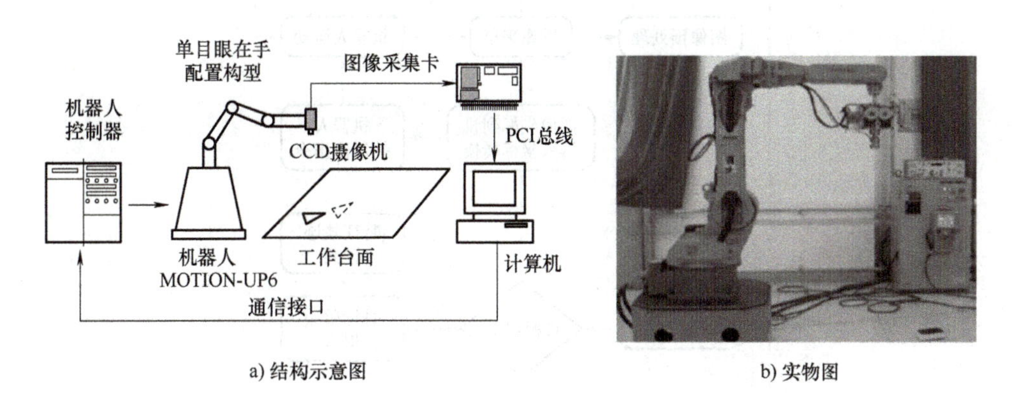

图 5-10 机器人视觉系统

图 5-10a 所示为该机器人视觉系统的结构示意图，其包括软件和硬件两个部分。其中硬件部分由 CCD 摄像机和图像采集卡、计算机、机械臂及其控制器等组成。

CCD 摄像机是日本 SANKO 公司生产的 SK-882 彩色 CCD 摄像机。该摄像机采用了 CCD 图像传感器和数字信号处理大规模集成电路，可获得稳定、清晰的高质量图像。该摄像机的水平解析度可达 420 电视线，图像分辨率为 512(H)×582(V)像素，其感光元件大小为 4.82mm×3.64mm。它所要求的环境最低照度为 1.5Lx，可以满足机器视觉系统的光照环境。该摄像机还具有自动电子快门(AES)调节功能，能自动调节 CCD 的曝光时间，调节范围为 1/50~1/100000s，在环境照度不稳定时仍能获得亮度稳定、曝光良好的图像。

图像采集卡将来自 CCD 摄像机的模拟视频信号进行采样、量化，转化为计算机可以处理的数字图像，通过 PCI 总线送至计算机内存中，其性能的好坏直接影响到整个系统性能。本项目中采用 PCI 总线的 MVPCI-V3A 的六通道图像采集卡，可直接插入计算机的 PCI 插槽内，具有使用灵活、集成度高、功耗低等特点。该图像采集卡支持 6 路的视频输入或者 3 路 S 端子复合视频输入，同时支持彩色和黑白采集模式；最大解析度为 768×576 像素，可以采集指定大小窗口的图像，支持实时采集单帧或任意间隔帧数的图像；图像采集卡提供相应的 C 函数库供二次开发使用。该项目基于 VC6.0 环境下进行二次开发，完成了对 CCD 摄像机视频源的实时图像采集。

计算机程序负责对采集的图片进行处理和分析，结合机器人视觉伺服算法，控制机器人运动。具体的软件系统流程如图 5-11 所示，由图像采集、预处理、特征提取、控制量计算过程和机器人运动等过程组成。首先由摄像头拍摄当前场景，通过视频传输线传输到图像采集卡，经采样、量化后得到一帧数字图像并保存于计算机内存中。然后计算机从内存中读取一帧或连续的几帧图像，进行图像处理和目标识别，将从图像中得到目标特征的误差作为反馈，输入控制器计算从而进行机器人的运动规划。最后将得到的机器人下一步的运动量通过串行通信传递给机器人运动控制器，得到位置环和速度环精确、实时的控制量。当计算机将控制量传给机器人后，进入下一个视觉伺服处理周期，采集下一帧图像，获取新的目标图像信息。

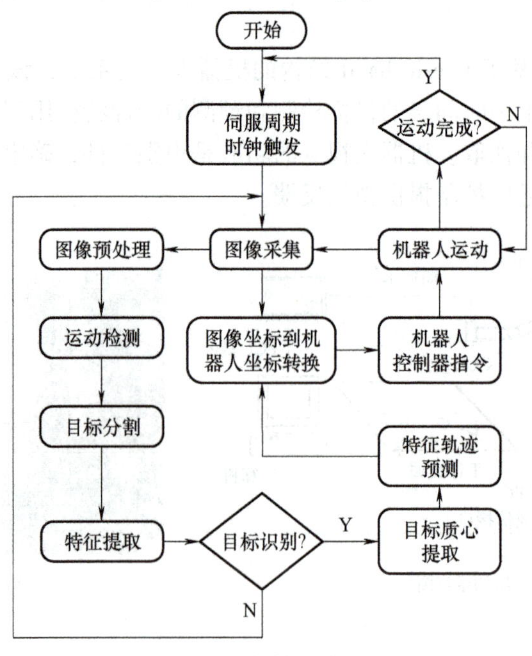

图 5-11 软件系统流程

计算的机器人运动指令，通过计算机的串口发送给下位机机器人控制系统，项目用的机器人为安川公司的 MOTOMAN-UP6 六自由度机器人，是一种典型的关节型工业机器人，在生产线和高校研究中都有广泛应用，用于搬运、定位、拣选等作业。

最后，利用该项目研究算法，MOTOMAN-UP6 六自由度机器人可完成平面内目标跟踪任务。实验中目标为做近似匀速度直线运动的黑色方块，图 5-12 所示为目标定位与跟踪轨迹的 x、y 坐标变化对比图，横坐标的采样时间间隔为 0. 2s，纵坐标为 x、y 坐标。定位实验时摄像机离地面高度 110cm，目标 x、y 坐标均未发生变化，说明目标一直静止，定位误差曲线显示最终期望特征与实际特征误差在 25 像素之内。在伺服跟踪实验中，机械臂的运动使得目标处于摄像机中央位置一定误差范围内，如图 5-13 所示，经过 15 个时间点机械手即能有效地跟踪目标轨迹。结果表明跟踪速度和精度均满足预期。

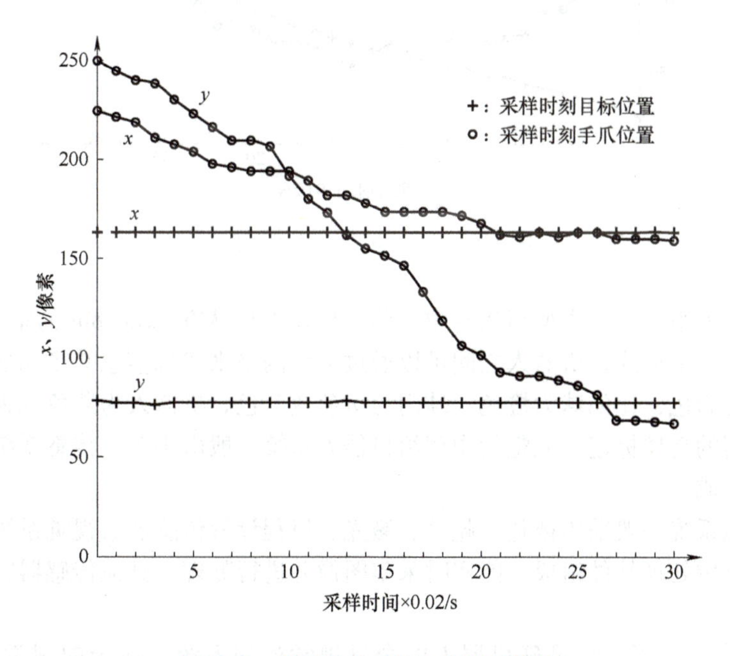

图 5-12 伺服跟踪系统定位误差曲线

该案例中以 MOTOMAN-UP6 工业机器人和单个摄像机构建单目眼在手视觉伺服系统，实现了跟踪平面内运动物体的任务。在系统配置上，还可以采用两个摄像机构成的双目立体视觉系统，通过实时估计目标的深度信息，实现三维空间内的目标跟踪。

（3）基于全景机器人视觉的足球比赛机器人定位　移动机器人需要合理配置视觉感知装置，通过摄像头采集环境图像信息，对采集到的信息进行处理，转化为计算机可以使用的地图数据，然后对数据进行整合分析，最终通过含一定约束的计算为机器人到达目的地规划出一条合适的路径。移动机器人视觉的功能一般为利用视觉信息跟踪路径、检测障碍物以及识别路标或环境，以确定机器人所在方位。

机器人足球比赛的设想首先是由加拿大不列颠哥伦比亚大学的教授 Alan. Mackworth 在 1992 年的论文 *On Seeing Robots* 中提出的。研究目标是经过 50 年左右的研究，使机器人足球队能战胜人类足球冠军队。他的目的是通过机器人足球比赛，为人工智能和智能机器人学科的发展提供一个具有标志性和挑战性的课题。机器人足球比赛分为仿真组、小型组、中型

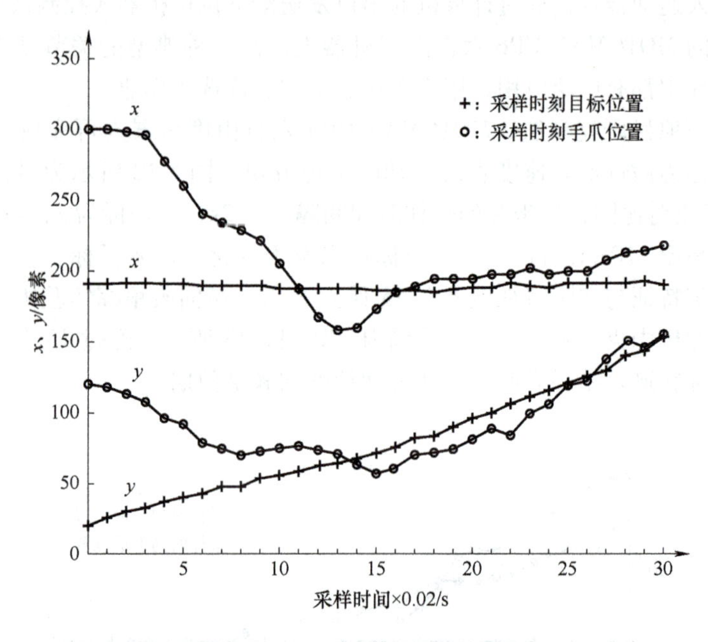

图 5-13 伺服跟踪系统跟踪轨迹

组、四腿组和类人组比赛。中型组比赛中，两支机器人球队在 12m×8m 的室内场地上进行，所有机器人为全自主形式，机器人之间可以通过无线网络来实现信息共享和运动协调。场上目标的标记均为彩色，比如球为橙色，球门为黄色或蓝色，机器人为紫色或天蓝色色标，角球区由黄蓝相间的立柱标记。完整的中型组机器人系统一般由小车、传感系统、通信系统和决策控制系统组成。

其中，传感系统一般采用视觉、超声、激光、里程计等传感器。视觉系统由摄像机、图像采集设备和图像处理软件组成，能实时采集图像并进行处理；其他传感器完成测距、测角等功能。

文献[68]中介绍了一种足球机器人的全景视觉处理系统。该全向视觉系统通过采集并处理机器人周围场地环境的图像，进行目标识别和机器人自定位，得到机器人自身的位置、朝向、其他机器人的位置、球的位置等信息，以供建立和维护环境模型并提交到机器人决策系统进行运动规划和策略生成。全向视觉系统作为一种机器人视觉装置，还可应用于移动机器人视觉导航、监视和监控、视频会议、场景恢复等。基于全向视觉的目标识别和机器人自定位方法也可以应用到室内结构化环境下移动机器人的目标跟踪和自主定位等。

为了实现只需一个摄像机就可以得到全景图像，一种方案是由全向反射镜与摄像机联合使用构建全向视觉系统，如图 5-14 所示。此方案适于搭建一个紧凑而廉价的视觉系统，缺点是会带来图像的变形，一般要对图像进行恢复和修正。全向反射镜面的外表面被设计为各种不同的旋转曲面，根据旋转母线的不同，采集到的全景图像特性也有很大不同。常见的全向反射镜面有圆锥、球、椭球、抛物线以及双曲线镜面等。全向反射镜面形状简单，能够用数学解析式精确的描述，图像恢复容易，适合构建紧凑而廉价的全向视觉系统。图 5-15 所示为双曲线镜面获得的球场全景图像。

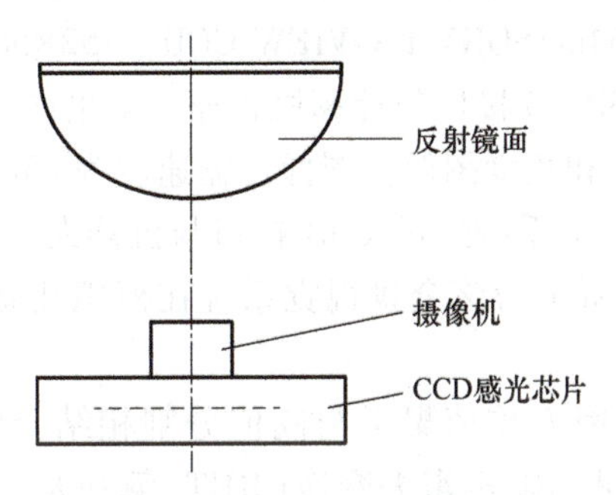

图 5-14 全向视觉系统结构示意图

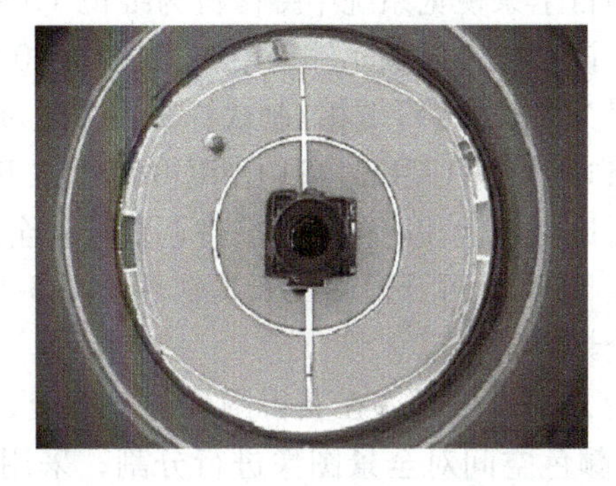
图 5-15 双曲线镜面获得的球场全景图像

另一方案是由组合反射镜面和摄像机组成。组合反射镜面由不同形状的镜面组合而成，各部分镜面可满足不同方位物体的成像要求。例如，国防科技大学的 Nubot 组合反射镜面，该镜面由水平和垂直等比镜面组合而成，如图 5-16 所示。

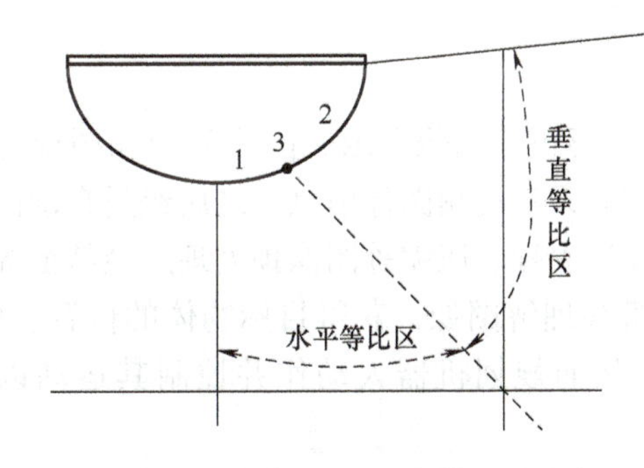

a) 水平/垂直等比全向反射镜面组合方式

b) 组合镜面图片

c) 全景视觉系统

d) 全景图像

图 5-16 组合反射镜面全景视觉系统

1—水平等比镜面 2—垂直等比镜面 3—结合点

该项目即采用组合反射镜面形式，通过对镜面母线进行精确设计和加工，得到能在一定范围内保持水平/垂直方向分辨率恒定的旋转镜面，其中水平等比镜面能使 6.5m 范围内水平场地的物体成像等比例变化，垂直等比镜面在距离 6.5m 远处能看到 1m 高度，使该距离的垂直面上的物体成像等比例变化。

该项目全景视觉系统中摄像机为维视 VS-902HC 型彩色摄像头和 MV-U2000 型彩色图像采集卡。该摄像头成像元件采用 1/3in(1in=0.0254m)SONY EX-VIEW CCD，752×582 像素，输出信号为 PAL(逐行倒相)制式；采集盒通过 USB2.0 接口与计算机相连，采集和传送的图像数据格式包括 YUV422、24 位 RGB、32 位 RGB 和灰度图像，图像传输速度为 25f/s，成像亮度、对比度、饱和度可进行软件调节。将全向视觉系统通过 USB 接口与机器人主机连接，借助开发 SDK 就可开发图像采集软件。图 5-16d 所示为该全景视觉系统在模拟比赛场地上采集的全景图像。

最后，足球机器人在获得图像的基础上，利用 k-均值聚类与阈值分割相结合的算法，在 YUV 颜色空间对全景图像进行分割；采用改进的随机霍夫变换(RHT)算法从白色特征点中提取球场白色特征线，依据白线参数和环境模型进行定位；最后，利用卡尔曼滤波(Kalman Filtering，KF)和强跟踪滤波方法实现了机器人定位控制。视觉处理系统处理速度最大为 20f/s，可有效地进行全景视觉图像的处理，机器人自定位误差在 0.3m 左右。

5.2.2 机器人视觉系统的原理与结构

1. 机器人视觉系统工作流程

机器人视觉系统工作流程如图 5-17 所示，主要包括图像获取、图像处理和图像理解三个主要阶段。以目标跟踪应用为例，视觉系统实时采集视频图像信息，之后经过自动图像数字化处理，将视频图像转变为数字化图像；再经过去噪、压缩等图像预处理后经特征提取和图像分割处理；最后经过图像识别算法自动分析和理解图像，获得目标物体的位置、姿态、方向、速度等信息，输出给机器人控制系统，从而规划机器人动作并控制其运动以跟踪目标。

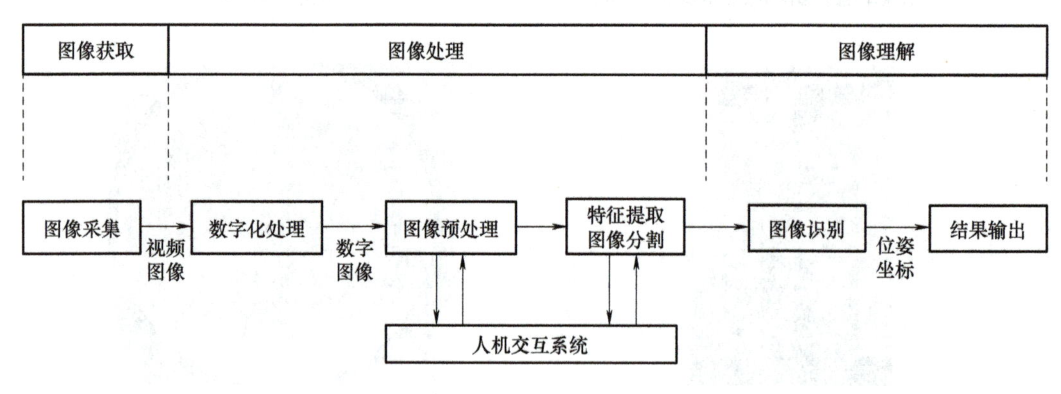

图 5-17 机器人视觉系统工作流程

2. 机器人视觉系统结构与组成

机器人视觉系统一般包含硬件和软件两大部分。图 5-18 描述了整个机器人视觉系统的组成内容。其中，机器人视觉系统的硬件部分包含视觉传感器、图像采集与处理设备、计算机及其外设、机器人及其控制器等。图 5-19 所示为机器人系统硬件组成示意图。软件部分包含视觉处理软件、计算机软件、机器人控制软件部分。

(1) 视觉传感器　视觉传感器是整个机器人视觉系统信息的直接来源，主要由一个或者

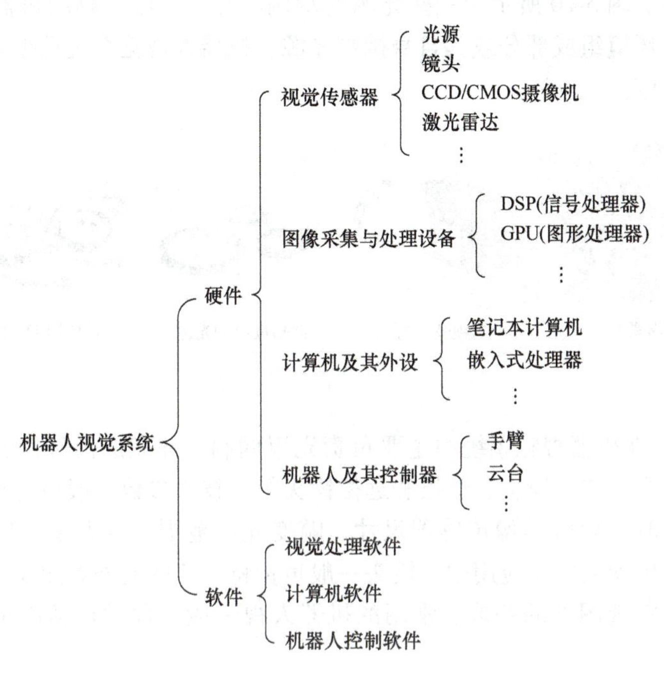

图 5-18　机器人视觉系统组成框图

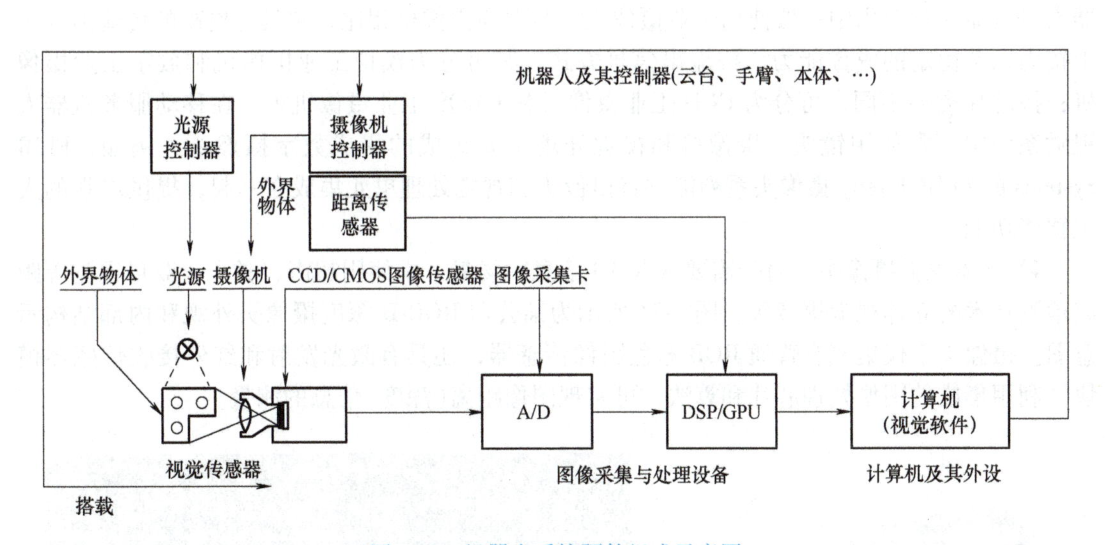

图 5-19　机器人系统硬件组成示意图

两个图像传感器组成，在有些场合还需要配以光源、镜头及其他辅助设备。视觉传感器的主要功能是将景物的光信号转换成电信号，获取机器人视觉系统所需的最原始图像。构成视觉系统的图像传感器可能是景物传感器或者距离传感器。目前常用的图像传感器产品有 CCD 摄像机、CMOS 摄像机、集成数字摄像头、立体视觉摄像头等。距离传感器有激光雷达、红外、超声距离传感器等。更多距离传感器的原理可以参考 7.3 节。

1）光源。光源是机器视觉系统的重要部件，直接影响输入数据的质量和应用效果。在工业检验机器人等机器视觉应用中，应针对每个特定环境，选择相应的视觉光源。常见的光源有 LED 环形光源、低角度光源、背光源、条形光源、同轴光源、冷光源、点光源、线型光源、平行光源等。图 5-20 所示为一些光源的示例图片。在服务移动机器人等机器人视觉应用中，光源属于环境组成部分或其自身携带光源，机器人视觉系统根据光源变化，由算法实现对光源的自适应。

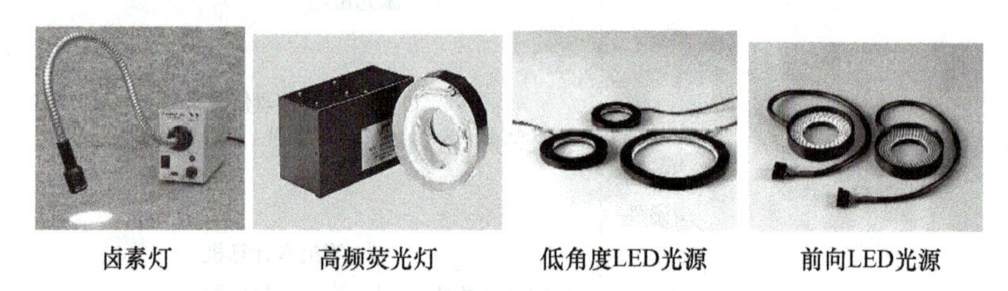

图 5-20　机器视觉光源举例

2）镜头。镜头在机器视觉系统中主要负责光束调制，并完成信号传递。镜头类型包括标准镜头、远心镜头、广角镜头、近摄和远摄镜头等。技术参数一般包含相机接口、拍摄物距、拍摄范围、CCD/CMOS 图像传感器尺寸、畸变允许范围、放大率、焦距和光圈等。在服务移动机器人等机器人视觉应用中，镜头一般负责将大角度的外界图像信息投影至小范围的感光元器件上，实现图像的获取。常用的机器人视觉镜头种类包括广角、普通、鱼眼镜头等。

3）摄像机。摄像机在机器视觉系统中最本质功能就是将光信号转变为电信号。工业机器人等机器视觉应用中一般使用工业摄像机，与普通摄像机相比，它具有更高的传输力、抗干扰力以及稳定的成像能力。按输出信号方式，其可分为模拟工业摄像机和数字工业摄像机；按芯片类型不同，可分为 CCD 工业摄像机和 CMOS 工业摄像机等。在移动服务机器人视觉系统中，常使用镜头、摄像机和视觉处理单元组成的集成数字摄像头。例如，FLIR Systems 的 FLIR Firefly 摄像头系列能够将摄像头和视觉处理单元集成在一起，提供增强的人工智能功能。

4）立体视觉摄像头。对于需要获取 3D 信息的场景，常使用超声、激光、双目视觉等距离检测技术的立体视觉摄像头。图 5-21 所示为某公司 RGB-D 深度摄像头外观和内部结构示意图。摄像头不仅集成有普通 RGB 彩色图像传感器，还具有激光发射和红外接收传感器模块。利用集成的图像处理芯片和算法，可实现图像距离(深度)信息的测量。

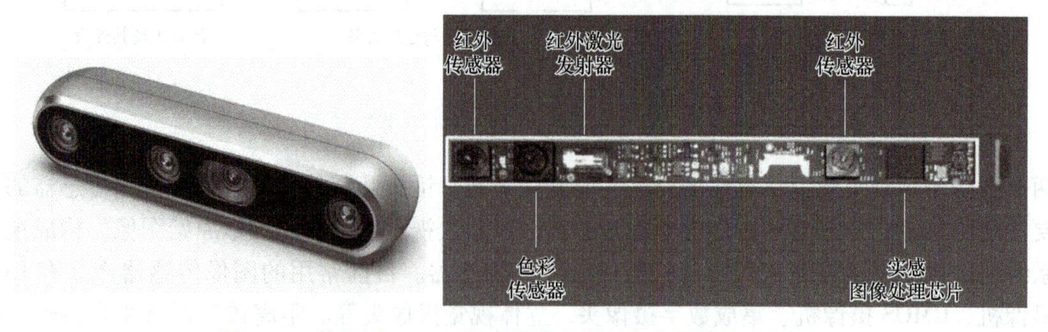

图 5-21　某公司 RGB-D 深度摄像头外观和内部结构示意图

(2) 图像采集与处理设备　图像采集与处理设备是服务机器人视觉系统的核心，其主要任务是将摄像头输出的视频信号转换成适合处理单元处理的格式，执行设定的视觉算法。

图像信号一般是二维信号，一幅图像通常由 512×512 个像素组成(当然有时也有 256×256 或 1024×1024 个像素)，每个像素对应有 256 级灰度表示，或者是对应红黄蓝三种颜色分别有 256 级表示，这样一幅图像就有 256KB 或者 768KB(对于彩色)的数据。视觉系统需要完成视觉处理的传感、预处理、分割、描述、识别和解释。如果在通用的计算机上处理视觉信号，运算速度较慢，而且内存容量小。因此，可以采用一些专用的图像处理器模块进行图像处理。目前，为了适应微型计算机视频数字信号处理的需要，不少厂家设计了专用的视觉信号处理器，它们结构简单，成本低，性能指标高，多数采用多处理器并行处理、流水线式体系结构以及基于 DSP 的方案。比如 5.2.1 节视觉系统应用案例 2 中的图像采集卡，就属于图像采集处理模块。

(3) 计算机及其外设　根据机器人的体积和功能要求，机器人的主控制器可采用基于 PC，基于嵌入式控制器等多种形式。例如，在 5.2.1 节视觉系统应用案例 2 中，由于对体积要求较低，对可靠性要求较高，可采用工业计算机作为机器人的主控制器。在一些移动机器人领域，要求体积紧凑，往往会采用 STM32、Arduino、TX2、树莓派等一些嵌入式平台进行机器人开发。

(4) 机器人及其控制器　由于摄像头等图像采集设备，往往会搭载到机器人本体、手臂或者云台等机器人结构上，因此视觉系统需要合理控制机器人运动，保证操作目标处于机器人视野内，因此机器人也是视觉系统硬件组成的一部分。

(5) 视觉处理软件/算法　视觉算法的主要作用是根据机器人需要完成的任务，对获取的图像信息进行相应的处理，提取相应特征，完成目标识别以及环境理解等，将处理结果输出给机器人的控制系统或执行单元。也有一些厂家将常用视觉处理算法开发成软件产品，用户可根据具体应用需求，对软件包进行二次开发，可自动完成图像采集、显示、存储和处理等功能。在选购机器人视觉软件时，一定要注意开发硬件环境、开发操作系统、开发语言等，确保软件运行稳定，方便二次开发。常用机器人视觉处理算法包括图像预处理、分割、描述、识别和解释等算法。

(6) 计算机软件　选用不同类型的计算机，就有不同的操作系统和它所支撑的各种语言、数据库等。例如，5.2.1 节视觉系统应用案例 2 中，项目是在 Windows 操作系统中，基于 VC6.0 进行程序设计开发的；在案例 1 采摘机器人视觉系统开发中，项目是在 Linux 系统下，基于 Keras 进行深度学习网络模型的程序编写和开发的。

(7) 机器人控制软件　机器人开发中，一些运动控制单元往往面向应用或者二次开发编写控制软件，可控制机器人本体的运动，或者控制摄像机云台的俯仰和旋转两个自由度的运动，从而实现视觉系统动态地感知环境信息，满足服务机器人实时跟踪目标等要求。

5.2.3 CCD/CMOS 图像传感器

1. CCD 图像传感器原理

电荷耦合器件(Charge Coupled Devices，CCD)是图像采集及数字化处理必不可少的关键器件，是以电荷转移为核心，以电荷包的形式存储和传递信息的半导体器件，也称为固体图像传感器，1970 年由贝尔实验室的 W. S. Boyle 和 G. E. Smith 发明。由于其有光电转换、信息存储、延时和将电信号按顺序传送等功能，且集成度高、功耗低，广泛应用于科学、教育、医学、商业、工业、军事和消费领域，是数码照相机、摄像机等视觉传感器的关键组成部分。

而图像传感器的核心单元是把光信号转换成电信号的光电式传感器(光敏传感器)。常见的光敏传感器有光电管、光电倍增管、光敏电阻、光电晶体管、光纤式光电传感器等。更多关于光电式传感器的基本知识可参考 2.4.5 节光电式传感器。

CCD 图像传感器相当于把多个光敏检测单元排列起来的光敏元件阵列，如图 5-22 所示。阵列光敏元件将环境的光像信息转换成电荷的空间分布，CCD 电荷耦合器件可以记录每个单元的电荷强度并保持一段时间，在转移控制栅的控制下，实现电荷转移及串行输出。

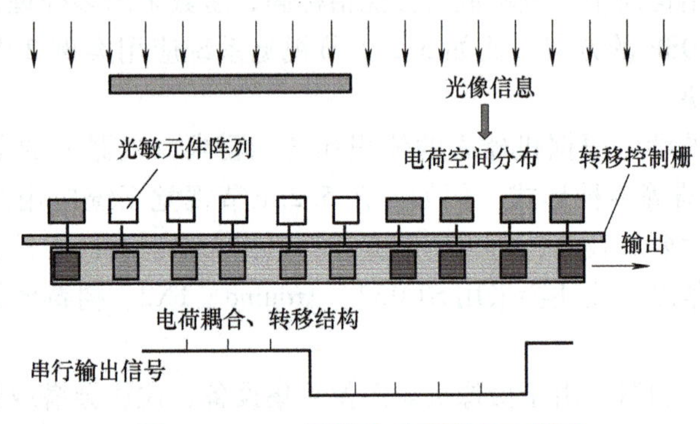

图 5-22　CCD 图像传感器原理示意图

在 CCD 图像传感器中，一个光敏单元实际上是一个由硅半导体材料，经过大规模集成电路加工工艺制作的 MOS 结构电容器，可实现光信号向电荷信号的转变。图 5-23a 所示为一个 P 型 MOS 光敏单元的结构示意图。

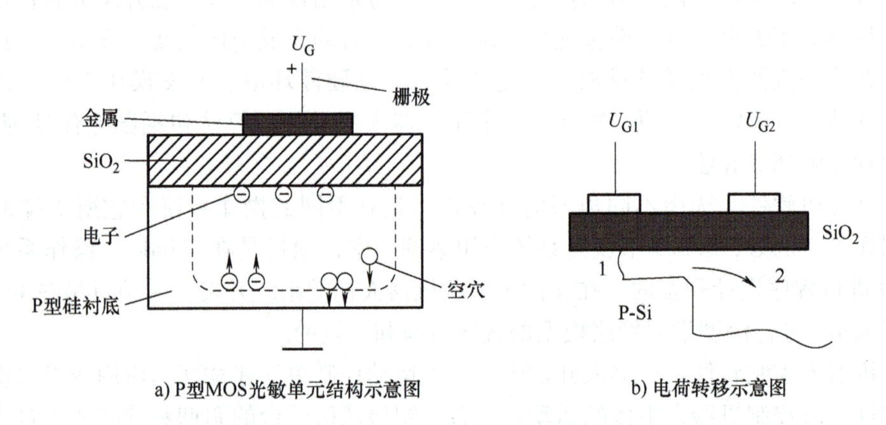

图 5-23　CCD 图像传感器原理示意图

如果 MOS 电容器的半导体是 P 型硅，当在金属电极上施加一个正电压 U_G时，金属电极板上就会充上一些正电荷，附近的 P 型硅中的多数载流子(空穴)被排斥到表面入地。在衬底 Si 与 SiO_2 交界面的表面势能会处于非平衡状态，由于表面区有表面势 ϕ_s，若衬底电位为 0，则表面有储存电荷的能力，半导体内的电子被吸引到界面处，进而在界面附近形成一个带负电荷的耗尽区(称为电子势或表面势阱)，这里势能较低，成为积累电荷的场所。势的深度与所加电压大小成正比关系，在一定条件下，若 U_G增加，在 SiO_2 附近的 P-Si 中形成的负电荷数目相应增加，耗尽区的宽度增加，表面势阱加深。

相反，若形成 MOS 电容的半导体材料是 N-Si，则 U_G加负电压时，在 SiO_2 附近的 N-Si 中会形成空穴势阱。

工作中如果有光照射在硅片上，半导体硅在光子作用下吸收光子，产生电子-空穴对。其中，光生电子被势阱吸收，吸收的光生电子数目与势阱附近的光强度成正比。同时，产生的空穴被电场排斥出耗尽区，因此势阱中电子数目的多少可以反映光的强弱或者图像的明暗程度。因此，MOS 电容器可实现光信号向电荷信号的转变。

当给光敏单元阵列同时加上 U_G时，整个图像的光信号可理解为电荷包阵列。部分电子填充到势阱中后，耗尽层深度和表面势将随着电荷的增加而减小。势阱中的电子处于被存储状态，即使停止光照，短暂时间内也不会丢失，从而实现了对光信号的记忆。

CCD 中所有光敏单元共用电荷输出端，体现光信号的电荷是被转移串行输出的。图 5-23b 所示为电荷转移示意图，若两个相邻 MOS 光敏单元所加的电压分别为 U_{G1}和 U_{G2}，且 $U_{G1}<U_{G2}$。由于可移动电荷都有向表面势大的位置移动的趋势，所以当 U_{G2}对应表面形成的负离子多，表面势 $\phi_{s2}>\phi_{s1}$，电子的静电位能$-e\phi_{s2}<-e\phi_{s1}<0$ 时，U_{G2}表面吸引电子能力强，则 1 中电子有向 2 中转移的趋势。因此，若串联很多光敏单元，使 $U_{G1}<U_{G2}<\cdots<U_{Gn}$，则可形成一个输送电子的路径，实现电子的转移输出。电子输出后被衬底电路中的二极管收集，形成体现信号电荷大小的输出电流，再通过负载电阻转换成电压输出。

2. CCD 图像传感器结构

实际应用中，CCD 图像传感器和微型镜头、处理器等做成一个完整的组件，形成图像传感器模组产品。一般 CCD 产品的结构有三层：第一层是微型镜头，第二层是分色滤色片，第三层感光元件，如图 5-24 所示。

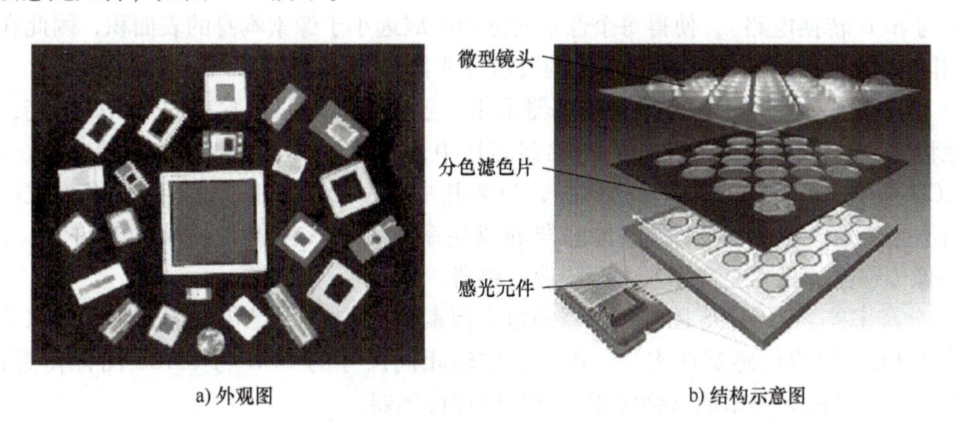

a) 外观图　　b) 结构示意图

图 5-24　CCD 图像传感器外观与结构

CCD 的第一层是微型镜头。为减小 CCD 芯片单一像素面积，有效提升像素数量，需要扩展单一像素的受光面积。但利用提高开口率来增加受光面积反而使画质变差，所以开口率的提高有一定的极限。为改善这个问题，可以给每一个感光单元(单一像素)配微型镜片。这就像是帮 CCD 挂上眼镜，感光面积不再因为传感器的开口面积而决定，而改由微型镜片的表面积来决定。此举兼顾了单一像素的大小，又在规格上提高了开口率，使感光度大幅提升。

CCD 的第二层是分色滤色片，目前有两种分色方式，一种是 RGB 原色分色法，另一种是 CMYG 补色分色法，这两种方法各有利弊。不过以产量来看，原色和补色 CCD 的比例大约在 2∶1。原色 CCD 的优势在于画质锐利，色彩真实，但缺点则是有噪声问题。补色 CCD 多了一个黄色(Y)滤色器，在色彩的分辨上比较仔细，但却牺牲了部分分辨率。

CCD 的第三层是感光元件，这层主要负责将穿透滤色层的光源转换成电子信号，并将信号传送到影像处理芯片，将影像还原。

按信号传输方式，CCD 器件可分为全帧传输 CCD、隔行传输 CCD 两种；按滤镜类型，可分为原色 CCD 和补色 CCD；按感光单元形状和排列方式，可分为普通 CCD 和超级 CCD。

3. CCD 与 CMOS 图像传感器

互补性氧化金属半导体(Complementary Metal Oxide Semiconductor，CMOS)，一般情况下指一种高集成大规模集成电路。CMOS 图像传感器也使用光敏元件作为感光器件，而且光敏元件在排列方式上与 CCD 类似。不同的地方在于光电转换后的信息传送方式。一般 CCD 图像传感器中每一行中每一个像素的电荷数据都会依次传送到下一个像素中，最后经由传感器边缘的放大器进行放大后串行输出；而在 CMOS 图像传感器中，每个像素都会邻接一个放大器及 A/D 转换电路，用类似内存电路的方式将数据输出。造成这种差异的原因为：CCD 的特殊工艺可保证数据在传送时不会失真，因此各个像素的数据可汇聚至边缘再进行放大处理；而 CMOS 工艺的数据在传送距离较长时会产生噪声，因此必须先放大，再整合各个像素的数据。实际制作时，生产厂家将 CMOS 光电传感器、图像信号放大、信号读取电路、A/D 转换电路、图像信号处理器等集成在同一芯片上，使 CMOS 图像处理器的信号输出变得简单。

由于数据传送方式不同，因此 CCD 与 CMOS 传感器在效能与应用上也有诸多差异。

1）灵敏度差异：CMOS 图像传感器的每个像素由四个晶体管与一个光电二极管构成(含放大器与 A/D 转换电路)，使得每个像素的感光区域远小于像素本身的表面积，因此在像素尺寸相同的情况下，CMOS 图像传感器的灵敏度要低于 CCD 传感器。

2）成本差异：由于 CMOS 图像传感器采用一般半导体电路最常用的 CMOS 工艺，可以轻易地将周边电路或 DSP 等集成到传感器芯片中，因此可以节省外围芯片的成本。此外，由于 CCD 采用电荷传递的方式传送数据，只要其中有一个像素不能运行，就会导致一整排的数据不能传送，控制 CCD 图像传感器的成品率比 CMOS 图像传感器困难许多。因此，CCD 图像传感器的成本会高于 CMOS 图像传感器。

3）分辨率差异：CMOS 图像传感器的每个像素都比 CCD 图像传感器复杂，其像素尺寸很难达到 CCD 图像传感器的水平。因此，比较相同尺寸的 CCD 与 CMOS 图像传感器时，CCD 图像传感器的分辨率通常会优于 CMOS 图像传感器。

4）噪声差异：由于 CMOS 图像传感器的每个光电二极管都需搭配一个放大器，而放大器属于模拟电路，很难让每个放大器所得到的结果保持一致，因此与只有一个放大器放在芯片边缘的 CCD 图像传感器相比，CMOS 图像传感器的噪声就会增加很多，影响图像品质。

5）功耗差异：CMOS 图像传感器的图像采集方式为主动式，光电二极管所产生的电荷会直接由晶体管放大输出；而 CCD 图像传感器为被动式采集，需外加电压让每个像素中的电荷移动，此外加电压通常需要达到 12~18V。因此，CCD 图像传感器需要外加电源管理电路，高驱动电压更使其功耗远高于 CMOS 图像传感器。

综上所述，CCD 图像传感器在灵敏度、分辨率、噪声控制等方面都优于 CMOS 图像传感器，而 CMOS 图像传感器则具有低成本、低功耗以及高整合度的特点，两者的优缺点整理见表 5-3。近年来，随着 CCD 与 CMOS 图像传感器技术的进步，两者的差异有逐渐缩小的态势。

表 5-3 CCD 与 CMOS 图像传感器

参数	CCD	CMOS
灵敏度	高	低
成本	高	低
分辨率	高	低
噪声	低	高
功耗	高	低
集成度	较低	较高
数据传输	串行、慢	并行、快
数据特点	线性度好	高动态范围

5.2.4 机器人视觉系统分类

1. 根据图像传感器数量分类

根据视觉系统图像传感器数量，机器人视觉系统主要有单目视觉、双目视觉、三目视觉和混合视觉，这些视觉系统之间各有利弊。

（1）单目视觉　单目视觉系统一般为二维视觉系统。相对于双目或三目等三维视觉系统来说，单目视觉系统不需要进行不同摄像机对应场景间的视觉匹配计算，图像处理算法比较简单。但是单目视觉系统成像会丢失深度信息，很难判断其注视的物体是三维还是二维的；单目视觉系统在判定其自身与目标距离信息时具有一定的难度；此外，狭窄的视角也不利于目标的探测。

但是在某些特殊情况下，单目视觉系统也可以实现位置的测量。比如通过一张照片也可以了解景物的景深、物体的凹凸状态等，那是因为物体表面的纹理分析、反光强度分布、轮廓形状、影子等都是一张图像中存在的立体信息的线索。因此，单目视觉系统也可利用系列假设、知识等，通过图像处理和分析算法，用一个摄像机获得立体视觉信息。例如，对于垂直于摄像机光轴中心线的平面内目标，如果目标尺寸已知，可以利用针孔模型实现三维测量；而在摄像机的运动已知的条件下，利用运动前后的两幅图像中的可匹配图像点对，也可以实现对任意空间的三维位置测量。

（2）双目视觉　双目视觉系统比单目视觉系统更加接近于人的双眼，能够基于视差原理获得场景的景深信息。其对目标物体位置的确定比单目视觉系统要更容易，更便于通过计算机重建周围景物的三维形状和位置。双目视觉系统为了获取场景位置等三维信息，需要从不同的角度同时拍摄两幅景物的图像进行对应像素的匹配。由于两摄像机的观察位置不同，同一空间点在两幅图像上投影点的灰度值等信息并不完全相同。在双目立体视觉中，图像匹配计算复杂、实时性较差，是目前需要进一步研究的方向。

（3）三目视觉　为了减少双目立体视觉对应基元匹配存在的二义性，提高匹配精度，1986 年 Yachda 提出了利用三目立体视觉系统。移动机器人采用三目视觉系统，可在保留了双目视觉系统优点的前提下，利用第三个摄像机的信息以减少对应点匹配的二义性，提高了系统对景物的定位精度。但三目视觉系统要求三个摄像机的相对位置要合理配置，匹配计算更加复杂，实时性更差，目前多处于研究中。

（4）混合视觉　混合视觉系统多采用一个或两个 CCD 摄像机构成主动视觉系统，同时配备了其他视觉系统。例如，在机器人足球比赛时，有团队设计了由全向视觉系统、前向单目视觉和多个嵌入式 CMOS 图像传感器构成的嵌入式混合视觉系统。全向视觉系统具有最大 360°的水平视角，信息量大、实时性好，但近距离信息感知精度较低；前向单目视觉可用于精确识别位于机器人正面近处的目标；多个嵌入式视觉传感器解决机器人周边非前向近端的动态目标或障碍物的识别。

2. 根据图像信息分类

如果根据获取图像信息的不同，机器人视觉系统还可以分为二维视觉系统和三维立体视觉系统。普通摄像机一般可获得彩色二维视觉图像，视觉处理算法一般涉及二值图像、灰度图像以及彩色图像等的处理，是通过对二维图像的处理来识别目标或对象的。在一些操作对象限定、工作环境基本固定的生产线，可使用廉价、处理时间短的二值图像视觉系统。图像处理时，首先区分图像中目标和背景两大部分，接下来利用图形识别算法，获得面积、周长、中心位置等数据。

三维立体视觉传感器可以获取景物的立体信息或空间信息，立体图像可以根据物体表面的倾斜方向、凹凸高度分布的数据获取，也可根据从观察点到物体的距离分布情况获得。目前，常见的获得三维立体视觉的方法有单眼观测法、被动双目立体视觉法、主动光学三角测距、激光雷达测距、结构光法测距等。

其中，单眼观测法是利用一个摄像头获得平面图像，根据一系列假设、知识等进行图像处理，用一个摄像机获得立体视觉的方法。被动双目立体视觉法可利用两个摄像机，从不同视角获取两幅图像，通过找到同一个物点在两幅图像中的位置，基于视差原理，利用双目立体视觉技术而计算出目标的距离信息。主动光学三角测距利用光束照在目标物体表面上，在与基线相隔一定距离的位置上摄取物体的图像，从中检测出光点的位置，然后根据三角测量原理求出光点的距离。此外，还可用激光代替雷达电波，在视野范围内扫描，通过测量反射光的返回时间得到距离图像。结构光法测距常使用莫尔条纹法，利用条纹状的光照到物体表面，然后在另一个位置上透过同样形状的遮光条纹进行摄像，物体上的条纹像和遮光像产生偏移，形成等高线图形，即莫尔条纹。根据莫尔条纹的形状可计算得到物体表面的凹凸信息，根据条纹数可推测目标距离。

3. 其他视觉系统分类方法

根据视觉伺服控制中摄像头是固定在手部还是固定位置，视觉系统可分为眼在手(Eye-in-hand)和眼看手(Eye-to-hand)两种视觉系统。在 Eye-to-hand 系统中，视觉成像单元安装在机器人本体外的固定位置，在机器人工作过程中不随机器人一起运动，当机器人或目标运动到机械臂可操作的范围时，机械臂在视觉反馈控制下向目标移动，对目标进行精准操控。Eye-to-hand 系统具有全局视场、标定与控制简单、抗振性能好、姿态估计稳定等优点。在 Eye-in-hand 系统中，成像单元安装在机器人手臂末端，随机器人一起运动。Eye-in-hand 系统操控目标时机械臂不会遮挡操作目标，便于采用视觉伺服控制算法，虽然成像单元视场有限，但空间分辨率高。对于基于图像的视觉控制，因在图像空间形成闭环，成像单元模型参数的标定误差可以被有效地克服，因而对标定的精度要求不高。有些应用场合，为了更好地发挥机器人手眼系统的性能，可采用两者混合协同方式，充分利用 Eye-to-hand 系统全局成像能力，负责机器人本体或目标的定位，利用 Eye-in-hand 系统高分辨率和高精度来负责机器人的定向或者目标姿态的高精度估计等。

根据观察者是否主动调整观测场景或者自身的参数来提高感知结果的质量(如改变环境中的光照条件、改变摄像机的视角、移动摄像机自身位置等)，视觉系统还可以分为被动和主动视觉两种形式。被动视觉成像只依赖摄像机接收到的、由目标场景产生的光辐射信息进行成像，该辐射信息通过 2D 图像像素灰度值进行度量。被动视觉常用于室内、目标场景光辐射动态范围不大以及无遮挡场景的视觉测量应用中。

主动立体视觉系统基于一定的任务或目的，应具有主动感知的能力。例如，可利用调制光(如编码结构光、激光调制等)照射目标场景，对目标场景表面的点进行编码标记，然后对获取的场景图像进行解码，以便可靠地求得图像之间的匹配点，再通过三角法求解距离信息。摄像机在其内参数不变的条件下，从不同视点获取多幅图像，重构目标场景的三维信息。该技术常用于跟踪目标场景中大量的控制点，连续恢复场景的 3D 结构信息、摄像机的姿态和位置等。

此外，根据镜头不同，机器人视觉系统还可以分为全景视觉系统、普通视觉系统。若根据应用来区分，机器人视觉系统还可以分为导航视觉系统、抓取视觉系统、定位视觉系统、跟踪视觉系统等。

5.3 图像处理基本知识

机器人视觉系统的主要功能是模拟人眼视觉成像与人脑智能判断和决策功能，采用图像传感技术获取目标对象的信息，然后对图像信息提取、处理并理解，最终用于机器人系统，或对目标实施测量、检测、识别与定位等任务，或用于机器人自身的伺服控制。关于图像信息的提取、处理和理解等知识是构建机器人视觉系统的关键步骤，因此本节介绍一些关于图像处理的基本知识。关于更详细的计算机视觉处理的知识可以参考更多相关书籍。

5.3.1 图像的表示

图像传感器将体现环境信息的光信号变成电信号输出，由于直接输出的电信号是模拟量形式，计算机无法直接处理，因此需要将图像进行数字化处理之后，再传给计算机来处理。

1. 图像数字化

图像数字化就是将模拟图像转化为数字图像的过程，如图 5-25 所示，采样是对连续图像空间的离散化处理，每个采样点称为像素。每个采样点上的反射光强的值，称为该像素的灰度值。而量化就是对图像灰度幅值的离散化处理，使图像像素的数值与有限数值范围中的某一个相对应。图 5-25 中灰度值都量化在 0~255 的范围内。

图像采样点数和量化级数会直接影响分辨率，采样点数越多，量化级数越高，则图像分辨率越高，图像越清晰，但存储图像所需要的空间也就越大。图 5-26 是对同一个图像空间，在水平和垂直方向上各采 200 个点、100 个点、50 个点和 25 个点形成的图像。显然，采样点数越少，分辨率越低，图像越粗糙，越模糊。

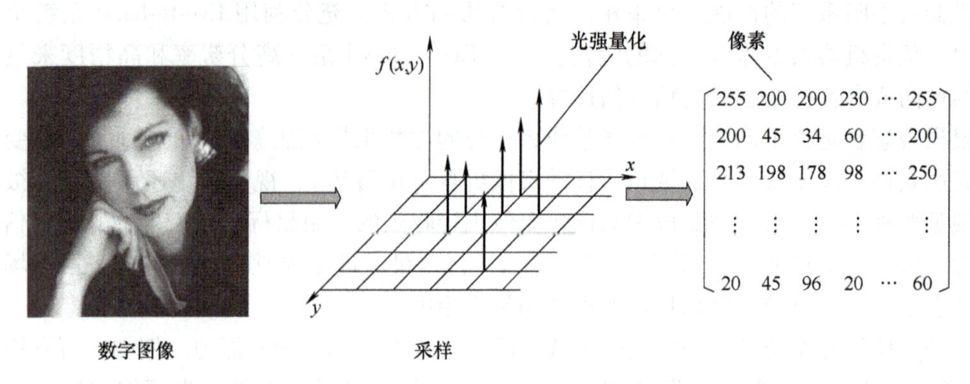

图 5-25　图像数字化过程示意图

图 5-26　不同图像分辨率的数字图像

图像数字化之后，在计算机中其实就是一个按一定顺序对连续图像进行等间隔采样，或者说是每一个采样点的明暗度进行等间隔的量化后所得到的数字矩阵。数字化图像通常有 3 种表示形式：灰度图像、彩色图像和二值图像。一般将单色图像在某像素点的强度称为灰度，将同一空间点上红(R)、绿(G)、蓝(B)三色光强值取平均值后得到灰度图。灰度图像可用一个通道来表示，图像的灰度用像素值来表示，数值越大则图片越白。如果分别对 RGB 三色光强采样后叠加，就形成了彩色图像。彩色图像常用 3 个通道来表示，分别对应红绿蓝三色光强，在计算机图像处理中往往用一个三维向量矩阵表示。

对于量化后的数字图像，在计算机中的像素灰度或者红绿蓝三色像素数值范围通常是 0~255，这是因为图像的每个像素是使用 8 位($2^8=256$)量化分辨率来表示的。8 位量化程度表示的彩色图像是适合人类的彩色视觉辨别系统。其实还存在许多其他的范围，比如二值图像只有黑白两色，像素的数值范围便只有 0 和 1；而高级的摄像机或者卫星图片，为了提高图片的清晰度，会采用更大的范围。如图 5-27 所示，对同一范围的光强，采用不同级数的量化处理，得到的图像也不一样，级数越多越精确。

2. 图像的格式

在图像实际进行存储时，通常会转换成各种格式，常见的有 PNG、JPG、BMP、GIF 等。

PNG(Portable Network Graphic)格式适合在网络上传输和打开，本来是想替代 GIF 格式，但是不支持动画。

JPG(Joint Photographic Experts Group)格式是一种用有损压缩方式来去除冗余的格式，获得质量高、尺寸小、略有失真的图像，是目前最常用的图像格式，各种摄像机都支持这个格式。

图 5-27 不同量化程度数字图像

BMP(Bitmap)格式是图像未经压缩的原始数据，可以存储真彩色的图像数据。

GIF(Graphics Interchange Format)是将多幅图像保存为一个图像文件，从而形成动画。它采用无损压缩技术，既减少了文件的大小，又保证了图像的质量。

PSD、TIF/TIFF 等格式是一些公司为了自己的产品而研发的格式，需要用特定的软件打开。

3. 颜色模型

牛顿曾经利用三棱镜，将一束白光分解成为不同的颜色。图像的颜色也是可以由其他的颜色混合而成。颜色模型(Color Model)就是用来精确标定和生成各种颜色的一套规则和定义。某种颜色模型所标定的所有颜色就构成了一个颜色空间。颜色空间通常用三维模型表示，空间中的颜色通常使用代表 3 个参数的三维坐标来指定。

最常见的颜色模型是 RGB 模型，由红绿蓝三原色组成了其他的颜色，因此常称它为加法混色模型，计算机或者电视机这样的显示设备便是采用这种颜色模型。根据这个模型，每幅彩色图像可用 3 个独立的基色矩阵来表示。

在印刷行业则是使用另一种颜色模型——CMY 模型，它的原色分别是青色(Cyan)、品红(Magenta)、黄色(Yellow)这三种油墨色，与 RGB 正好互为补色，因此被叫作减色原色模型，而 RGB 可以与 CMY 通过相减来进行转换。实际的印刷中，由于染料的纯度，纯粹的黑色不能由其他三种原色混合得到，所以增加了一种黑色(Black)，实际印刷使用的模型其实是 CMYK 模型。

在面向彩色处理时，还可以使用 HSV 和 HSI 颜色模型。HSV 模型用色调(Hue)、饱和度(Saturation)和明度(Value)来描述彩色空间，它把图像的明度与颜色的两个本质特征——色度和饱和度分开，能够反映颜色与光照对图像的影响，很好地弥补了 RGB 模型的缺点。HSI 模型中的 I 表示亮度(Intensity)，与 HSV 模型相比，除了计算公式略有不同，其他几乎相同，也是面向用户彩色处理的。

为方便处理，有时会将 RGB 模型的 3 个分量归一化为[0, 1]区间中。对任何 3 个在[0, 1]范围内的 R、G、B 值，其对应的 HSI 模型中的分量可由式(5-1)计算：

$$\begin{cases} H=\arccos\left[\dfrac{(R-G)+(R-B)/2}{(R-G)^2+(R-B)(G-B)^{1/2}}\right] \\ S=1-\dfrac{3[\min(R,G,B)]}{R+G+B} \\ I=\dfrac{1}{3}(R+G+B) \end{cases} \tag{5-1}$$

5.3.2 图像的预处理

图像预处理的主要目的是清除原始图像中各种噪声等无用的信息，改进图像的质量，增强感兴趣的有用信息的可检测性，从而使后面的分割、特征抽取和识别处理得以简化，并提高其可靠性。机器视觉常用的预处理包括去噪、灰度变换和锐化等。

1. 图像去噪(平滑)

现实中的图像会受到各种因素的影响而含有一定的噪声，图像去噪是指减少图像中噪声的过程。常见图像去噪的算法有基于偏微分热传导方程、基于滤波以及基于频域的小波去噪等。其中基于滤波的图像去噪方法以其速度快、算法成熟等特点而使用较多，常见的滤波去噪算法有多图像平均法滤波、领域平均法滤波、中值滤波等。

(1) 多图像平均法滤波　噪声图像可以用式(5-2)表示：

$$g(x,y)=f(x,y)+\eta(x,y) \tag{5-2}$$

式中　$f(x,y)$——像素的实际灰度值；

$\eta(x,y)$——图像的噪声；

$g(x,y)$——获取的图像像素值。

多图像平均法以噪声干扰的统计学特征为基础，即假定图像包含的噪声相对于每一像素是不相关的，且其数学期望为零。也就是说当取无穷多图像平均后，因为噪声期望可用平均值来估计，噪声值期望 $E\{\eta(x,y)\}$ 应为0，即

$$E\{\eta(x,y)\}=0 \tag{5-3}$$

因此，将给定的一系列噪声图像叠加后取平均可用来平滑图像，如式(5-4)所示，即图像获取时可采集 M 次，再取平均值获得输入图像。

$$\bar{g}(x,y)=\frac{1}{M}\sum_{i=1}^{M}g_i(x,y) \tag{5-4}$$

(2) 邻域平均法滤波　滤波的思想和计算机视觉中卷积模板的思想类似，都涉及窗口运算。所谓卷积是用一个卷积核和图像中对应位置做卷积运算，而滤波就是在窗口内做相应的操作达到去除图像噪声的目的。

以邻域平均法滤波为例，滤波会对图像中每个像素的像素值进行重新计算。如图 5-28 所示，假设窗口大小为 3 个像素，则图像中像素 P 滤波后的像素则是利用在 3×3 的窗口内邻域的像素值进行计算的。式(5-5)是一种邻域平均法滤波算法的表达式。按照该算法，图 5-28 中 P 点的原像素 P 点的灰度值 $f(x,y)$ 用图像上像素 P 点 $f(x,y)$ 及其邻域像素的灰度平均值来代替，所以该滤波方法也称为均值滤波方法。

$$\bar{f}(x,y)=\begin{cases} \dfrac{1}{8}\sum\limits_{i=1}^{8}P_i, & \left|f(x,y)-\dfrac{1}{8}\sum\limits_{i=1}^{8}P_i\right|>\varepsilon \\ f(x,y), & \left|f(x,y)-\dfrac{1}{8}\sum\limits_{i=1}^{8}P_i\right|\leqslant\varepsilon \end{cases} \tag{5-5}$$

式中 $f(x,y)$——像素的实际灰度值；

P_i——邻域像素灰度值；

ε——设定的阈值。

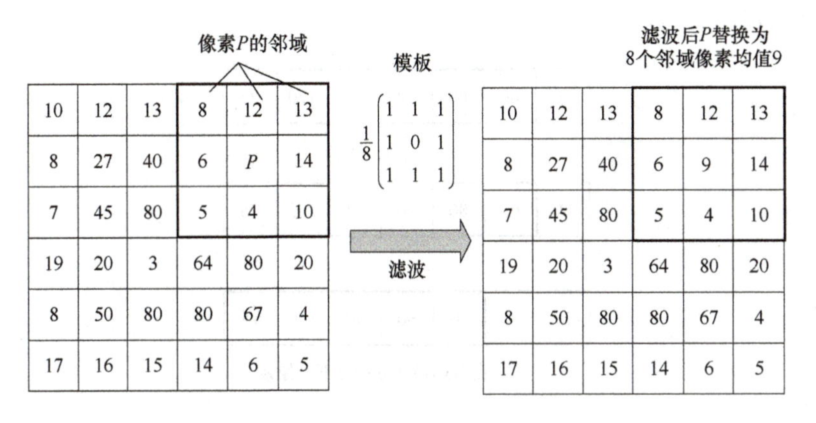

图 5-28 邻域平均法滤波示意图

将上述过程形式化，平均法滤波处理可看成空间滤波器(模板)***H*** 与原始图像 f “卷积”作用后产生输出图像 $\bar{f}$。***H*** 有各种叫法，比如滤波器、加权函数、掩模、模板、卷积核等。可以理解为矩阵方块，其数学含义是一种卷积运算，是加权求和的过程。如图 5-28 所示，在一个 3×3 区域内，如果使用邻域平均法进行滤波，则区域内中间像素 P，将由原图 P 像素邻域像素的灰度值取平均值作为该像素的灰度值。这时，平滑模板 ***H*** 可认为是式(5-6)的形式，即

$$\boldsymbol{H}=\frac{1}{8}\begin{pmatrix}1&1&1\\1&0&1\\1&1&1\end{pmatrix} \tag{5-6}$$

模板作用后 P 点的像素值 $P'=\frac{1}{8}(1\times8+1\times12+1\times13+1\times14+1\times10+1\times4+1\times5+1\times6)=9$。

除式(5-6)所示的平滑模板外，常见的滤波模板形式还有 $\frac{1}{9}\begin{pmatrix}1&1&1\\1&1&1\\1&1&1\end{pmatrix}$、$\frac{1}{4}\begin{pmatrix}0&1&0\\1&1&1\\0&1&0\end{pmatrix}$、

$\frac{1}{16}\begin{pmatrix}1&2&1\\2&4&2\\1&2&1\end{pmatrix}$、$\frac{1}{2}\begin{pmatrix}0&\frac{1}{4}&0\\\frac{1}{4}&1&\frac{1}{4}\\0&\frac{1}{4}&0\end{pmatrix}$、$\frac{1}{10}\begin{pmatrix}1&1&1\\1&2&1\\1&1&1\end{pmatrix}$等。

(3) 中值滤波　中值滤波可理解为用一个窗口在图像上扫描，把窗口内包含的像素灰度按照升序或降序排列，取灰度值居中的像素灰度代替窗口中心像素灰度的过程，如式(5-7)所示：

$$\bar{f}(x,y)=\text{median}\{f(x-k,n-l),(k,l)\in w\} \tag{5-7}$$

交流与思考

【问题】 图 5-29 所示为中值滤波原理示意图，若下一次窗口扫描中心像素为 120，中值滤波后的像素值是多少？

【解答】 90。

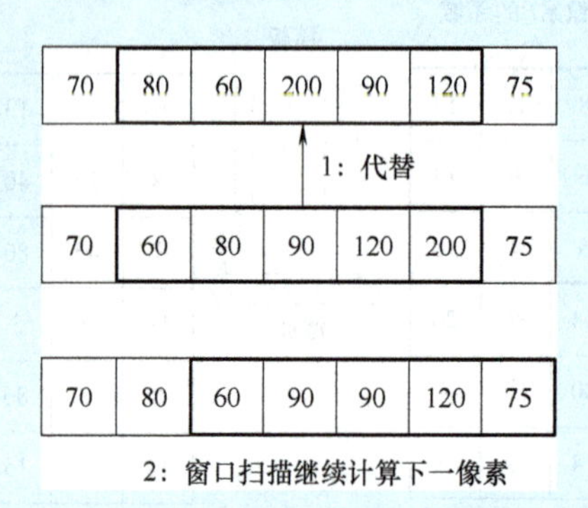

图 5-29 中值滤波原理示意图

可见，中值滤波就是把窗口内像素按像素值大小排序求中间值。再比如高斯滤波就是对整幅图像进行加权平均的过程，每一个像素点的值，都由其本身和邻域内的其他像素值经过加权平均后得到。

窗口形状与大小对滤波效果影响很大，常用窗口形状如图 5-30 所示。中值滤波擅长消除孤立点和线段的干扰，消除噪声同时能保护边界信息。

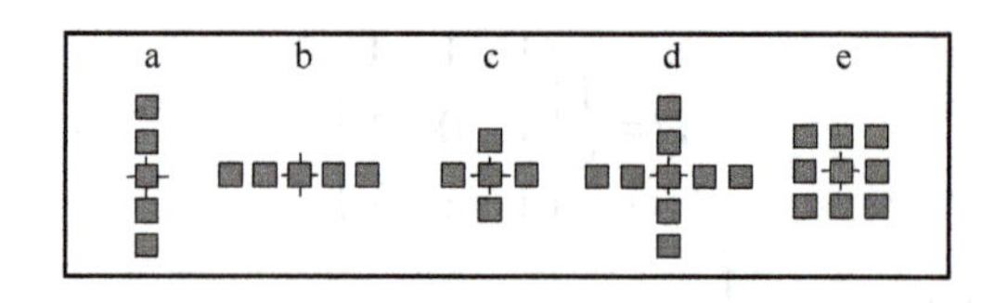

图 5-30 滤波窗口的形状与大小示意图

2. 图像增强

图像增强是图像处理中一种常用的技术，它的目的是增强图像中全局或局部有用的信息。合理利用图像增强技术能够针对性地增强图像中感兴趣的特征，抑制图像中不感兴趣的特征，这样能够有效地改善图像的质量，增强图像的特征。例如，由于光照等原因，原始图像的对比度往往不理想，可以利用各种灰度变换处理来增强图像的对比度。

图像增强算法大体可分为频域法和空间域法两类。频域法就是把图像从空域利用傅里叶、小波变换等算法把图像从空间域转化成频域，也就是把图像矩阵转化成二维信号，进而使用高通滤波或低通滤波器对信号进行过滤。采用低通滤波（即只让低频信号通过）法，可去掉图中的噪声；采用高通滤波法，则可增强边缘等高频信号，使模糊的图片变得清晰。空间域法则在图像空间进行灰度变换实现图像增强，如直方图均衡化、图像滤波等。在这里介绍一下经常使用的直方图均衡化方法，它是一种借助直方图实现灰度映射从而达到图像增强目的的方法。

直方图均衡化时首先要统计图像灰度直方图，直方图是一种统计学中常用的方法。如

图 5-31 所示，直方图横坐标是图片所有像素的可能值，比如 0～255；纵坐标是统计整个图像所有像素后得到的各种像素值对应的概率，比如 1000 个像素中，像素值为 90 的像素个数为 13 个，那么直方图中 100 对应的纵坐标就是 13/1000。直方图均衡化就是根据对图像中每个像素值的概率进行统计，按照概率分布函数对图像的像素进行重新分配来达到图像拉伸的作用，将图像像素值均匀分布在最小和最大像素级之间。如图 5-31 所示，从原图像的直方图可以看出原来图像的像素值都居于 0～150 范围较多，直方图均衡化后，直方图跨越整个灰度范围。这种方法对于背景和前景都太亮或者太暗的图像非常有用。

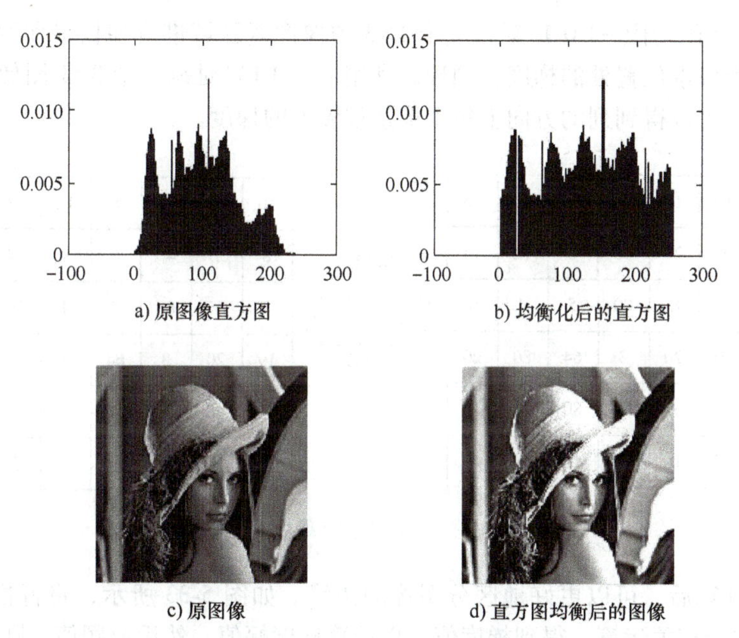

图 5-31　直方图均衡化效果

3. 图像锐化

与平滑处理相反，为了突出图像中的高频成分或者使轮廓增强，则可以采用锐化处理。图像锐化有助于人们在一个场景图像中找出目标物体的边缘。比如边沿检测常作为各种物体检测算法的最初预处理步骤，在机器人视觉中具有重要的作用。

从原理上看，绝大多数边沿检测方法的主导思想是局部微分算子的计算。图像边缘具有方向和幅度两个特征。沿边缘走向，像素的灰度值变化比较平缓，而沿垂直于边缘的走向，像素的灰度值则变化比较剧烈。那么如何描述像素的突然变化呢？可借用梯度的概念，用像素的一阶或者二阶导数来描述和检测边缘。

图像 $f(x,y)$ 在位置 (x,y) 处的梯度，定义为式(5-8)所示的二维矢量：

$$\boldsymbol{G}[f(x,y)]=\begin{pmatrix}G_x\\G_y\end{pmatrix}=\begin{pmatrix}\dfrac{\partial f}{\partial x}\\\dfrac{\partial f}{\partial y}\end{pmatrix} \tag{5-8}$$

式中　$\dfrac{\partial f}{\partial x}$——$x$ 方向的灰度变化率；

$\dfrac{\partial f}{\partial y}$——$y$ 方向的灰度变化率。

梯度指向函数$f(x,y)$最大增长率的方向。对于边沿检测，最关心的是这个矢量的幅值，通常称为梯度幅值，如式(5-9)所示：

$$|\boldsymbol{G}(f)|=\sqrt{\left(\frac{\partial f}{\partial x}\right)^{2}+\left(\frac{\partial f}{\partial y}\right)^{2}} \tag{5-9}$$

在计算机视觉程序处理中如何快速方便地计算每一个像素处的梯度呢？与图像滤波类似，可以采用梯度算子(模板卷积)对图像区域进行窗口扫描计算，来获得一幅图像的每个位置的梯度。

如图 5-32 所示，用(-1 0 1)对每一个 1×3 图像像素区域进行加权求和运算，可以得到行的方向上每个像素位置处的梯度；同理，利用$(-1\ 0\ 1)^{\mathrm{T}}$对每一个 3×1 图像像素区域进行加权求和运算，可以得到列的方向上每个像素位置处的梯度。

10	12	13	8	12	13
8	27	40	6 (-1)	12 (0)	14 (1)
7	45	80	5	4	10
19	20	3	64	80	20
8	50	80	80	67	4
17	16	15	14	6	5

梯度算子 $\boldsymbol{H}=(-1\ \ 0\ \ 1)$ → 梯度

10	12	13	8	12	13
8	27	40	6	8	14
7	45	80	5	4	10
19	20	3	64	80	20
8	50	80	80	67	4
17	16	15	14	6	5

图 5-32　行方向图像梯度计算示意图

进行梯度计算后，可以更好地区分图像的边缘。如图 5-33 所示，将行模板(x)和列模板(y)与左图进行相关运算，得到梯度值，再计算梯度幅值，然后取阈值，则得到右图。

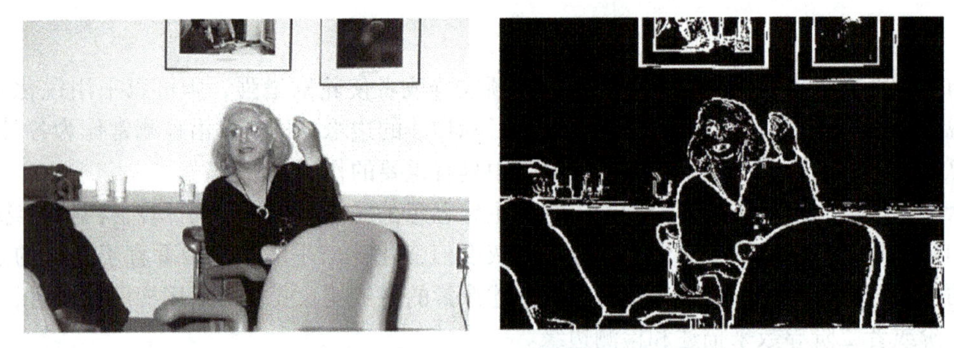

图 5-33　利用梯度运算得到图像边缘

除了上述行、列梯度算子，还可以用以下算子进行多行或者多列的梯度运算。常见的梯度算子还有 Robert 算子($\begin{pmatrix}-1 & 0\\ 0 & 1\end{pmatrix}$，$\begin{pmatrix}0 & -1\\ 1 & 0\end{pmatrix}$)、Prewitt 算子($\begin{pmatrix}-1 & 0 & 1\\ -1 & 0 & 1\\ -1 & 0 & 1\end{pmatrix}$，$\begin{pmatrix}-1 & -1 & -1\\ 0 & 0 & 0\\ 1 & 1 & 1\end{pmatrix}$)以及 Sobel 算子($\begin{pmatrix}-1 & 0 & 1\\ -2 & 0 & 2\\ -1 & 0 & 1\end{pmatrix}$，$\begin{pmatrix}-1 & -2 & -1\\ 0 & 0 & 0\\ 1 & 2 & 1\end{pmatrix}$)等。

4. 图像分割

图像分割是一种把图像分成若干个独立子区域的过程。在实际应用中，人们往往关注的仅是图像中的目标或前景，它们对应图像中特定的、具有独特性质的区域，需要将这些区域分离提取出来，然后进一步对该区域进行特征提取、目标识别等。例如，利用机器人检查传送带上的水果品质，需要检查水果是否有损坏，并将直径大于一定阈值的水果识别出来并单独分拣包装，就需要先找到图像中水果的区域，将其分割出来后才能进一步计算尺寸等特征。可见，图像分割是由图像处理到图像分析的关键步骤。常见的图像分割方法有边缘分割、阈值分割、区域分割、聚类分割等。

（1）边缘分割　如上文所述，可以利用梯度算子对图像进行运算，从而获得物体的边缘。在检测出边缘后，可以将边缘点像素按照某种方法连接起来构成闭合的轮廓，实现图像分割，这就是边缘分割的思路。边缘分割是图像分割中较为常用的一类算法，由于边缘和噪声都是灰度不连续点，在频域里均为高频分量，直接采用微分运算难以克服噪声的影响。因此，用微分算子检测边缘前要对图像进行平滑滤波。

实际图像分割中，由于用差分算子并行地检测边缘对噪声比较敏感，所以实际中常先检测可能的边缘点，再串行跟踪并连接边缘点构成闭合轮廓，从而实现图像分割。串行方法可以在跟踪过程中充分利用先前获取的信息，常可得到较好的效果。可采用边缘检测与轮廓跟踪互相结合、顺序进行的方法实现图像分割。

轮廓跟踪也称边缘点链接，是在获得图像梯度图的基础上，从某个边缘点出发，依次搜索并连接相邻边缘点来逐步检测出轮廓的方法。为消除噪声的影响、保持轮廓的光滑性，在搜索时每确定一个新的轮廓点都要考虑上一轮已确定的轮廓点。一般来说，轮廓跟踪包括3个步骤：

1）确定作为搜索起点的一个或者多个边缘点。

2）确定和采取一种合适的数据结构和搜索机理，在已发现的轮廓点基础上确定新的轮廓。该步骤要注意研究先前的结果对选择下一个检测像素和下一个结果的影响。

3）确定搜索终结的准则，比如封闭轮廓回到起点等，并在满足条件时停止进程。

上述方法对噪声比较小的图像效果较好，目标往往为具有最大梯度的轮廓内部分。该方法也可用于将分割出来的区域的轮廓找出来，此时相当于在无噪声的二值图像中搜索。当图像中噪声较大时，上述方法在跟踪轮廓时会出现偏离正确轮廓、失踪或跑出图像范围的情况，此时可先对梯度图进行平滑，然后再开始搜索。

案例：针对一幅只有一个目标的图像，先计算出其梯度图。从梯度图中选出梯度最大的点作为轮廓跟踪的第一个起点，然后在第一个起点的8邻域中选梯度最大的点作为第二个轮廓点。设采用逆时针方向搜索，目标在轮廓跟踪方向的左方。确定前一边缘点 P 和当前边缘点 C 后，下一边缘点 N 可以在图5-34所示的搜索窗口中搜索，以确保边缘的连续性。

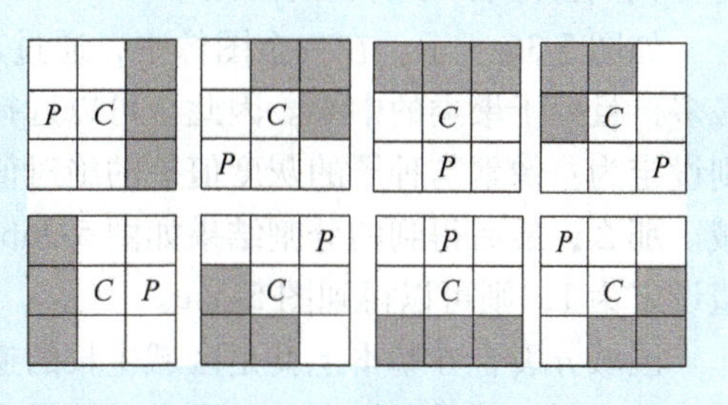

图5-34　8种搜索窗口

（2）阈值分割　图像中不同目标区域往往有不同的灰度值，阈值分割的思路是通过设定适当的阈值，从而将不同像素区域进行分离。例如，式(5-10)经过阈值处理后，可以将原始图像描述成为二值图像，从而将图像分为目标和背景两个区域。同样，如果规定 n 个灰度的集合，则可以定义多值图像。

$$f_t(x,y)=\begin{cases}1 & f(x,y)\geqslant t\\0 & f(x,y)<t\end{cases} \tag{5-10}$$

那么，如何确定阈值呢？首先需要先验知识。通常对一副图像中的所有像素灰度值进行一个统计分析，比如得到灰度直方图，也称灰度图，它体现了图像中具有某种灰度级的像素个数或者频率。对于图像灰度值中有明显峰值的情况，可以将阈值取在波谷的位置。

如图 5-35 所示，对一张水果图片进行处理得到灰度直方图，可见该图片的灰度主要分布在 100 以下区域和 140~220 区域，灰度直方图有 3 个明显峰值。3 个峰值对应的两个谷底所对应的像素值大约为 110 和 175。如果将阈值设定为 110，可以区分水果和背景；如果设定为 175，则可以区分水果损伤区域。

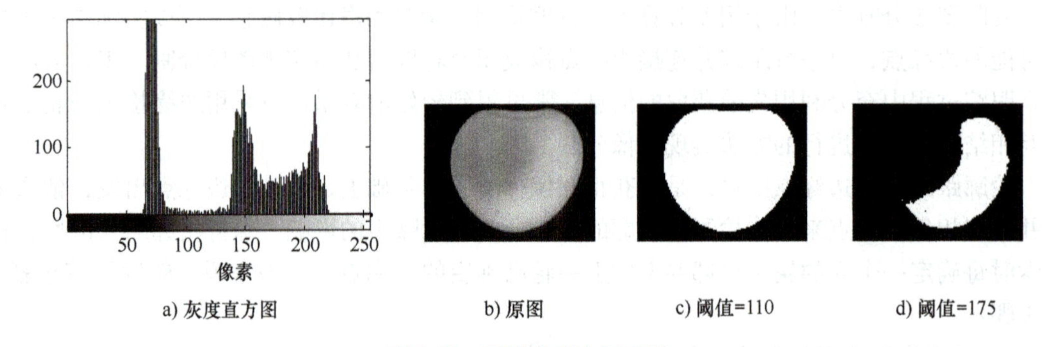

a) 灰度直方图　b) 原图　c) 阈值=110　d) 阈值=175

图 5-35　图像分割应用案例

阈值分割是图像分割中应用最多的一类，该算法思想比较简单。而且，给图像设置特定阈值实现分割，该阈值不仅可以是灰度值，也可以是梯度值、空间像素深度值等。如果像素值大于该阈值，则设定为前景像素值；如果小于该阈值，则设定为背景像素值。

（3）区域分割　区域分割算法中比较有代表性的算法有两种：区域生长和区域分裂合并。

区域生长算法的思路是给定子区域一个种子像素，作为生长的起点。然后将种子像素周围邻域中，与种子像素有相同或相似性质的像素（可以根据预先设定的规则，比如基于灰度差等），合并到种子所在的区域中。

如图 5-36 所示，在一个图像中，通过灰度直方图等分析可以知道数值为 1 和 9 的像素最多，且处于聚类的中心。因此，可以选择 1 和 9 作为种子像素进行区域生长。如果生长准则设定为：像素与种子的灰度值差的绝对值小于阈值 3，则将该像素包含进种子像素所在区域。那么，最后得到的分割结果如图 5-36b 所示，可见整幅图被分为左右 2 个区域。如果阈值设定为 1，则可以得到图 5-36c。

区域分裂合并基本上就是区域生长的逆过程，从整个图像出发，不断分裂得到各个子区域，然后再把前景区域合并，实现目标提取。

（4）聚类分割　聚类的核心思想就是利用样本的相似性，把相似的像素点聚合成同一个子区域。聚类算法属于无监督学习算法，该类算法在图像分割领域也有较多的应用。利用聚类方法进行图像分割，首先需要将图像空间中的元素用与其对应的特征值表示，每个像素都

2	0	9	8	8	9
1	1	6	9	9	11
0	2	7	8	10	11
1	2	9	9	10	11
1	0	9	9	8	9
0	1	8	9	9	9

a)

1	1	9	9	9	9
1	1	9	9	9	9
1	1	9	9	9	9
1	1	9	9	9	9
1	1	9	9	9	9
1	1	9	9	9	9

b)

2	1	9	9	9	9
1	1	6	9	9	11
1	2	7	9	9	11
1	2	9	9	9	11
1	1	9	9	9	9
1	1	9	9	9	9

c)

图 5-36　区域生长示例图

对应特征空间中的某一点，通过各种聚类算法将特征空间的点聚集成不同区域。这样依据区域的不同将它们划分开，再映射回原图像空间从而实现图像的分割。按照这个思路，其实阈值分割也可以理解为聚类分割的一个特例。在阈值分割中，选取的特征是像素灰度，用灰度直方图作为特征空间，利用灰度阈值进行特征空间的划分，从而实现图像分割。

聚类分割方法也是一种全局的方法，比仅基于边缘检测的方法抗噪声能力更强，但特征空间的聚类有时也会导致图像空间不连通的分割区域。

聚类分割中使用的聚类算法很多，下面介绍一种常用的 k-均值算法。

如果令 $x=(x_1,x_2)$ 代表特征空间的坐标，$g(x)$ 代表在这个位置的特征值，k-均值算法聚类需要计算式(5-11)所示的指标：

$$E=\sum_{i=1}^{k}\sum_{x\in Q_j^{(i)}}\|g(x)-\mu_j^{(i+1)}\|^2 \tag{5-11}$$

式中　$Q_j^{(i)}$——在第 i 次迭代后赋给 j 类的特征点集合；

μ_j——第 j 类的均值。

式(5-11)实际上计算的是每个特征点与其对应类均值的距离和。具体的 k-均值算法计算步骤如下：

1）任意选 k 个初始类均值，$\mu_1^{(1)}$，$\mu_2^{(1)}$，…，$\mu_k^{(1)}$。

2）在第 i 次迭代时，根据式(5-12)所示的准则将每个特征点都赋给一个类。

$$x\in Q_l^{(i)} \quad \|g(x)-\mu_l^{(i)}\|<\|g(x)-\mu_k^{(i)}\|(l,j=1,2,\cdots,k;l\neq j) \tag{5-12}$$

即每个特征点都赋给均值离它最近的类。

3）对于 $j=1$，2，…，k，更新类均值 $\mu_j^{(i+1)}$，其中 $\mu_j^{(i+1)}=\frac{1}{N_j}\sum_{x\in Q_j^{(i)}}g(x)$，$N_j$ 是 $Q_j^{(i)}$ 中的特征点个数。

4）如果对所有类 $j=1$，2，…，k，有 $\mu_j^{(i+1)}=\mu_j^{(i)}$，则算法收敛结束；否则继续 2）的迭代。

交流与拓展

上述各种分割方法，在提取边缘实现分割时，并不关注目标的类别。图像仅以黑白呈现，这属于非语义分割。随着图像处理技术的进步，有些技术不仅通过提取图像的边缘像素实现目标分割、以特征提取对目标进行后续识别和检测，还可以辨别目标是什么，这属于语义分割，如图 5-37 所示。非语义分割是一种图像基础处理技术，而语义分割是一种机器视觉技术，难度也更大一些，目前比较成熟且应用广泛的语义分割算法有 Grab cut、Mask R-CNN、U-Net、FCN、SegNet 等。

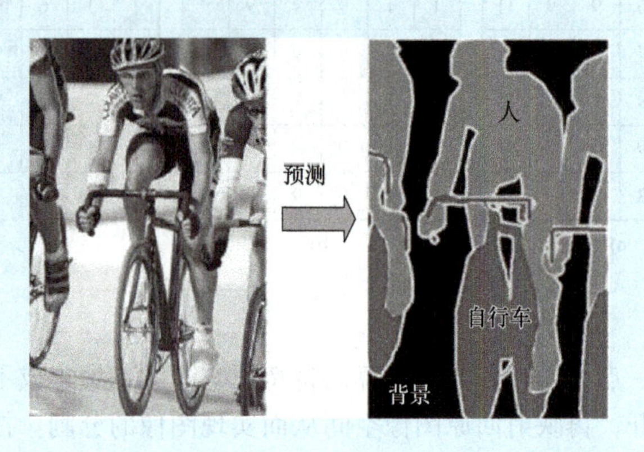

图 5-37　语义图像分割示例

5.3.3　图像特征提取

当目标从图像中分割后，有时需要对提取目标的某些特征进行分析计算，以达到目标识别和检测的目的，便于后续进一步对视觉图像的理解，以及指导机器人操作。下面介绍几种简单的图像特征提取方法。

1. 位置

图像中物体的位置，可定义为物体所对应的图形或区域的面积重心。区域内像素坐标若设为(x_i, y_j) $(i=0, 1, \cdots, n-1; j=0, 1, \cdots, m-1)$，则可用式(5-13)近似计算该区域内重心位置坐标：

$$\bar{x}=\frac{1}{mn}\sum_{i=0}^{n-1}\sum_{j=0}^{m-1}x_i \quad , \quad \bar{y}=\frac{1}{mn}\sum_{i=0}^{n-1}\sum_{j=0}^{m-1}y_j \tag{5-13}$$

式中　m，n——区域内水平和竖直方向像素的行列数。

2. 周长

周长即目标所在区域的轮廓长度，是一种简单的全局特征。图像中的区域可看成由区域内部点和区域轮廓点构成。区域 R 的轮廓 B 由 R 的所有轮廓点按 4 方向或 8 方向连接组成。对区域 R 来说，它的每一个轮廓点 P 都应满足两个条件：

1）P 本身属于区域 R。

2）P 的邻域中有像素不属于区域 R。

这里需注意，如果区域 R 的内部点是用 8 方向连通来判定的，即 P 的 8 方向邻域中有不属于区域的点，则得到的轮廓为 4 方向连通。而如果区域 R 的内部点是用 4 方向连通来判定的，即 P 的 4 方向邻域中有不属于区域的点，则得到的轮廓为 8 方向连通。如果轮廓已用单位长链码表示，则水平码加上垂直码的个数再加上$\sqrt{2}$乘以对角码的个数可作为轮廓长度。

例如，图 5-38a 为一个多边形区域，4 方向连通轮廓如图 5-38b 所示，8 方向连通轮廓如图 5-38c 所示。由于 4 方向连通轮廓上共有 18 个直线段，所以轮廓长度为 18。而图 5-38c

中，8 方向连通轮廓上共有 14 个直线段和 2 个对角线段，所以轮廓长度约为 16.8。

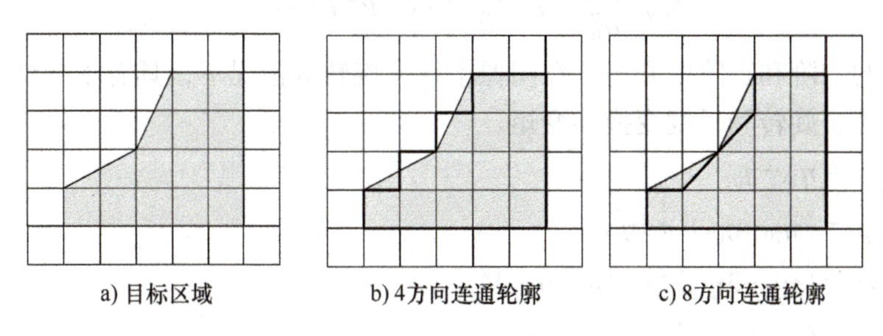

图 5-38 轮廓长度计算示例

3. 直径

轮廓的直径是轮廓上相隔最远的两点之间的距离，即这两点之间的直连线段长度。有时这条直线也称为轮廓的主轴或长轴。与长轴垂直且最长的与轮廓的两个交点间的线段叫作轮廓的短轴，它的长度和取向对描述轮廓很有用。轮廓 B 的直径 $\mathrm{Dia}(B)$ 可表示为

$$\mathrm{Dia}(B)=\max_{i,j}[D_d(b_i,b_j)] \quad b_i\in B,b_j\in B \tag{5-14}$$

式中 $D_d()$——一种距离量度。如果 $D_d()$ 用不同距离量度，得到的直径数值会不同。

4. 角点

斜率能表示轮廓上各点的指向。曲率是斜率的改变率，它描述轮廓上各点沿轮廓方向的变化情况。在一个给定的轮廓点处，曲率的符号描述轮廓在该点的凹凸性。如果曲率大于零，则曲线凹向朝着该点正法线方向；如果曲率小于零，则曲线凹向朝着该点的负法线方向。当沿着顺时针方向跟踪轮廓时，如果轮廓点处曲率大于零，则该点属于凸段的部分，否则为凹段的一部分。

曲率的局部极值点称为角点，它在一定程度上反映了轮廓的复杂性。这些概念也适用于非闭合的轮廓。如果轮廓已经被用线段逼近，则计算该轮廓相邻线段的交点处的曲率比较方便。

5. 面积

区域面积是区域的一个基本特性，描述了区域的大小。对一个区域 R 来说，设单位正方向像素的边长为单位长，则其面积 A 的计算式为

$$A=\sum_{(x,y)\in R}1 \tag{5-15}$$

由式(5-15)可见，区域面积就是对属于区域的像素个数进行计数的结果。利用对像素计数的方法来求区域面积不仅最简单，而且也是对原始模拟区域面积的无偏和一致的最好估计。

6. 区域矩

区域矩是用所有属于目标区域的像素点计算出来的，若图像 $f(x,y)$ 属于某区域，则 $f(x,y)$ 的 $p+q$ 阶矩定义为

$$M_{pq}=\sum_x\sum_y x^p y^q f(x,y) \tag{5-16}$$

$f(x,y)$ 的 $p+q$ 阶中心矩定义为

$$\mu_{pq}=\sum_x\sum_y(x-\bar{x})^p(y-\bar{y})^q f(x,y) \tag{5-17}$$

$f(x,y)$ 的归一化中心矩定义为

$$\eta_{pq}=\frac{\mu_{pq}}{\mu_{00}^{\gamma}} \quad \gamma=\frac{p+q}{2}+1, \quad p+q=2,3,\cdots \tag{5-18}$$

归一化后的二阶和三阶中心矩，在图像平移、旋转等情况下，具有不变性。式(5-19)为常用的几个平移、旋转和尺度变换不变矩。

$$\begin{cases}\varphi_1=\eta_{20}+\eta_{02}\\ \varphi_2=(\eta_{20}-\eta_{02})^2+4\eta_{11}^2\\ \varphi_3=(\eta_{30}-3\eta_{12})^2+(3\eta_{12}-\eta_{03})^2\\ \varphi_4=(\eta_{30}+\eta_{12})^2+(\eta_{21}+\eta_{03})^2\\ \varphi_5=(\eta_{30}-3\eta_{12})(\eta_{30}+\eta_{12})[(\eta_{30}+\eta_{12})^2-3(\eta_{21}+\eta_{03})^2]+\\ \qquad 3(\eta_{21}-\eta_{03})(\eta_{21}+\eta_{03})[3(\eta_{30}+\eta_{12})^2-(\eta_{21}+\eta_{03})^2]\\ \varphi_6=(\eta_{20}-\eta_{02})[(\eta_{30}+\eta_{12})^2-(\eta_{21}+\eta_{03})^2]+4\eta_{11}(\eta_{30}+\eta_{12})(\eta_{21}+\eta_{03})\end{cases} \tag{5-19}$$

图像区域的某些矩对于平移、旋转、尺度等几何变换具有一些不变的特性，是指如图 5-39 所示，对同一副图像计算原始图片、镜像图片、缩小一半后图片和旋转 45°后图片后，按照式(5-19)计算各种变换的图片的 $\varphi_1\sim\varphi_6$矩，发现无论图片如何改变，这些矩的计算结果几乎不变。这样就可以依据图像不变矩的特点，用于对特定目标的检测。不管目标图像如何变化和缩放，都可以检测到指定目标。因此，矩的表示方法在物体分类、识别方面具有重要意义。

a) 原始图片

b) 镜像图片

c) 缩小一半后图片

d) 旋转45°后图片

图 5-39　经过各种几何变换的图片

5.3.4　图像理解

机器人的视觉功能在于识别环境、理解人的意图并完成工作任务。而图像理解包括对 3D 客观场景信息的获取和表达、景物重建、场景解释以及完成这些工作所需控制策略等。图像理解技术是图像工程的一部分，在机器人视觉技术中应用广泛。本节简单地从图像工程的发展、框架、图像理解的理论框架等方面进行简要介绍。

1. 图像工程的发展

图像是用各种观测系统以不同形式和手段观测客观世界而获得的，可以直接或间接作用于人眼并进而产生视觉的实体。而图像技术是各种图像加工技术的总称，图像工程则是一个对各种图像技术进行综合集成的研究和应用的整体框架。图像工程三层次的框图如图 5-40 所示。

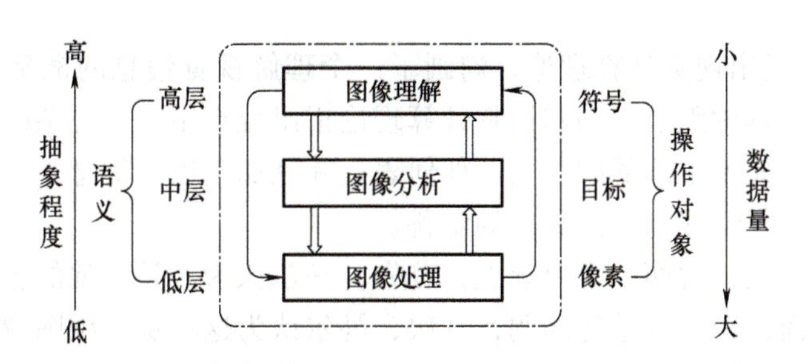

图 5-40　图像工程三层次的框图

语义层次越高表示抽象程度越高，例如，一幅图像被计算机读取后可表示为一个个像素拼成的矩阵，低层的图像处理都是对于这些像素的操作；到中层之后，处理“格局”会大一些，可能针对目标会做一些图像分割等操作；最高层的处理则是让计算机像人脑一样能明白一幅图的含义。最终目标“图像的含义”可能就是几个字的表达(数据量很小)，但其中可能涉及人工智能、机器学习、模式识别、神经网络等多领域知识，是一个相当高的目标。

2. 图像工程的整体框架

如图 5-41 所示，点画线框住的部分是图像工程三大部分基本模块，即用各种技术帮人们从场景获得不同层次的信息。低层处理主要改善图像的视觉效果或者在保持视觉效果的基础上减小数据量，低层处理结果主要用于给用户展示观看；中层分析主要对感兴趣目标进行检测、提取和测量，其处理结果描述了图像目标的特点和性质等信息；高层理解进一步识别图像内容并且解释原来的客观场景，其结果给具体应用提供客观世界信息、指导和规划行动。这三层图像处理用到的技术涉及人工智能、神经网络、遗传算法、模糊理论、机器学习等。

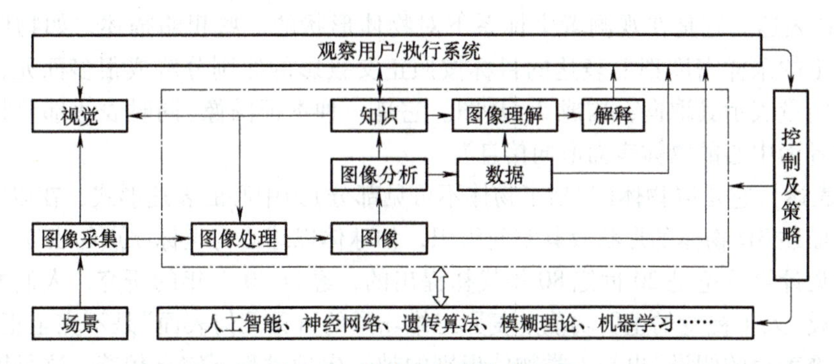

图 5-41　图像工程的整体框图

图像理解是图像工程的高层。在图像分析的基础上，结合人工智能和认知理论，进一步研究图像中各目标的性质和它们之间的相互联系，并理解图像内容的含义以及解释原来的客观场景，从而指导和规划行动。简单来说，图像理解是在一定程度上以客观世界为中心，借助知识经验把握原本的客观世界。

图像理解技术中很多研究都是基于人类视觉仿生的想法。人类视觉过程是一个复杂的从感觉到知觉的过程。感觉器官(眼睛)感受到的是 3D 世界中 2D 投影得到的图像，大脑知觉处理后得到的是由 2D 图像认知 3D 世界的内容和含义。

3. 马尔视觉计算理论

马尔于1982年提出视觉计算理论，勾画了一个理解视觉信息的框架，即先理解视觉处理的目的，再去理解其中细节。马尔视觉计算理论指出视觉是一个复杂的信息加工过程，要理解这个复杂过程首先要解决的问题是：如何表达并且加工视觉信息。马尔视觉计算理论的提出，标志着计算机视觉成为一门独立的学科。

马尔视觉计算理论包含两个主要观点：首先，马尔认为人类视觉的主要功能是复原三维场景的可见几何表面，即三维重建问题；其次，马尔认为这种从二维图像到三维几何结构的复原过程是可以通过计算完成的，并提出了一套完整的计算理论和方法。所以，马尔视觉计算理论在一些文献中也被称为三维重建理论。

马尔认为，从二维图像复原物体的三维结构涉及三个不同的层次，也称为视觉信息加工三要素：计算理论、算法实现、硬件实现。首先是计算理论，计算理论首先要求视觉问题是可以用计算机计算的(对一问题能在给定输入和有限步内给出输出)，然后研究计算的概念以及目的，提出使问题可计算的约束条件；计算理论层次是视觉信息处理的最高层次，是抽象的计算理论层次，它回答系统各个部分的计算目的和计算策略。其次是算法实现，首先要选取一种对加工对象实体的合适表达(输入、输出)，然后确定响应算法；算法实现层是要进一步回答如何表达视觉系统各部分的输入、输出和内部的信息，以及实现计算理论所规定的目标。最后是硬件实现，不同的硬件一般会有各自相应的算法，通常要适应更高的实时性要求。硬件实现层要回答的是“如何用硬件实现各种算法”。

马尔对算法实现层进行了详细讨论。他认为从二维图像恢复三维物体，经历了3个主要步骤，即视觉信息的三级内部表达。

1）基素表达。它是一种2D表达，是图像特征的集合，描述了物体上属性发生变化的轮廓部分，如滤波图像中的过零点(Zero-crossing)、短线段、端点等基元特征。需要注意的是只用基素表达不能保证得到对场景的唯一解释。

2）2.5D表达。它是在观测者坐标系下对物体形状的一些粗略描述，如物体的法向量等。根据一定的采样密度把要表达的目标按照正交投影的原则分解成很多面元，每个面元有一根法线向量表示其取向，构成2.5D图。它是一种本征图像(同时表达部分物体轮廓信息和以观察者为中心的物体表面取向信息)。

3）3D表达。它是以物体(包括了物体不可见部分)为中心的表达形式，在以物体为中心的坐标系中描述3D物体的形状及其空间组织，如球体以球心为坐标原点的表述。

马尔视觉计算理论是20世纪80年代初提出的，经过30多年的研究，人们发现马尔理论的基本假设“人类视觉的主要功能是复原三维场景的可见几何表面”是不完全正确的，“物体识别中三维表达的假设”也与人类物体识别的神经生理过程不完全相符。这是因为实际图像采集等过程中原始信息会发生变化，比如2D图像丢失深度信息，不同视角信息不同、物体遮挡会丢失信息，实际场景中大量复杂因素被综合成了单一的图像像素值，成像等过程会引入畸变和噪声等。

尽管如此，马尔视觉计算理论在计算机视觉领域的影响是深远的，他所提出的层次化三维重建框架至今是计算机视觉中的主流方法。目前，考虑到马尔视觉计算理论框架的不足，很多学者和科研机构不断对计算理论与算法进行研究，对计算理论框架进行改进。图5-42所示为一种改进后的计算理论框架，增加了图像获取模块、根据目的进行加工过程的决策、应用高层知识指导加工，增加反馈控制等。

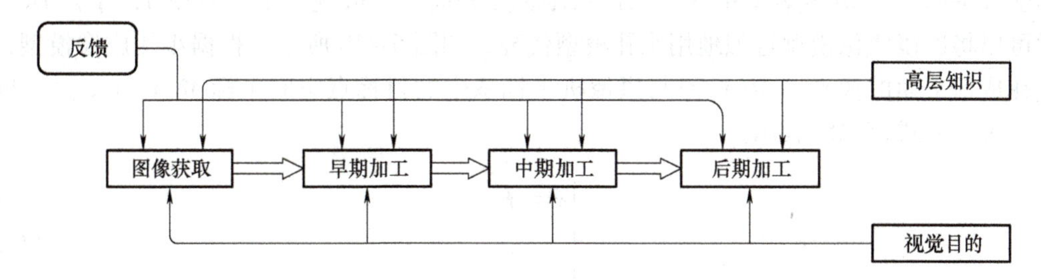

图 5-42　一种改进后的计算理论框架

5.4　立体视觉

无论是人类眼睛还是摄像机，成像过程都是把三维世界投影到二维平面上，进而失去了深度信息而无法判断物体的远近。本节将介绍如何从多幅图像里获取场景中物体的距离（深度）信息，即立体视觉。深度信息可以用来估计摄像机到物体的距离、物体的大小形状、物体之间的关系。

5.4.1　光学成像过程

1. 小孔成像模型（透视变换）

摄像机成像时空间景象从三维到二维的转换，称为透视投影。图 5-43 所示为透镜成像原理图，与小孔成像类似，物体在经过凸透镜后会形成一个倒立的像。物距、相距和透镜焦距之间的关系满足式(5-20)。

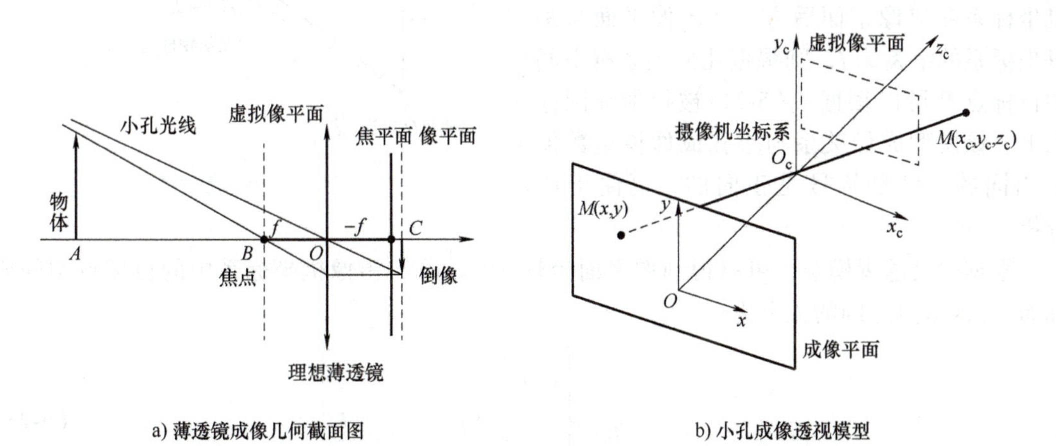

图 5-43　透镜成像原理示意图

$$\frac{1}{OB}=\frac{1}{OC}+\frac{1}{OA} \tag{5-20}$$

式中　OB——透镜的焦距，长度为 f；

OC——像距，像与透镜的距离；

OA——物距，物体与透镜的距离。

当物距大于焦距时，在光轴反向大于焦距长度的图像平面上会呈现倒立的像。在摄像机中，图像平面为 CCD 或者 CMOS 图像传感器芯片表面。一般地，由于 $OA\gg f$，于是 $OC\approx f$，这时可以将透镜成像模型近似地用小孔模型代替，如图 5-43b 所示。根据小孔成像模型，目标点在成像平面的像坐标 $M(x,y)$ 与摄像机坐标系中的目标点空间坐标 $M(x_c,y_c,z_c)$ 之间的关系，可以用式(5-21)表示。

$$\begin{cases} x=-f\dfrac{x_c}{z_c} \\ y=-f\dfrac{y_c}{z_c} \end{cases} \tag{5-21}$$

写成齐次坐标的形式为

$$z_c\begin{pmatrix} x \\ y \\ 1 \end{pmatrix}=\begin{pmatrix} -f & 0 & 0 & 0 \\ 0 & -f & 0 & 0 \\ 0 & 0 & 1 & 0 \end{pmatrix}\begin{pmatrix} x_c \\ y_c \\ z_c \\ 1 \end{pmatrix} \tag{5-22}$$

从上述分析可见，从三维空间到二维图像平面的映射并不是一对一的，给定像坐标 $M(x,y)$ 并不能唯一确定其在空间上的点 $M(x_c,y_c,z_c)$，只能说空间中的点一定在图 5-43b 所示的射线 O_cM 上。

2. 中央透视模型

在计算机视觉中，人们习惯于对正立的图像进行分析，所以就用图 5-43 中的虚拟像平面代替真正的像平面，即经常使用如图 5-44 所示的中央透视模型进行分析。在该模型中，摄像机坐标系在成像平面后方，让图像平面与摄像机坐标系的距离为 f，则根据几何关系有空间中的目标点 P 可以根据式(5-22)被投射在图像平面上。该模型成像关系与小孔成像模型数值上是相同的，只是符号是正向的，更便于计算分析。

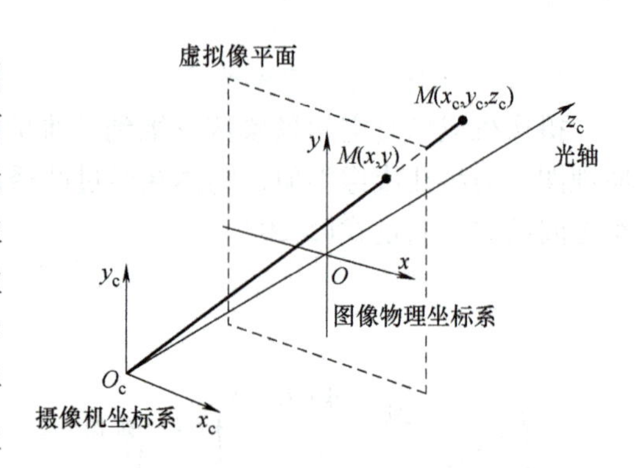

图 5-44　中央透视模型

根据中央透视模型，可以得到像平面坐标 $M(x,y)$ 与摄像机坐标系中的目标点空间坐标 $M(x_c,y_c,z_c)$ 之间的关系为

$$\begin{cases} x=f\dfrac{x_c}{z_c} \\ y=f\dfrac{y_c}{z_c} \end{cases} \tag{5-23}$$

写成齐次坐标的形式为

$$z_c\begin{pmatrix} x \\ y \\ 1 \end{pmatrix}=\begin{pmatrix} f & 0 & 0 & 0 \\ 0 & f & 0 & 0 \\ 0 & 0 & 1 & 0 \end{pmatrix}\begin{pmatrix} x_c \\ y_c \\ z_c \\ 1 \end{pmatrix} \tag{5-24}$$

对于 $f=1$ 的情况，称这些坐标为归一化或者标准像平面坐标。

3. 成像过程与坐标系

在视觉系统中，进行深度距离计算涉及多个坐标系统，如图 5-45 所示，O_w、O_u、O_c、O 分别为世界坐标系、图像坐标系、摄像机坐标系和图像物理坐标系的坐标原点。

1）图像坐标系：坐标原点 O_u 定义在左上角，单位是像素；坐标轴 u、v 与图像边缘平行。

2）图像物理坐标系：坐标原点 O 定义在图像中心位置，即图像中点 $O(u_0,v_0)$ 是摄像机光轴与成像平面的交点，投影中心，单位是长度单位；坐标轴 x、y 与图像边缘平行。

3）摄像机坐标系：坐标原点 O_c 与摄像机光心重合，x_c、y_c 轴与图像坐标系两轴平行，z_c 轴与摄像机光轴重合。

4）世界坐标系：坐标原点 O_w 可定义为空间某固定点，如两摄像机中心位置等。

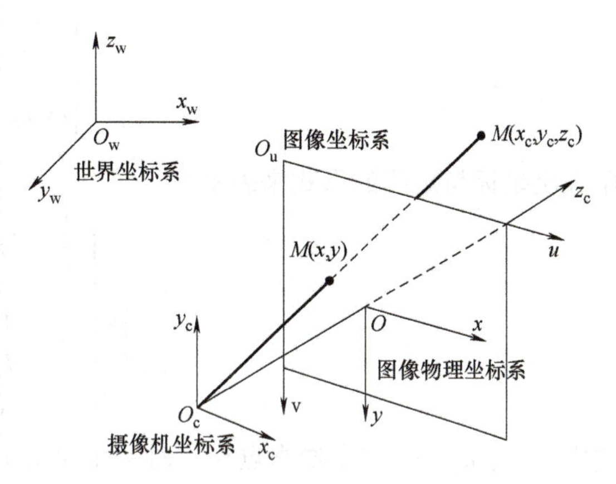

图 5-45 成像系统坐标系位置示意图

如果用 ${}^{w}\tilde{M}$ 表示空间某一点相对世界坐标系的坐标，${}^{u}\tilde{M}$、${}^{O}\tilde{M}$ 表示该点在图像坐标系和图像物理坐标系中的坐标。那么，忽略畸变的理想情况下，空间中某一点从世界坐标系到图像坐标的映射，经历了世界坐标系→摄像机坐标系→图像物理坐标系→图像坐标系的转换。坐标系之间的转换关系如下所示。

1）世界坐标系→摄像机坐标系。如果空间中某一点在世界坐标系下坐标为(x_w，y_w，z_w)，那么该点在摄像机坐标系下的坐标可以通过世界坐标系旋转与平移后得到，如式(5-25)所示。

$$\begin{pmatrix} x_c \\ y_c \\ z_c \\ 1 \end{pmatrix} = \begin{pmatrix} \boldsymbol{R} & \boldsymbol{T} \\ \boldsymbol{O}^{\mathrm{T}} & 1 \end{pmatrix} \begin{pmatrix} x_w \\ y_w \\ z_w \\ 1 \end{pmatrix} = \boldsymbol{M}_2 \begin{pmatrix} x_w \\ y_w \\ z_w \\ 1 \end{pmatrix} \tag{5-25}$$

式中 $\boldsymbol{R}$——三阶旋转矩阵；
$\boldsymbol{T}$——3×1 平移向量；
$\boldsymbol{O}^{\mathrm{T}}$——1×3 向量，(0 0 0)；
$\boldsymbol{M}_2$——为简化模型引入的 4×4 矩阵。

2）摄像机坐标系→图像物理坐标系。如果已知空间中某点在摄像机坐标系下的坐标为(x_c，y_c，z_c)，那么根据中央透视模型，该点在图像物理坐标系下的坐标(x,y)根据式(5-23)和式(5-24)可以写成如下形式：

$$\begin{pmatrix} x \\ y \\ 1 \end{pmatrix} = \frac{1}{z_c} \begin{pmatrix} f & 0 & 0 & 0 \\ 0 & f & 0 & 0 \\ 0 & 0 & 1 & 0 \end{pmatrix} \begin{pmatrix} x_c \\ y_c \\ z_c \\ 1 \end{pmatrix} \tag{5-26}$$

式中 f——摄像机焦距。

3）图像物理坐标系→图像坐标系。图像坐标系的坐标原点 O_u 在成像平面的左上角，而图像物理坐标系的坐标原点 O 在图像坐标系中的位置若定义为(u_0, v_0)，那么可用数学模型来描述图像坐标(u, v)与图像物理坐标(x, y)的转换关系：

$$\begin{cases} u=u_0+\dfrac{x}{\mathrm{d}x} \\ v=v_0+\dfrac{y}{\mathrm{d}y} \end{cases} \tag{5-27}$$

用齐次坐标与矩阵的形式来表示：

$$\begin{pmatrix} u \\ v \\ 1 \end{pmatrix}=\begin{pmatrix} \dfrac{1}{d_x} & 0 & u_0 \\ 0 & \dfrac{1}{d_y} & v_0 \\ 0 & 0 & 1 \end{pmatrix}\begin{pmatrix} x \\ y \\ 1 \end{pmatrix} \tag{5-28}$$

式中　d_x、d_y——单个像素点在 x 轴和 y 轴方向上的实际物理尺寸。

联立式(5-25)、式(5-26)和式(5-28)，可得

$$z_c\begin{pmatrix} u \\ v \\ 1 \end{pmatrix}=\begin{pmatrix} \dfrac{1}{d_x} & 0 & u_0 \\ 0 & \dfrac{1}{d_y} & v_0 \\ 0 & 0 & 1 \end{pmatrix}\begin{pmatrix} f & 0 & 0 & 0 \\ 0 & f & 0 & 0 \\ 0 & 0 & 1 & 0 \end{pmatrix}\begin{pmatrix} \boldsymbol{R} & \boldsymbol{T} \\ \boldsymbol{O}^{\mathrm{T}} & 1 \end{pmatrix}\begin{pmatrix} x_w \\ y_w \\ z_w \\ 1 \end{pmatrix}=\boldsymbol{M}_1\boldsymbol{M}_2\begin{pmatrix} x_w \\ y_w \\ z_w \\ 1 \end{pmatrix} \tag{5-29}$$

式中　$\boldsymbol{M}_1$——摄像机内部参数矩阵，其涉及的参数如 f、d_y、d_x、u_0、v_0 等是摄像机固有的参数，对同一摄像机来说这些参数不变。

$\boldsymbol{M}_2$——与摄像机在世界坐标系内的位姿有关的外参矩阵，由摄像机旋转矩阵 $\boldsymbol{R}$ 和平移矩阵 $\boldsymbol{T}$ 组成。

由上述分析可见，三维空间中的某一位置点可通过式(5-29)映射到二维成像平面上(已知(x_w, y_w, z_w)和 z_c 可求(u, v))；但是，给定像平面上一点(u, v)，却不能唯一确定在空间的点(x_w, y_w, z_w)，仅从式(5-29)来看，z_c 有多种可能。只能确定的是，空间中的点一定在图 5-45 所示的 O_cm 连线上。

此外，式(5-29)中的内外参数矩阵，虽然与摄像机自身固有参数或者位姿有关，但在实际使用中，用户可能获得的不变参数仅有像素尺寸 d_x 和 d_y，可以从摄像机传感器制造商的数据列表里获得，其他参数则很难准确获得。如何准确地获得摄像机的内参和外参数据，是进行二维图像与三维场景映射及还原的关键，求解这些参数的过程被称为摄像机标定。摄像机标定技术的主要思想是给定一组世界坐标系中的已知点(如可用尺寸位置已知的黑白格子标定图)，它们的相对坐标已知，而且对应的像平面坐标也已知，这样依据式(5-29)便可以建立多个方程以求解未知参数。目前有很多摄像机标定的方法，如基于摄影测量学的传统标定法、直接线性变换、Tsai 两步法、基于 kruppa 方程的自标定方法、张正友标定法等。目前，很多视觉计算的软件包，如 MATLAB、OpenCV、ROS 中都有关于摄像机标定的程序包，可辅助用户进行快速摄像机标定。

5.4.2　双目立体视觉

从 5.4.1 节分析可以看到，由于图像透视成像过程丢失了深度信息 z_c，因此很难仅通

过一幅二维图像来还原三维世界信息，本节将主要介绍如何基于两个摄像机拍摄的图像获得图像的深度信息，进而重建三维世界中的点。

1. 视差原理

如何获得每个像素的深度？双目观测和深度有什么关系？通过研究人类视觉可以发现，人依靠两只眼睛就能判断深度（物体离眼睛的距离），这主要是基于视差原理来实现的。

可以做个简单的实验，将手指置于双目之间，分别开闭左右眼，发现手指不在同一个位置，这就是视差。如果用两台摄像机模拟人眼，计算两幅图像对应点间的位置差异，就可以基于视差原理得到物体的三维几何信息。

首先从理想的情况开始分析：假设左右两个摄像机位于同一平面（光轴平行），且摄像机参数（如焦距 f）一致。那么深度值的推导公式只涉及简单的三角形相似知识，容易理解。图 5-46 所示为基于视差原理进行双目立体视觉三维测量的示意图。该图相当于将两个摄像机的透视模型投影到 xOz 平面，而且世界坐标系和摄像机坐标系的 x 轴对齐，两个摄像机处于同一基线上，距离为 T。

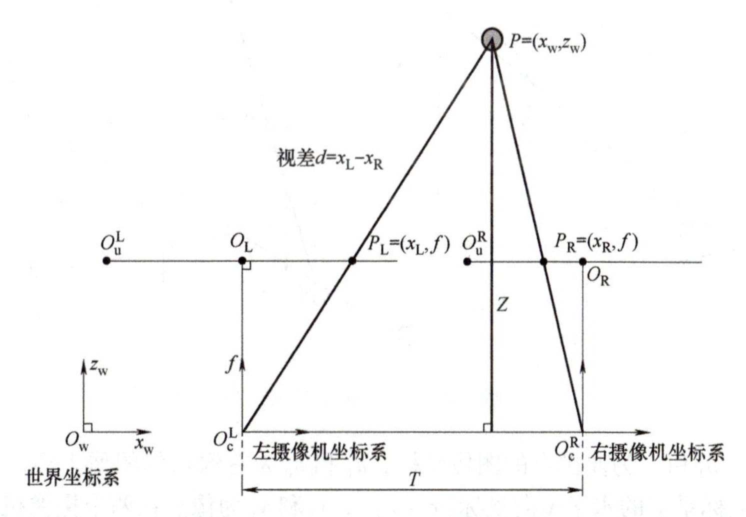

图 5-46　基于视差原理进行双目立体视觉三维测量的示意图

图中，Z 是三维世界某一观察点的深度，在世界坐标系和摄像机坐标系下 z 向距离相等，可理解为 P 点到两个摄像机光心连线所构成的基线的距离；O_c^L、O_c^R 分别是左右两个摄像头的光学中心位置，即两个摄像头坐标系的坐标原点，两点连接成为基线；P_L、P_R 分别是光心 O_c^L 和 O_c^R 与 P 点连线，与左右相平面的交点（投影点）；O_L、O_R 分别是左右摄像机像平面坐标原点；x_L、x_R 分别是观察点 P 在两个摄像机坐标系下 x 向坐标；T 是左右摄像机光心的距离；f 是摄像机焦距。

在图 5-46 所示的两个摄像机构成的视觉系统中，将同一观察点 P 在两个摄像机坐标系下的图像坐标的差值 x_L-x_R 定义为视差。而且，基于几何关系可以得到

$$\frac{T-x_L-(-x_R)}{T}=\frac{Z-f}{Z} \tag{5-30}$$

整理上式，可得

$$Z=\frac{fT}{x_L-x_R} \tag{5-31}$$

从式(5-31)可以看出，在焦距和摄像机间距一定的情况下，视差 x_L-x_R 和深度 Z 成反比关系。视差越大，探测的深度越小。而且，同一深度平面上的点在左右成像平面上的视差是相同的。

2. 3D 坐标计算

图 5-47 所示为一张双目立体视觉系统投影成像原理示意图，假设点 $P(x_c,y_c,z_c)$ 是在 O_c^L 左摄像机坐标系下的坐标。P 点在世界坐标系下的坐标可以依据式(5-25)，根据摄像机的位姿得到。根据两幅分别由左右摄像机拍摄的 P 点图像坐标，确定其在三维空间中的坐标。

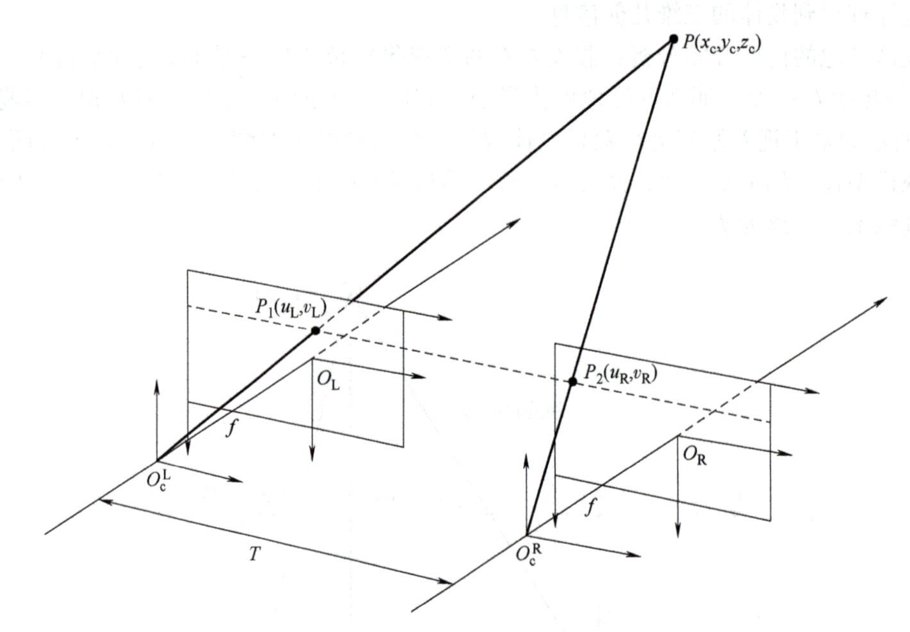

图 5-47　双目立体视觉系统投影成像原理示意图

图 5-47 中，u_L 和 v_L 为左像点的图像坐标，u_R 和 v_R 为右像点的图像坐标，x_L 和 x_R 为像点在两个摄像机坐标系下的水平 x 向坐标($x_L=u_L$)，y_L 和 y_R 为像点在两个摄像机坐标系下的垂直 y 向坐标($v_L=y_L$)，$P(x_c, y_c, z_c)$ 为 P 点在左摄像机坐标系中的坐标，T 为基线长度，f 为摄像机焦距。

那么，理想情况下可以进一步推理得到

$$x_c=\frac{u_L T}{u_L-u_R},y_c=\frac{v_L T}{u_L-u_R},z_c=\frac{Tf}{u_L-u_R} \tag{5-32}$$

可见，当左右摄像机光轴平行放置时，依据式(5-32)，根据像点的视差，就可以知道 P 点在左摄像机坐标系中的坐标 $P_L(x_c^L, y_c^L, z_c^L)$，同样也可以计算出 P 点在右摄像机坐标系中的坐标 $P_R(x_c^R, y_c^R, z_c^R)$。这样可以进一步根据 z_c 估算该像素点深度(P 点到摄像机机座距离)，以及根据式(5-29)的转换矩阵计算该点在世界坐标系下的空间坐标，实现三维重建。

接下来需要解决的关键问题就是如何找到 P 点在左右图像上的对应点，以便得到 u_L、u_R、v_R 和 v_L。通过算法找到左右图像上对应的点 P_1、P_2，这个过程称为立体匹配。找到对应点后，求解 P 和 P_1、P_2 构成的三角形，就能得到 P 点的坐标，也就能得到 P 点的深度。

5.4.3 立体匹配

从前面的内容可知，双目立体视觉系统深度测量过程主要分为以下过程：

① 首先需要对双目摄像机进行标定，得到两个摄像机的内外参数矩阵。

② 根据标定结果对原始图像校正，校正后的两幅图像位于同一平面且互相平行。

③ 对校正后的两幅图像进行像素点匹配。

④ 根据匹配结果计算每个像素的深度，从而获得深度图。

可见，在基于视差原理进行深度计算之前，需要找到同一空间点在两个像平面上的投影点。但实际应用中，我们并不知道左右摄像机中哪两个点是对应点。获得双目图像中点的对应关系称为立体匹配，这是获得深度图像的关键步骤。对于左图中的一个像素点，如何确定该点在右图中的位置？是否需要在整个图像中进行“地毯式”搜索并一个个匹配？

目前，查找对应点是双目立体视觉中非常核心的步骤，主要有基于特征匹配和基于区域匹配两大思路。

1. 特征匹配

匹配问题是在两幅不同的图像中找出对应于实际空间中同一点的像素坐标。首先想到的方法是对每张图像单独进行分析，并找到图像中与众不同的点，这些点在两幅图像中会有某些“特征”是一致不变的。这些特征可以有不同的表示方法，如边缘、角点、拐点等，也可能来自其他主动投射的结构光信息，如正弦条纹相位值、编码值等，通过在双目图像之间查找相同(相似)特征来确定对应点。这里说的特征是一个泛指的概念，主要抽象地指像素或像素集合的表达和描述。一般来讲，大尺度特征含有较丰富的图像信息，所需数目较少，易于得到快速的匹配，但对它们的提取与描述相对复杂，定位精度较差；小尺度特征本身的定位精度高，表达描述简单，但其数目较多，而所含信息量却较少，因而在匹配时需要采用较强的约束准则和鲁棒的匹配策略。

可以通过兴趣点检测方法，比如 Harris 角点检测方法或者 SURF 特征检测方法，提取两幅图像中的特征点，这样就可以大大简化问题，仅仅使用近百个特征点进行匹配计算来代替在数百万像素中查找匹配点。

实际应用中，为了抽象地表达和描述像素或像素集合，可以利用一种向量表示方法，该向量描述了角点及其周围像素区域独一无二的信息，也叫作特征描述符。将一幅图中的特征点描述符与另一幅图像中所有可能的特征点描述符进行比较，找到最相似的一个。两个描述符的相似度可以通过欧几里得距离计算。而且，为了保证描述符向量的独特性，还可以通过把特征点周围的正方形窗口描述成一个向量来创建一个更大的描述符向量进行匹配计算。

因为特征点主要利用从强度图像得到的几何/符号特征作为匹配基元，所以对环境照明的变化不太敏感，性能较为稳定。不过由于特征点是离散的，所以不能在匹配后直接得到密集的视差场，还需要进行插值。另外，特征提取也需要额外的计算量。

2. 区域匹配

区域匹配考虑了像素点周围邻域的性质，考虑两幅图像中具有相似特性的区域(最简单的方法是考虑区域的灰度)，通过考查两个区域的相关程度来判断区域中点的对应性。

当考虑点的邻域性质时，常借助模板(也称为窗口)来描述。例如，当给定第一幅图像中的一个点，而需要在第二幅图像中搜索与其对应的点时，可提取以第一幅图像中的点为中心的邻域作为模板，将其在第二幅图像上平移并计算与各个位置邻域的相关性，根据相关值确定是否匹配。如果匹配，则认为第二幅图像中匹配位置的点与第一幅图像中的点构成对应点对。可取相关值的最大处为匹配处，也可先给定一个阈值，将满足相关值大于阈值的点先提取出来，再根据一些其他因素从中选择，这也称为基于滑动窗口的图像匹配方法。对于图 5-48 左侧图中的一个像素点(图中方框中心)，在右侧图中从左到右用一个同尺寸滑动窗口内的像素和它计算相似度。相似度的度量有很多种方法，比如误差二次方和(Sum of Squared Differences，SSD)法，左右图中两个窗口越相似，SSD 越小。图 5-48 中下方的 SSD 曲线显示了计算结果，SSD 值最小的位置对应的像素点就是最佳的匹配结果。

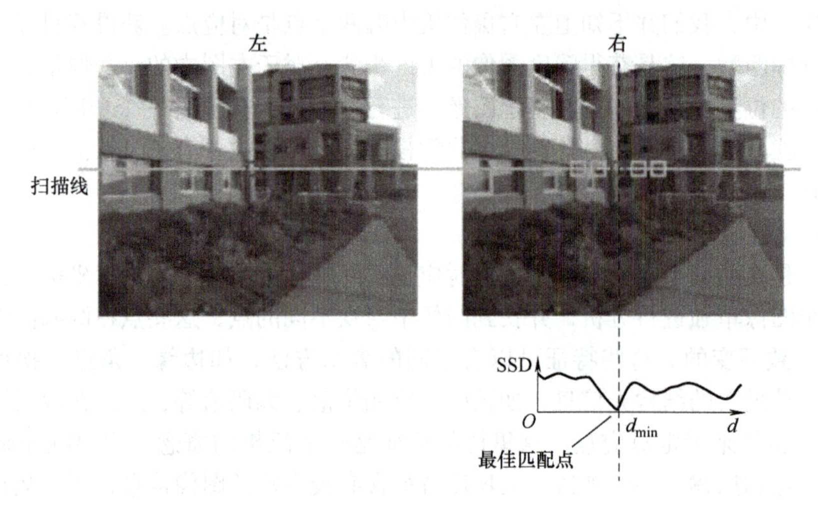

图 5-48　滑动窗口示意图

基于区域的立体匹配方法的缺点是其依赖于图像灰度的统计特性，所以对景物表面结构以及光照反射等较为敏感，因此在空间景物表面缺乏足够纹理细节、成像失真较大的场合存在一定困难。而且，由于要逐点进行滑动窗口匹配，计算效率也很低。

3. 极线约束

在整个图像中“地毯式”搜索匹配效率比较低，为减少搜索范围，可考虑利用一些约束条件，例如：

1）兼容性约束：指黑色的点只能匹配黑色的点，即两图中源于同一类物理性质的特征才能匹配。

2）唯一性约束：指一幅图中的单个黑点只能与另一幅图中的单个黑点相匹配。

3）连续性约束：指匹配点附近的视差变化在整幅图中除遮挡区域或间断区域外的大部分点都是光滑的(渐变的)。

此外，极线约束也是常用的一种方法，对于求解图像中像素点的对应关系非常重要。下面以理想情况下，左右摄像机并列放置光轴平行的情况(双目横向模式)为例进行讨论。

如图 5-49 所示，O_c^L和 O_c^R分别为左右摄像机坐标系原点，P 是空间中的一个点，P 在左摄像机像平面中的成像点是 P_1，在右摄像机像平面中的成像点是 P_2，P_1 和 P_2 为共轭点。P 和两个摄像机中心点 O_c^L和 O_c^R形成了三维空间中的一个平面 $PO_c^LO_c^R$，称为极平面。

O_c^L和 O_c^R分别为左右像平面的光心，它们之间的连线称为光心线，光心线与左右像平面的交点 e_L和 e_R分别称为左右像平面的极点。极平面与左右像平面的交线 l_L和 l_R分别称为物点

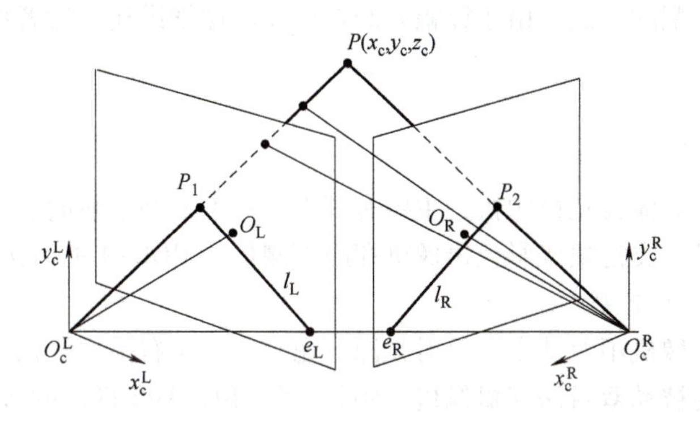

图 5-49 极线约束示意图

P 在左右像平面上投影点的极线。当仅用一个摄像机观察空间点 P 时，不能确定点 P 的深度，只能知道点 P 在 $O_c^L P_1$ 的射线上；但用第二个摄像机观察同样的点 P 时，可以确定点 P 在 $O_c^R P_2$ 射线上，因此就可以根据两条射线的交点确定 P 点的位置和深度。

从图 5-49 中可以看到，P 点所在射线 $O_c^L P_1$ 在右摄像机成像平面的投影也是一条直线，即极线 l_R。所谓极线约束就是指当同一个空间点在两幅图像上分别成像时，已知左图投影点 P_1，那么对应右图投影共轭点 P_2 一定在由 P_1 决定的极线（$O_c^L P_1$ 在右成像平面上的投影 l_R）上，这样可以极大地缩小匹配范围。理想情况下，当左右两图光轴平行时，如图 5-46 所示，P_1 决定的右图中的极线为水平的。更一般情况下如图 5-49 所示，根据极线约束的定义，可以从图 5-49 中直观地看到 P_2 一定在右图的极线 l_R上，所以只需要沿着极线搜索，一定可以找到和 P_1 对应的点 P_2。

上述极线约束关系可以表达为

$$ {}^{2}\tilde{P}^{\mathrm{T}} \boldsymbol{F} {}^{1}\tilde{P} = 0 \tag{5-33} $$

式中 ${}^{1}\tilde{P}$——P_1 齐次形式的图像点坐标；

$\boldsymbol{F}$——一个 3×3 矩阵，是由摄像机参数和视图之前相对位姿决定的函数，称为基本矩阵，可以通过多个已知匹配点估计；

${}^{2}\tilde{P}$——P_2 齐次形式的图像点坐标。

把式(5-33)的后两项组合为

$$ l_R = F {}^{1}\tilde{P} \tag{5-34} $$

这是一条右极线的直线方程，而图 5-49 右图中的共轭点 P_2 必须位于该直线上，即满足

$$ {}^{2}\tilde{P} l_R = 0 \tag{5-35} $$

对于图 5-49 中左图的一个点，沿着它在右图中水平极线方向寻找和它最匹配的像素点，说起来简单，实际操作起来却不容易。这是因为上述都是理想情况下的假设。实际进行像素点匹配时会发现几个问题：

1）实际上要保证两个摄像机完全共面且参数一致是非常困难的，而且计算过程中也会产生误差累积，因此对于左图的一个点，其在右图的对应点不一定恰好在极线上。但是应该是在极线附近，所以搜索范围需要适当放宽。

2）单个像素点进行比较鲁棒性很差，很容易受到光照变化和视角不同的影响。

更多关于立体匹配的算法，由于篇幅限制在此无法详细讲述，读者可以参考计算机视觉的相关书籍。

5.4.4 立体视觉摄像机

目前，市场上的立体视觉摄像机，主要有两类：一类是基于前面讲述的被动双目立体视觉原理的摄像机，另一类是集成彩色摄像机和距离测量的 RGB-D 主动立体视觉摄像机。

1. 被动双目立体视觉摄像机

双目立体视觉摄像机不对外主动投射光源，完全依靠左右摄像机拍摄的两张图片来计算深度，因此也被称为被动双目深度摄像机。例如，STEROLABS 推出的 ZED 2K Stereo Camera 和 Point Grey 公司推出的 BumbleBee 摄像机，如图 5-50 所示。这类摄像机利用双目立体匹配计算，可实时得到场景深度信息和三维模型，可以快速构建立体视频，可实时进行 3D 数据转换，每秒产生上百万个 3D 点。

a) ZED 2K Stereo Camera

b) BumbleBee摄像机

图 5-50 双目立体视觉摄像机举例

双目立体视觉系统具有以下优点：

1）对摄像机硬件要求低，成本也低。因为它不需要像时差法和结构光使用特殊的发射器和接收器，可以使用普通的消费级 RGB 摄像机也可以搭建双目立体视觉系统。

2）室内外都适用。由于直接根据环境光采集图像，所以在室内外都能使用。相比之下，时差法和结构光一般只能在室内使用。

双目立体视觉系统的缺点包括：

1）对环境光照非常敏感。双目立体视觉系统依赖环境中的自然光线采集图像，而由于光照角度变化、光照强度变化等环境因素的影响，拍摄的两张图片亮度差别会比较大，这会对匹配算法提出很大的挑战。

2）不适用于单调、缺乏纹理的场景。由于双目立体视觉系统根据视觉特征进行图像匹配，所以对于缺乏视觉特征的场景（如天空、白墙、沙漠等）会出现匹配困难，导致匹配误差较大甚至匹配失败。

3）计算复杂度较高。双目立体视觉计算需要进行像素匹配计算，并保证匹配结果的鲁棒性，所以算法中会增加大量的错误剔除策略，因此对算法要求较高，实现可靠商用的难度与计算量较大。

4）摄像机基线限制了测量范围。测量范围受摄像头间距影响很大，即间距越大，测量范围越远；间距越小，测量范围越近。所以基线在一定程度上限制了该深度摄像机的测量范围。

2. 主动结构光立体视觉摄像机

区别于双目立体视觉的被动三维测量技术，结构光立体视觉摄像机需要主动投射结构光到被测物上，通过结构光的变形（或者飞行时间等）来确定被测物的尺寸参数，因而被称为主动三维测量。

进行三维测量的结构光类型可分为很多种，最简单的是投射光点，基于三角测量原理通过三角几何约束关系来测量深度。此外，还可以基于线结构光、面结构光以及复杂光学图案编码(如激光条纹、正弦条纹)等进行深度测量。结构光投射到被测物表面后被被测物的高度(深度)调制，被调制的结构光图像经单个或多个摄像机拍摄，传送至计算机内分析计算后可得出被测物的三维面形数据。其中，调制方式可分为时间调制与空间调制两大类。时间调制方法中最常用的是飞行时间法，该方法记录了光脉冲在空间的飞行时间，通过飞行时间基于三角测量原理解算被测物的面形信息；空间调制方法为结构光场的相位、光强等性质被被测物的高度调制后都会产生变化，根据读取这些性质的变化就可得出被测物的面形信息。

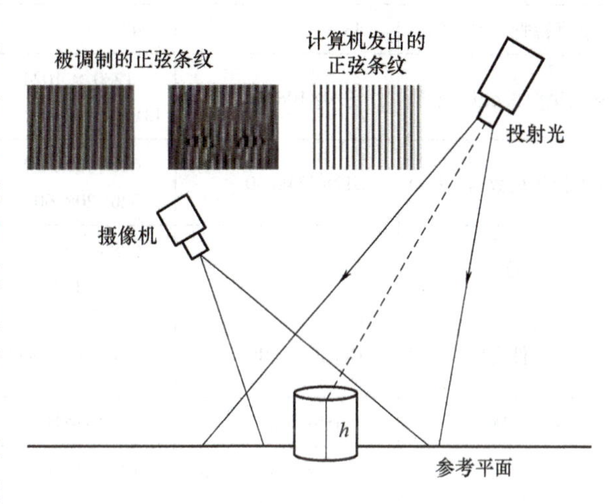

图 5-51　面结构光测量原理示意图

图 5-51 所示为一种基于光栅投影技术的面结构光测量原理示意图。即通过计算机编程产生正弦条纹，将该正弦条纹通过投影设备投影至被测物，利用 CCD 摄像机拍摄条纹受物体调制的弯曲程度，解调该弯曲条纹得到相位，再将相位转化为高度。

目前，微软的 Kinect、华硕的 Xtion、Prime Sense 的 Carmine、Intel 的 RealSense 等都是基于该原理的立体视觉摄像机，如图 5-52 所示，它们的性能和参数等见表 5-4。这些立体 RGB-D 摄像机一般由 RGB 摄像头、深度摄像头、一组传声器以及一个倾斜电动机组成。深度摄像头通过一个红外发射器按一定频率(30 次/s)发射红外光信息，再通过一个红外接收器接收红外信息，利用时间差获取深度数据。

图 5-52　立体视觉摄像机举例

表 5-4　立体视觉摄像机参数举例

品牌	微软	华硕	Prime Sense	Intel
型号	Kinect for Windows	Xtion/Xtion Pro/Pro LIVE	Carmine 1.08/1.09	RealSense D435
水平视野范围/(°)	57	58	57.5	85.2
垂直视野范围/(°)	43	45	45	58
彩色摄像机数据/像素	1920×1080	1280×1024 (Pro LIVE)	1280×960	1920×1080
深度摄像机数据/(f/s)	512×424@30	640×480@30 320×20@60	640×480@30	1280×720@30
深度/m	0.5~4.5	0.8~3.5/ 0.35~1.4	0.8~3.5/ 0.35~1.4	0.1~10
软件支持	OpenCV、ROS	OpenNi、OpenCV	OpenNi、OpenCV、NiTE	OpenNi、OpenCV、ROS
音频	2个传声器	2个传声器	2个传声器	
尺寸	28cm×7cm×6.5cm	18cm×5cm×3.5cm	18cm×5cm×3.5cm	9cm×2.5cm×2.5cm
接口	USB2.0/3.0	USB2.0/3.0	USB2.0/3.0	USB3.0
供电	由USB供电，无须外加电源			

本章小结

本章首先介绍了机器人视觉技术的定义与内涵，解释了机器人视觉技术与计算机视觉、机器视觉等技术的关系与不同。接下来以应用实例的形式介绍了视觉系统的应用与功能，详细分析了机器人视觉系统的工作原理、结构与组成形式，并对视觉系统的关键传感器件CCD/CMOS图像传感器的原理进行了介绍。在此基础上，讲解了图像的表示、预处理和特征提取等图像处理的基本知识，以及双目立体视觉的相关知识。

思考题与习题

5-1　试着说一说机器人视觉技术与机器视觉、计算机视觉有哪些联系与不同?

5-2　试着说一说机器人视觉系统的主要功能。

5-3　机器人视觉系统工作流程主要包括哪几个主要阶段?

5-4　试着用文字或者图表的形式描述机器人视觉系统的结构与组成。

5-5　CCD摄像机与CMOS摄像机各有哪些特点和不同?

5-6　机器人视觉系统有哪些分类和配置方法?

5-7　试着解释一下图像数字化过程中的图像分辨率和量化分辨率的概念有何不同。

5-8　图像预处理的目的是什么？你知道有哪些常用方法?

5-9　请说出5种以上描述图像特征的方法。为什么图像处理时需要提取特征?

5-10　机器人视觉系统在成像计算时，一般涉及哪几个坐标系？分别是如何定义的?

5-11　你知道有哪些方法可以获得景物的深度信息进而进行三维重建?

5-12　双目立体视觉成像主要基于什么原理?

5-13 双目立体视觉技术测量主要涉及哪几个步骤和关键技术？

5-14 什么是机器人视觉伺服技术？

5-15 什么是立体匹配？目前立体匹配技术的主要思路是什么？

学习拓展

5-1 进行学术文献搜索，查找任一款机器人系统，分析其视觉系统的组成与结构，请说明其图像传感器的数量、配置方式是怎样的？属于哪一种视觉分类系统？具体应用中对视觉系统的指标要求有哪些特点？在具体任务应用中，采用了哪些图像处理方法？

5-2 查找目前市场上所有可获得的图像传感器产品，试着将其分类整理。并试着说出其图像获得以及视觉感知的原理，分别适用于哪些机器人应用场合？

第6章 机器人听觉

导读

生活中人们可通过声音的不同发音、高低等实现语言的不同表述，完成交流，这是人们交互的主要手段之一。对于机器人来讲，听觉也是机器人一种很重要的交互感知能力。本章首先对声音的基本概念、物理性质进行介绍，接下来在介绍语音识别系统和声信号特征的基础上，详细讲述了语言信息识别和处理技术。此外，还介绍了常用的语音识别系统。

本章知识点

- 声音传播的基本原理和声音的物理性质
- 声音的度量
- 语音识别系统组成原理
- 声信号的特征与识别
- 了解常用语音识别系统
- 了解听觉定位基本知识

6.1 声音基本概念

声音是由物体振动激励周边气体、固体或者液体介质的质点振动，在质点的相互作用下，振动物体四周介质交替产生压缩与膨胀，并逐渐向外传播，从而形成波的传递方式，并被听觉器官所感知，如图6-1所示。

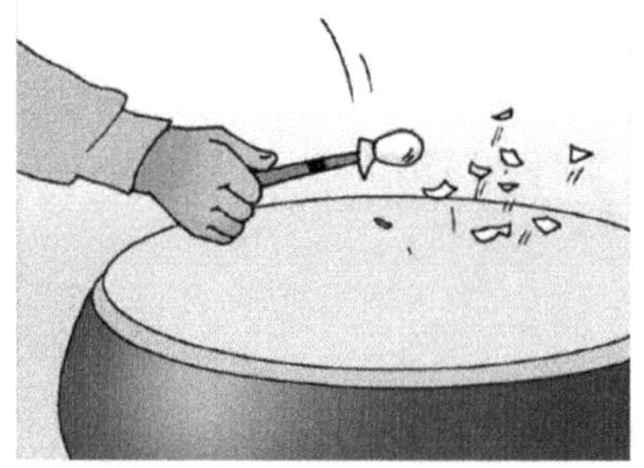

图6-1 声音振动现象

声波传播为能量传递，传播过程中，质点不随声波向前扩散，仅在原位置附近振动。声波形成必须有声源及传播介质两个基本条件。在不同的介质中，声音的传播速度有所不同，一般来说，声速 $c_{固体}>c_{液体}>c_{气体}$，且介质密度越高，传播速度越快。此外，介质的内部稳定性也会影响传播速度，如铁密度比铜小($\rho_{纯铜}=8.9\mathrm{g/cm^3}$，

$\rho_{纯铁}=7.86\text{g/cm}^3$），声波在铁中传播速度反而更快（$c_{铜}\approx 3810\text{m/s}$，$c_{铁}\approx 5200\text{m/s}$）。而物体在空气中运动时，当其运动速度接近声速，会受到强大阻力，使物体产生强烈振荡，这就是音障阻碍，在物体突破音障时，物体周围的空气压缩无法迅速传递，在物体迎风面处能量积累形成激波面，当能量传至人的听觉系统时，可感受到短暂且强烈爆炸声，俗称“音爆”，同时伴随出现音爆云现象，如图 6-2 所示。

图 6-2 音爆云

人耳能听到的声波频率 f_s 在 20～20000Hz 之间，超过该范围的声音，人们一般是听不到的。首先人们通过外耳耳廓接收声波，由外耳道传导声波至中耳，左右耳协同完成对声源的空间定位。中耳鼓膜接收到声波振动后，将声波转换为固体振动，传至内耳，由耳蜗将振动转变为神经冲动，最后由听觉中枢完成对接收信息的解析、整合，如图 6-3 所示。

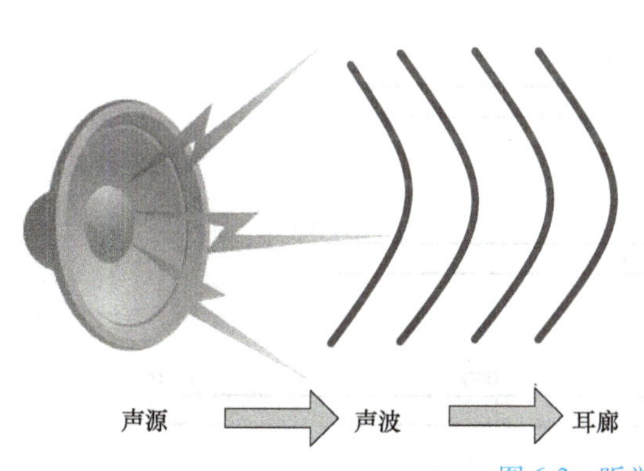

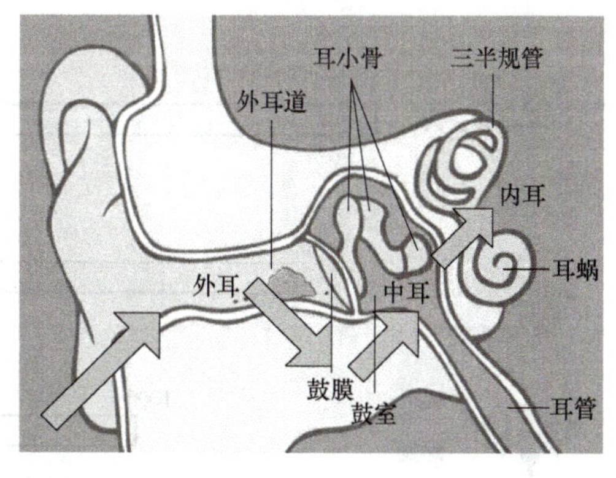

图 6-3 听觉获取信息

人们获取听觉信息主要是通过空气传播。除此以外，声源通过直接振动颅骨，引起耳蜗发生振动也可以引起听觉，称之为听觉的骨传导通路，但骨传导敏感性较差。以耳机为例，常规耳机以电流驱动线圈带动振膜发声的方式工作，如图 6-4 所示。骨传导耳机将声音转化为不同频率的机械振动，通过人的颅骨、骨迷路、内耳淋巴液、耳蜗、听觉中枢来传递声波，传播中减少声波传递步骤，增加传播清晰度和减少声波扩散，图 6-5 所示为骨传导耳机。

图 6-4 常规耳机

图 6-5 骨传导耳机

6.1.1 声音物理性质

1. 声音频率 f_s

声音频率是指声源在1s内振动的次数，单位为赫兹(Hz)。人与自然界动物都有自己的发声频率和听觉频率范围，如图6-6所示。在人类听觉频率范围外，频率低于20Hz的声音，称为次声，频率高于20000Hz的声音称为超声。以地震为例，天然地震所产生的声波频率范围多集中在1~10Hz，为次声波，人耳是无法听到的。声音在传播中，声音频率越高，波长越短，方向性越好，衰减越快，受阻反射效果越好。声音频率越低，波长越长，越容易产生衍射现象。人对声音的空间感知中，在人前方或后方发声，频率较高的声音在耳郭上形成的反射不同，传导至内耳的声音也不同，易辨别声音源的方位，但声音频率较低，则难以判断声音源方位。

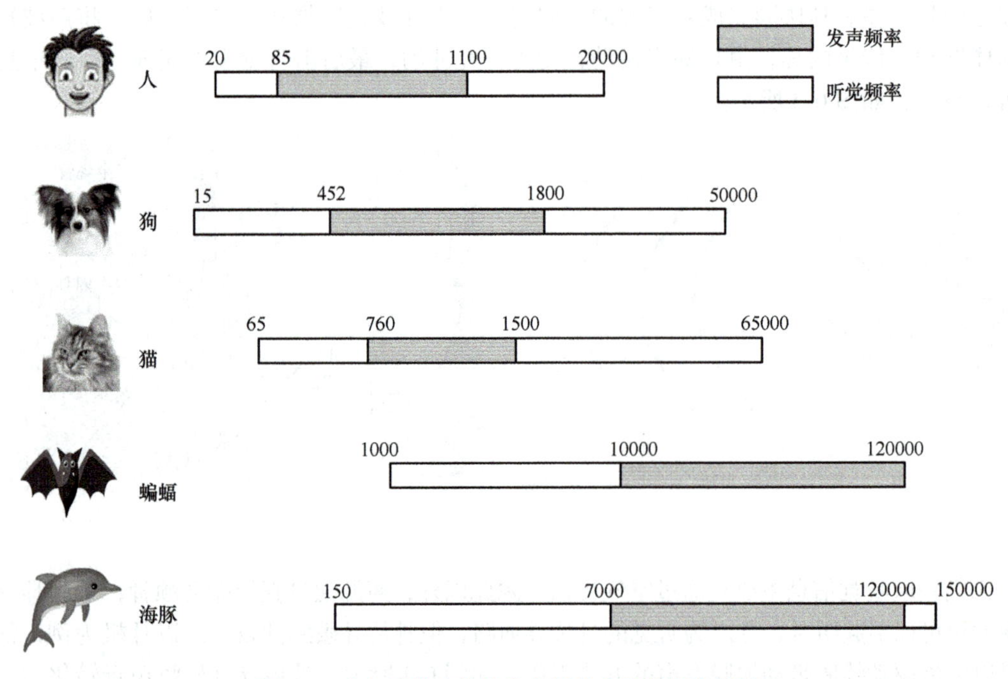

图6-6 人与部分动物的发声频率和听觉频率范围

2. 声音周期 T

声音周期是指声源单位振动所需时间，单位为s。频率与周期互为倒数，即 $T=1/f_s$。

3. 声音波长 λ

声音波长是指在一个振动周期内，在声波传播方向传播的距离。或在同一个波形上，两相位相同的相邻点之间的距离，单位为m。

4. 声速 c

声速是指1s内声波传播的距离，单位为m/s。声音频率 f_s、波长 λ 和声速 c 三者的关系为

$$c=f_s\lambda \tag{6-1}$$

5. 介质

声音的传播需要通过介质完成，介质密度越大，传播速度越快，如在空气(15℃)中传

播速度约为340m/s，在蒸馏水(25℃)中传播速度约为1497m/s，在钢铁(0℃)中传播速度约为5000m/s。此外，介质的温度不同也会影响传播速度，如在空气中温度每升高1℃，声速可加快0.6m。

6.1.2 声音度量

通常，声音的强弱可采用声压、声功率和声强来度量。

1. 声压 P

声波振动时，空气压强相比于正常大气压强会有增强或减弱，将增强或减弱的压强(如可将某一点上气压和平均气压的瞬时差)称为瞬时声压，单位为Pa。在声学测量中，声压一般指有效声压，即声场中某点的声压定义为该点瞬时压强的均方根值或有效值。一般情况下，人可听到的最微弱的声音的声压约为2×10^{-5}Pa，称为听阈声压；而让人耳产生疼痛感觉的声压约为20Pa，称为痛阈声压。

2. 声功率 W

声功率是指声源单位时间内向外辐射的声能，单位为W。在噪声测量中，噪声声压属于瞬时声压，因此用声压值来描述和检测声音强度，其值会经常发生变化；而声功率是一个绝对参数，属于定值，所以采用声功率检测法来描述声音强度，其值不会经常发生变化。所以，现在常用声功率法进行产品的噪声测量。通常定义人刚刚能听到的声音的声功率为10^{-12}W，并以此作为声功率的基准，相应的痛阈声功率为1W。

3. 声强 I

声强表示声波平均能流密度值，代表单位时间内通过一定面积的声波能力，具体是指单位时间内，声波通过垂直于传播方向单位面积的声能量，单位为W/m^2。通常定义人刚刚能听到的声音的声强为听阈声强，数值为$10^{-12}W/m^2$，并以此作为声强的基准，相应的痛阈声强为$1W/m^2$。

4. 分贝

由上述介绍可知，人耳可听的声音的声压从听阈到痛阈相差百万倍，测量分析极不方便；而人耳对声音强弱的主观感觉通常与其声压变化的对数比值相关。所以，在声测量中，通常引入分贝(dB)的定义来描述声音强弱的“级别”。所谓分贝，是指度量两个相同单位之数量比例的计量单位，为相对单位，没有物理量纲，主要用于度量声音强度，为我国选定的非国际单位制单位，是法定计量单位中的级差单位。分贝数越小，声音越小。人耳产生声音感觉的最低值为0dB。

5. 声压级 L_P

人耳的声音感觉与声压大小成对数关系，因此用声压比的对数来表示声音的强弱，单位为dB。其计算公式常用声音的声压与基准声压级之比的常用对数乘以20来表示，即

$$L_P = 20\lg\frac{P}{P_0} = 10\lg\frac{P^2}{P_0^2} \tag{6-2}$$

式中 L_P——声压级(dB)；

P——声压(Pa)；

P_0——计量的基准声压，$P_0=2\times10^{-5}$Pa(听阈声压)。

例如，定义听阈声压为基准声压$P_0=2\times10^{-5}$Pa，痛阈声压为$P=20$Pa，那么，根据式(6-2)计算，可以得到人耳产生声音感觉的最低值为听阈声压级0dB，而痛阈声压对应的

声压级为120dB。分贝数越小，声音越小。图6-7所示为生活中部分声压和声压级的环境举例。

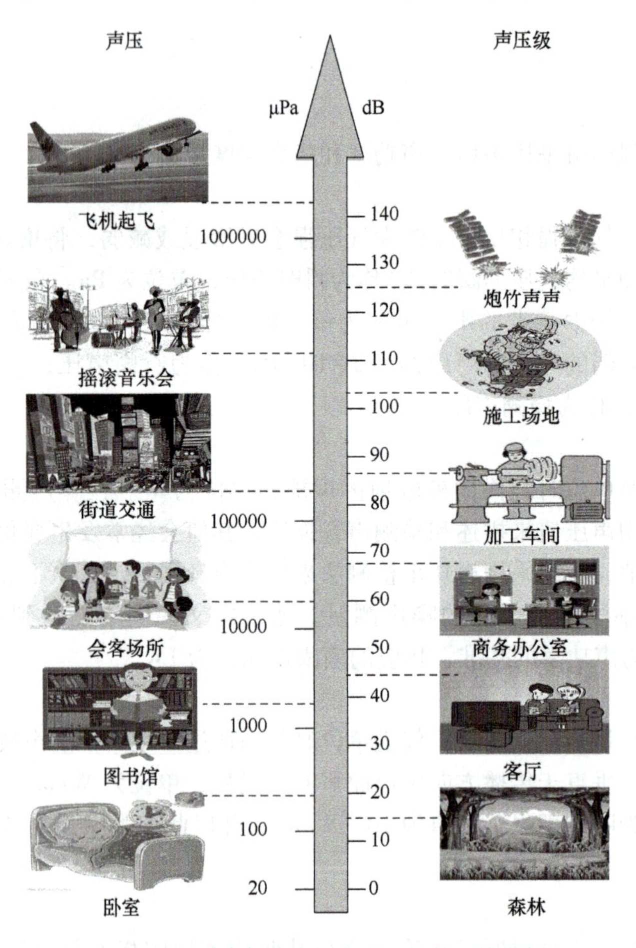

图6-7　生活中部分声压和声压级的环境举例

6. 声功率级L_W

声功率级被定义为声源的声功率与基准声功率之比的常用对数乘以10，即

$$L_W = 10\lg\frac{W}{W_0} \tag{6-3}$$

式中　L_W——声功率级(dB)；

W——声功率(W)；

W_0——基准声功率，$W_0 = 10^{-12}$W。

按照式(6-3)，听阈声功率级为0dB，痛阈声功率1W对应级别为120dB。

7. 声强级L_I

声强级被定义为声音的声强与基准声强之比的常用对数乘以10，即

$$L_I = 10\lg\frac{I}{I_0} \tag{6-4}$$

式中　L_I——声强级(dB)；

I——声强(W/m^2)；

I_0——基准声强，$I_0 = 10^{-12}\mathrm{W/m^2}$。

按照式(6-4)，听阈声强级为0dB，痛阈声强1W/m² 对应级别为120dB。

6.1.3 声信号接收及发声器件

1. 声信号接收

声信号接收器是指将声信号转换为电信号的能量转换器件，如传声器等。这里以两种常见的声信号接收器为例进行介绍。

（1）动圈式　动圈式传声器是依据电磁感应原理制成的。接收声波的膜片发生受迫振动，带动处于恒定磁场内的线圈，从而产生一个交变的感应电动势，完成声能向电能的转化，机构如图6-8所示。动圈式传声器的优点是结构简单，使用方便；缺点是灵敏度低，频率范围窄，瞬态响应较电容式传声器差。

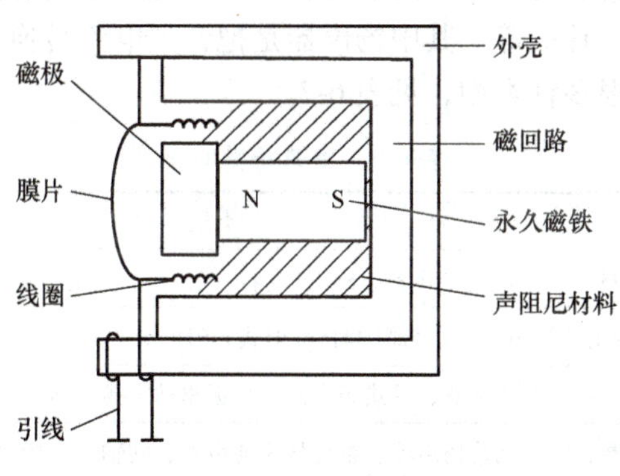

图6-8　动圈式传声器

（2）电容式　电容式传声器是依据接收声波的膜片构成电容，受迫振动后其电容量变化从而产生一个交变电压，从而完成了声电转换，如图6-9所示。电容式传感器的优点是频率范围宽、灵敏度高、失真小、音质好；缺点是结构复杂、成本高，保存和使用条件有限制。

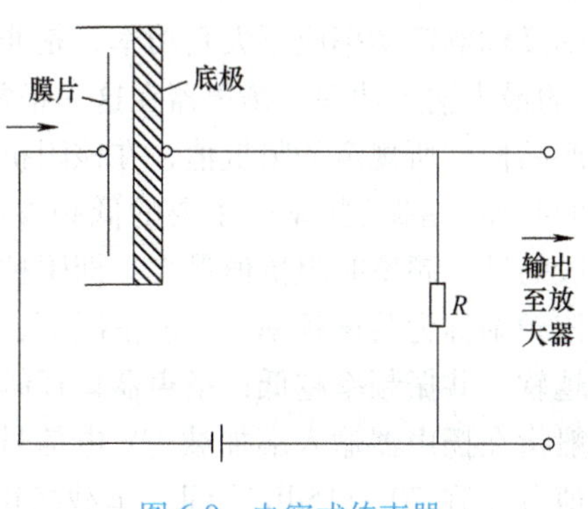

图6-9　电容式传声器

动圈式传声器、电容式传声器均为压强式声波接收，即对空间中某点声压起反应，都属于无源式传声器，但工作原理不同。优质的动圈式传声器常用于流行音乐及娱乐性轻音乐，因为它能够提供较高的声压电平，具有良好的逼真度，而且高度可靠又不需要电源电压的供给。故而在一般场合中，尤其在扩声中，动圈式传声器经常被采用。电容式传声器由于频率范围宽、灵敏度高、失真小、音质好，经常用于录音及专业演出中。

此外，根据不同的分类方法，声信号接收器的类型见表6-1。

表6-1　声信号接收器类型

分类方法	类型
换能原理	电动式、电容式、压电式、电磁式、碳粒式、半导体式等
声场作用力	压强式、压差式、组合式、线列式等
电信号的传输方式	有线、无线
用途	测量、人声、乐器、录音等
指向性	心形、锐心形、超心形、8字形、全向型等

2. 声信号发送

发声器是指将电信号转换为声信号的器件，即利用电磁感应、静电感应或压电效应等来完成电声转换，如扬声器、耳机等。其中扬声器是把音频电流转换成声音的电声器件。发声器按照分类方法不同，有很多种类型，见表6-2。

表6-2　发声器类型

分类方法	类型
能量方式	电动(动圈)扬声器、电磁扬声器、静电(电容)扬声器、压电(晶体)扬声器、放电(离子)扬声器
辐射方式	纸盆(直接辐射式)扬声器、号筒(间接辐射式)扬声器
振膜形式	纸盆扬声器、球顶形扬声器、带式扬声器、平板驱动式扬声器
组成方式	单纸盆扬声器、组合纸盆扬声器、组合号筒扬声器、同轴复合扬声器
用途	高保真(家庭用)扬声器、监听扬声器、扩音用扬声器、乐器用扬声器、接收机用小型扬声器、水中用扬声器
外形	圆形扬声器、椭圆形扬声器、圆筒形扬声器、矩形扬声器

扬声器的主要特性参数如下：

（1）标称功率　标称功率又称额定功率或不失真功率，是非线性失真不超过标准规范条件(一般不超过7%~10%)下的最大输入功率。扬声器在这一正常功率下长期工作不会损坏。

（2）标称阻抗　制造厂产品标准所规定的阻抗值，在该阻抗上扬声器可获得最大功率。

（3）共振频率　扬声器的共振(谐振)频率是主要的低频参数之一，影响声音在低频段的播放效果。扬声器在低频段的某一频率时阻抗值最大，即阻抗曲线中阻抗值随频率升高出现第一个峰值对应的频率，该频率称为共振频率。一般情况下，扬声器振膜越重，共振频率越低；振膜折环、定心支片越软，共振频率越低；扬声器口径越大，共振频率越低。

（4）灵敏度　灵敏度一般指在扬声器输入端加载1W电信号，在轴向位置1m处所测到的声压值。扬声器的灵敏度值分布在70~115dB之间，车载扬声器一般以84dB·W^{-1}·m^{-1}以下为低灵敏度，87dB·W^{-1}·m^{-1}为中灵敏度，90dB·W^{-1}·m^{-1}以上为高灵敏度。通常情况下，灵敏度越高，所需要的输入功率越小。

（5）指向性　扬声器在不同方向上声辐射本领是不同的，表示这种性能的指标叫作辐射指向性，指向性与频率有关，扬声器的辐射指向性随频率升高而增强，一般情况下，300Hz以下的低音频没有明显的指向性。高频信号的指向性较明显，如频率超过8kHz，声压将形成一束。

6.2 语音识别

语音识别是以语音为研究对象，利用语音信号处理、模式识别等技术让机器人识别和“理解”人类口述的语句内容的技术。语音识别是一门交叉学科，其涉及物理学(声学)、语言语音学、心理学、生理学、神经生物学、通信及信息理论、模式识别理论、计算机科学学等多个学科。

语音识别技术也称自动语音识别，是指机器通过识别和理解将人类语音中的词汇内容转变为相应的计算机可读输入文本或命令的技术。

语音识别系统是基于语音识别技术的模式识别系统，一般有特征提取单元、模式匹配单元和模型库单元组成。近年来，随着计算机技术的快速发展和语音识别技术的不断提高，多家公司推出了各自的语音识别系统，如安卓系统内嵌语音识别系统、Google 语音翻译、科大讯飞推出的讯飞口讯和语音云识别等。

6.2.1 语音识别系统概述

语音识别的研究目标在于让机器“理解”人类的语言，即可以准确无误地识别出人类说话的内容，并根据内容形成执行指令。语音识别研究始于 1952 年贝尔研究所，最初可识别 10 个英文数字发音，此后对短词汇、孤立词进行解读，并在 20 世纪 70 年代获得实质性进展，出现了逐渐成为主流的隐马尔可夫模型(HMM)技术，并且从传统的目标匹配方式向基于统计的数学化方向发展。20 世纪 80 年代以后，大词汇量、非特定人连续语音识别，人工神经网络进入模式识别的范畴，开启了利用人工神经网络进行语音识别问题的研究思路。20 世纪 90 年代语音识别技术开始进入应用阶段。

现阶段，语音识别系统的主要研究方向有：

1）大词汇量连续语音识别系统，主要应用于计算机智能服务系统、互联网智能查询系统、电话智能服务系统，如阿里云智能语音交互系统、百度导航智能语音交互系统等。

2）小型化、便携式语音产品应用技术，主要应用于智能设备，如智能手机语音拨号技术、智能玩具远程语音控制技术、家电遥控技术等，这些应用技术基本上都是通过第三方软件来实现应用。同时，随着近几年语音信号处理专用芯片和语音识别片上系统的发展和完善，多种语音识别算法得以应用和发展。

语音识别系统是基于特定的硬件平台和操作系统的应用型软件系统，一般分为两个步骤。第一步是系统“学习”或“训练”阶段，通常离线完成，即采用原有或收集好的海量样本、语言数据库，处理、分辨，获取“声学模型”和“语言模型”；第二步是“识别”或“测试”阶段，通常在线完成，即对获得的语音进行端点检测、降噪、特征提取，利用第一步训练好的模型对处理后语音的特征向量进行模式识别(解码)。完整的语音识别系统一般由语音识别技术加上外围技术组合而成。按功能划分，语音识别系统可分为语音信号的预处理部分、语音识别系统的核心算法部分以及语音识别系统的基本数据库等部分。

语音识别主要存在的问题包括：

1）对自然语言的识别和理解，首先需要对连续的讲话内容分解为词、音素等单位，其次需建立一个理解语义规则。

2）信息变化量大，存在多种语言和方言。

3）语音具有模糊性，不同的词在表达中可能近似。

4）表达具有环境性，语言由于存在语气、语调和环境等不同，导致其表述的意思有区别。

5）环境干扰性，环境的噪声和干扰对语音识别有严重影响。

图6-10所示为语音识别系统框图，当有声音（人的声音）信号输入时，特别的参数模型通过A/D转换，对所接收到的声音信号进行端点检测，将检测的信号送入特定参数计算装置，对其参数进行分析，然后将分析完的参数代入字典、语法当中，组成人们能够看懂的语言形式，最后完成系统的语音识别，通过特定软件显示出来。

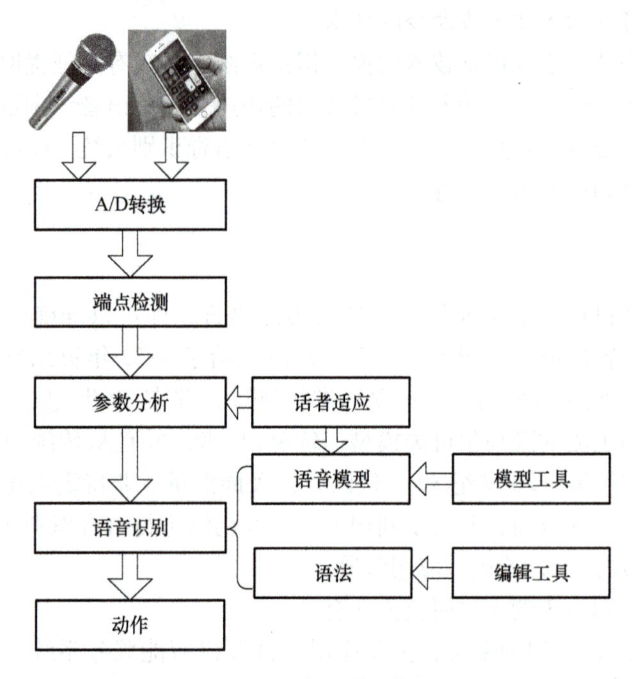

图6-10 语音识别系统框图

6.2.2 声信号特征

声音是一种波，具有以下几种物理特征：

① 音色：是一种声音区别于其他声音的基本特征。

② 音调：表示声音的高低。音调取决于声波的频率，频率快，音调就高，反之则低。

③ 响度：表示声音的强弱，由声波振动幅度决定。

④ 音长：表示声音的长短，由发音持续时间的长短决定。

除了有物理特征外，声音还具有另一个重要的性质，这就是声音总是能表达一定的意义和思想内容。此外，在表述中由于存在语气、情感等因素，导致声音中所包含的信息是多样的。人们说话时自然地、一次发出的、有一个响亮中心的、每一个小的语音片段，常常被称为一个音节。音节是构成语音的最小单位，或者叫作发声的最小单位。通常，一个音节又是由一个或若干个音素构成。音素是一段语音中最基本的组成单位。各种音素组合到一起就构成了不同的音节，各种音节组合到一起又构成了更大的单位——词。词是文章的基础，是有意义的语言的最小单位。

语音一般有元音和辅音两种音素，一个音节由元音和辅音构成。元音是由声带振动发出的声音，元音由声道的形状和尺寸决定，它是一个音节的主要部分，所有元音都是浊音。辅音则是呼出的气流通过发音器官时产生的，发辅音时如果声带不振动，称为清辅音；如果声带振动，则称为浊辅音。

发音过程如图 6-11 所示。在这个过程中，声带相当于振动激励源，肺部相当于能量来源，声道相当于谐振源，口腔相当于辐射源，肺部气流经过声道后引起声带振动发声，再经过声道滤波、口腔放大后发出声压波形成声音。声带振动频率决定了声音的高低。振动能量与幅度、不同的人声道长短、口腔形状等都会影响发出声音的响度、音调、音色等。因此，在机器人语音识别中，分析发出声音的信号特征，有助于识别出声音的特点以及含义。

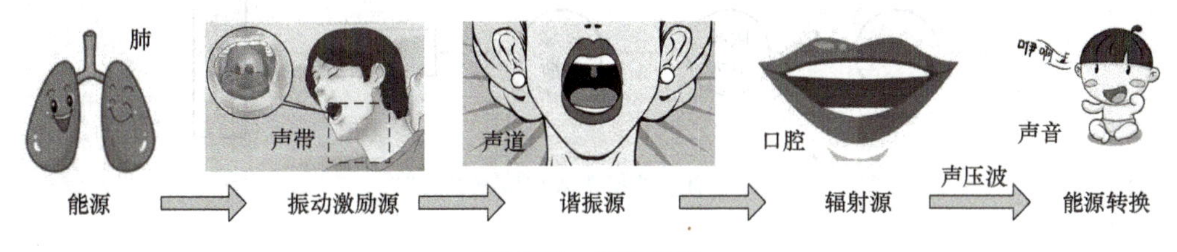

图 6-11　发音过程

如果把声带看作振动激励源，声道相当于一个谐振腔或滤波器，口腔看作声音放大器，人的整个发音过程可以用一个模型表示，如图 6-12 所示。当人的声带振动发声时，可用脉冲发生器来模拟；当声带没有振动，喉管中只是发出随机气流形成无振音时，可以用一个噪声发生器代替。经过口腔辐射后声音强弱不同可用增益因子调节；而不同声道的特性可用时变滤波器来模拟。

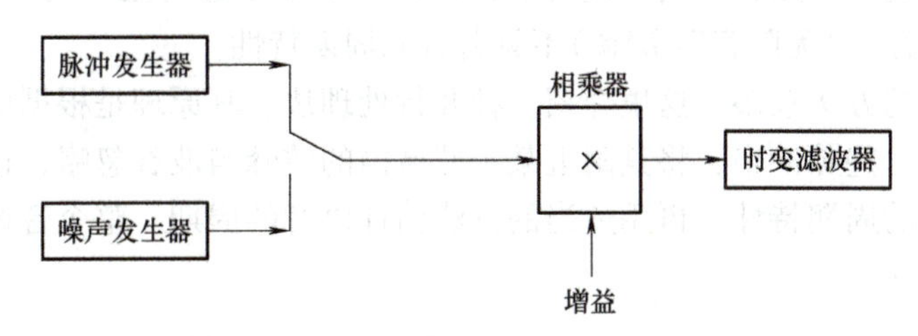

图 6-12　发音器官的电模型

每个人声带与声道特性不同，声音的特征也不同。其中，体现发声源特性不同的声音信号特征有信号幅度、过零率、音调周期等；体现声道特性的声音信号特征有线性预测系数、声道共振峰值等。

在上述内容中，每种特征只能反映声音信号的一个侧面，语音的每一小段(取样周期 20ms)都有一组特征，称为一个特征向量，一个字音就有一组特征向量，称为特征矩阵。实际应用中，可以综合利用上述声音信号特征，区分声音信号的来源、发音等，进而分析语义、意图等命令用于机器人的交互与控制。

1. 信号幅度(或能量)特征

信号幅度是指话音在短时间段里的平均声音强度，用平均电压幅值或电压幅值的对数值或能量表示，是一个表示语音强度的特征量。一个词一般由几个辅音和元音组成，占用时间为几百毫秒。一个词中，各采样周期内幅度时大时小，不同词的幅度特征与时间关系彼此不同，一个句子中不同词与时间的关系也各不相同。因此，可用幅度特征来区别不同的词和语句。一般来说，发浊音比清音时的幅值大，信号幅度特征可用来进行声母与韵母分解，有声和无声的分界等。

2. 过零率特征

过零率是指短时间段内语音信号的过零次数，它大致反映信号在短时间内的平均频率。经统计，如果取采样周期为0.125ms，有阵音的过零率范围大致为20~30，无阵音的过零率范围为80~120，一般的噪声过零率在这两个范围之间。可利用过零率特征来区别有阵音与无阵音，也可判别是否有发音来决定语音的起点或者终点。其检测电路如图6-13所示。

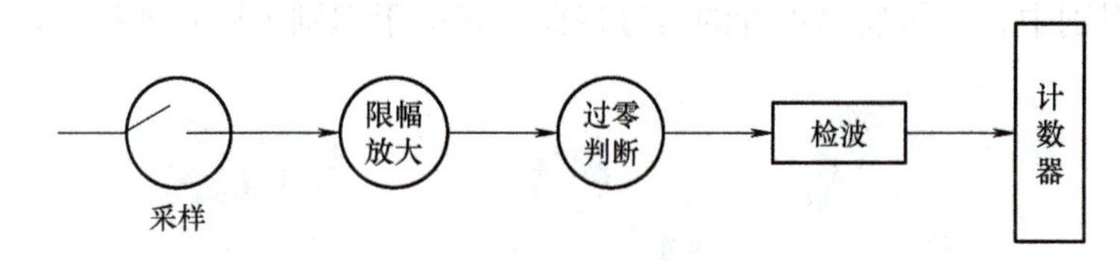

图6-13　过零率区别检测电路

3. 音调周期特性

人在发音时，声带振动产生浊音，空气摩擦产生清音。浊音的发音过程是：来自肺部的气流冲击声门，造成声门的一张一合，形成一系列准周期的气流脉冲，经过声道(含口腔、鼻腔)的谐振及唇齿辐射最终形成语音信号。从频谱分析的角度来看，一个振动信号可分为基波和各次谐波。音调周期就是语音信号的基波周期。男性的音调周期较长，女性和小孩的音调周期较短；每个人的音调周期互不相同，同一个人的音调周期变化不大；各种字的音调周期也不相同。因此，可用音调周期进行语音识别。需要注意的是，只有“有阵音”(浊音)才具有音调周期特性，“无阵音”(清音)不具备音调周期特性。

估计音调周期的方法较多，这里介绍一种并行处理法。其原理是根据语音信号的峰值和谷值的位置，提取一些脉冲串，将其附近某一邻域内的波峰与波谷忽略，这样得到的脉冲串可以保留原来信号的周期特性，再用适当的方法估计语音的周期。整个音调周期估计器的原理框图如图6-14所示。

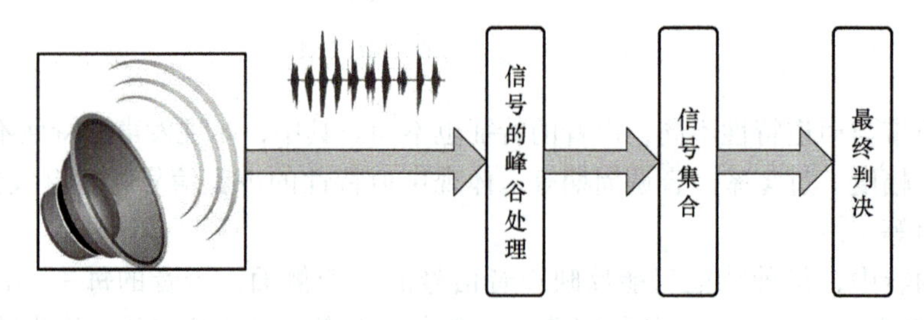

图6-14　音调周期估计器的原理框图

具体的信号处理方法如图6-15所示。其中，m_1信号提取的是原始信号的波峰值信息，位置处于波峰处，其幅值等于峰值；m_2信号也位于波峰处，但其幅值等于该处峰值与前一谷值幅度之差(或绝对值之和)；m_3信号也位于波峰处，其幅值等于该峰值减去前一个峰值，如果差值为负值，则幅值取为0。

同理，也可以根据波谷处信息组合成其他信号，例如，m_4信号位置处于波谷处，其幅值等于原始信号谷值的绝对值；m_5 信号也位于波谷处，其幅值等于该处谷值的绝对值加前一峰值的幅值；m_6 信号也位于波谷处，其幅值等于该处谷值的绝对值加前一个凹点的幅值，如果其和为负，则幅值取 0。

按上述办法提取的脉冲串进入相应单元时，如图 6-16 所示，该单元可以粗略地估计信号的基波周期。每个单元在幅值保持时间 τ 内对后来的脉冲不做任何处理；时间 τ 后，脉冲按指数规律下降，直到遇到幅度超过它的脉冲时，之前的过程重新开始。其中 τ 与脉冲幅值成正比。这些脉冲的宽度可作为音调周期的估计值。

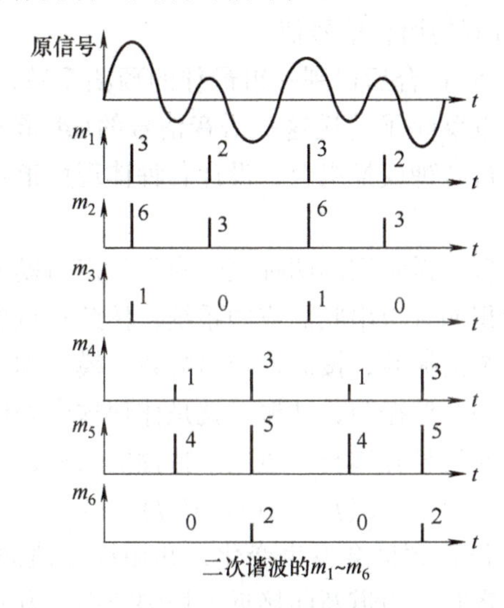

图 6-15 信号处理方法

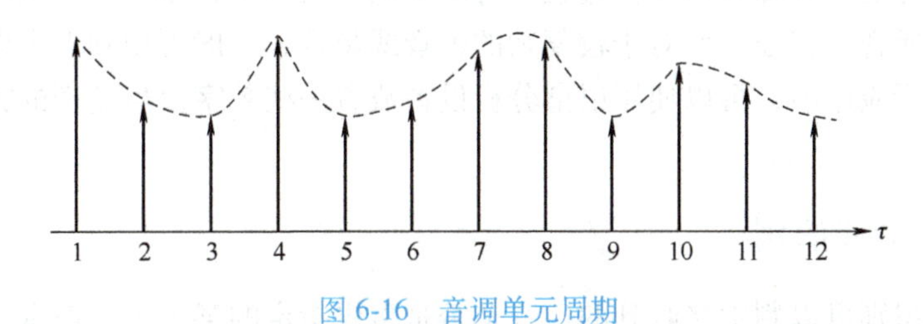

图 6-16 音调单元周期

4. 线性预测系数特征

如果声带相当于一个脉冲串发生器，则声道相当于一个时变滤波器。在一个短时间内，语音信号可以认为是一串窄脉冲加在一个滤波器输入端时的滤波输出信号。信号波形受滤波器的影响，可从该波形中提取表征滤波器特性的特征值，由这些特定数值来反映滤波器（声道）特性。

线性预测系数就是一组可以体现该“滤波器”特性的参数。1947 年，维纳首次提出了线性预测这一术语，而板仓等人在 1967 年首先将线性预测技术应用到语音分析和合成中。线性预测的基本思想是：语音信号采样点之间存在相关性，可以用过去的若干个采样点值或它们的线性组合来预测现在或未来的样点值，即一个语音的抽样能够用过去若干个语音抽样或它们的线性组合来逼近，这样可以通过使实际语音采样值和线性预测采样值之间的均方误差达到最小值，来得到唯一的一组预测系数。而这组预测系数很好地反映了语音信号的特性，所以可以作为语音信号的特征参数。而且，线性预测还提供了一种很好的声道模型及模型参数估计方法。

例如，对 20ms 的语音信号取样，取样周期为 0.125ms，取样值依次为 s_1，s_2，s_3，…。预测系数反映这些取样值之间的关系，即反映滤波器的特性。滤波器的特征是连续的，所以一个取样值可用前面若干个取样值的线性组合来求得。

例如，如果用含有 8 个预测系数的预测模型来体现语音特征，预测公式为

$$s_9=a_1s_1+a_2s_2+\cdots+a_8s_8 \tag{6-5}$$

式中　$a_1\sim a_8$——预测系数；

$s_1\sim s_8$——8 个取样时刻的语音信号值。

把一段语音信号用式(6-5)拟合后得到一组最佳的预测系数，那么这组预测系数就会体现这一段语音信号的特征，也反映了传送这一语音信号的(声道)滤波器的特性。实际应用中，还会将这些预测系数进行各种变换组合，设计各种体现声道特征的特征参数。

5. 声道共振峰特征

目前有多种声道数学模型，最常用的两种数学模型是声道模型和共振峰模型。若把声道视为由多个等长的不同截面积的管道串联而成的系统，按此观点推导出的数学模型一般称为声道模型；若将声道视为一个谐振腔，按此推导出的数学模型称为共振峰模型。

共振峰模型把声道视为一个谐振腔，共振峰就是体现这个腔体特点的谐振频率。语音信号的频谱等于声带发出的脉冲信号频谱与声道频率特性的乘积，即

$$S(f)=S_S(f)\times H(f) \tag{6-6}$$

声道(腔体)结构不同，语音频谱会发生变化，共振峰峰值的频率位置也会随所发语音的不同而变化。例如，发元音时，声道断面接近于均匀断面，发其他音时，声道形状很少是均匀的，那么声道的共振峰数值和位置就会有所不同。实践中，用声道模型的前三个共振峰就可以体现一个元音的特征，而对于较复杂的辅音或鼻音，一般可用到五个以上的共振峰来体现其特征。实际应用中，可以使用语谱分析设备或者一些数字信号处理的方法来提取共振峰参数。

6.2.3 特定人语音识别

特定人语音识别可以判别接收到的声音是否是事先指定的某个人的声音，也可以判别是否是事先指定的一批人中某个人的声音。

特定人语音识别最简单的思路是事先将指定的人的声音中的每一个字音的特征矩阵存储起来，形成一个标准模板(或叫模板)，然后再进行匹配。

实际应用中，首先要记忆一个或几个语音特征，而且被指定人讲话的内容也必须是事先规定好的有限的几句话。特定人语音识别系统可以识别讲话的人是否是事先指定的人，讲的是哪一句话。图 6-17 所示为语音识别系统对特定人语音的识别过程。

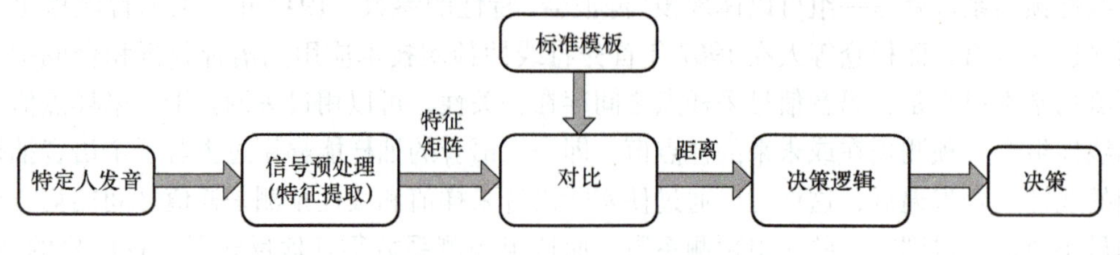

图 6-17　语音识别系统对特定人语音的识别过程

特定人的语音识别系统，首先是要找语音起点和终点，一般会把语音的幅度特征和过零率特征联合起来检测语音的起点和终点。系统要能够保留一段声音信号，当发现明显的声音信号时，要从这点向前考察各个短时间段的幅度与过零率，只要其中之一超过某个限值，就认为这段还是属于发音段，直到这两种特征都低于限值时才停止考察，这个时间点就是语音的起点。对于终点，也用相同的办法来判别。

接下来，在获取一段特定人语音的基础上，判别特定人语音的基本步骤是：

1）确定识别方法所用的特征。

2）对接收到的语音提取特征矩阵。

3）进行模板匹配。例如，可以与事先存储在系统之内的标准模板中的特征矩阵相比较，计算它们的距离。这个距离可以用各个对应特征值之差二次方和来定义。

4）决策判断。例如，可依据上一个步骤计算的模板距离进行判断，如果距离小于某个值，则系统认为该发言人是指定的发言人，并确定所说的话是什么。

在说话人特征选取方面，一般可从体现说话人音色、声道特点、能量大小的特征中选取，而且应该不易被模仿，易于提取。常见的有线性预测系数及其派生参数、语音频谱导出的参数(如共振峰峰值)等。

在模板匹配方面，针对各种特征的模板匹配方法大体可归纳为基于概率统计方法、动态时间规整方法、矢量量化方法、隐马尔可夫模型(HMM)方法、人工神经网络等。

此外，一个人发同一个字音的快慢有差别，若总是按标准模板中存储的速度去识别声音，会引入较大的误差，甚至造成判别错误。因此，可以采用“时间对应”步骤，把接收到的信号在各段时间里的快慢在容许的范围内做一些调整，再和标准信号比较。即首先将两种信号的起点和终点对齐，然后在起点和终点之间找出一批对应关系，叫作时轴对应关系，简称时应关系，如图 6-18 所示。很显然，这种时应关系不是唯一的。为了从中找到合理的对应关系，可先将两段时间以同样的时间间隔划分。假设把标准信号均匀地划分为 $N=1, 2, \cdots, N$ 个时段，把接收到的信号划分为 $M=1, 2, \cdots, M$ 个时段。

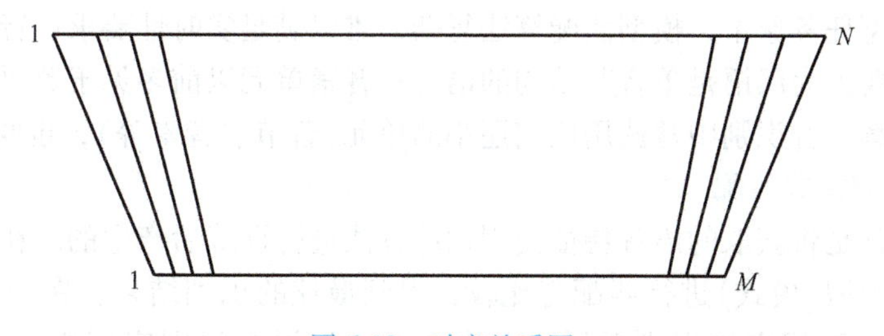

图 6-18　时应关系图

规定任何一方的一段短时间段只能与另一方的一段或二段短时间段相对应，在任何情况下不允许与三段或更多段相对应。做这样的规定意味着对于正确的语音，在每个时刻所允许的变化快慢是有一定限度的，变化太快或太慢都不是正确的语音。

确定时应关系的方法有很多，其中动态时间规整方法是解决这类问题的一种有效方法，这里不再详述。在确认时应关系后，可以将这些特征与标准模板之间的距离进行对比，这个距离可以定义为特征矩阵中的各元素与标准模板中各对应元素的差值的二次方和，当然也可采用其他方法。如果信号特征与标准模板的距离小于某一值，就可以认为发言人是指定的某一个人，否则就不是。

6.2.4 非特定人语音识别

非特定人语音识别是不用针对指定发音人的识别技术，这种语音识别技术不分年龄、性别，只要发音人说的是相同的语言就可以识别。

非特定人语音识别系统，事先需要用很广泛的说话人语音来训练、识别系统模型，确保有足够的数据来精确刻画语音单元各种复杂的时变特性和协同发音。该类系统可忽略说话人之间的差异，降低系统对于单个说话人建模的精度，因此相对特定人语音识别，这种识别系统的通用性更好、应用也更广泛。例如，数字音识别和航班语音识别就属于这种情况。

一般情况下，基于统计的非特定人语音识别过程如图 6-19 所示，可分为三大步骤：①语音信号预处理与特征提取；②声学模型与模式匹配；③语言模型与语言处理。

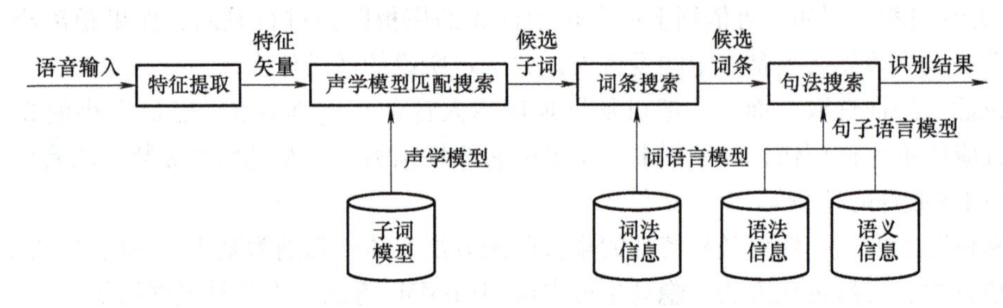

图 6-19　连续语音识别过程原理示意图

1. 语音信号预处理与特征提取

语音识别的一个根本问题是合理地选用特征。特征参数提取的目的是对语音信号进行分析处理，去掉与语音识别无关的冗余信息，获得影响语音识别的重要信息，同时对语音信号进行压缩。在确定了语音特征参数后，就可以确定基本声学单元，建立模型并进行训练。

语音识别单元有单词(句)、音节和音素三种，具体选择哪一种由具体的研究任务决定。单词(句)单元广泛应用于中小词汇语音识别系统，但不适合大词汇系统，原因在于模型库太庞大，训练模型任务繁重，模型匹配算法复杂，难以满足实时性要求；音节单元多见于汉语语音识别，主要因为汉语是单音节结构的语言；音素单元以前多见于英语语音识别的研究中。在大词汇连续语音识别中常选用比词还小的单元(音节、音素等)，也叫作子词单元。

2. 声学模型与模式匹配

声学模型通常是将获取的语音特征使用训练算法进行训练后产生的。在识别时将输入的语音特征同声学模型(模式)进行匹配与比较，得到最佳的识别结果。在小词汇量语音识别方面，可使用模式匹配方法识别单元；在连续大词汇语音识别应用中，基于统计模型的 HMM 的语音识别算法取得很大进展，其使用基于子词单元的 HMM 进行训练。在声学语音层，每一个识别单元由一个 HMM 及其相应的参数表示。输入语音经预处理和特征提取后得到特征矢量序列，在声学语音层利用声学模型对所有单元模型进行搜索，得到候选单元序列。

3. 语言模型与语言处理

语言模型包括由识别语音命令构成的语法网络或由统计方法构成的语言模型，语言处理可以进行语法、语义分析。

得到的候选词条(子词)序列不一定能构成自然语言中的句子，只有合乎句法者才能算句子，语言模型可以提供这方面的语法、语义约束。语言模型可以分为基于规则和基于统计两种：基于规则的语言模型通过专家知识总结出语法、语义规则，然后利用这些规则排除声学语音层的搜索识别中不合语法或语义规则的结果；基于统计的语言模型，通过对大量文本信息的统计，提取不同词条(子词)的出现概率及其相互关联的条件概率，由于其为基于文本的统计，具有机器学习的优点，所以获得了广泛的应用。

如图6-19所示，在连续语音识别过程中，经过前面处理得到了子词的单元，然后根据词法的构词信息以及词的语言模型进行词条的搜索，得到候选词条序列；最后根据语法、语义信息等句子的语言模型进行句法层的搜索，得到最终的识别结果。这样，由最初的声学特征矢量出发，逐层搜索，依次扩大至子词、词条，直至最终的语句。

针对非特定人的语音识别，相比于特定人的语音识别系统，对识别的要求更高，更加复杂。要求语音识别系统可以懂得语音的含义。这种系统首先要把语音分割成单词(或音素)，然后再进行语法分析，最后辨识出语音的含义。

案例： 图6-20所示为采用幅度检测、过零率检测和预测系数检测相结合的一种简单的数字音识别系统框图。该系统结合语音信号幅度和过零率来判断是否起点和终点以及有振或无振，并以此进行语音的分割，之后将分割后语音段预测系数构成的特征与系统存储的模板特征进行匹配，进行数字音的识别。

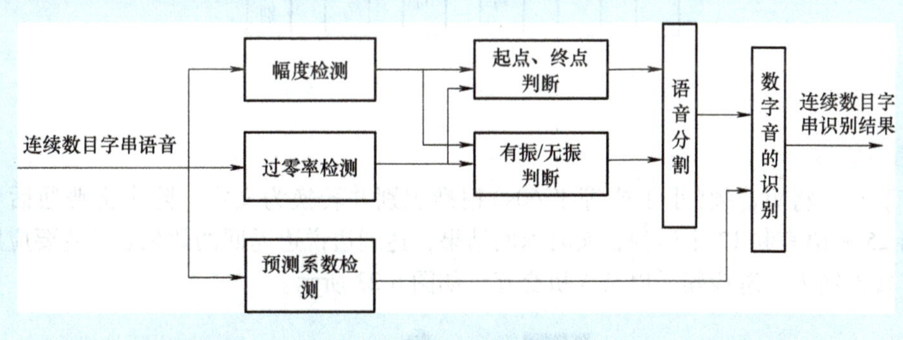

图6-20 数字音识别系统框图

6.3 常用机器人语音识别系统简述

目前，语音识别技术已经开始进入应用阶段，很多语音识别系统被推出以用来消除人与人的交流障碍。比如当人想与使用不同语言的人交流时，则需要中间人或设备辅助进行翻译，语音识别系统作为中间辅助可消除这种交流壁垒。

同样，与机器人交流，也可以使用成熟的语音识别系统来解决语言不通的问题，图6-21所示为语音识别系统的基本结构图。目前，机器人开发中经常使用的语音识别系统有科大讯飞语音识别工具包、百度语音识别工具包等，这些产品对于语言的识别正确率都能达到97%以上。

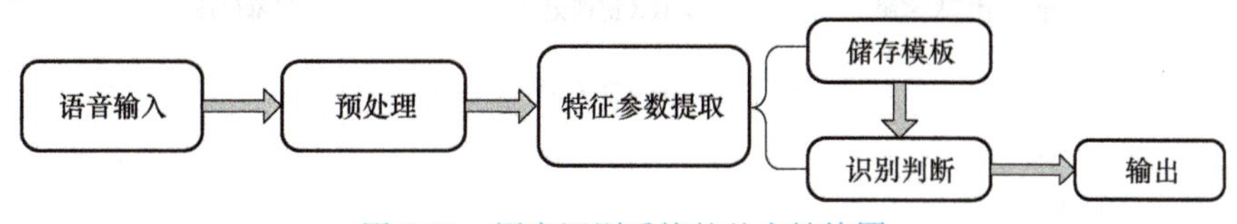

图6-21 语音识别系统的基本结构图

6.3.1 科大讯飞语音识别工具包

科大讯飞语音识别系统由科大讯飞股份有限公司研发，用于使计算机“听懂”人类的语言，即将语音中包含的文字信息有效、准确地“提取”出来，也称自动语音识别（Auto Speech Recognize，ASR）技术。ASR 技术在现代智能时代扮演着重要角色，其功能相当于人类的耳朵，使其具备“能听”的功能，进而可以实现利用语音这一最自然、最便捷的手段进行人机通信和交互。其各项功能如图 6-22 所示。

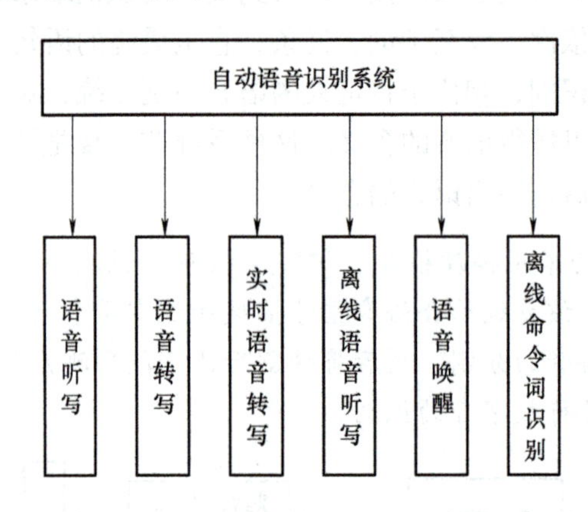

图 6-22　自动语音识别系统各项功能

1. 语音听写

语音听写可将短音频（小于或等于 60s）精准识别并转换为文字，除中文普通话和英文外，支持 25 种语言和 12 个语种，实时返回结果，达到边说边返回的效果。其主要应用于语音搜索、聊天输入、游戏娱乐以及人机交互，如图 6-23 所示。

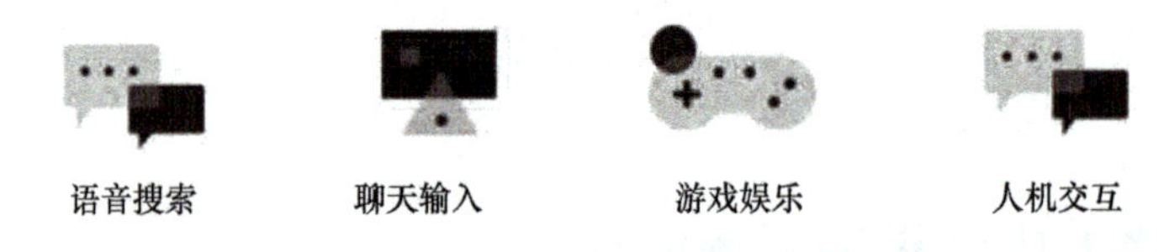

图 6-23　语音听写应用场景

2. 语音转写

语音转写（Long Form ASR）基于深度全序列卷积神经网络，将长段音频（5h 以内）数据转换成文本数据，为信息处理和数据挖掘提供基础。其主要应用于电话销售和客服、会议和访谈记录、字幕生成，如图 6-24 所示。

图 6-24　语音转写应用场景

3. 实时语音转写

实时语音转写（Real-time ASR）基于深度全序列卷积神经网络框架，通过 WebSocket 协议建立应用与语言转写核心引擎的长连接，将音频流数据实时转换成文字流数据结果。其主要应用于直播字幕、视频会议和电话会议、客服中心，如图 6-25 所示。

图 6-25　实时语音转写应用场景

4. 离线语音听写

离线语音听写可把语音(小于或等于 20s)转换成对应的文字信息，让机器能够“听懂”人类语言，相当于给机器装上“耳朵”，使其具备“听”的功能。其主要运用于社交聊天、语音输入法、游戏娱乐以及人机交互，如图 6-26 所示。

图 6-26　离线语音听写应用场景

5. 语音唤醒

语音唤醒指设备(手机、玩具、家电等)在休眠或锁屏状态下也能检测到用户的声音(设定的语音指令，即唤醒词)，让处于休眠状态下的设备直接进入等待指令状态，开启语音交互第一步。其主要运用于机器人、生活语音助手、智能硬件，如图 6-27 所示。

图 6-27　语音唤醒应用场景

6. 离线命令词识别

离线命令词识别指用户对设备(手机、玩具、家电等)说出操作指令(即“命令词”)，设备即做出相应的反馈，开启语音交互，广泛运用于智慧驾驶、智能家居、智能硬件，如图 6-28 所示。

图 6-28　离线命令词识别应用场景

6.3.2　百度语音识别工具包

百度语音识别系统是基于端到端流式语音语言一体识别的模型算法，流式解码正是做实时语音识别的关键技术，可将语音快速准确地转换为文字显示，中文普通话转换准确率达 98%，适用于手机应用语音交互、语音内容分析、呼叫中心智能客服等。应用于百度语音开放平台的百度语音识别技术可为研究者提供精准、免费、安全、稳定的服务，如图6-29所示。同时，百度的语音识别技术采用神经网络的深度学习算法，提高识别效率。

a) 手机应用语音输入

b) 机器人对话

c) 实时语音转写

d) 车载导航

图6-29 百度语音识别系统应用场景

百度语音识别技术的特点主要包括：

1. 永久免费

改变收费和限制时间的模式，使得研发者可以基于百度语音识别技术进行研发和应用，可吸引更多用户，提高软件使用率，完善技术。

2. 平台兼容

百度技术利用表现层状态转移(Representational State Transfer，REST)和应用程序编程接口(Application Programming Interface，API)，避免用Software Development Kit(软件开发工具包)，直接采用https方式请求方式，平台兼容性更好。

3. 深度语义解析

该技术支持垂类领域的语义理解特定设置，以及自定义指令集和问答对设置，增强用户意图的深度理解。

4. 场景识别定制

研发者根据使用场景需求，可自行设定识别垂类模型，垂类选择项包括音乐、视频、地图、游戏、电商等。

5. 自定义上传语料、训练模型

研发者可根据需求上传词库，训练特定识别模型，一般情况下，训练的数据和信息越多，则识别效果越好。

6.3.3 其他语音识别工具

除上述两种常见的语音识别工具外，还有一些知名的语音识别工具，如搜狗听写、云知声、思必驰、出门问问等。

搜狗听写是一款应用于智能手机的语音识别系统，可实现语音转文字等功能；云知声基于语音识别、语义理解、语音合成和声纹识别等技术，主要应用于服务机器人系统、教育机器人系统、智能车载系统等；思必驰将语音识别、语音唤醒、语音合成等技术应用于车载系统和服务机器人等；出门问问是 Google 投资的一家中国人工智能公司，拥有自主研发的语音识别、语义分析、垂直搜索、基于视觉的 ADAS（高级驾驶辅助系统）和机器人 SLAM（即时定位与地图构建）技术。

在实际机器人开发中，可以使用上述语音识别系统基于 Windows、Linux 等不同系统推出的，用于软件二次开发的 SDK（软件开发工具包）开发者资源或者软件程序包来进行听觉系统语音识别模块的集成开发。

此外，语音识别技术不断成熟，走向应用，很多厂家还推出了基于嵌入式芯片的语音识别产品。图 6-30 所示为某型号语音识别芯片和某款基于语音识别芯片的开发模块。非特定人语音识别芯片应用较广，芯片产品定型前会按照确定的十几个语音交互词条，采集上百人的声音样本，经过算法处理得到交互词条的语音模型和特征数据库，然后烧录到芯片上。使用时输入语音可与芯片识别列表关键字匹配，返回识别码结果。嵌入式非特定人语音识别系统便于硬件集成，具有体积小、可靠性高、功耗低、价格低、易于商品化等优点，在智能玩具领域已经成熟应用。有些芯片产品除具备语音识别功能外，还有语音提示、回放、高压缩率、高品质放音、录音、温度检测、时钟、闹钟及红外操控等功能。

a) 某型号语音识别芯片

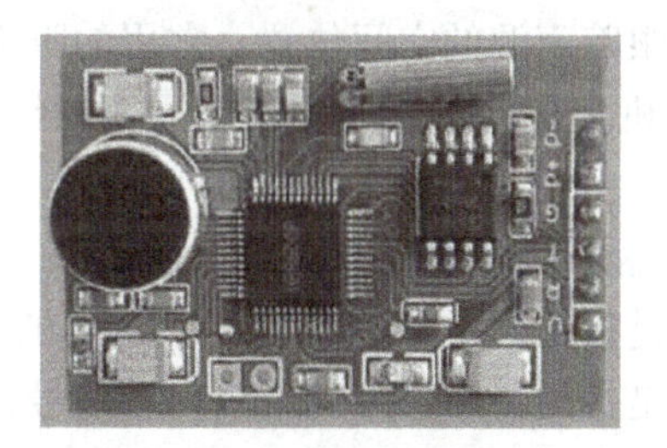

b) 语音识别芯片的开发模块

图 6-30 嵌入式语音识别产品举例

6.4 听觉定位

除了利用语音识别技术与机器人进行人机交互外，机器人还可以利用听觉定位技术实现对声源位置的探测识别，从而对声音目标进行定位及跟踪。

6.4.1 听觉定位在机器人领域应用

当目标超出机器人视野范围时，尤其是物体被阻挡或环境能见度较低时，基于视觉的识别方式就会失效。而听觉能对周围 360°听觉场景进行信息获取，它能定位不在视觉场景内的声音目标，即定位由物体遮挡造成的模糊目标或在拐角处的声音目标。因此，研究机器人听觉定位近年来也是机器人技术领域的一个研究热点。

例如，在火灾救援现场，墙体倒塌以及浓烟等因素会对救援人员的工作造成很大的阻碍，救援机器人无法仅利用视觉传感器对建筑物内部的呼叫目标进行寻找，而具有听觉定位与识别的移动机器人可打破障碍物的局限，机器人可根据特定声音（如救命、help 等词语）对目标进行定位搜寻。

2006 年，日本 HONDA 研究院研制了结合室内传声器阵列和嵌入机器人头部的传声器阵列的实时多声源跟踪系统。室内传声器阵列系统由嵌入墙内的 64 通道传声器组成。在二维平面上，室内传声器阵列系统基于加权延时-累加波束成形法定位多声源位置。嵌入机器人头部传声器阵列系统用 8 个传声器来定位多声源方位角，其方位角通过粒子滤波来实时跟踪。

2003 年，意大利的里雅斯特大学和帕多瓦大学联合研制了智能声视联合监视跟踪系统，该系统由几个配有传声器阵列和视频摄像机的多机器人组成。听觉系统能对脚步声进行轨迹跟踪，可作为博物馆等公共场所的人流记录系统，或监测在某作品前人们停留的时间长短。该项目中声音定位方法采用波束成形技术，在 4 个传声器阵列上运用神经网络，根据行者的脚步声实施定位计算。

2006 年 6 月，日本京都大学奥野教授研制出“人耳”机器人，SIG-Ⅱ耳朵是用硅树脂制成的。当 3 个人同时讲话时，它能够辨别出各个人的声音，还能像人类一样用 2 个 CCD 摄像头眼睛注视发出声音的方向。

6.4.2 听觉定位方法简介

声源定位技术通过传声器获取语音信号，并采用数字信号处理技术对其进行分析和处理，继而确定和跟踪声源的空间位置。常用的听觉定位方法有：基于传声器阵列的声源定位和基于人耳听觉机理的定位方法。相比于机器人视觉研究，机器人听觉研究还处于初期阶段。

1. 基于传声器阵列的声源定位

传声器阵列是指由若干传声器按照一定的方式布置在空间不同位置上组成的阵列。传声器阵列声源定位是指用传声器阵列采集声音信号，通过对多道声音信号进行分析和处理，在空间中定出一个或多个声源的平面或空间坐标，得到声源的位置。

现有声源定位技术可分为 3 类：

1）基于最大输出功率的可控波束形成技术。它的基本思想是将各阵元采集来的信号进行加权求和形成波束，通过搜索声源的可能位置来引导该波束，修改权值使得传声器阵列的输出信号功率最大，波束输出功率最大的点就是声源的位置。在传统的波束形成器中，权值取决于各阵元上信号的相位延迟，相位延迟与声达时间延迟有关，因此称为延时求和波束形成器。

2）高分辨率的谱估计技术。时域频谱表示信号在各个频率上的能量分布，“空间谱”则表示信号在空间各个方向上的能量分布。将传统的时域傅里叶估计方法推广到空域是空间谱估计法。高分辨率的谱估计技术是利用接收信号相关矩阵的空间谱，通过求解传声器间的相关矩阵来确定方向角，进而确定声源位置的一种技术。这种定位技术主要包括自回归（Auto Regressive，AR）模型法、最小方差（MV）谱估计法和特征值分解算法等。该定位的方法一般都具有很高的定位精度，但这类方法的计算量比较大。与传统的波束形成方法相比，其对声源和传声器模型误差的鲁棒性不强，因此在当代声源定位系统中的使用越来越少。

3）基于声达时间差的定位技术。该方法是利用不同传声器接收到的声源信号的差异性来估计方向并最终确定实际声源位置的方法，就好比人的两个耳朵像两个不同的声音观测器，能够使人判断声源位置。声达时间延迟估计法计算量较小，利于机器人实时处理。该方法定位是先进行声达时间差估计，并从中获取传声器阵列中阵元间的声延迟（即估计时延）；再利用获取的声达时间差，结合已知传声器阵列的空间位置进一步进行声源的位置搜索。

例如，图 6-31 所示为河北工业大学的一款多感官履带移动式机器人，该机器人听觉装置是由5个传声器组成的阵列构成，其中4个传声器$M_1 \sim M_4$布装在机器人拟人头部前面正方形的4个顶点位置上，M_5布装在机器人头部的后侧，和M_4相对于机器人头部水平旋转中心轴对称。其中4个传声器组成的平面阵用来确定目标在空间中的位置，另外1个传声器可以辅助判断目标在机器人的前方还是后方。具体的传感器阵列和声源位置关系如图6-32所示。

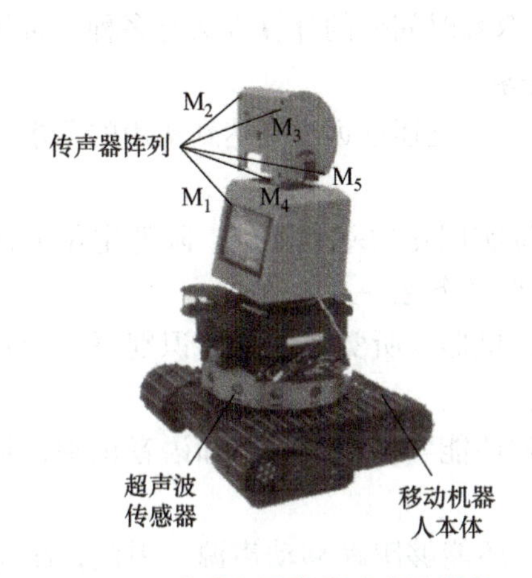

图6-31 多感官履带移动式机器人

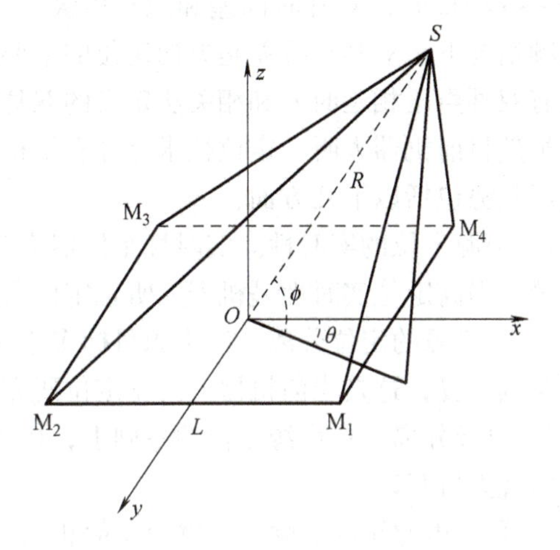

图6-32 传声器阵列和声源位置关系

该机器人首先进行了时延估计，接下来可根据式(6-7)估计声源的位置参数。

$$\cos\theta=\frac{c}{2L}\sqrt{(2\tau_{31}-\tau_{41}+\tau_{21})^2+(\tau_{41}-\tau_{21})^2}$$

$$R=\frac{c(2\tau_{31}-\tau_{41}+\tau_{21})(\tau_{41}-\tau_{21})}{4\tau_{41}+\tau_{21}} \tag{6-7}$$

式中 τ_{ij}——任意两个传声器之间的时间延迟；

c——声速，一般情况下取340m/s；

R——声源和传声器阵列中心的距离；

θ——方位角；

L——传声器阵列的正方形边长，该项目中$L=0.2$m。

2. 基于人耳听觉机理的定位方法

基于人耳听觉机理的声源定位的研究越来越引起各国学者的广泛关注。该类方法从人的听觉生理和心理特性出发，研究人在声音识别过程中的规律，寻找人听觉表达的各种线索，建立数学模型并用计算机来计算和分析听觉场景，探索声源空间信息感知分析。例如，人耳听觉系统能够同时定位和分离多个声源，这种特性经常被称为“鸡尾酒会效应”。通过这一效应，一个人在复杂的环境中能集中听取一个特定的声音或语音。从人类听觉生理和心理特性出发，研究人在声音或语音识别过程中的规律，称为听觉场景分析。用计算机模仿人类听觉生理和心理机制，建立听觉模型的研究范畴，称为计算听觉场景分析。

目前研究表明，人耳听觉中枢系统中的橄榄核复合体对以上两项指标进行判断和分析，再传入下丘脑或听觉皮质进行更高级的整合，从而完成声源的空间定位。人类一般利用双耳进行声音刺激的捡拾、处理，进而形成听觉感知的过程。利用单耳听觉感知时，单侧大脑皮层的听觉中枢会对声音刺激进行处理，主要形成响度、音色、音高等感知现象；而利用双耳听觉感知时，两侧大脑皮层的听觉中枢将同时对声音刺激进行综合处理，进而形成声源的空间方位信息。

现阶段，基于人耳听觉机理的定位线索主要有双耳时间差（ITD）和双耳声级差（ILD）。考虑到头部的影响，当频率约小于1500Hz时，双耳时间差是方向定位的主要因素；频率为1500~4000Hz时，双耳时间差和双耳声级差对方向定位共同起作用；频率为4000~5000Hz的高频情况下，双耳声级差是方向定位的主要因素。双耳时间差的计算方法有多种，常用的方法有双耳声压相延时差和相关法定义的双耳时间差等。

虽然目前机器人听觉定位技术已经有了很大进展，但是还远远没有达到实用的要求。未来发展趋势包括以下几方面：

1）声源定位的实时性。实时性是机器人听觉定位实用化的基本要求，降低定位方法的计算量、提高定位实时性是机器人听觉定位研究的主要任务之一。

2）多声源的定位分离。当声源目标多于一个时，机器人听觉系统能够识别每一个目标声源及其位置，这是当前机器人听觉定位研究的热点。

3）语音分离。在声源定位的基础上，机器人听觉还能实现语音分离和语音识别，从而真正实现人机互动。

4）移动声源跟踪。除了能够定位静止的声源外，还能够跟踪移动声源。因此，跟踪技术也将是未来研究的重要内容。

5）多传感器信息融合技术。随着机器人外部传感器的增多，多传感器信息融合技术越来越重要。

本章小结

本章首先介绍了关于声音基本概念、声音物理性质、声音度量、声信号接收及发声器件；接下来从语音识别系统和声信号的特征两个方面，介绍了语音信号处理及其识别的基本知识，并介绍了现今常用的机器人语音识别系统；最后简要介绍了机器人听觉定位的基本知识。

思考题与习题

6-1 什么是声音？它的性质如何？怎样对它进行度量？

6-2 常见的声信号接收器件怎样分类？分别有哪些类型？

6-3 扬声器有哪些类型？其主要参数有哪些？

6-4 什么是语音识别系统？语音识别主要有哪几个阶段？

6-5 实用语音识别研究主要存在哪些问题？

6-6 声音信号有哪些特征？它是怎样定义与分类的？

6-7 什么是特定人语音识别和非特定人语音识别？两者有何联系与区别？

6-8 常用机器人语音识别系统有哪些？有何特点？主要运用场合如何？

6-9 机器人听觉定位的方法有哪些？你能想到哪些机器人听觉定位应用场景？

学习拓展

针对某种语音识别的核心算法，请详细分析其特征提取、识别建模、模型训练、解码等步骤。

第7章

机器人其他感觉

导读

机器人能否像人一样通过气味来判别危险境遇或者寻找味源呢？在视觉定位和规划存在一定误差的情况下，能否在接近障碍物或目标前就停止运动以避免碰撞呢？能否估计出目标的距离呢？本章将主要介绍机器人嗅觉、接近觉、距离感知等其他感觉，讲解了嗅觉、接近觉、距离感知系统的定义、基本概念和组成，介绍了构成这些感觉系统的常用传感器器件及其基本原理。

本章知识点

- 机器人嗅觉系统的组成、基本概念
- 常见气体传感器原理、适用场合、特点
- 机器人接近觉与距离感知的基本概念
- 感应式接近觉传感器的种类、基本原理、适用场合
- 电容式接近觉传感器的基本原理、适用场合
- 超声测距基本原理
- 光学测距方法及其原理、常用器件、适用场合

7.1 机器人嗅觉

7.1.1 机器人嗅觉感知概述

嗅觉是生物体的主要感觉功能之一，是许多动物赖以生存的重要本领。嗅觉不仅帮助动物寻找捕食目标，在寻找伙伴、标定领土、识别家庭成员、避免天敌攻击等方面也起着重要作用。例如，雄蛾利用触角可以嗅到几百米外雌蛾释放出的一种信息素，从而通过跟踪信息素，准确地确定雌蛾具体位置；海洋甲壳类动物、啮齿动物和犬科动物都可以依靠嗅觉、依据气味来寻找食物。近年来，一些研究学者从动物的嗅觉得到启发，开始进行机器人嗅觉相关问题的研究工作。

1. 嗅觉系统组成

生物嗅觉是其鼻腔受到某种挥发性分子刺激后产生的一种生理反应，是一种复杂而模糊

的感觉。而机器人嗅觉感知系统，属于人工嗅觉感知系统，一般由气体传感器阵列、信号预处理、模式识别与分析模块组成，如图 7-1 所示。

图 7-1　机器人嗅觉感知系统组成

其中，气体传感器阵列相当于人类嗅觉细胞，通过传感器及测试电路来检测气味；信号处理及后续模式识别与分析模块相当于生物大脑，利用数据处理算法将传感器的响应信号滤波，转换提取有用信号；利用多元数据统计分析方法，得到气味测定分析结果，为后续机器人的判断和行动提供依据。

2. 嗅觉机器人应用

具有嗅觉功能的机器人应用广泛。例如，在国家安全方面，可以用来探测地雷、搜寻爆炸物、搜救遇难者；在社会治安方面，可以代替保安巡逻，完成检测有毒气体、火灾报警等工作；在工业生产中，可以检测和修补各类危险化学物质存储容器或输送管道的泄漏；利用嗅觉机器人，还可以进行探矿工作。

嗅觉机器人的研究，可以使机器人具有在自然环境中，依靠嗅觉进行自主导航与定位的功能。嗅觉功能是完善机器人智能化不可或缺的重要组成部分。

3. 嗅觉机器人关键技术

目前，机器人嗅觉研究主要集中在以下方面，即对味源进行识别、搜索、定位。由于气味分子会在空气等介质中扩散，所以嗅觉定位过程也包括烟羽发现、烟羽横越、味源确认等步骤。所谓烟羽，是指味源释放的气味分子在空气中传播形成的羽毛般的轨迹，机器人通过跟踪烟羽便可找到味源。

嗅觉传感器(气体传感器)是进行味源识别、构建机器人嗅觉感知系统的关键，根据检测原理不同一般分为两类：化学传感器和生物传感器。化学传感器将各种化学物质的特性变化转化成电信号，如金属氧化物半导体气体传感器、接触燃烧式气体传感器等。生物传感器的感受器一般含有生命物质，例如，采用地衣组织的传感器可用来检测大气中苯含量；固定硝化细菌的传感器可用来检测亚硝酸盐含量，进而间接检测 NO 浓度。另外，很多研究者还同时使用风向传感器，获取风向信息，帮助机器人完成烟羽搜索和跟踪。在使用时，可以将不同气体传感器以阵列的方式组成“电子鼻”应用到机器人上，多个传感器相当于多个嗅觉神经元，能够识别不同的气体，更接近真正意义上的嗅觉。

味源定位技术是机器人嗅觉研究中另一关键问题，是依靠嗅觉进行搜索的前提，最早的研究可追溯到 20 世纪 90 年代初。目前对机器人嗅觉定位技术的研究，不仅局限于对空气中的味源进行定位，已经扩展到对水下和地下的味源进行跟踪定位。所采用的机器人类型也趋于多样化，除了普通移动机器人外，还有仿生机器人如机器蚂蚁、机器飞蛾、机器龙虾等。

与动物相比，目前机器人所具有的嗅觉能力还只是处于最初级的阶段。一方面是由于实现机器人嗅觉功能的气体传感器特性还不够理想。现有传感器大都存在灵敏度低、恢复时间长、选择性差等缺点，如常用的金属氧化物半导体传感器，其恢复时间大于 60s，远不能满足实时性的要求。另一方面在于研究气味在空气中的传播规律具有难度。气味以分子状态向四周扩散形成烟羽，烟羽中气体运动由湍流和分子扩散运动组成。但是在真实环境中气味分子主要受湍流影响，使其分布很不均匀，给机器人跟踪烟羽、确定味源带来极大麻烦。

7.1.2 常见气体传感器

气体传感器是指能够感知环境中气体成分及其浓度的一种敏感器件，它可以将气体种类及与浓度有关的信息转换成电信号，是构建嗅觉检测系统的基本元件。常见气体传感器根据检测原理不同，主要有半导体型、电化学型、接触燃烧式、高分子、光学式气体传感器等。气敏元件通常只对特定气体成分敏感，不能用一种气敏元件来检测所有气体。表 7-1 所示为常见气体传感器。

表 7-1 常见气体传感器

类型	原理	检测对象	特点
半导体式	金属半导体氧化物与气体作用时产生表面吸附或反应，引起以载流子运动为特征的电导率/伏安特性/表面电位变化	还原气体、排放气体、丙烷等	灵敏度高、构造简单、响应速度快、寿命长；对湿度敏感度低，输出与浓度不成比例，必须工作于高温下，功率要求较高
接触燃烧式	通电状态下，可燃气体氧化燃烧产热，使气敏材料（铂丝）电阻值发生变化	可燃气体	输出与气体浓度成比例，但灵敏度低
化学反应	利用化学溶剂与气体反应产生的电流、颜色、电导率等变化来检测气体	CO、H_2、CH_4、SO_2、C_2H_5OH 等	气体选择性好，但不能重复使用
红外吸收	红外线照射气体时，通过测量分析不同气体红外吸收峰来检测气体	CO、CO_2	灵敏度高、可靠性好，但装置和其调理电路比较复杂，价格高
热传导	根据热传导率差而放热的发热元件的温度降低进行检测	与空气传导率不同的气体，H_2	构造简单、灵敏度低、选择性差
高分子	利用某些高分子材料对特定气体分子吸附后电阻等性能变化而实现测量	毒性气体	制作工艺简单、成本低廉，易与微结构传感器和声表面波器件相结合

1. 半导体式气体传感器

半导体式气体传感器是利用半导体气敏元件（主要指金属氧化物）同待测气体接触时，通过测量半导体的电导率等物理量的变化来实现特定气体成分或者浓度的检测。若利用敏感材料接触气体后电阻发生变化来检测气体，称为电阻式气体传感器；有些半导体材料在与被测气体接触后，其二极管伏安特性或者场效应晶体管的阈值电压会发生变化，被称为非电阻式气体传感器。电阻式气体传感器应用较多，根据结构不同可分为烧结型、薄膜型和厚膜型。

（1）烧结型　烧结型气体传感器采用粉末冶金方法经压制、烧结而成。例如，常见的 SnO_2 气体传感器就是一类以 SnO_2 粉末为主要原料烧结而成的半导体式气体传感器。它的敏感体用平均粒径小于 1μm 的 SnO_2 粉体作基本材料，根据需要添加不同的添加剂，混合均匀后埋入加热丝和测量电极，经传统制陶方法烧制而成。其主要用于检测可燃的还原性气体，工作温度约 300℃。根据加热方式不同有直热式和旁热式两种类型。

图 7-2 所示为直接加热式 SnO_2 气敏元件，其主要由敏感体和加热器组成。该种结构气敏电阻热容量小、稳定性稍差，测量时容易受到加热电路干扰，加热器与 SnO_2 基体间由于

热膨胀系数的差异易导致接触不良而造成元件的失效，现在应用较少。

图 7-3 所示为旁热式 SnO_2 气敏元件，其把高阻加热丝放置在瓷绝缘管内，在管外涂上梳状金电极作为测量极，再在金电极上涂 SnO_2 等气敏材料构成旁极。这种结构中加热丝不与气敏材料接触，避免相互影响，器件的稳定性、可靠性较好。加热器的电阻值通常为 30~40Ω。

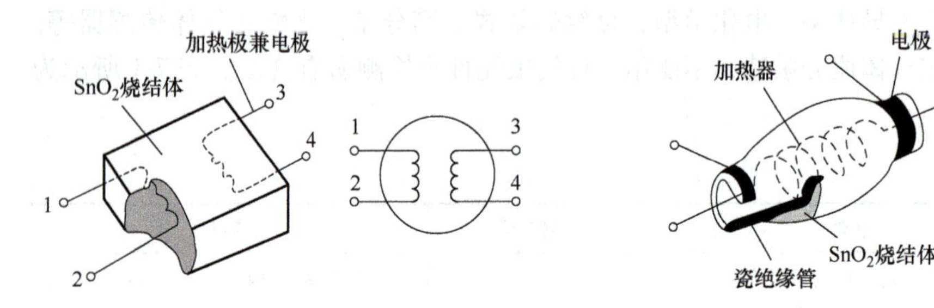

图 7-2　直接加热式 SnO_2 气敏元件　　图 7-3　旁热式 SnO_2 气敏元件

目前产品化的气体传感器会将气敏元件封装在外壳之内，主要由气敏电阻芯片、基座和金属防爆网罩三部分组成。图 7-4a、b 所示为气体传感器结构和引脚分布。图 7-4c 所示为某款 H_2S 气体传感器外观图。

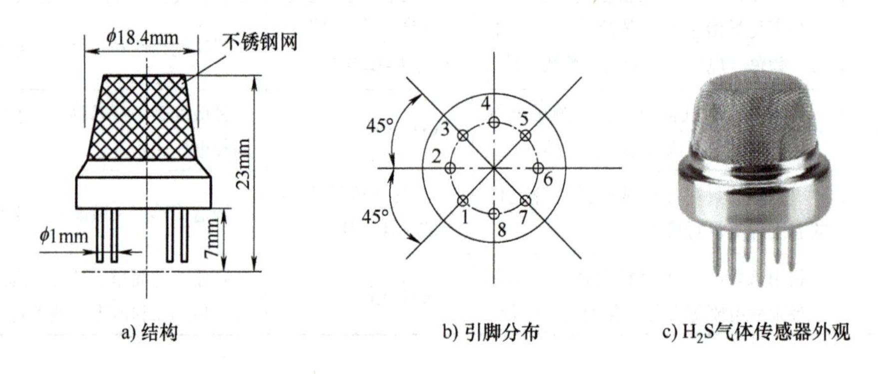

图 7-4　气体传感器

（2）薄膜型　薄膜型气敏器件结构示意图如图 7-5 所示，采用真空镀膜或溅射的方法，在石英或陶瓷基片上形成一薄层金属氧化物（如 SnO_2、ZnO 等）薄膜，再引出电极便于连接。薄膜型气敏器件的优点是灵敏度高、响应快、机械强度高、互换性好、产量高、成本低等。

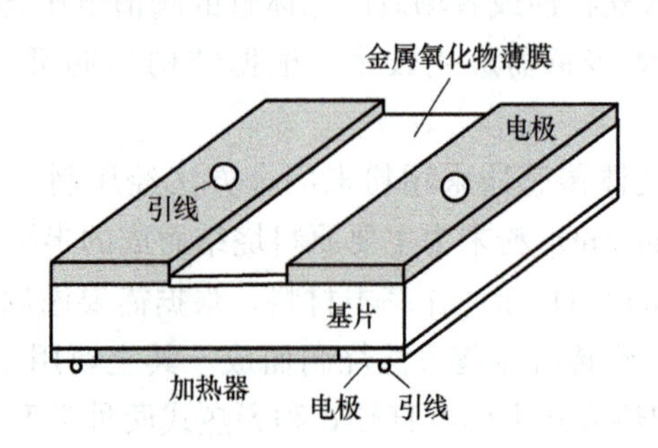

图 7-5　薄膜型气敏器件结构示意图

（3）厚膜型　厚膜型气敏器件结构如图 7-6 所示，其将 SnO_2 和 ZnO 等材料与 3%～12% 质量的硅凝胶混合制成能印刷的厚膜胶，把厚膜胶用类似丝网印刷的方式印制到装有铂电极的氧化铝基片上，在 400～800℃高温下烧结 1～2h 制成。厚膜型气敏器件的优点是机械强度高、一致性好、便于批量生产。

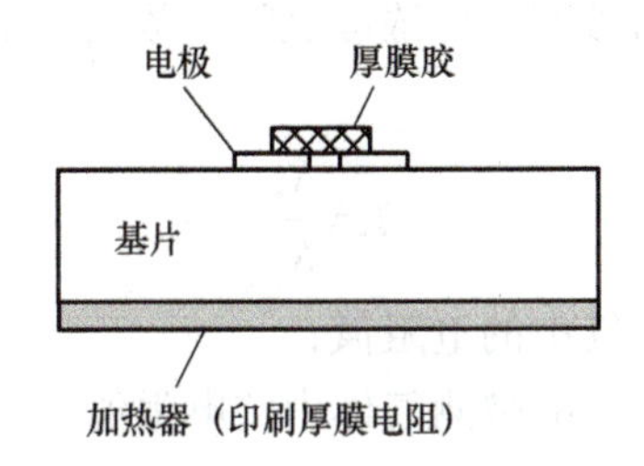

图 7-6　厚膜型气敏器件结构示意图

2. 接触燃烧式气体传感器

接触燃烧式气体传感器利用可燃性气体（H_2、CO、CH_4 等）与空气中的氧接触发生氧化反应，反应热（燃烧热）导致敏感元件（如铂丝）的电阻变化，进而实现气体浓度测量。一般情况下，空气中可燃性气体的浓度低于 10%，可燃性气体可以完全燃烧。空气中可燃性气体浓度越大，氧化反应产生的热量越多，导致铂丝的温度越高，其电阻值增量就越多。因此，只要测定铂丝的电阻值变化量，就可推测出空气中可燃性气体的浓度。

图 7-7a 所示为接触燃烧式气敏元件结构示意图，用高纯的铂丝绕制成线圈。由于单纯使用铂丝线圈作为检测元件，其寿命较短，所以实际应用时在铂丝线圈外面涂覆一层氧化物触媒，这样既可以延长其使用寿命，又可以提高检测元件的响应特性。通常，会在线圈外面涂以氧化铝或氧化铝和氧化硅组成的膏状涂覆层，干燥后在一定温度下烧结成球状多孔体，将烧结后的小球放在贵金属铂、钯等的盐溶液中，充分浸渍后取出烘干，然后经过高温热处理，使在氧化铝（或氧化铝+氧化硅）载体上形成贵金属触媒层，最后组装成气敏元件。图 7-7b、c 所示为传感器外形示意图和某型号接触燃烧式燃气传感器外观图，其主要由贵金属细丝线圈、氧化铝载体、引线、底座和网罩组成。

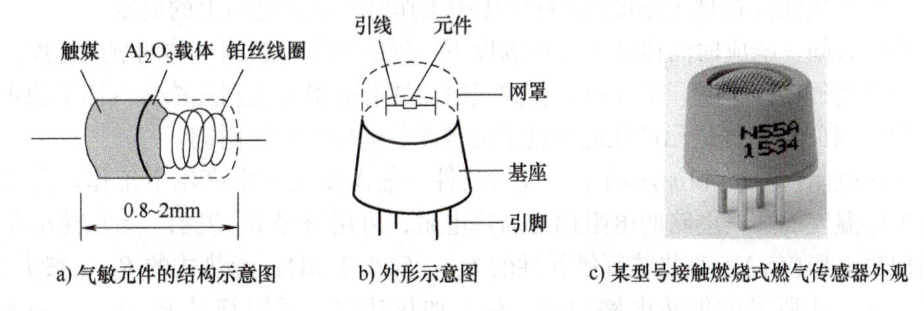

图 7-7　接触燃烧式气敏传感器

3. 气敏元件的特性参数

在选择气敏元件时，通常需要根据检测气体种类的不同，选择对应气体的气敏元件，并且需要关注以下技术参数。

（1）固有电阻值　电阻型气敏元件在常温（25℃）下、洁净空气中的电阻值，称为气敏元件的固有电阻值，表示为 R_a，通常固有电阻值在 10^3～$10^5\Omega$ 范围。测定 R_a 时要求必须在洁净空气环境、设定的稳定温度条件下进行。实际应用时，由于各地区空气中含有的气体成分差别较大，即使对于同一气敏元件，在相同的温度条件下，在不同地区进行测定，R_a也将出现差别。

（2）灵敏度　灵敏度是表征气敏元件对被测气体敏感程度的指标。对于电阻型气敏元件，它表示气敏元件的电阻值与被测气体浓度之间的依从关系，表示方法有3种：

1）电阻比灵敏度K：

$$K=\frac{R_a}{R_g} \tag{7-1}$$

式中　R_a——气敏元件在洁净空气中的电阻值；

R_g——气敏元件在规定浓度的被测气体中的电阻值。

2）气体分离度α：

$$\alpha=\frac{R_{C1}}{R_{C2}} \tag{7-2}$$

式中　R_{C1}——气敏元件在浓度为C_1的被测气体中的电阻值；

R_{C2}——气敏元件在浓度为C_2的被测气体中的电阻值，通常$C_1>C_2$。

3）输出电压比灵敏度K_V：

$$K_V=\frac{U_a}{U_g} \tag{7-3}$$

式中　U_a——气敏元件在洁净空气中工作时，负载电阻上的电压；

U_g——气敏元件在规定浓度的被测气体中工作时，负载电阻上的电压。

（3）分辨率　分辨率表示气敏元件对被测气体的识别能力以及对干扰气体的抑制能力。气敏元件分辨率S表示为

$$S=\frac{\Delta U_g}{\Delta U_{gi}}=\frac{U_g-U_a}{U_{gi}-U_a} \tag{7-4}$$

式中　U_a——气敏元件在洁净空气中工作时，负载电阻上的电压；

U_g——气敏元件在规定浓度的被测气体中工作时，负载电阻上的电压；

U_{gi}——气敏元件在规定浓度的i种气体中工作时，负载电阻上的电压。

（4）响应时间　响应时间体现了工作温度下，气敏元件对被测气体的响应速度。通常从气敏元件与被测气体接触时开始计时，直到气敏元件的电阻值达到此浓度气体下稳定电阻值的63%，所需时间称为气敏元件在此浓度下的被测气体中的响应时间。

（5）加热电阻（电压）和加热功率　气敏元件一般需要在一定高温下工作。为气敏元件提供必要工作温度的加热电路的电阻称为加热电阻，可用符号R_H表示。为加热电路提供的电压称为加热电压（U_H）。直热式气敏元件的R_H一般小于5Ω；旁热式的R_H一般大于20Ω。气敏元件正常工作所需的加热电路功率，称为加热功率，可用符号P_H表示，一般P_H在0.5~2.0W范围。

（6）恢复时间　恢复时间表示在工作温度下，被测气体在该元件上解除吸附的速度。通常，从气敏元件脱离被测气体时开始计时，当其阻值恢复到在洁净空气中电阻值的63%时所需的时间，记为恢复时间。

（7）初期稳定时间　气体传感器的稳定性是指当气体浓度不变、其他条件发生变化时，气敏元件输出特性在规定的时间内维持不变的能力。稳定性体现了气敏元件对气体浓度以外

的各种因素的抵抗能力。长期在非工作状态下存放的气敏元件，从上电到恢复正常工作状态需要一定的时间，称为气敏元件的初期稳定时间。对于电阻型气敏元件，在刚通电的瞬间，其电阻值将下降，然后再上升，最后达到稳定。因此，可以通过计算开始通电直到气敏元件电阻值到达稳定所需时间，来评估初期稳定时间。初期稳定时间与气敏元件存放时间和环境状态有关，存放时间越长，其初期稳定时间也越长。通常，气敏元件在存放两周以后，其初期稳定时间可达最大值。

通常，人们都希望选择响应时间短、恢复时间快、灵敏度高、稳定性好的气体传感器。市场上的气体传感器产品，根据智能程度的不同，分为不带后续电路的气体敏感检测单元、带部分电路的气体检测模块以及带有更加丰富调理电路的智能气体检测传感器等。在实际应用中，可根据需要搭建应用电路，主要包括电源电路、辅助电路和检测电路等。图 7-8 所示为一个常见的家用可燃性气体报警器主体电路。该电路中串有蜂鸣器，当环境中可燃性气体浓度增加时，气敏元件的电阻值会逐渐下降，流入蜂鸣器的电流逐渐增大，当浓度增加使电流达到一定阈值时，将触发蜂鸣器发出报警信号。

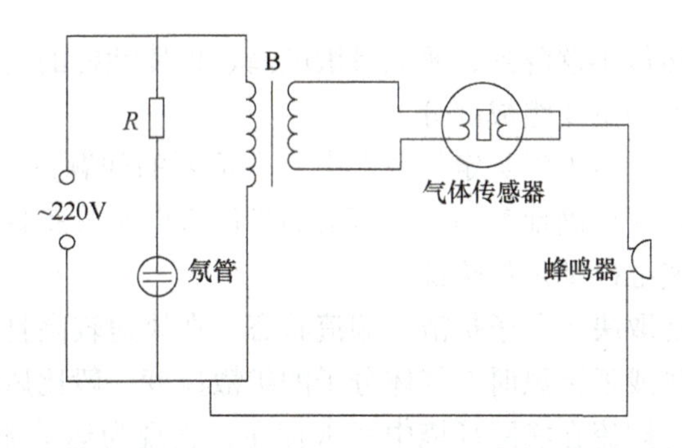

图 7-8 家用可燃性气体报警器主体电路

7.1.3 机器人嗅觉定位简介

1. 嗅觉定位原理与组成

机器人嗅觉定位的本质就是机器人利用嗅觉或结合多种感觉器官，感知已知或未知环境的各种气味信息，通过“大脑”(即智能决策模块)对这些信息进行综合和分析，然后做出判断和决策及相应动作，最终到达味源目标。

机器人嗅觉定位的原理框图如图 7-9 所示。由于实际工作环境往往复杂多变，会存在障碍物以及其他味源干扰，因此机器人嗅觉定位系统通常在包含了嗅觉感知(气味辨识)等基础单元的基础上，还需有搜索与决策单元、移动避障单元，甚至风向感知等功能模块。

2. 嗅觉定位关键技术

(1) 气体传感器技术　气体传感器相当于是机器人的嗅觉器官，其性能的好坏直接影响嗅觉定位功能的发挥。受传感器技术发展的制约，当前不论哪种类型的气体传感器都不能完美地满足实时性、准确性的需要，不同程度地存在反应时间慢、恢复时间长、选择性差等缺点。另外，若传感器长期处在一种气体环境中，它会逐渐达到饱和状态而失去作用。所以，气体传感器的稳定性、重复性、抗干扰性等特性都需要改进。

实际应用中，通常采用气体传感器阵列的方式组成“电子鼻”安装到机器人上。多个传感器相当于多个嗅觉神经元。当传感器种类不同时，能够识别不同种类的气体，更接近真正

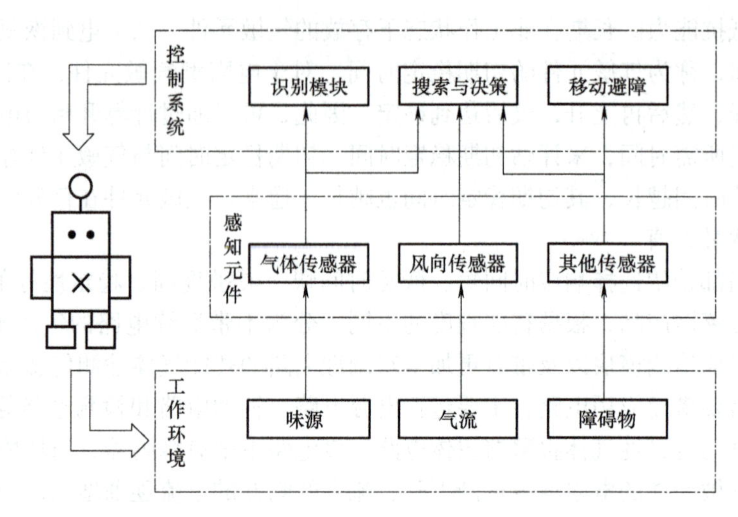

图 7-9　机器人嗅觉定位的原理框图

意义上的嗅觉。针对气体传感器阵列，研究灵敏度高、鲁棒性好的气体传感器信号处理算法也是研究机器人嗅觉技术的重要组成部分。

(2) 气味传播规律　机器人嗅觉定位技术中一个重要的问题是掌握味源气体传播规律，研究气体的扩散模型，以便准确地掌握气体烟羽的扩散方向及分布特点，这有助于设计出高效的味源搜索策略，快速准确地定位味源。

烟羽中气体分布浓度取决于分子扩散和湍流状态。在风速较高且稳定的情况下，会形成较稳定的烟羽；而在无风或者微风时，气体分子的扩散速度一般比风速慢得多，所以烟羽结构主要受空气湍流影响。湍流在实际环境中经常存在，表现为运动流体中大小不同的漩涡，这样就会把烟羽分割成许多不规则的部分，使得烟羽的瞬间分布很难预测，给机器人的烟羽跟踪行为带来困难。

在研究气体扩散传播规律时，有一种通过建立气体扩散模型进行扩散规律研究的方法，称为模型法。通过建立气体扩散模型，可以利用一个或多个数学公式来表达气体的扩散过程。在目前常用的一些描述烟羽扩散模型中，最常用的是高斯湍流扩散模型。它主要使用数理统计的方法来描述烟羽的扩散过程，是目前应用比较广泛的一种描述气体扩散的模型。

高斯湍流烟羽模型如图 7-10 所示，假设风向不变，沿着 x 轴方向，风速的大小也是稳定的，平均风速用 U 表示，气流的各个方向扩散流量相同，x 轴与 y 轴的交点处放的是味源，其泄漏的速度为 q，扩散的系数为 K，则定义三维空间点(x,y,z)的平均浓度大小为 $C(x,y,z)$，可用式(7-5)表示，即

$$C(x,y,z)=\frac{q}{4\pi K}\frac{1}{d}\exp\left[-\frac{U}{2K}(d-x)\right] \tag{7-5}$$

式中　d——气流中某一点与味源点的欧式距离，$d=(x^2+y^2+z^2)^{\frac{1}{2}}$。

通过上述模型计算的烟羽气体浓度为长时间下统计得出的平均值，并不能表示某一点的瞬时气体浓度，在实际嗅觉定位应用中，还面临许多问题。例如：

1) 若要准确建立高斯气体浓度模型，进行机器人味源定位的研究，必须采集足够多点的数据进行统计计算，耗费的时间比较长。

2) 气体浓度会随着时间不断变化，味源的气体扩散速度也可能变化很快，所以实验结

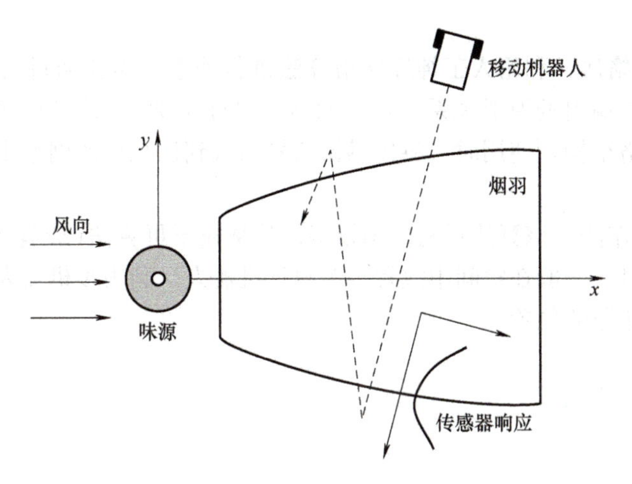

图 7-10　高斯湍流烟羽模型

果很难准确。

3）实际工作时，味源不一定就在浓度最高点，仅依靠简单的浓度梯度搜索策略很难找到味源。

因此，更准确地建立气体烟羽模型、研究气流扩散规律，是依靠追踪烟羽进行机器人嗅觉定位研究的关键技术。

（3）搜索策略　机器人搜索策略是嗅觉定位问题具体实现的关键环节。目前研究学者们从动物的嗅觉行为得到灵感，提出了一些仿生搜索策略。比较常见的味源定位算法思想有如下几种：

1）浓度梯度法。该方法是受到生物趋化性（化学趋向性）启发的一种比较经典的味源定位算法，解算时结合了风向信息以及气味浓度信息。应用该算法时，需要利用多个传感器组成阵列，分别测量传感器周围空间的气味浓度，首先计算得到浓度的梯度信息。如果机器人发现沿着风向的浓度变化不是很明显时，可将风向的方向作为主要信息进行搜索；如果垂直风向的浓度梯度变化比较明显时，则可以根据气体的浓度信息跟踪烟羽。

2）逆风或逆流追踪法。该方法属于一种仿生算法，主要模拟了昆虫、鸟类的趋风性以及鱼虾的趋流性。该算法的主要思路认为烟羽的方向大致跟风向或者水流方向一致。因此，机器人执行该算法时，一旦检测到烟羽，则逆风或逆流而上，直至寻找到味源。

3）之字形搜索法或者半 8 字形搜索法。该类搜索算法主要模仿了飞蛾穿越烟羽的行为，以及蚂蚁半 8 字形搜索食物的行为。应用该算法搜索时，机器人以一定的角度做“之”字形或者半 8 字形移动，每当移动到烟羽的边缘时则反向移动，其移动轨迹始终以烟羽为轴心，从而最终找到味源的位置。

4）螺旋搜索法。类似于之字形和半 8 字形搜索法，该算法也是一种仿飞蛾等飞行类生物的仿生算法。不同的是，执行该算法时机器人采用螺旋状的形式前进，保证其轨迹始终围绕烟羽的边缘，一旦判断丢失烟羽，则原地做螺旋运动，重新执行该算法。

5）逻辑判断法。该算法是模仿生物抉择行为的一种仿生学算法。动物的抉择行为可以表现为追踪气体烟羽所表现的一种抉择机制。机器人在执行味源定位任务时，可以对烟羽的发现、烟羽的追踪和味源的确认分别建立相应的逻辑判断规则，在执行的过程中做出相应的判断。

6）人工神经网络法。利用人工神经网络算法进行搜索，需要通过大量的标记训练建立传感器信号的输入与输出的映射关系。神经网络经过样本训练后可以“拟合”出反映样本输入和输出关系的网络结构。使用时，将传感器信号输入到训练后的网络中后，便可以得出味源的位置信息。

7）多机器人协作法。该算法目前应用较多，是从粒子群算法（或者叫蚁群算法）衍生而来的。执行该算法时，一般在空间中放置多个嗅觉机器人，利用多机器人协作来实现信息共享，从而最终获得味源的位置。

7.2 机器人接近觉

7.2.1 接近觉定义与应用

接近觉传感器是机器人探测自身与环境物体之间相对位置和接近程度的传感器，测量距离在零点几毫米到几十厘米范围内。接近觉的作用介于触觉和视觉之间，在很多情况下能很好地补充触觉和视觉的不足。接近觉是一种粗略的距离感觉，多数应用场合只要求进行简单的距离阈值判断，即接近与否。当阈值设定足够小的情况下，接近觉传感器与限位开关的作用类似。有些接近觉传感器也能提供分档的距离感觉，如远、中等、近等。

机器人的接近觉和机器人距离感知在应用和原理上有类似和重叠的部分，但侧重点不同。

机器人距离感知更侧重于发现障碍物以及确定障碍物的距离、大小和方位，以便机器人控制系统规划其运动路径，实现避障功能。在这一应用层面上，距离感知与视觉感知在功能上具有一定互补关系。通过视觉感知识别物体时，在黑暗环境下识别物体以及物体距离测定等方面尚有一定难度，而距离感知可以准确探测对象物体的距离，在某种程度上弥补了视觉的不足。因此，距离传感器一般需要探测几厘米到十几米范围之间物体，并兼有对象物体的大小、位置、方位识别功能，探测精度要求不高。

机器人接近觉更侧重于物体与机器人执行机构（如手爪、手臂）之间的接近距离，当视觉系统被遮挡而无法探测物体时，起到探测对象靠近程度、方位和外形的功能，以便操作机构能够确定以何种角度去操作、接近或者避开对象，为后续触觉感知及物品操作提供一定空间缓冲，防止冲击。例如，操作机器臂为了防止抓取物品时手指开合位移控制不当而损坏物品，可以在手指处安装接近觉传感器，当手指与物体表面距离小于设定微小距离阈值时，接近觉传感器会发送电信号，系统根据此信号停止继续夹紧手指，接下来启动接触程序以实现柔性抓取。移动机器人在本体四周安装接近觉传感器，当遇到障碍物且与障碍物距离小于一定阈值时，接近觉传感器会发送电信号，系统根据此信号可以停止运动并启动避障程序，进一步检测并确定障碍物位置尺寸等，重新规划轨迹以绕开障碍物。接近觉传感器相比机械限位开关等接触式检测器件，通常以非接触方式进行检测，连续测距精度要高。

常见的接近觉传感器有感应式、电容式、超声式和光学式，本节主要介绍常见的感应式、电容式和红外接近觉传感器。

7.2.2　感应式接近觉传感器

1. 涡流电感式接近觉传感器

感应线圈式接近觉传感器属于电感式传感器，当检测线圈周围存在磁场并且金属物体接近检测线圈时，会使检测线圈的电感发生变化，从而利用后续谐振电路等将两种状态转换为开关电信号输出。更多电感式传感器检测原理可以参考2.4.3节，最典型的一种是电涡流式传感器。电感式接近觉传感器电路主要由振荡电路、检波电路、放大整形与输出电路等部分组成。当被测物体与传感器间的距离 d 改变时，传感器的等效阻抗和电感均发生变化，进而引起振荡衰减等变化，这种变化被后级检波、放大及整形电路处理，并根据需要转换成电压、电流或者开关信号等输出信号，把位移量转换成相应电量以达到检测目的。

电涡流线圈的阻抗变化与金属导体的电导率、磁导率等有关。对于非磁性材料，被测物体的电导率越高，则灵敏度越高；被测物体是磁性材料时，其磁导率将影响电涡流线圈的感抗，其磁滞损耗还将影响电涡流线圈的 Q 值。磁滞损耗大时，其灵敏度通常较高。

电感式接近觉传感器的检测距离根据型号不同，范围从1~60mm不等，主要检测金属物体，图7-11所示为某公司电感式传感器外观。

图7-11　某公司电感式传感器外观

电感式传感器选购时参考的主要性能指标有：

(1) 额定动作(检测)距离　额定动作距离是指接近开关动作距离的标称值，是指检测体按一定方式移动时，从基准位置(接近开关的感应表面)到开关动作时测得的基准位置到检测面的空间距离。

(2) 设定距离　设定距离是指接近开关在实际工作中的整定距离，一般为额定动作距离的80%。被测物体与接近开关之间的安装距离一般等于设定动作距离，以保证可靠工作。

(3) 复位距离　复位距离是指接近开关动作后，复位时与被测物体的距离，复位距离略大于动作距离。

(4) 动作回差　动作回差是指动作距离与复位距离之间差值的绝对值。回差值越大，对外界的干扰以及被测物体的抖动等的抗干扰能力就越强。

(5) 响应频率　响应频率是指在1s的时间间隔内，接近开关可反复循环动作的最大次数。如果循环动作频率大于响应频率，则接近开关无反应。

(6) 响应时间　响应时间是指从接近开关检测到物体时刻开始计时，直到接近开关出现电平状态翻转的时间为止所需要的时间。响应时间 t 与响应频率 f 可以近似用公式 $t=1/f$

换算。

2. 电磁感应式接近觉传感器

电磁感应式接近觉传感器主要由线圈和永久磁铁构成。当传感器远离铁磁材料时，磁力线如图 7-12a 所示，当磁铁靠近铁磁材料时，引起磁力线变化，如图 7-12b 所示。由于磁力线的变化，从而在线圈中产生感应电流。该传感器只在与外界物体产生相对运动时有信号输出。磁通量变化引起的电脉冲，其幅值和形状正比于磁通量的变化率，因此可通过观测线圈输出的电压波形实现接近觉检测。该传感器一般只能用于很短距离(零点几毫米)的检测。

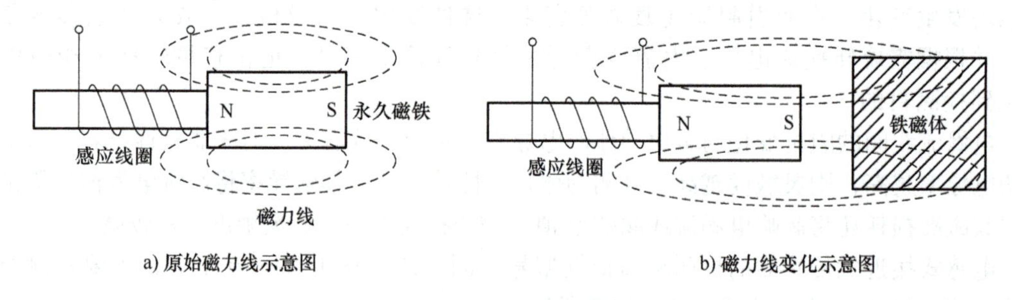

a) 原始磁力线示意图　　b) 磁力线变化示意图

图 7-12　电磁感应式接近觉传感器

3. 霍尔式接近觉传感器

霍尔式接近觉传感器可理解为一种基于霍尔效应进行工作、由霍尔元件及其附属电路组成、集成式的磁电传感器。当保持霍尔元件的激励电流不变，使其在一个均匀梯度的磁场中移动时，其输出的霍尔电动势与它在磁场中的位移量有关，具体可参考 2.4.6 节。基于此原理，霍尔式接近觉传感器可对磁性体产生的微位移进行测量。

如图 7-13 所示，霍尔式接近觉传感器由霍尔元件和永久磁铁以一定方式联合使用构成，可对铁磁体进行检测。当附近没有铁磁体时，霍尔元件感受到一个强磁场；铁磁体靠近接近觉传感器时，磁力线被改变，霍尔元件感受的磁场强度减弱，从而引起输出的霍尔电动势改变，据此就可以判断附近是否有磁性物体存在。该传感器使用半导体材料，体积小、耐用、抗干扰性好，但这种接近开关的检测对象必须是磁性物体。

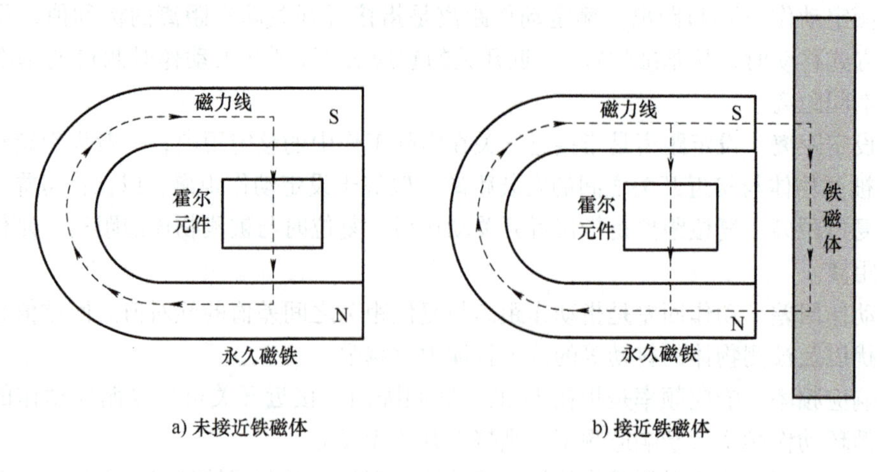

a) 未接近铁磁体　　b) 接近铁磁体

图 7-13　霍尔式接近觉传感器原理示意图

7.2.3　电容式接近觉传感器

电容式接近觉传感器可以探测任何固体和液体材料，工作原理为：当被测物体靠近传感器时，会引起传感器电容的变化，通过检测该电容变化量即可测算距离信息。实际应用中有多种电路可用来检测这个电容的变化，具体可参考2.4.2节。其中，一种常见的思路是将这个电容作为振荡电路的一个元件，只有当传感器电容超过某一阈值时，振荡电路才开始振荡。将此信号转换成电压信号，可以用来提供二值化的距离信息，表示传感器是否与外界物体接近。此外，另一种稍复杂的电路设计思路是，传感器的电容是构成电路的一部分，同时将基准正弦信号输入电路，当电容变化时将引起正弦信号相位的变化，通过检测相位变化即可反映距离信息，基于此原理可以构成连续检测的传感器。

图7-14所示为一种基于同面双电极原理的电容式接近觉传感器。与传统平行板电容器的结构不同，它的电极都处于同一平面上，这使得电容式接近觉传感器易于阵列化，且电极可任意排布。而且，与传统的电容式传感器不同，同面双电极电容式接近觉传感器的电场是非线性场，其分布是不均匀的。实际检测应用时，被测物体与传感器接近，会引起电极上下两面介电层的相对介电常数发生变化，则传感器的输出值也会发生变化。

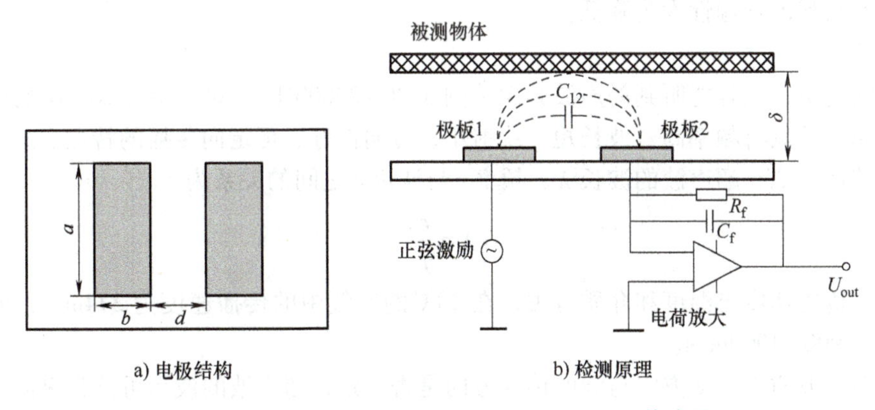

图7-14　基于同面双电极原理的电容式接近觉传感器

基于同面双电极原理的电容式接近觉传感器，一块极板加载交流正弦激励，另一块极板用于检测。两电极间的电容C_{12}与极板的长a、宽b及两极板的间距d有关。同面双电极电容式接近觉传感器电容值的计算是一个电动力学的应用问题，但由于计算其电容的方程是非线性的，使得很难获得一个理论模型来进行实际计算，通常会设计数值模型公式，根据实验测定结果来拟合系数，对其进行数值估算。例如，文献[98]中给出了一种同面双极板间电容的数值表达式，即

$$C=\frac{7}{40}\varepsilon b\left(\frac{a}{d}\right)^{\frac{1}{3}+\frac{2}{x}}\left(1+\frac{b}{a}\right)^{\frac{1}{3}}\left(\frac{d}{a}\right)^{\frac{1}{3}}\arctan\left(\frac{d}{b}\right) \tag{7-6}$$

式中　a——电极板的长；

b——电极板的宽；

d——极板间距；

ε——电容极板间的介电常数。

可见，电容大小与电极尺寸、距离和空间介质的介电常数有关。工作时，并不是通过改

变电极面积及间距来调节电容大小，而是通过电场介质层改变引起的介电常数变化来影响电容值。当被测物体接近传感器时，随着距离越来越小，同面双电极极板上方有效介电系数会发生变化，此时，只需通过电路检测出电容变化量就可实现接近信息的检测。

如图 7-14b 所示，实际工作中极板 1 与正弦波振荡器相连，极板 2 与一电荷放大器相连。当被测物体接近时，其与极板的距离变化影响两极板间的电场，电容 C_{12} 也随之发生变化。而电容的变化又导致极板 2 上的电荷发生变化，电荷放大器将其上的电荷转化为电压输出，电压输出反映了目标与极板之间的距离变化。基于该原理的电容式传感器，检测距离通常为几毫米。同时，不同材料引起的传感器电容变化程度也相差很大。

7.3 机器人距离感知

7.3.1 超声波测距

超声波测距传感器主要是通过发生高频超声波，然后测量超声波从发生器发出至目标物体，再反射回来所需要的时间来进行传感检测。使用超声波传感器可进行比较精确的距离测量，并且对材料的依赖性大为降低。

1. 超声波的基本概念

通常情况下，人耳能听到的声波频率范围在 20~20000Hz 之间，超过 20kHz 的声波称为超声波。超声波具有频率高、波长短、绕射小，方向性好、可定向传播的特点。超声波与光波的某些特性相似，超声波的波长 λ、频率 f 与波速 c 之间的关系为

$$\lambda=\frac{c}{f} \tag{7-7}$$

超声波传播速度与温度和介质有关，在 20℃ 的空气中的传播速度为 344m/s，液体中的传播速度为 900~1900m/s。

根据超声波质点振动方向与波的传播方向是否一致，超声波的波形可分为纵波、横波和表面波。其中，纵波质点振动方向与波传播方向一致；横波质点振动方向与波传播方向垂直；而表面波介于上述两者之间，沿着表面传播，其振幅随着深度增加而迅速衰减。

距离检测中经常采用纵波，如图 7-15 所示。超声波探头做机械振动，带动空气或者其他弹性介质中的质点依次振动，形成机械波。当波的频率达到超声波频段时，称其为超声波。

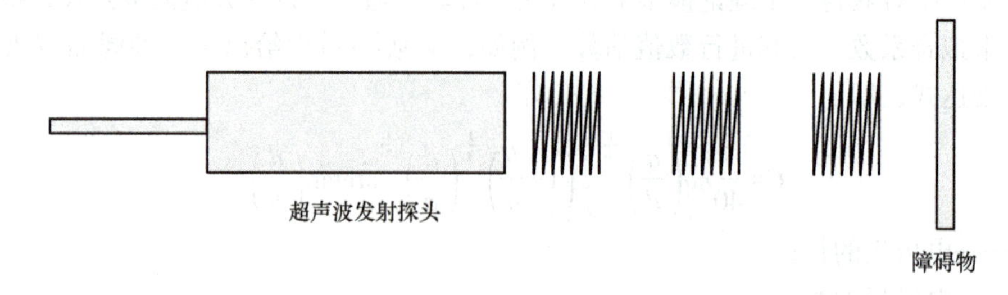

图 7-15 超声波纵波的形成

超声波的特性与光波类似，在从一种介质传播到另一种介质时，在两介质的分界面上一部分超声波被反射；一部分透过分界面，在另一种介质内继续传播，称为超声波折射。

（1）超声波反射定律　当超声波在分界面上发生反射时，入射角 α 与反射角 α' 的正弦值之比等于入射波与反射波的波速之比。当入射波和反射波的波形、波速相同时，入射角等于反射角。

（2）超声波折射定律　当超声波在分界面处产生折射时，入射角 α 与折射角 β 的正弦值之比等于入射波在第一介质中的波速 c_1 与折射波在第二介质中的波速 c_2 之比，即

$$\frac{\sin\alpha}{\sin\beta}=\frac{c_1}{c_2} \tag{7-8}$$

（3）超声波的衰减　声的强弱通常可采用声压、声强和声功率来度量。

超声波在介质中传播时，随着传播距离的增加能量会逐渐衰减，其声压、声强的衰减规律为

$$P_x=P_0\mathrm{e}^{-\alpha x} \tag{7-9}$$

$$I_x=I_0\mathrm{e}^{-2\alpha x} \tag{7-10}$$

式中　P_x、I_x——距离声源 x 处的超声波声压和声强；

P_0、I_0——在声源处的超声波声压和声强；

α——衰减系数；

x——与超声波声源的距离。

2. 压电式超声波探头

超声波测距传感器为了以超声波作为检测手段实现距离测量，必须能够产生超声波和接收超声波。完成这种功能的装置习惯上被称为超声波换能器或超声波探头。目前，使用比较多、可实现超声换能的元件是压电晶体材料，如压电陶瓷等。压电超声探头主要是利用压电材料的压电效应来工作的。

压电超声发生器主要利用逆压电效应将高频电振动转换成高频机械振动，从而产生超声波，当外加交变电压的频率等于压电材料的固有频率时会产生共振，此时产生的超声波最强。压电超声接收器主要利用正压电效应原理进行工作。当超声波作用到压电晶片上时会引起晶片振动伸缩，在晶片的两个表面上产生电荷，这些电荷再被电路转换成电压信号，经放大电路放大后输出。

实际应用中，可将数百伏的超声电脉冲加到压电晶片上，利用逆压电效应，使晶片发射出持续时间很短的超声振动波。当超声波经被测物体反射回到压电晶片时，利用压电效应，将机械振动波转换成同频率的交变电荷和电压。

超声波探头的基本元件为电声变换器，如压电陶瓷变换器。目前超声发生和接收元件的市场化情况较好，压电超声探头的种类繁多，用途各异。它们的基本结构如图 7-16 所示，通常均由晶片、阻尼块、保护膜，以及有与仪器相连接的高频电缆插件、支架、外壳等部分组成。保护膜可以采用树脂层，用来保护变换器，也起到声阻抗器的作用。同一变换器既可用来发射超声波又可用于接收超声波，壳体的设计应能形成一狭窄的声束，以提高能量传送效率和信号定向。此外，也有一些基于超声波发射器和接收器开发的测距模块，方便与安卓Arduino、树莓派或者其他单片机系统连接，可进行二次开发以便机器人使用。

3. 超声测距原理

如图 7-17 所示，当超声发射器与接收器分别置于被测物体两侧时，这种超声波传感器的配置形式被称为透射型。透射型配置可用于遥控器、防盗报警器、接近开关等。

超声发射器与接收器置于同侧的配置形式属于反射型。反射型配置可用于接近开关、目

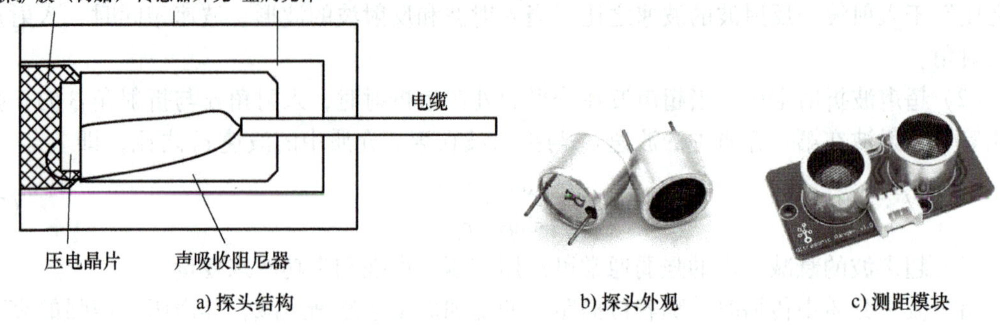

a) 探头结构　　b) 探头外观　　c) 测距模块

图 7-16　超声波探头结构、外观以及超声测距模块

标测距、液位或物位测量、金属探伤以及厚度测量等。

对于超声波测距传感器，常采用时间渡越法进行距离检测，即主要是通过发生高频超声波，然后测量超声波从发生器发出至目标物体，再反射回来所需要的时间来进行传感检测，如式(7-11)所示：

$$d=\frac{c\Delta t}{2} \tag{7-11}$$

式中　c——超声波波速，$c=331.4\sqrt{1+T/273}\,\mathrm{m/s}$，与环境温度 T 有关。

d——目标物距离；

Δt——被测物反射回来的回波延迟时间。

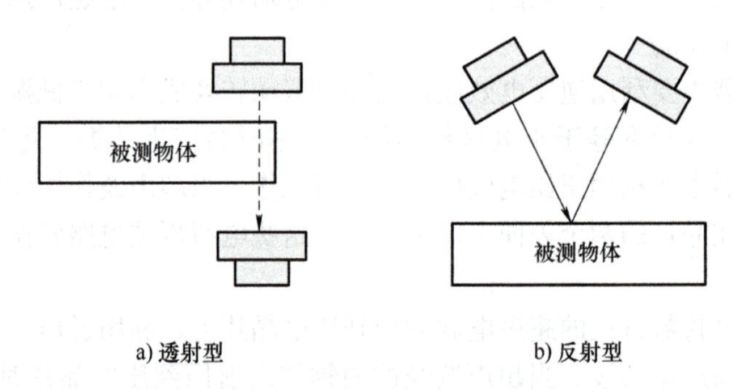

a) 透射型　　b) 反射型

图 7-17　超声波传感器的配置形式

渡越时间的测量方法有很多，基于脉冲回波法的超声波距离检测应用最普遍，如图 7-18 所示。传感器先将超声波脉冲调制后发射，通过发射使能信号控制发射脉冲时长和间隔。在使能信号高电平时，发送调制的超声波脉冲，同时开启测量窗使能信号。如果在下一次发射使能信号来临之前，在测量窗口之内遇到障碍物反射超声脉冲，则会接收到回波信号。通过记录回波信号检波波形的上升沿与发射使能信号上升沿之间的时间 Δt，即可得到回波延迟时间。然后，根据式(7-11)即可计算出被测物体距离。同时也可以看出，传感器检测距离的量程与测量窗的时间 t_2 以及测量窗开始时间 t_1 有关，分别决定了传感器测量的最大量程和最小距离。

对于机器人应用来说，目前超声波测距主要用途体现在以下方面：

1）实时地检测自身所处空间的位置，用以进行自定位。

2）实时地检测障碍物，为行动决策提供依据。

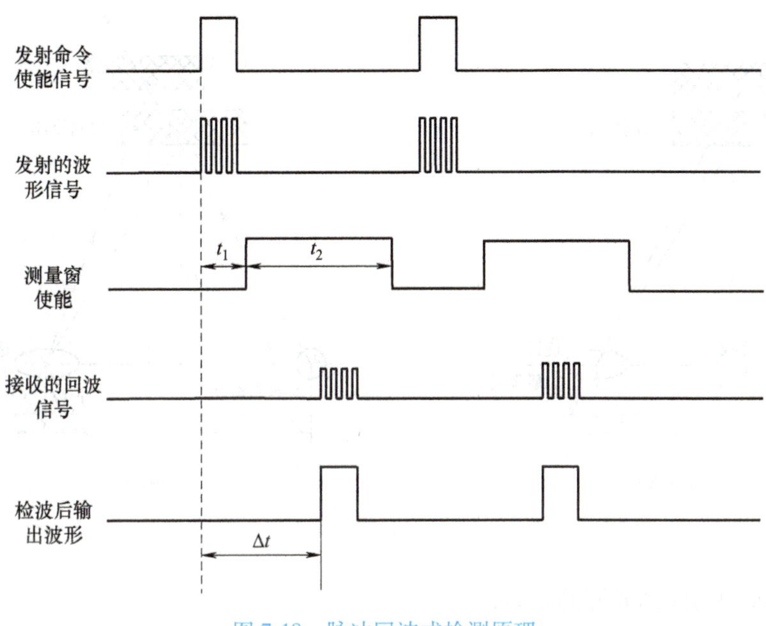

图 7-18　脉冲回波式检测原理

3）检测目标姿态以及进行简单形体的识别。

4）用于导航目标跟踪。

7.3.2　光学测距

光学测距与超声波测距原理类似，只是采用光波作为介质进行距离探测。光学测距传感器的量程与精度与所使用的光学器件有关，一般为零点几毫米到数米。光学测距传感器几乎适用于所有物体，并可在液体、高温、低温以及强磁场环境下使用，具有测量精度高、频率响应快等特点，是机器人接近与距离检测应用中常用的一类传感器。但由于光波的反射易受到对象物体颜色、粗糙度和表面倾角等因素影响，会影响光学测距传感器在某些物体表面的测量精度。

光学测距系统按照距离测定原理的不同可分为三角法测距、相位法测距和光强法测距。

1. 三角法测距

三角法测距主要是依据平面三角几何关系进行距离测量。发光器件将光束投射到被测物体上，物体表面反射光线，部分反射回来的光线又被光敏器件感受到。当被测物体相对光源移动一定距离时，光敏器件上的光斑也将产生移动，其位移大小与被测物体的移动距离相对应。因此，由光斑移动距离可以推算出被测物体与基线的距离。由于入射光和反射光构成一个三角形，对光斑位移的计算运用了几何三角定理，故该方法被称为三角法测距。

按入射光束与被测物体表面法线的角度关系，三角法测距可分为斜射式和直射式两种。图 7-19 所示为直射式和斜射式测量原理示意图。

如图 7-19a 所示，根据几何关系近似有

$$D=\frac{f}{x}L \tag{7-12}$$

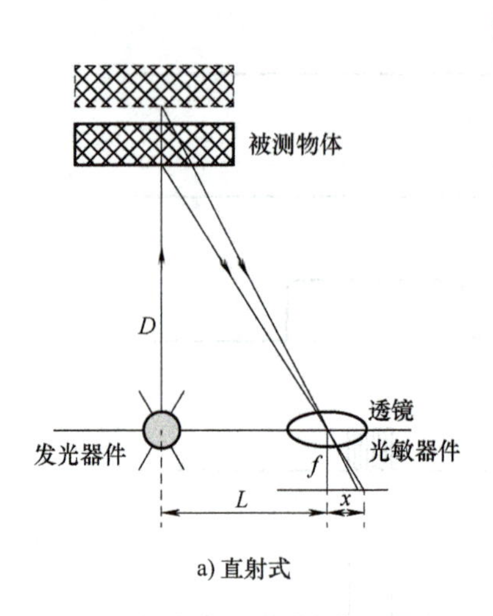

a) 直射式

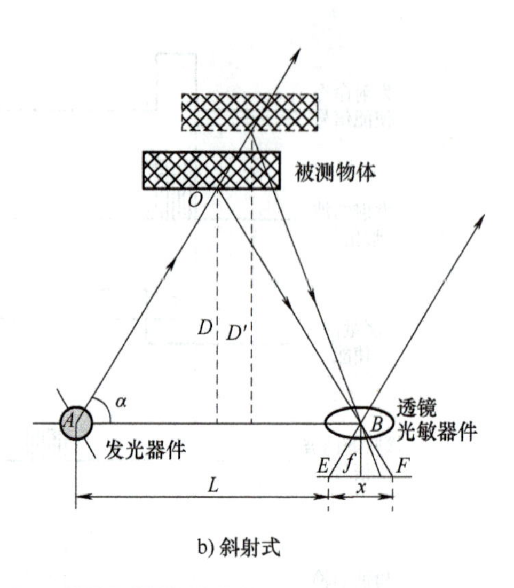

b) 斜射式

图 7-19　三角法测距原理示意图

式中　D——被测物体到光源的距离；

L——发光器件和光敏器件中心的距离；

x——成像点在光敏器件（如 CCD）成像平面上的偏移；

f——透镜焦距。

如图 7-19b 所示，当入射光束与被测表面呈一定角度时，依据几何关系，三角形 AOB 与三角形 EBF 相似。当系统的光路确定后，也可以有

$$\frac{L}{x}=\frac{D}{f} \tag{7-13}$$

$$AO=\frac{D}{\sin\alpha}=\frac{Lf}{x\sin\alpha}$$

式中　D——被测物体到光源的垂直距离；

L——发光器件和光敏器件中心的距离；

f——透镜焦距；

α——入射光 AO 与基线 AB 的夹角；

x——成像点在光敏器件的像 F 与成像极限位置 E 之间的偏移，极限位置 E 为被测物体距离基线无穷远处时反射光线在光敏器件上成像的极限位置。

根据上述公式，距离的灵敏度 S 可表示为

$$S=\frac{\Delta x}{\Delta D}=\frac{fL}{D^2} \tag{7-14}$$

可见，三角法测距中距离灵敏度与距离的二次方成反比。在远距离检测时，为保证灵敏度，需要增加 L，传感器尺寸会很大。因此，该方法限制传感器的动态检测范围。实际工作中，当物体远近移动时，像点会产生相应移动。当像点位置由 x 变为 x'，则可以计算出被测物体移动距离 y 为

$$y=\frac{Lf(x'-x)}{xx'} \tag{7-15}$$

无论直射式还是斜射式三角法测距，均可以实现对被测物体的高精度、非接触距离测

量，其特点有：

1）斜射法精度较高。

2）直射法光斑小、光强集中、干扰引起的误差小、结构紧凑，机器人上应用较多。

3）存在最小检测距离。当距离 D 足够近时，x 过大，光敏器件（如 CCD）可能检测不到像点。这时，虽然物体很近，但是传感器反而看不到它。

4）当距离 D 过远时，x 很小，光敏器件（如 CCD）能否分辨这个很小的变化值成为关键。如果 CCD 分辨率不够，也可能检测不到。要测量越远的物体，对 CCD 的分辨率要求就越高。

在三角法测距中，光电元件可以使用红外光发射和接收元件，如红外线发射和接收管，也可以使用激光发射和接收元件。使用不同光源和光敏器件，传感器的测量精度、距离和应用场合也有所不同。

2. 相位法测距

相位法测距利用检测发射光和反射光在空间中传播时发生的相位差来检测距离。如图 7-20 所示，发光器发出频率很高的调制光波，假设波长为 λ 的光束被分成两束，一束（参考光束）经过距离 L 到达相位检测装置；另一束经过距离 d 先到达物体反射表面后，然后再经过多次反射后到达检测装置，反射光束经过的总距离为 $d'=L+2d$。假定 $d=0$，此时 $d'=L$，参考光束和反射光束同时到达相位检测装置。

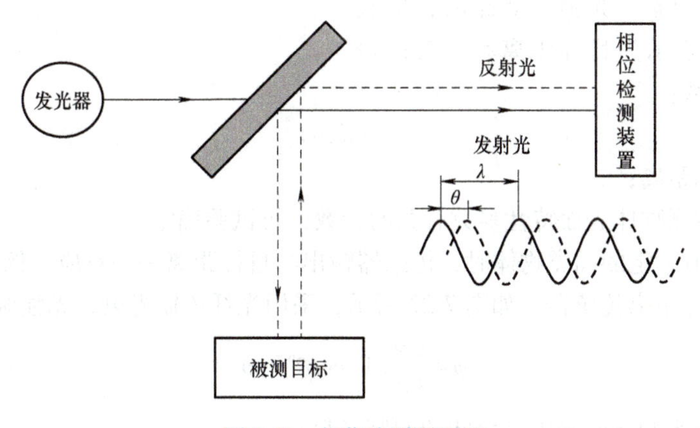

图 7-20 相位法测距原理

若令 d 增大，则反射光束将经过较长的路径，在测量点处两光束之间将产生相位移 θ。且有

$$d'=L+\frac{\theta}{2\pi}\lambda \tag{7-16}$$

式中 d'——目标距离；

L——发光器与相位检测装置之间的距离；

λ——调制光波的波长；

θ——反射光与入射光的相位移。

可以看出，若 $\theta=2k\pi$，$k=0$，1，2，…，则两个波形将对准，只根据相位移无法区别反射光束和参考光束。只有 $\theta<360°$ 或 $2d<\lambda$，才有唯一解。

因此，把 $d'=L+2d$ 代入式（7-16）有

$$d=\frac{\theta}{4\pi}\lambda=\frac{\theta}{4\pi}\frac{c}{f} \tag{7-17}$$

式中　c——光的传播速度；

f——调制光波的频率；

θ——反射光与入射光的相位移。

可见，在光波频率一定的情况下，目标物体距离 d 与相位移有关。因此，可以通过检测相位变化来测量目标距离。

3. 光强法测距

光强法测距原理如图 7-21 所示，主要利用反射光量随物体表面位置不同而变化的现象进行距离测量。发光器可用发光二极管或者半导体激光管制作，接收器可使用光电晶体管。此外，传感器还包括相应的光学透镜和光信号接收、处理单元。

接收器所产生的输出信号大小的反映了目标物体反射回接收器的光强。这个信号不仅取决于距离，也取决于被测物体表面光特性和表面倾斜等因素。光强法测距时，接收器的输出可近似表示为目标距离和与工件表面特性有关的函数：

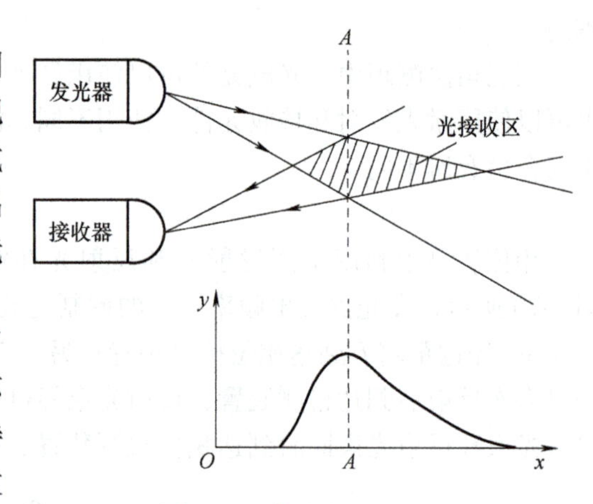

图 7-21　光强法测距原理

$$y=f(d,p) \tag{7-18}$$

式中　d——目标距离；

p——与被测物体表面特性参数有关的参数，可试验确定。

当工件为 p 值一定的同类物体时，传感器输出与目标距离一一对应。例如，一种基于光强调制原理的光纤距离传感器，如图 7-22 所示，采用光纤传输光束，光强调制公式为

$$\psi=\frac{\pi\gamma}{3d^2}(1-\cos\beta^6)+b \tag{7-19}$$

式中　ψ——发射光和接收光信号之间的调制函数；

d——传感器与被测目标表面的距离；

γ——取决于传感器和被测目标光度特性的参数；

β——传感器结构所决定的参数；

b——传感输出的补偿参量。

当然，在 γ、β、b 确定的情况下，光强就仅为距离 d 的函数。实际上，如果被测目标的颜色、方位角和光源信号强弱不同，γ、β、b 等参数都要相应改变。在知道这些参数的情况下，该传感器的精度可达到±0. 02mm。

如图 7-21 所示，一般此类传感器的输出信号 y 与目标距离 x 之间呈非线性关系，当被测目标为平面时，若发光器和接收器轴线近似平行且距离很近时，当目标距离大于 A 时，其通常可以近似为

$$y\approx\frac{p}{d^2} \tag{7-20}$$

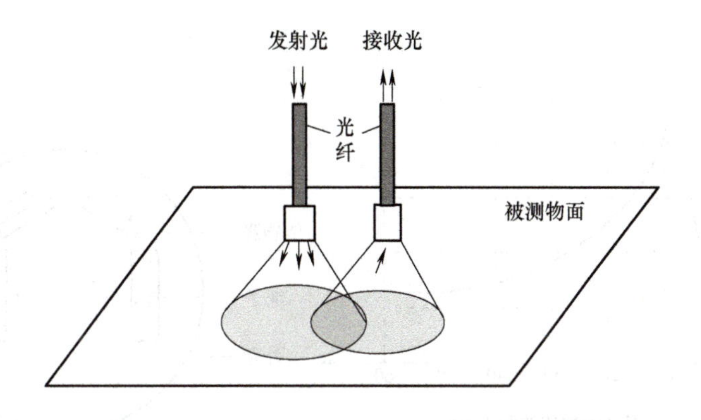

图 7-22　基于光强调制原理的光纤距离传感器

基于光强调制的光电传感器具有结构简单、成本低、容易实现的特点，在要求不是很高的场合不失为一种有效的方法。

4. 常用光学测距元件

（1）红外测距传感器　机器人测距用红外传感器，是一类基于红外线发送和接收状态来测量目标物体和机器人之间距离的传感器。其可发出红外光，波长在几百纳米。工作时经常是一对红外发光管和接收管配合使用，分别作为发光器和检测器，基于三角法或者光强法进行距离的测量。根据传感器中使用的光检测器的性能不同，测距精度也会受到影响。而且，红外测距受环境影响较大，环境物体的颜色、方向和周围光线可能会导致测量误差。

图 7-23a、b 所示为某公司红外测距传感器外观和特性指标。该传感器基于三角法进行测距，传感器输出电压值与探测的距离对应。通过测量电压值就可以得出所探测物体的距离，可应用于机器人距离测量、避障等场合。

a) 红外测距传感器外观

1. 电压：DC 4.5~5.5V
2. 电流：12mA
3. 检测距离：4~30cm
4. 输出信号：模拟电压信号（非线性）
5. 探头尺寸：44.5mm×13mm×13.5mm
6. 质量：6g

b) 特性指标

图 7-23　某公司红外测距传感器

交流与思考

【问题】　实际应用中，红外测距传感器的输出会调理成电压信号，输出是非线性的，如图 7-24a 所示。当被探测物体距离小于 10cm 时，输出电压急剧下降。如果仅从读数来看，会误以为障碍物越来越远了，但实际上可能是障碍物距离机器人太近。若控制程序让机器人全速运动，就有可能撞到障碍物。该如何解决这个问题呢？

【解答】　可以改变红外测距传感器的安装位置，如图 7-24b 所示，使安装位置与机器人外壳的距离大于最小探测距离。

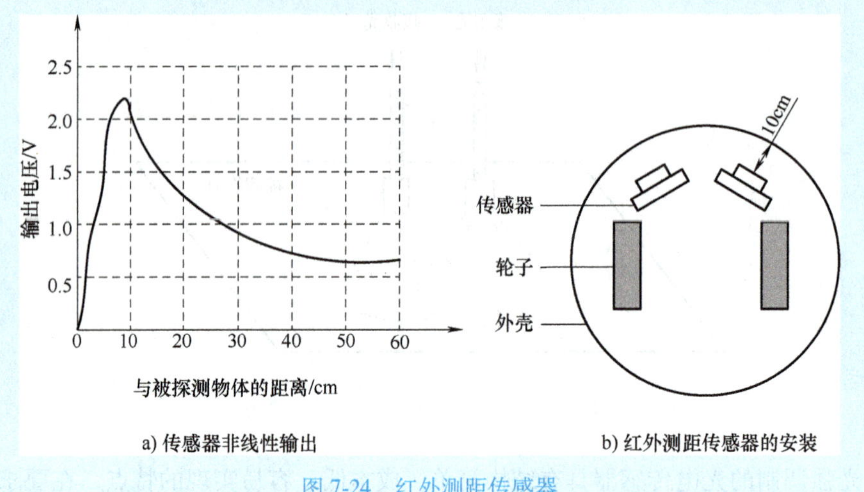

图 7-24　红外测距传感器

（2）激光测距传感器　激光是指原子受激辐射产生的光，即电子吸收能量后从低能级跃迁到高能级、再从高能级回落到低能级时，以光子的形式将所吸收的能量释放出来。与普通光源相比，激光单色性、方向性好，亮度更高。激光测距传感器是利用激光进行距离探测的传感器。

激光测距传感器工作时向被测目标发出一束很细的激光，由光电元件接收目标反射的激光束，计时器测定激光束从发射到接收的时间，从而根据反射后激光的相位或者时间等数据推算观测点与目标之间距离。它一般由激光发射器、激光检测器和测量电路等组成。常用的激光发射器的类型有固体激光器、气体激光器、半导体激光器等。激光光波指向性好，可进行长距离检测。根据测距原理不同，激光测距传感器主要分为脉冲法（激光回波法）、相位法和三角法。其中，相位法和三角法的原理前面已经介绍过，这里仅描述脉冲法激光测距原理，它与超声波测距原理类似。

如果光以速度 c 在空气中传播，在 A、B 两点间往返一次所需时间为 t，则 A、B 两点间距离 D 为

$$D=\frac{ct}{2} \tag{7-21}$$

式中　D——测站点 A、B 两点间距离；

c——光在大气中的传播速度；

t——光往返 A、B 一次所需的时间。

由式（7-21）可知，要测量 A、B 间的距离实际上是要测量光传播的时间 t。图 7-25 给出了一种脉冲激光传感器的测距原理图。工作时，激光发射系统采用脉冲式激光二极管向目标发射激光脉冲，经过目标反射后激光向各方向散射。部分散射光再返回到传感器接收端，被激光检测系统接收后成像到雪崩光电二极管上。光电二极管是一种可以将微弱光信号放大的光学传感器，能将微弱的光信号转化为相应的电信号。

脉冲激光测距的精度一般为±1m，测量盲区一般为 15m 左右。而采用三角法激光测距，在测量 2m 以下短程距离时，精度最高可达 1μm。相位式激光测距一般应用在精密测距中，精度一般为毫米级。

如果是在空气中利用激光测量，激光测距的量程最远可达几十千米，发射角最小。超声测距、红外测距和激光测距的区别和特点见表 7-2。

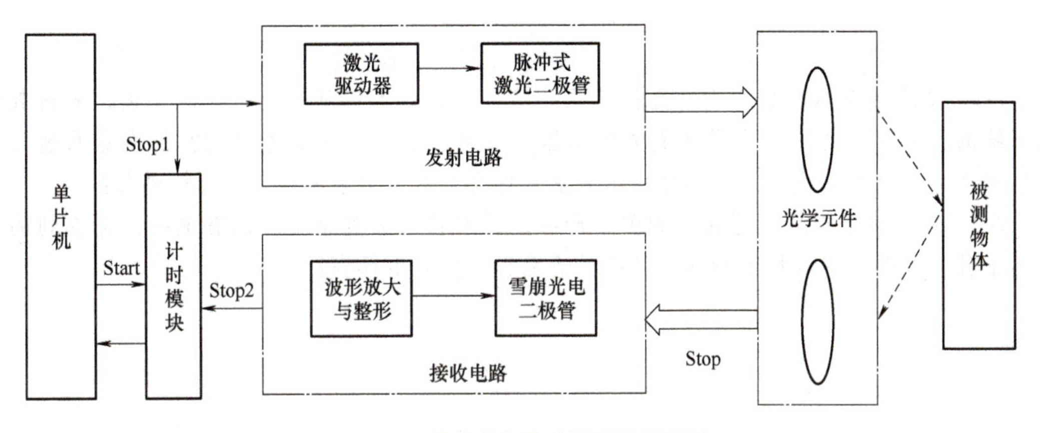

图 7-25　脉冲激光传感器测距原理图

表 7-2　常用机器人测距方法比较

	模块外观举例	波种类	一般测距范围	发射角	特点
超声测距		声波	$10^{-2} \sim 10\text{m}$	较大	受环境影响小，可以在较差环境中使用；测量精度为厘米级
红外测距		红外线	$10^{-1} \sim 10\text{m}$	较小	易受环境光强、被测物体材料影响；测量速度快；价格便宜
激光测距		激光	$10 \sim 10^{3}\text{m}$	最小	易受到烟雾、灰尘、雨滴的干扰；精度高，可达毫米级；需要注意人体安全，成本较高

本章小结

本章主要介绍了机器人嗅觉、接近觉、距离感知等其他感觉。在机器人嗅觉部分，介绍了嗅觉感知系统组成等基本概念、构成嗅觉系统的常见气体传感器以及嗅觉定位的基本知识。在机器人接近觉与距离感知部分，首先分析了机器人的接近觉和距离感知的异同；接下来根据检测原理的不同，简洁明了地介绍了感应式接近觉(电涡流、电磁感应、霍尔式)、电容式接近觉、超声测距以及光学测距(三角法、相位法、光强法)的基本原理和器件。

思考题与习题

7-1　试说明机器人嗅觉感知系统组成原理及其应用领域有哪些？

7-2　试说出3种以上气体传感器的原理、检测对象和特点。

7-3　试说出机器人嗅觉定位的原理和实现思路。

7-4　试描述机器人接近觉传感器的应用场景，常见器件的基本原理和使用特点。

7-5　请对比电涡流式、霍尔式、电容式接近觉传感器的检测原理、应用场合和使用特点各有什么不同？

7-6　请描述超声测距、红外测距和激光测距的检测原理，并对比三者在测距精度、测距范围、应用场合方面有何不同？

学习拓展

7-1 请进行学术文献搜索，查找任意一篇关于机器人嗅觉系统研究的文献，分析其嗅觉系统的组成与结构，请说明其嗅觉传感器的数量、配置方式是怎样的？传感器原理是什么？该文献中，嗅觉机器人的具体应用背景是什么？对嗅觉系统有哪些指标要求？

7-2 查找目前市场上可获得的测距产品，试着将其分类整理。试着说一说你查到的产品属于什么原理，它的技术指标有哪些？适用于哪些应用场合？

第 8 章 机器人多传感器信息融合

导读

如果一个人闭上眼睛，有时仅依靠触摸并不能确定自己摸到的是什么物品；手里托起一个球，需要依靠掂量其质量、触摸其材质、看到其纹理才能更准确判断出这是什么球。机器人与人类似，有时仅靠单一传感器检测的信息，并不能完全准确地感知环境信息。必要时，需要综合多个传感器的测量数据，经过系列分析处理，才能获得想要的相关信息，从而综合判断并做出正确决策。本章以多感知智能机器人为例，介绍机器人多传感器融合的知识，讲述如何针对来自多个传感器的数据进行多级别、多方面、多层次的处理，获得新的、有意义的信息，从而指导机器人的后续控制和决策。这种新的、有意义的信息是任何单一传感器所无法获得的。

本章知识点

- 多传感器信息融合的目的、定义和分类
- 多传感器信息融合系统的结构组成和融合方法
- 传感器数据一致性检验方法
- 基于加权平均法、卡尔曼滤波法的定量信息融合方法
- 基于贝叶斯方法、D-S 证据理论的定性信息融合方法

8.1 多感知智能机器人系统

一个多感知智能机器人系统往往携带多种传感器，能够测量多种环境信息，使机器人对外部环境或者自身状态进行正确判断，进而形成合理决策，拥有一定智能。但有时仅仅依靠某一种传感器很难完成对外部环境的正确感知，因此，多传感器信息融合技术被广泛应用于具有多传感器的机器人系统中，并成为机器人系统中的核心技术。该技术已被应用于机器人的各个领域，如机器人的目标识别与跟踪、未知环境的自主定位与智能导航、自主避障、轨迹规划以及人机交互等。本节将以典型多感知机器人系统为例，介绍传感器融合技术及其应用。

8.1.1 分拣机器人与信息融合

本节以多感知机器人系统进行抓取分拣操作为例，介绍机器人多感知系统的组成以及多传感器信息融合的目的。

1. 分拣机器人系统组成

该系统由机构本体、控制与驱动器、多传感器系统、计算机系统和机器人示教盒组成，其工作环境为固定工作平台，如图 8-1 所示。多传感器系统中接近觉、触觉、滑觉、温度、热觉、力觉传感器安装在手爪处，视觉传感器安装在平台上方。具体操作要求为：任务中会遇到圆形、方形、H 形和梯形 4 种形状工件，每种形状又分为铁、铝、胶木、木头 4 种材质，即共有 16 种工件。要求任意取几种工件放到工件台上，机器人可进行工件的自适应抓取和目标识别。

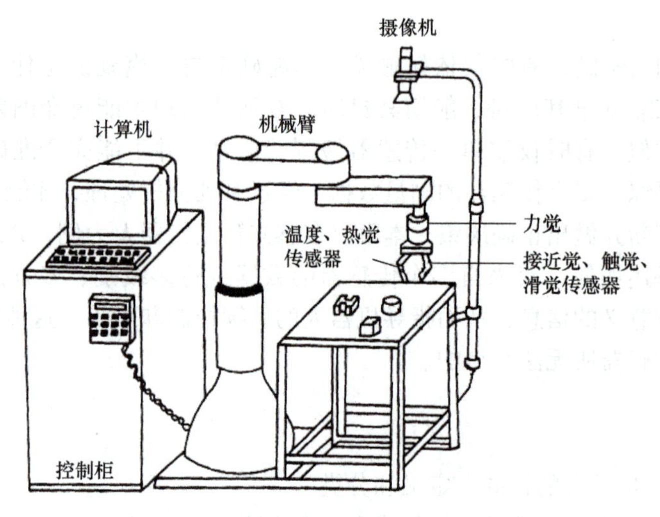

图 8-1 多感知分拣机器人系统组成示意图

2. 多传感器感知系统

多感知分拣机器人系统的组成框图如图 8-2 所示，其多感知系统具有 7 种感觉。

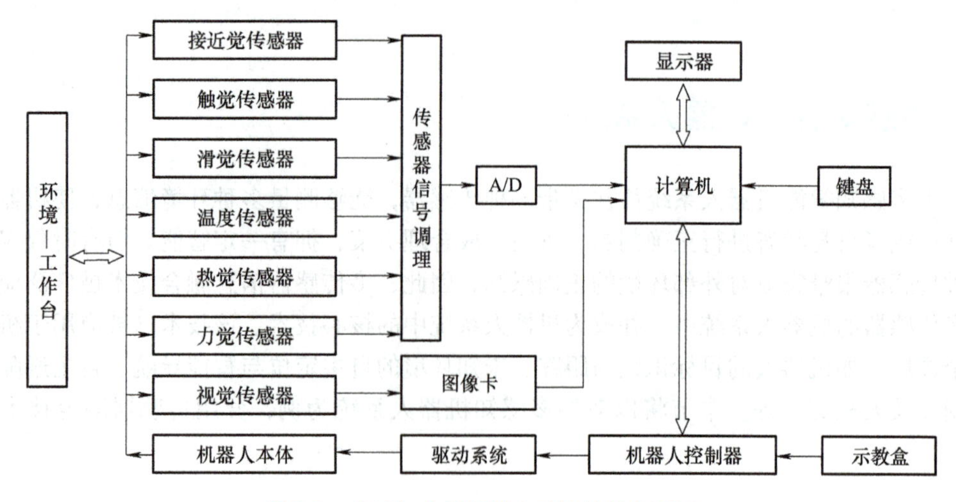

图 8-2 多感知分拣机器人系统的组成框图

在该分拣机器人系统中，接近觉、触觉和滑觉为一体化的传感器，被安装在机械手的一个手指上。如图 8-3 所示，触觉、滑觉复合传感器选用 PVDF 高分子有机压电材料作敏感材料，当其包封表皮结构上有相对滑动发生时，能引发表皮的诱导微振动，从而区别接触和滑动的信号响应；接近觉探头安装于触觉和滑觉传感器之中，其基底材料为软质橡胶；传感器外形被设计成手指形状，以便直接安装在机械手爪中。温度和热觉传感器装于手爪的另一手指上，由集成式温度传感器、加热部件及铂热敏电阻组成；该手指的顶部还装有垂直向接近觉传感器。力传感器则安装于机械手的腕部，采用 PVDF 压电应变片粘贴于十字梁弹性体上，构成能够测量 x、y、z 三维方向的力传感器。

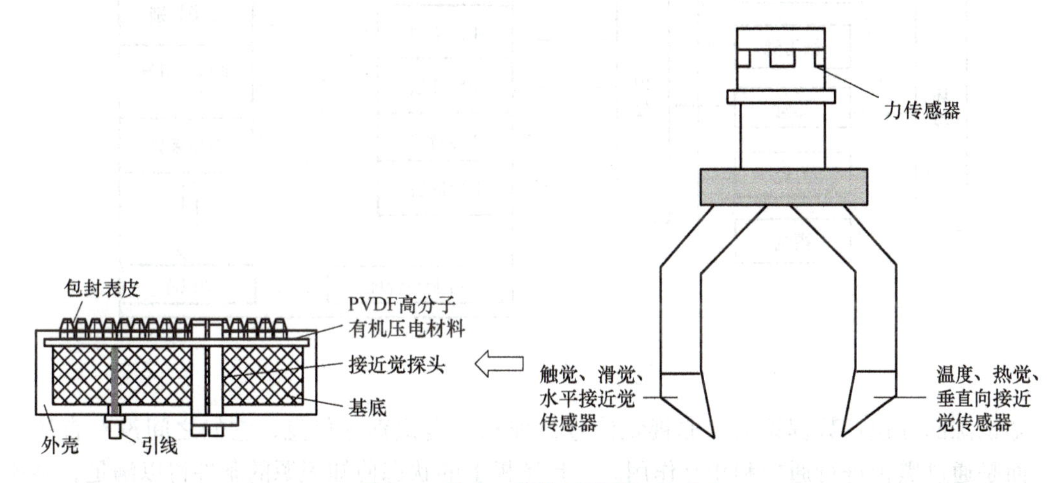

图 8-3　装有 6 种传感器的机械手爪

此外，在机器人作业台面的上方固定安装了 CCD 摄像机(MTV-3501CB)用于视觉感知。摄像机输出的是模拟视频信号，通过插在计算机扩展槽中的图像处理卡转换成一定格式的数字信息再送入计算机。

实际工作中，通过人机交互界面给机器人发送待抓取目标物的形状和材质命令，CCD 摄像机负责采集图像，通过滤波、二值化、分割、边缘检测、按矩不变原则判断目标物形状，找出被选形状工件位置，控制机器人运动到位并张开手爪，利用接近觉、触觉、滑觉自适应抓取工件；待手爪与工件接触后，起动工件热觉传感器提升工件，脱离平台后，力觉传感器 z 向测重，获得质量特征；再通过热觉和力觉传感器将信息融合，综合判断材质。若不是命令指定的工件，则放下再去抓下一个相同形状工件，直到找到目标工件为止。

3. 多感觉信息处理和融合的控制体系

实际工作时，机器人工作台上的目标物共有 4 种材质：铁、铝、胶木、木头。假定物体的形状、外观和大小均相等，4 种工件唯一的区别是材质不同。因此，仅依靠视觉传感器检测物体轮廓不容易区分不同材质的物体；仅通过对物体质量的测量，力觉传感器对质量相近的物体(如铝和胶木)仍很容易混淆；同样，只用热觉传感器对目标物体进行区分也存在类似的问题，如铁与铝的导热性相差无几。可见，有时仅依靠单独某一种传感器对物体进行识别，无法全面掌握物体信息，识别时容易混淆。所以，必须选择适当的方法对来自多传感器的信息进行融合，以提高目标物的可识别性。

由于该机器人系统涉及传感器较多，系统在信息融合处理时，采用了人工智能的黑板结构作为多感知智能机器人的信息融合处理控制模式，如图 8-4 所示。在黑板结构中，黑板是存放知识源所需信息和中间状态的共用存储区。为了兼容不同水平的传感器数据，黑板被分成 4 个信息层，即：

1）数据层：用来存放经预处理的各传感器的输出数据，如接近觉、触觉信号等。

2）参数层：用来存放可靠物体信息片段，如位置、面积、质量等。

3）特征层：用来存放融合后的物体特征信息，如密度、导热系数等。

4）决策层：用来存放物体的整体描述信息，如形状、材质等。

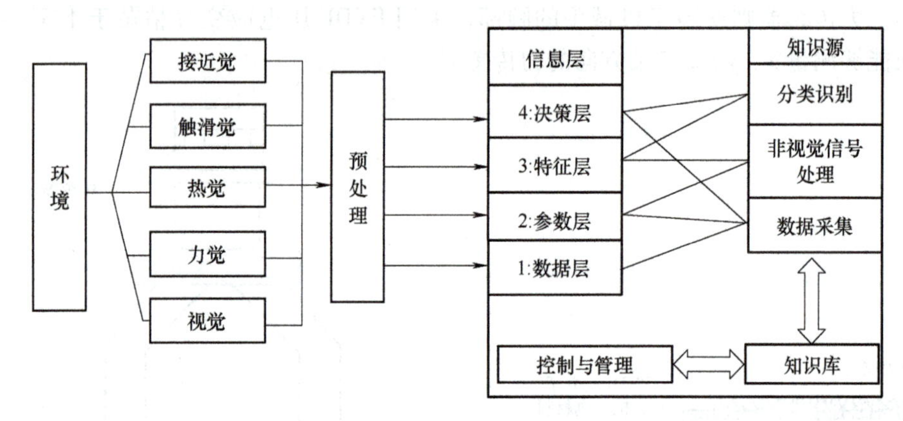

图 8-4　融合控制系统

知识源部分包括数据采集、非视觉信号处理和分类识别等信息，它们之间没有直接联系，而是通过黑板进行通信和相互作用。一旦黑板上的状态使知识源的条件得以满足，则该知识源被激活，执行相应的处理过程，并将处理结果写回黑板，再激活相应的知识源。例如，黑板上有关工件的物理位置信息产生后即可启动非视觉信号处理任务，进行自适应抓取，并将工件的质量和与导热系数有关的信息写回黑板，再激活分类识别任务进行目标物的分类识别。控制和管理模块负责监督记录黑板上发生的变化，定义当前被激活知识源的优先级，为各知识源提供可能的知识库支持。知识库则包含了有关环境的详细资料。

可见，从传感数据到目标识别的过程中，需要融合多传感器数据、分步骤综合分析与融合才能获得更准确的结论。融合处理主要分两个阶段：第一个阶段被称为融合前处理，由数据采集与信息分类两步构成；第二个阶段为信息融合处理，分别在特征级与目标级上分两步进行融合。有时在多传感器系统中，可能不同传感器的信号经过分析处理后，实际上表示的是同一特征，所以系统首先将这些数据合成为该特征的单一形式描述，即在特征级上的信息融合，这一融合过程属于定量信息融合。然后再将这些与目标有关的特征信息进一步融合，获得关于目标种类、材质等信息的决策结果，这一过程属于定性信息融合。

8.1.2　移动机器人与信息融合

在众多室内服务机器人中，具有自主运动能力的移动式机器人可以在很大程度上拓展服务空间，提高其服务性能。移动机器人在实际应用中，也普遍使用多传感器共同工作，通过信息融合以准确感知外部环境和自身状态信息，以便机器人定位、规划、导航与控制。

1. 移动机器人系统组成

移动操作机器人的系统组成示意图如图 8-5 所示，由移动底盘、操作臂、控制与驱动、多传感系统等部分组成。为了保证机器人能在部分或完全未知环境中自主移动来完成给定任务，必须通过各种传感器时刻感知外部环境，并且具备多传感器信息融合系统进行信息融合，并进行相应决策。高效并且适应性好的信息融合系统是体现机器人智能水平的关键。

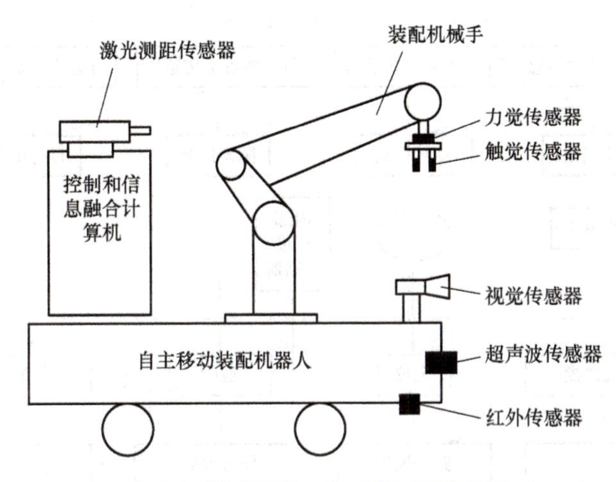

图 8-5 移动机器人的系统组成示意图

为使移动机器人了解自身状态、感知障碍物或者目标的距离与位置信息，常用的内部传感器主要有里程计、光电码盘、陀螺仪、罗盘等，外部传感器主要有 CCD 视觉传感器、超声波传感器、激光传感器、红外接近觉传感器、雷达、红外摄像机和 GPS 等。这些传感器检测内容和使用特点各不相同，如里程计可累计推测距离信息，价格便宜，使用简单，得到的测量信息易于理解，但累积误差较大；超声波传感器测距易产生反射、折射而引起测量中的幻影数据；激光传感器测距测量角度分辨率高，但价格昂贵，对透体测量失效；CCD 视觉传感器可获得的信息量丰富，但视觉信息处理复杂、难以快速理解。由于单一传感器获得的信息往往是局部、有限的环境特征信息，而且单一传感器还受到自身品质、性能的影响，采集到的信息有时不完善，带有较大的不确定性，甚至偶尔是错误的。因此，采用多传感器构建移动机器人感知系统，将大大增加系统采集到的信息数量，提高机器人智能决策的能力。

多传感器信息融合就是针对一个系统中使用多个或多类传感器问题而展开的一种信息处理方法。它模拟了人脑综合处理复杂问题时的解决思路，充分利用多个传感器信息，通过对各传感器及其观测信息的分析与综合，将各种传感器在空间和时间上的互补与冗余信息依各种优化准则组合起来，产生对观测环境的一致性解释和描述。多传感器信息融合的目标是基于传感器分离观测信息，通过对信息的优化组合得出更多的有效信息。

2. 移动机器人多感知系统与传感器信息融合

移动机器人利用多传感器进行信息融合，可以在外界环境建模、地标识别、障碍探测、目标识别等方面获得更准确信息，其相互关系如图 8-6 所示。

环境建模是指机器人利用传感器获得的外部信息建立环境模型。定位是在二维环境中，确定机器人相对于全局坐标的位置和姿态，是移动机器人导航、路径规划和避障的基础。同时定位与地图构建(SLAM)是指机器人通过识别周围环境创建地图，并利用地图进行定位的一种方法。机器人地图构建、定位、路径规划与运动控制等功能模块构成广义上的机器人导航系统，实际应用中通常利用里程计等测量信息与其他传感器信息相融合，以减少里程计误差，提高定位与导航精度。

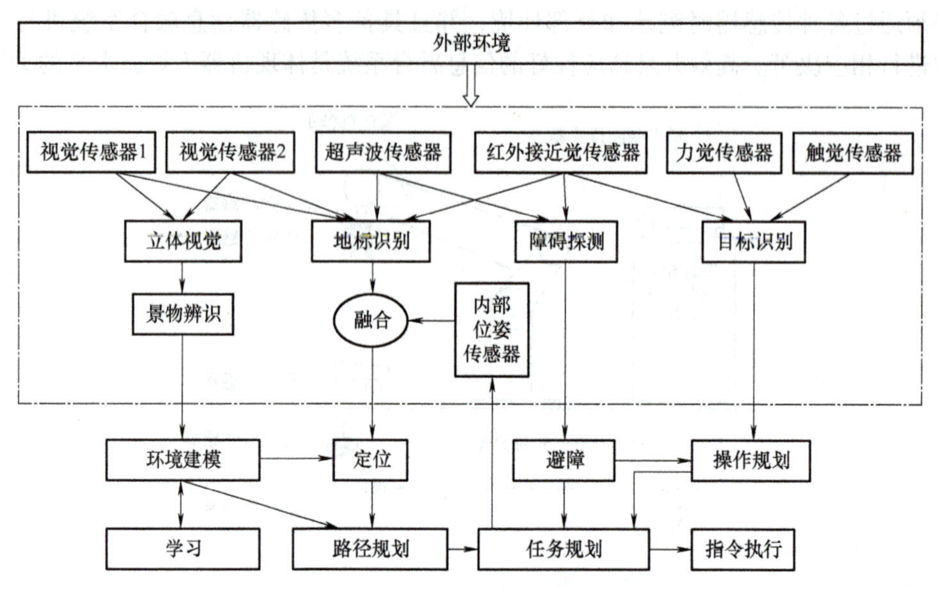

图 8-6　多传感器在移动机器人中的应用

例如，图 8-7 所示为某移动机器人导航系统组成示意图，该系统由感知、环境建模、定位、规划控制等模块组成，其感知系统搭载有里程计、超声波传感器以及激光传感器。

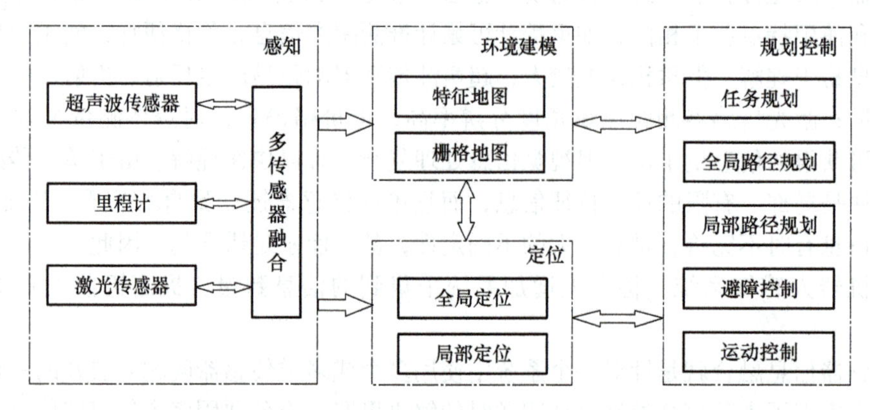

图 8-7　某移动机器人导航系统组成示意图

（1）感知模块　通过传感器采集板或者 USB 接口将各种传感器的数据采集并且融合，生成环境建模模块和定位模块需要的数据，并将它们分别传给对应的其他模块。

（2）环境建模模块　收到感知系统传递的关于距离或者外部环境信息等数据，利用其生成能够适合路径规划的栅格地图或者适合定位的特征地图。

（3）定位模块　为进行环境地图构建，机器人通过传感器获取障碍物相对于机器人的位置，然后根据移动机器人自身在地图中的位姿换算出障碍物在地图中的坐标。在这一过程中首先要解决的问题就是确定移动机器人在地图中的位姿，即定位问题。移动机器人常用的定位方法主要有两种：一种是里程计定位，另一种是扫描匹配定位。

（4）规划控制模块　规划模块按照功能主要分为全局路径规划和局部路径规划模块。全局路径规划可采用基于栅格地图的搜索算法，得到一条从起点到目标点的最优路径，机器人需考虑如何沿着这条路径运动以及实时的避障问题；局部路径规划一般可采用人工势场路径规划，机器人在动态环境中实时规划路径。

移动机器人导航任务的执行过程，就是反复进行感知—决策—控制的过程。感知系统对机器人定位是后续各种建模、规划和控制的基础。移动机器人定位，一种方法是基于里程计定位，即采用增量式光电编码器测量轮子旋转增量信息，推测出机器人移动位置增量，进而实时地测量移动机器人的速度信息，然后通过航迹推算的方式计算出移动机器人的位姿。里程计定位方法简单、成本低、易于实现，但是它的可靠度不高，容易产生漂移。这种误差会逐渐累积，造成定位的结果逐渐偏离实际值，长时间运行可能导致定位失败。另一种方法是基于扫描匹配定位，激光扫描匹配定位就是计算两帧激光扫描数据或激光扫描数据与地图之间的相对位姿变换，进而求出移动机器人在某时刻的位置。激光扫描匹配定位，激光雷达采集的数据本身存在一定的误差，导致定位不够精确。此外，当环境中存在遮挡时，会导致前后两帧激光扫描数据的相关度下降，造成扫描匹配的正确率降低，甚至无法匹配，进而导致定位失败。为解决上述问题，通常可以结合里程计信息和激光扫描信息进行融合，利用卡尔曼滤波等算法进行联合定位，对里程计测量位姿进行更正，估计出移动机器人当前的最优位姿。下面将详细介绍信息融合的概念、原理和方法。

8.2 多传感器信息融合概述

8.2.1 信息融合基本概念

1. 信息融合的定义

多传感器信息融合，是指综合利用多个传感器输出的、具有一定时间顺序和空间关系的信息进行多层次处理，进而更加完善、准确地得出对外部环境、机器人自身状态或者被测对象某一特征的信息表达方式。

2. 信息融合的目的

单一传感器只能检测出被测对象的部分信息，且可能存在不确定性的输出偏差；使用多个传感器进行检测，不同传感器检测数据的格式、内容可能各不相同，对环境和对象的描述也可能存在冗余、矛盾。而多传感器信息融合，就是希望利用多个传感器对环境或目标进行检测，将多个传感器获得的信息，按照一定方法进行综合处理，消除信息之间有可能存在的冗余或矛盾之处；同时，利用信息互补性来降低检测的不确定性，从而给出对被测对象相对完整、准确的信息表述以及理解。

将机器人感知系统中多传感器数据进行融合，有利于机器人更科学、快速、正确地做出规划和决策，降低机器人系统决策风险。多传感器信息融合的优点体现在以下方面：

1）多传感器信息具有冗余性、互补性，可降低信息的不确定性，提高系统容错能力、测量范围以及可靠性。

2）多传感器测量有助于减少测量噪声引起的不确定性，提高系统测量精度。

3）多传感器融合技术有助于近乎实时地获得关于对象的信息描述。

4）信息融合技术有助于通过较低成本获得更高质量、更丰富的对象信息。

3. 多传感器信息融合过程

多传感器信息融合的一般过程如图 8-8 所示，主要由传感器信息协调管理、数据预处理、特征提取与融合计算、结果输出等过程组成。首先，信息协调管理模块根据需求与任务的不同，协调选择传感器与传感器模型库。机器人传感器的数据是系统融合的对象，传感器一般将被测信息换成电信号，再经过 A/D 转换、状态转换等转换成便于计算机处理的同类或一致的数字量。数字化后的信号经过滤波和一致性检验等预处理环节，消除干扰和噪声送入融合中心，经过信号特征提取以及算法融合处理，给出融合结果。

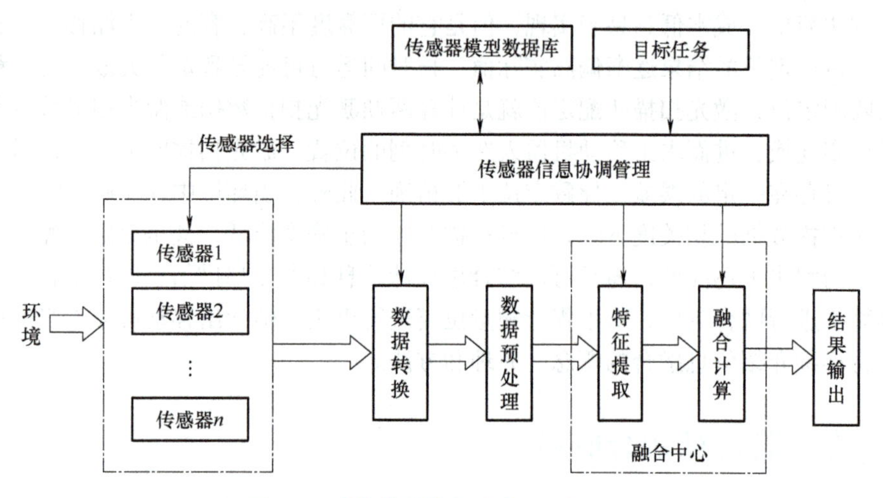

图 8-8　多传感器信息融合的一般过程

信息融合算法是传感器信息融合的关键，目前可使用算法很多，发展速度很快，使用何种算法应依据具体应用需求而定，但被融合的数据必须是同类或具有一致的表达。由于多传感器获得的信息具有冗余、互补等特点，冗余信息融合首先需要解决传感器间数据冲突的问题，因此融合前需要进行数据的一致性检验。一致性检验是指将多个同类数据经过信息融合形成一致的数据结果，相当于数据到数据的转换，因此属于传感器定量信息融合。每个传感器数据可能仅反映被测对象部分信息，多个传感器信息综合方能构成完整描述，这些信息称为互补信息。传感器定性信息融合解决了互补信息的融合问题，是指将多个单一传感器的决策融合为集体一致的决策，融合结果是非数据性的结论。

8.2.2　信息融合分类

机器人传感器信息融合可以在传感器信息处理的不同层次上进行。按照处理对象的抽象层度不同，信息融合可分像素层融合、特征层融合和决策层融合。

1. 像素层融合

像素层融合也称为数据层融合，是最低层次的融合，是传感器信息未经或者经过很少处理，直接在原始观测层上进行的融合，融合后再进行后续的特征提取、目标识别等，如图 8-9 所示。该层次融合的优点是可充分利用原始信息，提供更加详细的信息；但该层信息处理量较大，处理代价高、实时性差，要求所有传感器信息所测量的物理量相同。例如，对 CCD 摄像机各个感光单元的信号进行获取得到视觉图像每个像素点信息，并基于此进行图像处理并识别目标就属于像素层融合。

2. 特征层融合

特征层融合是指对多个传感器的原始信息进行特征提取，将各个传感器观察值提取出的

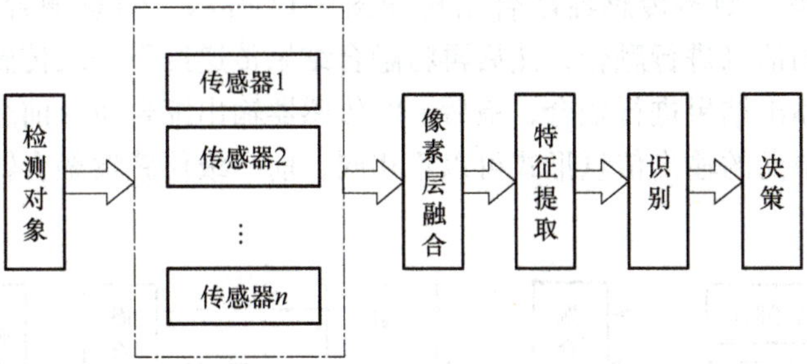

图 8-9　像素层融合

特征综合为一组特征向量进行融合，如图 8-10 所示。特征层融合属于中间层次，也称为中级融合。特征提取实现了一定程度的信息压缩，便于实时处理。例如，对语音信号进行初步的特征提取，获得过零率、幅值等特征向量，在此基础上再进行融合以判断语音信号的内容，就属于特征层融合。

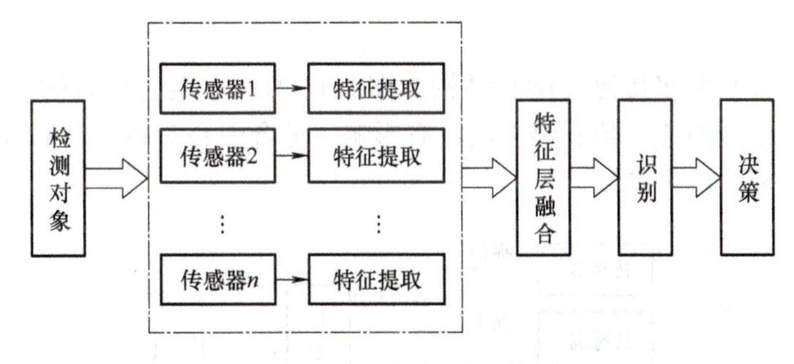

图 8-10　特征层融合

3. 决策层融合

决策层融合是指在基于每个传感器信息预处理与特征提取基础上，已经对某一目标属性做出初步决策判断后，对这些基于每个传感器的初步结论进行融合以得到整体一致的决策结果，如图 8-11 所示。决策层融合是融合中的最高层次。该层次融合具有较好的容错性，对计算机要求低、实时性好，对传感器依赖小、要求低，可用同质或异质的传感器；但由于已经对原始信息进行处理，信息损失大。

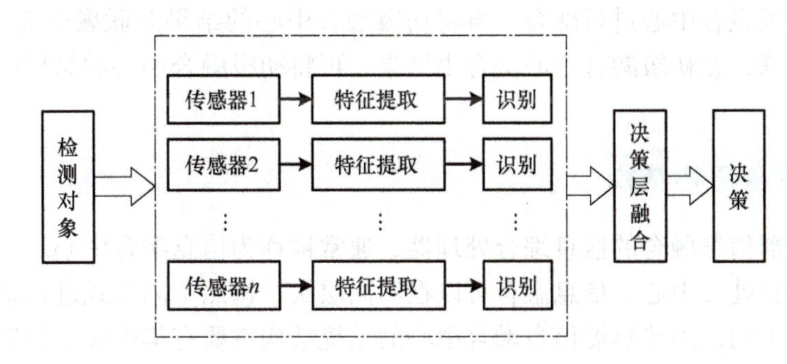

图 8-11　决策层融合

此外，若按照信息传递形式的不同，信息融合还可以分为串联型、并联型和串并混合型。

（1）串联型　串联型多传感器融合结构如图 8-12 所示，信息融合时每个传感器先与前一级传感器输出的信息进行融合，然后再将融合结果传递给下一级传感器，每一级传感器都这样依次与上一输出结果进行融合，最后一级传感器输出综合所有前级传感器的信息。串联融合时各级融合单元的输出信息形式可以不相同，前一级传感器融合输出对后级传感器融合影响较大。

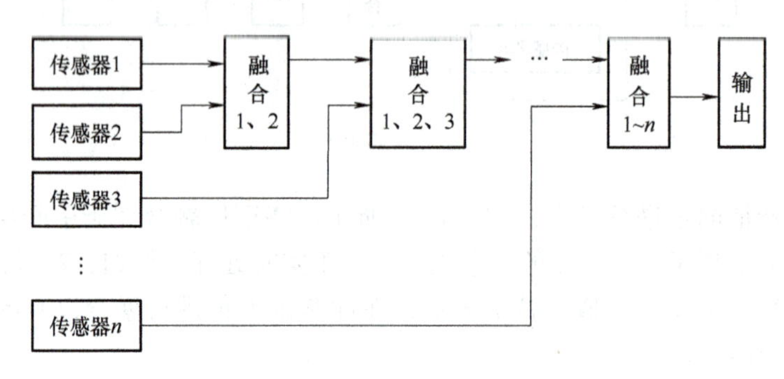

图 8-12　串联型多传感器融合结构

（2）并联型　并联型多传感器融合结构如图 8-13 所示，信息融合时所有传感器的输出数据都同时输入到融合中心，传感器之间没有影响。融合中心对各类型的数据按照适当的方法进行综合处理，最后输出结果。

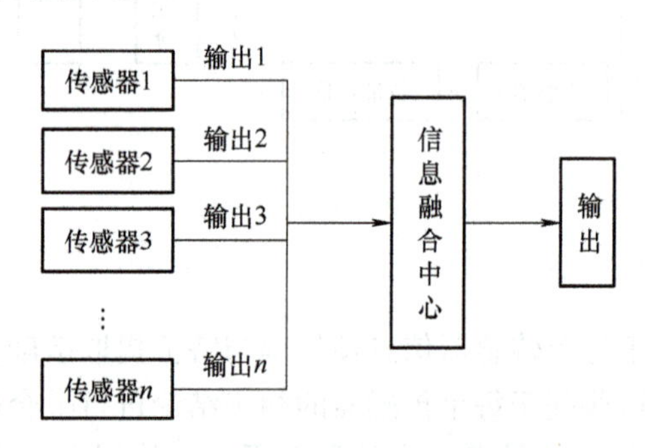

图 8-13　并联型多传感器融合结构

（3）串并混合型　串并混合型多传感器信息融合是串联和并联两种形式的混合，可以先局部串联，在初级融合中心进行融合，再将初级融合中心的结果并联融合成最终结果输出；也可以先局部并联，在初级融合中心融合出结果，再将初级融合中心的结果串联融合成最终结果输出。

8.2.3　信息融合拓扑结构

完成多传感器信息融合的信息综合处理器，通常被称为信息融合中心。一个处理中心可能包含另一个信息处理中心，信息融合可以在不同层次，按照不同方式进行融合。根据信息融合处理方式的不同，多传感器信息融合中心的系统结构主要有集中型、分散型、混合型和反馈型 4 种。

1. 集中型多传感器信息融合

集中型多传感器信息融合结构如图 8-14 所示，信息融合中心直接接收来自待融合传感器的原始信息，传感器主要用于环境数据采集，不具备对数据进行局部分析处理的功能。因此，其也被称为前处理融合，该结构下系统信道容量要求较高，一般小规模融合系统采用此结构。

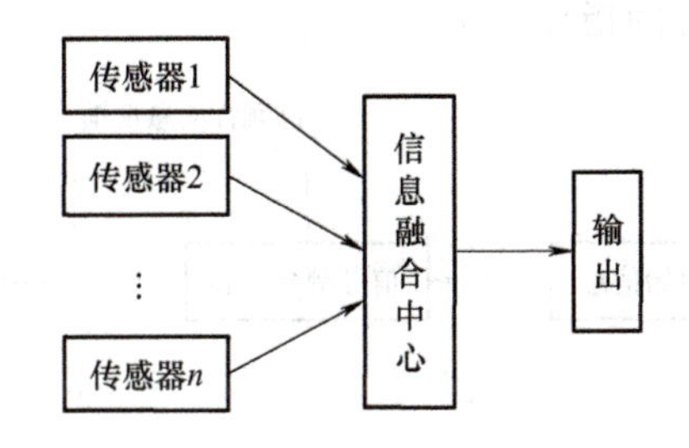

图 8-14　集中型多传感器信息融合结构

2. 分散型多传感器信息融合

分散型多传感器信息融合结构如图 8-15 所示，各传感器已经完成初步数据处理，将处理后的信息送到融合中心。融合中心负责将多维信息进行组合和推理，最终获得融合结果。分散型融合的冗余度高，计算负载分配较合理，信道压力轻，但也会导致部分信息丢失。

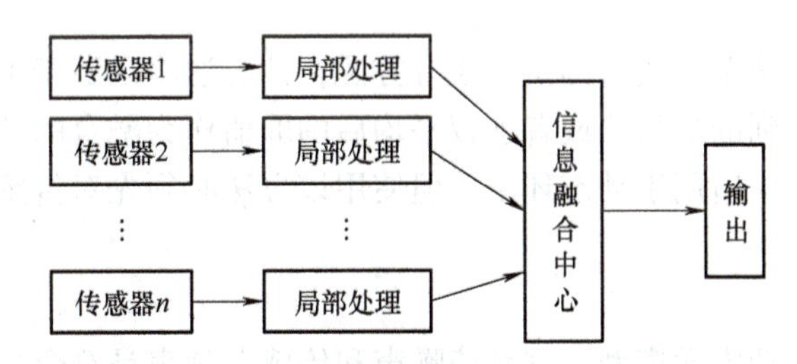

图 8-15　分散型多传感器信息融合结构

3. 混合型多传感器信息融合

混合型多传感器信息融合结构如图 8-16 所示，其具备了集中型和分散型的优点，既有集中处理，也有分散处理。各传感器信息可以被多次利用。该结构适合大型传感器融合系统，结构比较复杂，计算量很大。

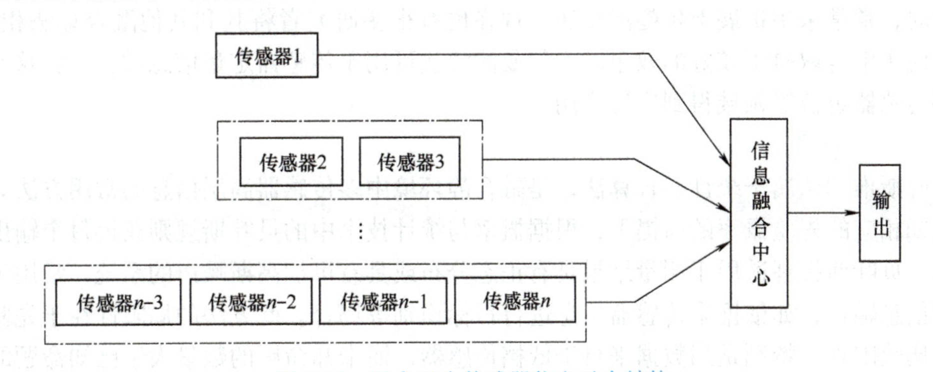

图 8-16　混合型多传感器信息融合结构

4. 反馈型多传感器信息融合

当对感知系统实时性要求很高时，如果总试图强调以最高的精度去融合多传感器信息，则无论融合的速度多快都不可能满足要求。如图 8-17 所示，可利用信息的相对稳定性和原始积累，将已融合信息进行反馈再处理来提高融合速度。这是因为多传感器系统对外部环境经过一段时间的感知，传感系统的融合信息已能够表述环境中的大部分特征，该信息对新的传感器原始信息融合具有很好的指导意义。

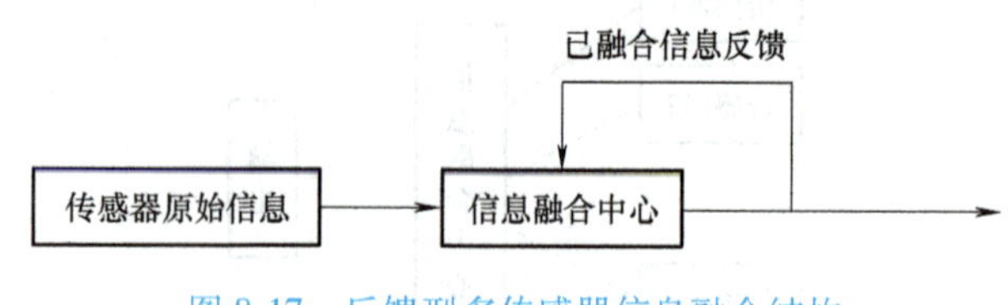

图 8-17　反馈型多传感器信息融合结构

8.2.4　信息融合方法

多传感器信息融合的核心问题是选择合适的融合算法，目前尚无一种通用的信息融合方法可以针对各种类型传感器进行融合处理，需要依据不同应用情况选择合适的方法。目前常用方法有加权平均法、卡尔曼滤波法、贝叶斯推理法、Dempster-Shafer（D-S）证据推理、产生式规则、模糊推理、神经网络、粗糙逻辑推理、专家系统等。

1. 加权平均法

加权平均法是一种简单、实时的信息融合方法，该方法将来源于不同传感器的冗余信息先进行加权处理，将得到的加权值或者加权平均后的取值作为融合的结果输出。该方法可以直接对数据源进行操作，适用于动态环境，但使用该方法必须先对传感器进行分析，获得准确权值。

2. 卡尔曼滤波法

如果系统具有线性动力学模型，且系统噪声和传感器噪声是符合高斯分布的白噪声，那么可利用卡尔曼滤波法，基于测量模型的统计特性递推决定在统计意义下最优的融合数据估计。卡尔曼滤波法主要有 5 个方程，可以将其理解为最小均方误差估计，根据最近一个观测数据和其一个估计值，来估计信号的当前值。该方法主要用于实时融合动态的低层次冗余传感器数据，虽然其计算要求和复杂性影响了其计算速度，但随着计算机技术的飞速发展，这些将不再阻碍此方法的实际应用。工程实际应用中，系统模型线性程度的假设或者数据处理不稳定时，常常采用扩展卡尔曼滤波法。现在也有很多研究者将其和其他融合算法相结合，在实际应用中也取得了较好的效果。卡尔曼滤波法可用于传感器定量信息融合，在移动机器人的多传感器定位等领域得到广泛应用。

3. 贝叶斯推理法

贝叶斯推理法属于统计融合算法，是融合静环境中多传感器高层信息的常用方法。它在假定已知相应的先验概率的前提下，根据概率与统计技术中的贝叶斯规则获得每个输出假设的概率。贝叶斯推理适用于测量结果具有正态分布或具有可加高斯噪声的系统，常用于传感器定性信息融合，如依据多传感器信息进行目标识别等场合。此方法的局限性在于先验概率的获得比较困难，特别是当数据来自于低档传感器，而未知命题的数量大于已知命题的数量时，先验概率是非常不稳定的。

4. D-S 证据推理

D-S 证据推理是贝叶斯推理法的一种扩展，该方法用概率区间和不确定区间来确定多证据下假设的似然函数，也能计算任一假设为真条件下的似然函数值。它在定义识别框架、基本可信度分配、信任函数、似真度函数、怀疑度函数、信任区间的基础上，应用D-S合成规则进行证据推理。D-S方法能融合来自多个传感器的数据，判别不确定信息和未知性信息，容错性较强，在不确定性决策等领域得到广泛应用。但是，该方法一般情况下计算量较大，且要求合并的证据相互独立，这在实际应用中有时很难满足。在实际工程应用中，如何有效获取基本概率的值也是有待于进一步深入研究的问题。

5. 产生式规则

产生式规则是人工智能领域中常用的控制方法，该方法采用符号表示目标特征和相应传感器信息之间的联系，与每一个规则相联系的置信因子表示它的不确定性程度。在同一个逻辑推理过程中，两个或多个规则形成一个联合规则时，可以产生融合。应用产生式规则进行融合的主要问题是每个规则的置信因子的定义与系统中其他规则的置信因子相关，如果系统中引入新的传感器，需要加入相应的附加规则。

6. 模糊推理

模糊的概念是1965年由L. A. Zadeh提出的，相比普通集合中的绝对隶属关系只能取{0，1}中的值，模糊数学将其扩充到可以取[0,1]区间中任一数值，适合用来对传感器信息的不确定性进行描述和处理。模糊推理过程则是把专家知识总结成一系列以If(条件)、Then(结论)表示的规则。模糊推理中将模糊性融入规则中，知识是否满足规则是模糊的，结论也是模糊的。模糊推理主要包括模糊集合理论、模糊逻辑、模糊运算等方面的内容。

在应用于多传感器信息融合时，模糊理论用隶属度表达各传感器检测数据是否属于某种条件(传感器模板)的可能程度，将一系列推理规则表达为关系矩阵，然后通过输入的传感器模糊集合与关系矩阵之间的关系运算，得出关于各条结论的模糊集合，即关于各条决策的可能性。最后，对各种可能的决策，按照一定规则进行选择，得出最终的结论。

7. 神经网络

人工神经网络(Artificial Neural Networks，ANN)可看成是以人工神经元为节点用有向加权弧连接起来的有向图，它是一种能模拟脑神经系统的结构和功能，对数据进行分布式、并行信息处理的算法模型。神经网络工作可分为两个阶段：第一阶段是学习期，学习时各计算单元状态不变，各连接权上的权值可通过样本学习来修改，学习后体现了输入数据和输出数据之间的映射关系；第二阶段是工作期，此时各连接权固定，将数据输入后，可以按照学习的网络关系对数据进行运算，得到的输出数据体现了之前训练的知识与关系。

基于神经网络的信息融合实质上是一个不确定性推理过程，它对于传感器自动获取的大量外部环境信息，经过学习和推理，可将不确定环境的复杂关系融合为系统能够理解的符号。传统的神经网络结构需要大量学习样本和隐节点数，甚至需要很多的隐含层，因此需要很大的计算工作量。为了有效地改善神经网络信息融合的效果和速度，许多新颖算法不断涌现，如利用阵列神经网络进行信息融合的结构模型，采用模糊神经网络数据融合，将神经网络和D-S证据推理相结合的数据融合算法等。

目前为止，现有技术还不能对一般的信息融合过程建立一种通用的数学模型，融合的结构和算法也多种多样。如何根据具体的问题选择合适的结构和算法，在实际应用中还是有待研究的问题。将各种数据融合算法相结合，是未来算法研究的一个趋势。常用的信息融合方法比较见表8-1。

表 8-1 常用的信息融合方法比较

融合算法	运行环境	信息类型	信息表示	不确定性表达	融合技术	适用范围
加权平均	动态	冗余	原始读数	—	加权平均	低层数据融合
卡尔曼滤波	动态	冗余	概率分布	高斯噪声	系统模型滤波	低层数据融合
贝叶斯推理	静态	冗余	概率分布	高斯噪声	统计融合	高层数据融合
D-S 证据推理	静态	冗余互补	命题	—	逻辑推理	高层数据融合
产生式规则	静态	冗余互补	命题	置信因子	逻辑推理	高层数据融合
模糊推理	动/静态	冗余互补	命题	隶属度	逻辑推理	高层数据融合
神经网络	动/静态	冗余互补	神经元输入	学习误差	神经元网络	低/高层数据融合

8.3 传感器定量信息融合

定量信息融合是将多个同类数据经过信息融合形成一致结果数据的过程，是数据到数据的转换。将单一传感器多次采集的数据，或多种同质传感器采集的描述同一环境特征的冗余数据，经过定量信息融合后，有利于消除单一数据的不确定性。为了保证融合能正确进行，信息融合前通常需要对传感器数据进行一致性检验，将那些错误、虚假的测量数值从总体中去掉。

8.3.1 传感器数据的一致性检验方法

常见的传感数据的一致性检验方法有假设检验法、距离检验法和神经网络法。

1. 假设检验法

为了便于后续对传感器数据进行检验评估，可以事先利用大量实验数据对传感器建立概率模型，利用概率分布来描述环境的观察信息。若想判断传感器数据是否来自同一环境的同一特征，将环境特征建模为正态概率分布并用均值向量 u 表示，视两次测量的观察特征为 u_1、u_2，则一致性检验问题转化为假说 H_0：$u_1=u_2$ 是否为真的问题。H_0 为真则说明两次测量的数据一致；否则，其中至少有一个数据是错误的，应去除。假设检验法主要利用数理统计技术中的 u 均值检验法来判定两个传感器测量数据是否一致。为了理解假设检验法的基本思路，下面用一个案例来进行讲解。

案例：两传感器测量环境的同一个特征，而且环境特征可建模为概率分布，即其测量的数据 z_1、z_2 都服从正态分布：

$$z_1 \in N_1(u_1,\sigma_1^2)$$

$$z_2 \in N_2(u_2,\sigma_2^2)$$

问：如何判断两次传感器测量数据是否一致？

上述问题中，传感器测量数据一致性检验问题，实际上是根据 z_1、z_2 判断 $u_1=u_2$，还是 $u_1 \neq u_2$，从而将问题转化为假设 H_0：$u_1=u_2$ 是否成立的问题。该假设检验问题属于数理统计技术中的显著性检验问题，可以用数理统计技术中的 u 检验法来计算。

在数理统计领域中，如果事件 A 的概率很小，则在大量重复实验中出现频率很小，这

样的事件称为小概率事件。可以设定一个界限 $\alpha(0<\alpha<1)$，把概率不超过 α 的事件认为不可能发生，这就是小概率原理。这个很小的数 α 也称为显著性水平，根据具体问题选取，一般常取 0.01、0.05、0.1 等。如果传感器检测值服从图 8-18 所示的标准正态分布，则存在很小概率 α，当检测值落在图中阴影部分表示区域，表示事件发生的概率为 α，几乎不可能发生。利用标准正态分布表，可以查阅计算得到阴影部分的分位点 $u_{\alpha/2}$，使 $P\{|u|>u_{\alpha/2}\}=\alpha$。

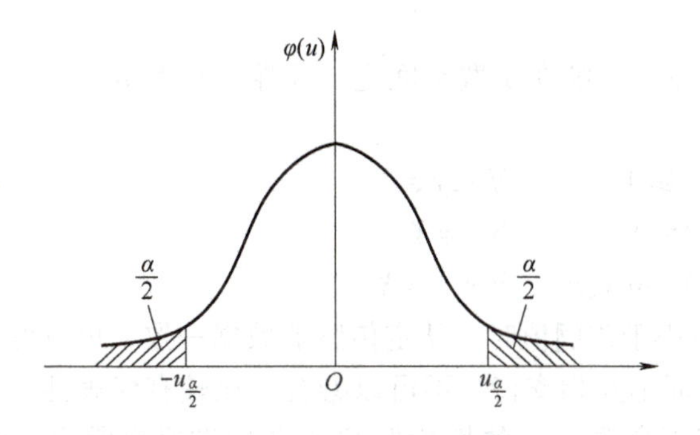

图 8-18 标准正态分布的概率密度函数

标准正态分布函数表

根据小概率原理，传感器测量值大部分应该都分布在中央。如果落在阴影部分，可以认为该变量不属于此正态分布，这个数据不正常。

小概率原理作为拒绝 H_0 假设的依据，其基本思想为：

1）设有某个假设 H_0 要检验，先假定 H_0 正确。

2）构造此假设下概率不超过 α 的小概率事件 A。

3）若一次抽样中 A 出现了，则假设 H_0 否定。

4）若 A 不出现，则原假设与试验结果不矛盾。

针对上述案例中问题：

1）如果假设 H_0：$u_1=u_2$ 成立。

2）可构造式(8-1)所示变量 u，服从标准正态分布 $N\sim(0, 1)$。

$$u=\frac{z_2-z_1}{\sqrt{\sigma_1^2+\sigma_1^2}} \tag{8-1}$$

之所以构造上述形式的变量 u，并且使其服从标准正态分布，是因为 z_1、z_2 服从正态分布，那么其差值 z_1-z_2 也服从正态分布，表示为

$$|z_2-z_1|\sim N(u_1-u_2,\sigma_1^2+\sigma_2^2) \tag{8-2}$$

为了便于计算，将其转化为标准正态分布，即

$$\frac{[(z_2-z_1)-(u_1-u_2)]}{\sqrt{\sigma_1^2+\sigma_2^2}}\sim N(0,1) \tag{8-3}$$

当假设成立时，$u_1=u_2$，所以有

$$\frac{z_2-z_1}{\sqrt{\sigma_1^2+\sigma_2^2}}\sim N(0,1) \tag{8-4}$$

3）若此时依据两次传感器测量的数据 z_1、z_2，根据式(8-1)计算随机变量 u。若 $|u|<u_{\alpha/2}$，即落在图 8-18 的阴影之外，则假设 H_0：$u_1=u_2$ 为真，两次传感器测量数

据一致；若落在阴影之内，则假设 $H_0: u_1 = u_2$ 不成立，两次传感器测量数据不一致。

2. 距离检验法

若将传感器每一次测量的数据作为样本空间的一个模式，则一致的传感器数据的模式应该是相近的。因此，数据的一致性检验问题就转化为模式距离的检验或者聚类问题。正确测量的传感器数据在模式空间内会表现出同一类特征，模式间的距离小于一定阈值的数据可以被认定为一致性数据；或者利用聚类分析思想，将包含模式最多的一类数据作为一致性数据。

设有测量数据集 $X=\{x_1, x_2, \cdots, x_n\}$，则在实数空间上定义距离函数 $\delta(x, y)$，且有以下性质：

$$
\begin{aligned}
&\delta(x,y) \geqslant 0 && \forall x,y \in X \\
&\delta(x,y) = 0 && \forall x \in X \\
&\delta(x,y) = \delta(y,x) && \forall x,y \in X
\end{aligned}
$$

则可以定义一个距离阈值，当 $\delta(x, y)$ 小于该阈值时，认定传感器数据一致，可以融合；当 $\delta(x, y)$ 大于该阈值时，认定传感器数据不互相支持，不可以融合。比较有代表性、基于距离函数思想的一致性检验方法为置信距离测度一致性检验法或者称作概率距离一致性检验法。

为了理解距离检验法的基本思路，下面用一个案例来进行讲解。

案例： 飞行机器人中惯性传感器采集到的冗余数据可能会发生冲突，出现不一致性，直接使用这些数据融合，不但不能得到更为准确可靠的结果，反而使惯性测量系统精度更差。因此在对冗余惯性仪表测量数据进行融合之前，必须对这些数据进行一致性检验。当惯性传感器测量同一参数时，假设第 i 个传感器和第 j 个传感器测得的结果分别为 X_i 和 X_j，两者都服从正态分布。以它们的概率密度分布函数作为传感器的特征函数，记为 $P_i(x)$ 和 $P_j(x)$，以 x_i 和 x_j 表示两者概率分布的均值。

问：两个传感器的概率距离如何计算？如何判断传感器数据是否一致？

所谓概率距离，是随机变量接近程度的一种度量。在上述案例中，x_i 和 x_j 的概率距离为它们各自所属的概率密度函数均值之间的面积，如图 8-19a 所示，设

$$
\begin{aligned}
d_{ij} &= 2\left|\int_{x_i}^{x_j} P_i(x \mid x_i)\,\mathrm{d}x\right| = 2A \\
d_{ji} &= 2\left|\int_{x_i}^{x_j} P_j(x \mid x_j)\,\mathrm{d}x\right| = 2B
\end{aligned}
\tag{8-5}
$$

式中 $P_i(x \mid x_i)$、$P_j(x \mid x_j)$——x_i、x_j 所属传感器的测量值概率密度函数，其中的 x_i 和 x_j 表示两者各自均值；

A、B——概率分布曲线 $P_i(x \mid x_i)$ 和 $P_j(x \mid x_j)$ 在 x_i 和 x_j 之间的积分(面积)；

d_{ij}——第 i 个传感器与第 j 个传感器读数的概率距离；

d_{ji}——第 j 个传感器与第 i 个传感器读数的概率距离。

当概率分布为正态分布时，其中

$$
P_i(x \mid x_i) = \frac{1}{\sqrt{2\pi}\sigma_i}\exp\left[-\frac{1}{2}\left(\frac{x-x_i}{\sigma_i}\right)^2\right]
$$

$$P_j(x \mid x_j)=\frac{1}{\sqrt{2\pi}\sigma_j}\exp\left[-\frac{1}{2}\left(\frac{x-x_j}{\sigma_j}\right)^2\right] \tag{8-6}$$

其中，d_{ij}值越小，表明i、j两个传感器的测量值越接近，否则偏差就越大，因此d_{ij}也称为两个传感器的融合度。一般来说$d_{ij}\neq d_{ji}$，当d_{ij}小于阈值而d_{ji}大于阈值时，认为传感数据X_j支持X_i，而X_i不支持X_j的测量；当两者都大于阈值时，认为它们的测量数据互相不支持，因而是不一致的。依据该方法可以判断大量传感数据中任意两个数据的一致性。

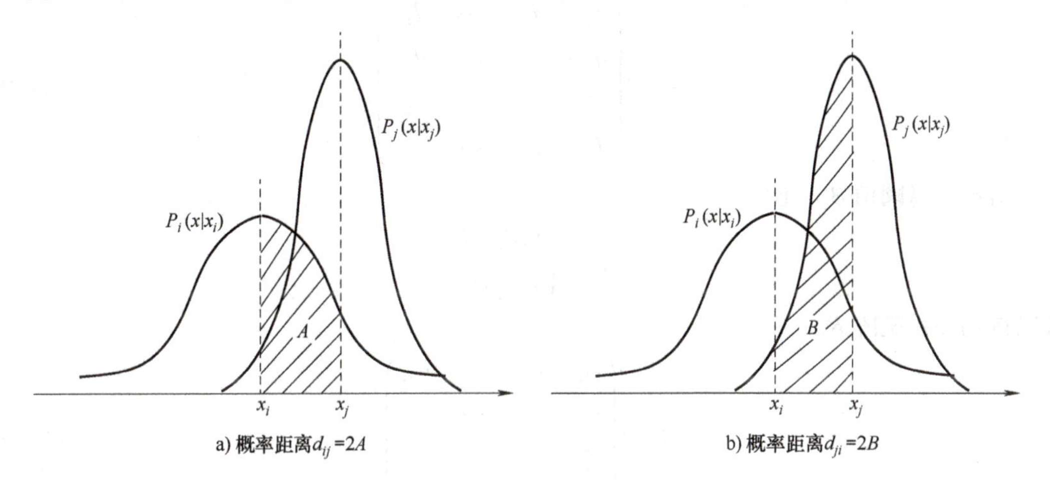

图 8-19　概率距离示意图

除上述距离函数外，对概率距离略做推广，还可用两概率分布间的相关程度rd_{ij}来衡量传感数据X_i和X_j的一致性。图8-20所示为正态分布情况下相关距离示意图。

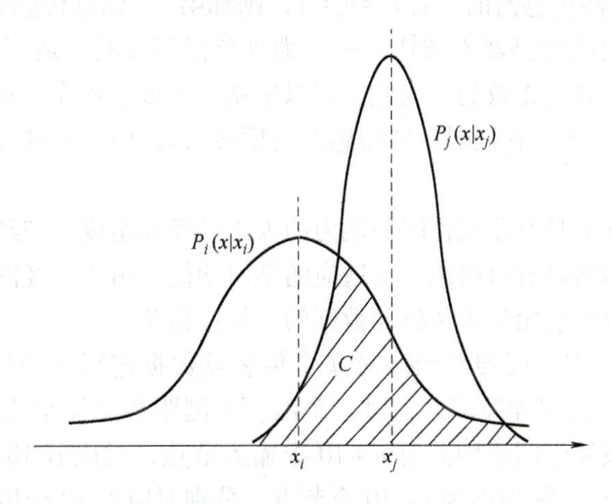

图 8-20　相关距离示意图

$$rd_{ij}=\left|\int_{-\infty}^{\infty}P_i(x \mid x_i)\wedge P_j(x \mid x_j)\,\mathrm{d}x\right|=S \tag{8-7}$$

式中　S——概率分布曲线$P_i(x \mid x_i)$和$P_j(x \mid x_j)$之间相交的面积。

另外，两个传感器数据X_i和X_j之间的距离还可以用马氏(Mahalanobis)距离衡量，即

$$T_{ij}=\frac{1}{2}(\boldsymbol{X}_i-\boldsymbol{X}_j)^{\mathrm{T}}\boldsymbol{C}^{-1}(\boldsymbol{X}_i-\boldsymbol{X}_j) \tag{8-8}$$

式中 $\boldsymbol{C}$——两个传感器数据相关的协方差矩阵，是对称矩阵。

T_{ij}计算后得到的数值越小，表明两个传感器数据越一致。可以设定阈值，当T_{ij}小于该阈值时，数据可以融合；当T_{ij}大于设定阈值时，数据不能融合。

以上考虑的是两个传感器数据之间的一致性问题，当有m个传感器数据时，如果以概率距离来评价数据，分别计算其中任意两个传感器数据之间的距离程度，将它们构成距离矩阵

$$\boldsymbol{D}_m=\begin{pmatrix} d_{11} & d_{12} & \cdots & d_{1m} \\ d_{21} & d_{22} & \cdots & d_{2m} \\ \vdots & \vdots & & \vdots \\ d_{m1} & d_{m2} & \cdots & d_{mm} \end{pmatrix} \tag{8-9}$$

给定距离阈值β_{ij}，设

$$r_{ij}=\begin{cases} 1, d_{ij}>\beta_{ij} \\ 0, d_{ij}<\beta_{ij} \end{cases}$$

可以得到关系矩阵$\boldsymbol{R}_m$

$$\boldsymbol{R}_m=\begin{pmatrix} r_{11} & r_{12} & \cdots & r_{1m} \\ r_{21} & r_{22} & \cdots & r_{2m} \\ \vdots & \vdots & & \vdots \\ r_{m1} & r_{m2} & \cdots & r_{mm} \end{pmatrix} \tag{8-10}$$

针对上述案例，根据关系矩阵，若$r_{ij}=0$，则认为第i个和第j个惯性传感器相融性差，或称它们互相不支持。若$r_{ij}=1$，则认为第i个和第j个惯性传感器相融性好，称第i个惯性传感器是支持第j个惯性传感器的。若$r_{ij}=r_{ji}=1$，则称第i个惯性传感器和第j个惯性传感器相互支持。如果一个惯性传感器不被任一一个惯性传感器支持，或只被少数惯性传感器支持，则这个传感器的读数是无效的。因此，可以编制一个搜索程序，对所有数据聚类，找出$\boldsymbol{R}_m$中两两相互支持的子图，它们对应的传感器数据被认为具有一致性，将参加进一步融合。

3. 神经网络法

人工神经网络由许多具有非线性映射能力的人工神经元组成，神经元之间通过权系数相连，这种并行的网络结构具有自组织、自适应的学习功能。由于神经网络的上述特征，信息融合领域的学者尝试着将它用于多传感器数据的一致性检验。

图 8-21 所示为一个用三层神经网络对n个传感器数据进行区分的结构示意图。Toshio Fukuda 曾经应用类似的三层神经网络，对一个由多个测距传感器组成的系统区分正确与错误的传感器测量值。该神经网络中共有$n=10$个输入节点，对应着 10 个传感器的输出，隐含层选择为$j=30$个节点，输出层为$n=10$个节点，分别对应着 10 个传感器的两种状态：正确与错误。

神经网络的工作过程可分为学习期和工作期。在学习期，外界存在一个“教师”，他可对一组给定输入提供应有的输出结果，这组已知的输入-输出数据称为训练样本集。学习系统可根据已知输出与实际输出之间的差值来调节系统参数。在该例子中，网络采用 BP(误差逆传播)算法训练，训练样本集以如下方式选取：

1）当某个传感器的测量值与其他传感器的测量值明显不同，或传感器工作不正常时，则相应的输出y_i赋值为 0。

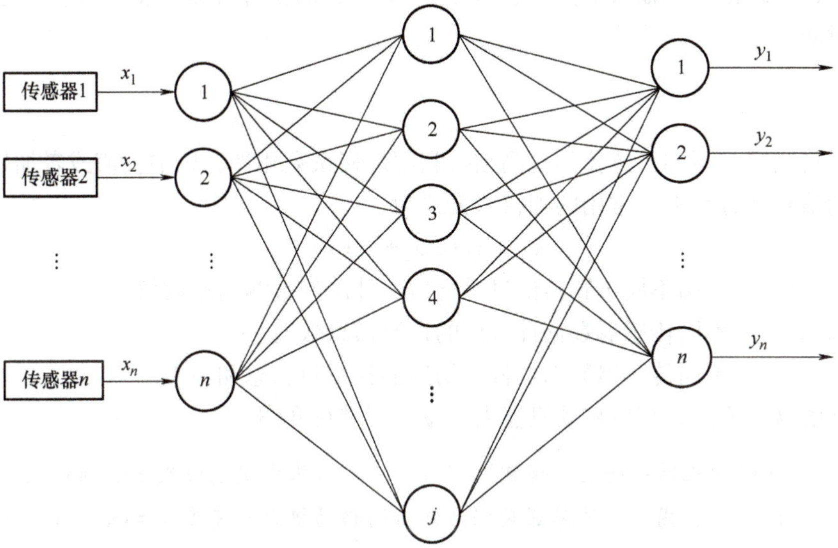

图 8-21 用于数据检验的神经网络结构示意图

2）当传感器正常工作时，或其测量值与其他传感器的测量值相同时，则相应的输出 y_i 赋值为 1。

在工作阶段，此时神经网络各连接权固定。将 n 个传感器的实际测量值送入输入节点，计算得到相应的网络输出。若输出 $y_i>0.5$，则认为第 i 个传感器处于正确状态；否则，认为第 i 个传感器处于错误状态。

上面所述方法，输入量为传感器测量值，训练时样本集选择同一特征测量值。因此，网络仅能对同一特征的测量值实现区分。当环境特征改变时，上述方法必须重新训练网络，因此很难将其应用在非结构化环境或未知环境中运行的机器人的多传感器系统中。

为了解决这一问题，可以考虑采用下面的方法：

1）计算 N 个传感器相似度矩阵 $\boldsymbol{R}$，其元素 r_{ij} 表示第 i 个与 j 个传感器的相似程度，r_{ij} 的形式可以考虑采用常规的欧氏距离、海明距离、相关系数等相似性度量。因此，$\boldsymbol{R}$ 为对称矩阵，有

$$\begin{aligned} r_{ij}&=r_{ji} \quad \forall i,j\in[1,N] \\ r_{ii}&=0 \quad \forall i\in[1,N] \end{aligned} \tag{8-11}$$

将 $\boldsymbol{R}$ 中元素进行正则化处理后，令

$$0<r_{ij}\leqslant 1, \quad \forall i,j\in[1,N]$$

2）确定网络结构，以 $\boldsymbol{R}$ 的上三角阵中，不包含对角元素的其他元素作为神经网络的输入，则 N 个传感器组成的系统将需要 $N(N-1)/2$ 个网络输入节点、N 个网络输出节点。输出节点输出数据 0 或 1 对应着 N 个传感器的正确或者错误状态。隐含层节点可以根据实际需要选择。

3）训练样本集可依旧按原来的方式进行选取。

4）操作阶段，将正则化的上三角阵数据送入输入节点，得到网络输出 y，仍按原来的判别准则判定此次测量时各个传感器的状态（正确/错误）。

这种改进算法采用了正则化的相似度矩阵 $\boldsymbol{R}$ 作为网络的输入，使得此网络具有较大灵

活性。但是，网络由于将输入节点数扩大了 $N-1$ 倍，而使计算量成倍增加，这也极大地增加了计算时间。

8.3.2 加权平均法传感器定量信息融合

加权平均法即将不同传感器的检测结果利用加权系数相加，以加权值或者加权后平均值作为最终的信息融合结果。常用的加权法公式为

$$\hat{x}=a_1x_1+a_2x_2+\cdots+a_nx_n \tag{8-12}$$

式中 $\hat{x}$——利用不同传感器信息融合后估计出的被测信息数值；

x_1，x_2，…，x_n——不同传感器数据计算出的被测信息数值；

a_1，a_2，…，a_n——不同传感器数据加权平均后的权系数，总和为1。

为了理解这一概念，现以移动机器人定位为例进行介绍。

案例： 某一移动机器人安装了视觉检测系统，可以基于视觉检测方法测量机器人的速度 $\boldsymbol{v}_1=(\dot{x}_1\quad \dot{y}_1\quad \dot{z}_1)^{\mathrm{T}}$；利用惯性传感器数据计算出的移动机器人速度 $\boldsymbol{v}_2=(\dot{x}_2\quad \dot{y}_2\quad \dot{z}_2)^{\mathrm{T}}$。

问：利用加权和法，如何估计出移动机器人的速度呢？

在上述案例中，可以将视觉检测的速度和惯性传感器检测的速度用式(8-13)进行估计，即

$$\hat{\boldsymbol{v}}=k_1\boldsymbol{v}_1+(1-k_1)\boldsymbol{v}_2 \tag{8-13}$$

式中 $\boldsymbol{v}_1$——利用视觉测量出的移动机器人的速度，$\boldsymbol{v}_1=(\dot{x}_1\quad \dot{y}_1\quad \dot{z}_1)^{\mathrm{T}}$；

$\boldsymbol{v}_2$——利用惯性传感器测量出的移动机器人的速度，$\boldsymbol{v}_2=(\dot{x}_2\quad \dot{y}_2\quad \dot{z}_2)^{\mathrm{T}}$；

$\hat{\boldsymbol{v}}$——估计出的移动机器人速度，$\hat{\boldsymbol{v}}=(\hat{x}\quad \hat{y}\quad \hat{z})^{\mathrm{T}}$；

k_1——加权系数。

为消除传感器测量时的高频随机干扰，有研究者利用低通滤波系数进行加权和计算，融合惯性传感器和视觉传感器分别计算出的机器人的平均速度，如式(8-14)所示：

$$\hat{\boldsymbol{v}}=\frac{1}{s/k+1}\boldsymbol{v}_1+\left(1-\frac{1}{s/k+1}\right)\boldsymbol{v}_2=\frac{1}{s/k+1}\left(\boldsymbol{v}_1+\frac{1}{k}\boldsymbol{a}_2\right) \tag{8-14}$$

式中 $\boldsymbol{a}_2$——利用惯性传感器测量出的移动机器人的加速度，$\boldsymbol{a}_2=[\ddot{x}_2\quad \ddot{y}_2\quad \ddot{z}_2]^{\mathrm{T}}$；

k——低通滤波器 $1/(s/k+1)$ 的系数。

将式(8-14)两边同时乘以 $(s+k)$，整理后得到

$$s\hat{\boldsymbol{v}}=k(\boldsymbol{v}_1-\hat{\boldsymbol{v}})+\boldsymbol{a}_2 \tag{8-15}$$

式(8-15)可以重写为以下形式，其中 $\boldsymbol{v}_1-\hat{\boldsymbol{v}}$ 可以认为是估计误差。

$$\hat{\boldsymbol{v}}=\int[k(\boldsymbol{v}_1-\hat{\boldsymbol{v}})+\boldsymbol{a}_2]\mathrm{d}t \tag{8-16}$$

加权平均法实现简单，运算量小；但该方法只有在不同的传感器都能独立进行定位计算时才有效。

8.3.3 卡尔曼滤波法传感器定量信息融合

1. 卡尔曼滤波原理

1960年，卡尔曼提出了卡尔曼滤波算法，该算法是能够对测量值进行校正，并使测量

值不断趋近真实值的一种优化算法。最初的卡尔曼滤波算法只能用于解决线性系统中的问题。而现在已经发展出扩展卡尔曼滤波(Extended Kalman Filtering，EKF)器和无损卡尔曼滤波(Unscented Kalman Filtering，UKF)器等，它们能够适应非线性系统。在移动机器人定位系统的研究中，经常将卡尔曼滤波算法应用于多种传感器数据融合进行机器人移动定位，并且取得了较好的定位效果。

卡尔曼滤波本质是最小均方差估计，通过构造真实值与估计值的误差协方差矩阵，使得误差最小，从而进行最优估计。标准卡尔曼滤波算法适用于线性系统，其计算步骤如下：

首先，构建系统的离散状态方程

$$\boldsymbol{X}(k)=\boldsymbol{A}\boldsymbol{X}(k-1)+\boldsymbol{B}\boldsymbol{U}(k)+\boldsymbol{w}(k) \tag{8-17}$$

其次，构造系统观测方程

$$\boldsymbol{Z}(k)=\boldsymbol{H}\boldsymbol{X}(k)+\boldsymbol{v}(k) \tag{8-18}$$

式中　$\boldsymbol{X}(k)$——k 时刻系统状态；

$\boldsymbol{U}(k)$——k 时刻对系统的控制量；

$\boldsymbol{Z}(k)$——k 时刻的观测值；

$\boldsymbol{A}$、$\boldsymbol{B}$——系统参数，对于多模型系统，为矩阵形式；

$\boldsymbol{H}$——观测系统参数，对于多观测系统，为矩阵形式；

$\boldsymbol{w}(k)$——过程噪声,被假设成高斯白噪声，协方差为 $\boldsymbol{Q}$；

$\boldsymbol{v}(k)$——观测的噪声，被假设成高斯白噪声，协方差为 $\boldsymbol{R}$。

在分析并构造系统状态方程和观测方程的基础上，卡尔曼滤波器包含式(8-19)~式(8-23)的5个方程。其中，式(8-19)和式(8-20)描述了对系统的预测，也称为时间更新方程。卡尔曼滤波预测状态方程为

$$\boldsymbol{X}(k\mid k-1)=\boldsymbol{A}\boldsymbol{X}(k-1\mid k-1)+\boldsymbol{B}\boldsymbol{U}(k) \tag{8-19}$$

式中　$\boldsymbol{X}(k\mid k-1)$——利用上一状态预测的结果；

$\boldsymbol{X}(k-1\mid k-1)$——上一状态估计的最优结果；

$\boldsymbol{U}(k)$——k 时刻状态的控制量，如果没有控制量，它可以为0。

卡尔曼滤波状态协方差估计方程为

$$\boldsymbol{P}(k\mid k-1)=\boldsymbol{A}\boldsymbol{P}(k-1\mid k-1)\boldsymbol{A}^{\mathrm{T}}+\boldsymbol{Q} \tag{8-20}$$

式中　$\boldsymbol{P}(k\mid k-1)$——$\boldsymbol{X}(k\mid k-1)$ 对应的协方差；

$\boldsymbol{P}(k-1\mid k-1)$——$\boldsymbol{X}(k-1\mid k-1)$ 对应的协方差，根据上一次观测值更新；

$\boldsymbol{Q}$——过程噪声的协方差。

式(8-21)~式(8-23)为根据系统观测值进行更新的方程，也称为观测更新方程。式(8-21)为卡尔曼滤波器的增益。

$$\boldsymbol{K}_g(k)=\frac{\boldsymbol{P}(k\mid k-1)\boldsymbol{H}^{\mathrm{T}}}{\boldsymbol{H}\boldsymbol{P}(k\mid k-1)\boldsymbol{H}^{\mathrm{T}}+\boldsymbol{R}} \tag{8-21}$$

式中　$\boldsymbol{K}_g(k)$——卡尔曼增益(Kalman Gain)。

在增益计算基础上，当前系统状态的最优解为

$$\boldsymbol{X}(k\mid k)=\boldsymbol{X}(k\mid k-1)+\boldsymbol{K}_g(k)\left[\boldsymbol{Z}(k)-\boldsymbol{H}\boldsymbol{X}(k\mid k-1)\right] \tag{8-22}$$

式中　$\boldsymbol{X}(k\mid k)$——k 时刻状态最优估计值。

观测状态协方差方程为

$$P(k|k)=[I-K_g(k)H]P(k|k-1) \tag{8-23}$$

式中 $P(k|k)$——k 时刻更新状态下 $X(k|k)$ 的协方差；

R——观测噪声的协方差。

根据以上步骤计算出时间更新方程和观测更新方程之后，可进行循环更新 k 时刻的协方差。这样逐步递推，不断根据观测值更新系统状态、增益以及协方差，然后再估计下一轮状态和协方差，计算流程如图 8-22 所示。

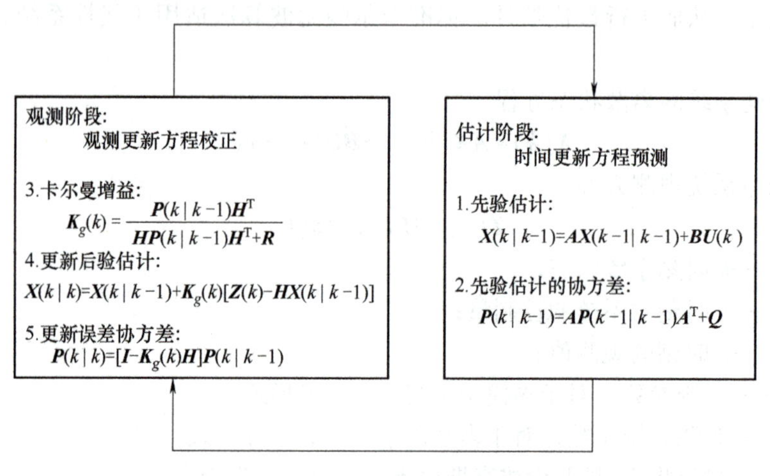

图 8-22 卡尔曼滤波算法计算流程示意图

卡尔曼滤波算法可对来源于多传感器、低层次实时动态冗余数据进行融合，采用传感器测量模型的统计特性递推，决定统计意义下的最优融合和数据估计。如果系统具有线性动力学模型，且系统与传感器的误差符合高斯白噪声模型，则卡尔曼滤波将为融合数据提供唯一统计意义下的最优估计。卡尔曼滤波的递推特性使计算机系统应用该算法时，不需要大量的数据存储和计算。但是，采用单一的卡尔曼滤波器对多传感器信息进行数据融合时，也存在很多问题，例如：

1）在传感器信息大量冗余的情况下，计算量将以滤波器维数三次方剧增，实时性降低。

2）传感器数量增加，使可能发生的故障数量随之增加。在某一系统出现故障而没有来得及被检测出时，故障会污染整个系统，使可靠性降低。

2. 扩展卡尔曼滤波原理

卡尔曼滤波算法非常适用于一些线性系统，而且不需要处理大量数据。但很多环境系统和复杂传感器具有非线性特点，使用卡尔曼滤波算法可能会产生很大的误差。为解决这一问题，有学者对卡尔曼滤波算法进行改进，改进后的卡尔曼滤波算法称为扩展卡尔曼滤波算法，可以应用于非线性系统。

非线性系统的状态估计变量和观测变量表示为

$$\begin{cases}X_k=f(X_{k-1},U_k,w_k)\\Z_k=h(X_k,v_k)\end{cases} \tag{8-24}$$

式中 f——系统的状态转移函数；

h——系统的观测函数；

X_k——系统 k 时刻的状态变量；

X_{k-1}——系统 $k-1$ 时刻的状态变量；

$\boldsymbol{Z}_k$——系统 k 时刻的观测变量；

$\boldsymbol{w}_k$——过程噪声，假设为服从正态分布的白噪声；

$\boldsymbol{v}_k$——观测的噪声，假设为服从正态分布的白噪声。

当 $\boldsymbol{w}_k$ 和 $\boldsymbol{v}_k$ 互相独立，且均值为 0 时，式(8-24)可以简化为

$$\begin{aligned}\boldsymbol{X}_k&=f(\boldsymbol{X}_{k-1},\boldsymbol{U}_k,0)\\ \boldsymbol{Z}_k&=h(\boldsymbol{X}_k,0)\end{aligned}\tag{8-25}$$

将式(8-25)中函数 f 和 h 分别在 $\boldsymbol{X}(k-1\mid k-1)$ 处和 $\boldsymbol{X}(k\mid k-1)$ 处展开，则可以表示为

$$\begin{aligned}\boldsymbol{X}_k&=f(\boldsymbol{X}_{k-1},\boldsymbol{U}_k,0)+\boldsymbol{A}_k(\boldsymbol{X}_{k-1}-\boldsymbol{X}_{(k-1\mid k-1)})\\ \boldsymbol{Z}_k&=h(\boldsymbol{X}_k,0)+\boldsymbol{H}_k(\boldsymbol{X}_k-\boldsymbol{X}_{(k\mid k-1)})\end{aligned}\tag{8-26}$$

式中　$\boldsymbol{A}_k$——f 对 $\boldsymbol{X}$ 求偏导的雅可比矩阵；

$\boldsymbol{H}_k$——h 对 $\boldsymbol{X}$ 求偏导的雅可比矩阵。

$$\boldsymbol{A}_k=\frac{\partial f}{\partial \boldsymbol{X}}(\boldsymbol{X}(k-1\mid k-1),\boldsymbol{U}_{k-1},0)\tag{8-27}$$

$$\boldsymbol{H}_k=\frac{\partial h}{\partial \boldsymbol{X}}(\boldsymbol{X}(k-1\mid k-1),0)\tag{8-28}$$

扩展卡尔曼滤波的时间更新方程为

$$\boldsymbol{X}(k\mid k-1)=f(\boldsymbol{X}(k-1\mid k-1),\boldsymbol{U}(k),0)\tag{8-29}$$

$$\boldsymbol{P}(k\mid k-1)=\boldsymbol{A}_k\boldsymbol{P}(k-1\mid k-1)\boldsymbol{A}_k^{\mathrm{T}}+\boldsymbol{Q}(k)\tag{8-30}$$

扩展卡尔曼滤波的状态更新方程为

$$\boldsymbol{K}_g(k)=\frac{\boldsymbol{P}(k\mid k-1)\boldsymbol{H}_k^{\mathrm{T}}}{\boldsymbol{H}_k\boldsymbol{P}(k\mid k-1)\boldsymbol{H}_k^{\mathrm{T}}+\boldsymbol{R}_k}\tag{8-31}$$

$$\boldsymbol{X}(k\mid k)=\boldsymbol{X}(k\mid k-1)+\boldsymbol{K}_g(k)[\boldsymbol{Z}(k)-h(\boldsymbol{X}(k\mid k-1),0)]\tag{8-32}$$

$$\boldsymbol{P}(k\mid k)=[1-\boldsymbol{K}_g(k)\boldsymbol{H}_k]\boldsymbol{P}(k\mid k-1)\tag{8-33}$$

扩展卡尔曼滤波算法的不足主要可以总结为以下几点：

1）当系统存在严重的非线性时，可能导致扩展卡尔曼滤波算法进行线性化处理时产生较大误差，进而影响计算结果的准确性。

2）当系统的数据量很大时，可能使扩展卡尔曼滤波算法计算困难，导致其在机器人实际定位或导航系统中可能无法满足实时性的要求。

3）扩展卡尔曼滤波算法状态方程中的噪声模型设定为高斯白噪声，这一设定可能与实际系统不一致，使获得的信息不准确。

尽管如此，移动机器人在室内环境中的自主定位、地图构建及导航应用中，还是会经常使用扩展卡尔曼滤波算法解决传感器信息融合的问题。

3. 基于卡尔曼滤波的移动机器人定位

为了理解上述方法，下面以具备里程计测距和激光测距的移动机器人为例，介绍如何利用卡尔曼滤波算法进行数据融合，并应用在机器人定位中。

案例：某一移动机器人安装了里程计和激光测距仪，可以基于里程计测量机器人的线速度和角速度，利用激光测距传感器数据计算出移动机器人相对于目标物的距离和转角，即极坐标为(d, θ)。

问：利用卡尔曼滤波算法如何更准确地估计出移动机器人当前位置呢？

在上述案例中，里程计是一种利用光电码盘等内部传感器获得机器人运动线速度和转动速度的传感装置，通常安装于机器人内部机体位置。如果仅依据里程计的数据来推测机器人在室内环境中运动轨迹，由于里程计计算收集的数据会存在严重的累积误差问题，导致最终的计算精确度不是很高。因此，可以通过激光测距仪测量出传感器与已知坐标信息的目标物之间的距离数据，然后将两种距离数据利用扩展卡尔曼滤波算法融合计算，用激光测距仪的数据校正里程计的数据，减少里程计测量过程中的累积误差，最终获得机器人在移动过程中的精确的位置。

（1）系统分析与建模　为利用扩展卡尔曼滤波算法，首先需要建立式(8-24)所示基于里程计的状态模型 f 和基于激光测距仪的测量方程 h。

机器人在移动过程中，里程计有直线型和原地旋转两种模型进行计算，当机器人方向角的变化量等于零时，机器人的移动方向为图 8-23 所示的一条直线，此时里程计采用直线行走时的运动模型。

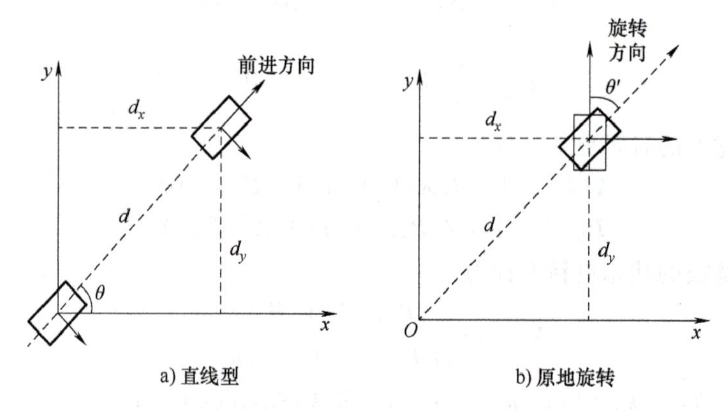

图 8-23　机器人直线和原地旋转模型

假设用$(x,\ y)$表示 k 时刻机器人的位姿，则机器人直线移动时的模型方程为

$$\begin{pmatrix} x \\ y \\ \theta \end{pmatrix} = \begin{pmatrix} x_{t-1} \\ y_{t-1} \\ \theta \end{pmatrix} + \begin{pmatrix} d\cos\theta \\ d\sin\theta \\ 0 \end{pmatrix} \tag{8-34}$$

若用 x_t、y_t、θ_t 表示机器人在 t 时刻的位姿，则机器人在原地零半径转弯模式下的运动模型为

$$\begin{pmatrix} x_t \\ y_t \\ \theta_t \end{pmatrix} = \begin{pmatrix} x_{t-1} \\ y_{t-1} \\ \theta_{t-1} \end{pmatrix} + \begin{pmatrix} 0 \\ 0 \\ \theta' \end{pmatrix} \tag{8-35}$$

激光传感器是利用激光探测技术进行探测及测距任务的一种传感器，由激光发生器、激光接收器和控制电路等组成。如图 8-24a 所示，若设安装在移动机器人正前方的激光测距仪的坐标为$(x,\ y)$，而且将该坐标近似地认为是移动机器人的坐标位置，移动机器人的航向角为 φ，探测目标物的坐标为$(x_1,\ y_1)$。

那么，激光测距仪测量的极坐标为$(d,\ \theta)$，则坐标转换公式为

$$\begin{aligned} x_1 &= x+d\cos(\varphi+\theta) \\ y_1 &= y+d\sin(\varphi+\theta) \end{aligned} \tag{8-36}$$

式中 $(d,\ \theta)$——激光测距仪检测的对象在激光测距仪所在坐标系下的极坐标；

$(x,\ y)$——激光测距仪（机器人）在其参考坐标系下的当前坐标；

$(x_1,\ y_1)$——目标物在激光测距仪（机器人）其参考坐标系下的直角坐标。

机器人全局坐标和局部坐标转换模型的示意图如图 8-24b 所示。设全局坐标系为 O_{xy}，以机器人为原点的局部坐标系为 $O_m x_m y_m$。若已知机器人在全局坐标系中上一时刻的坐标为$(x_c,\ y_c)$，则基于激光测距仪的位置推算模型公式为

$$\begin{pmatrix} x \\ y \end{pmatrix} = \begin{pmatrix} \cos\left(\dfrac{\pi}{2}-\theta\right) & \sin\left(\dfrac{\pi}{2}-\theta\right) \\ -\sin\left(\dfrac{\pi}{2}-\theta\right) & \cos\left(\dfrac{\pi}{2}-\theta\right) \end{pmatrix} \begin{pmatrix} x_m \\ y_m \end{pmatrix} + \begin{pmatrix} x_c \\ y_c \end{pmatrix} \tag{8-37}$$

式中 $(x_c,\ y_c)$——机器人上一时刻在全局坐标系中的坐标；

$(x_m,\ y_m)$——根据激光测距仪检测数据计算的目标物直角坐标，可据式（8-36）计算；

$(x,\ y)$——机器人在全局坐标系中的更新坐标。

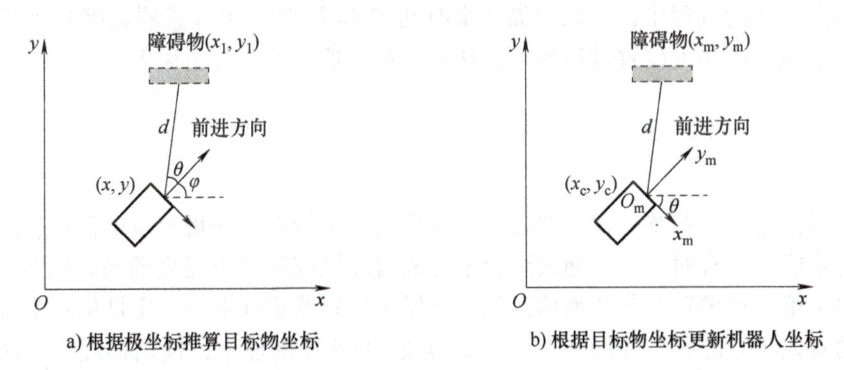

图 8-24 激光测距仪测量模型与坐标转换

（2）卡尔曼位姿预测 根据上述模型可知，里程计在 k 时刻位姿的预测值可表示为

$$\begin{aligned} \boldsymbol{X}(k \mid k-1) &= f(\boldsymbol{X}(k-1 \mid k-1), \boldsymbol{U}(k), 0) \\ &= \begin{pmatrix} x_{k-1} \\ y_{k-1} \\ \theta_{k-1} \end{pmatrix} + \begin{pmatrix} d\cos(\theta_{k-1}+\theta) \\ d\sin(\theta_{k-1}+\theta) \\ \theta \end{pmatrix} \end{aligned} \tag{8-38}$$

式中 d——机器人移动距离；

θ——机器人旋转的角度。

预测 k 时刻的位姿时的误差模型为

$$\boldsymbol{P}(k \mid k-1) = \boldsymbol{A}_k \boldsymbol{P}(k-1 \mid k-1) \boldsymbol{A}_k^{\mathrm{T}} + \boldsymbol{Q}(k) \tag{8-39}$$

式中 $\boldsymbol{A}_k$——系统状态的雅可比矩阵；

$\boldsymbol{P}$——里程计位姿估计的协方差矩阵；

$\boldsymbol{Q}$——过程噪声的协方差矩阵。

其中，雅可比矩阵 $\boldsymbol{A}_k = \begin{pmatrix} 1 & 0 & -d\sin\theta_{k-1} \\ 0 & 1 & d\cos\theta_{k-1} \\ 0 & 0 & 1 \end{pmatrix}$。

（3）系统观测值计算 由激光测距仪传感器返回的路标实测的观测值为 $\boldsymbol{Z}(k)$，预测位

姿为 $Z(k|k)$，有

$$Z(k|k)=h(X(k|k-1),0)$$

(4) 路标的选取　本文在进行选择参考路标的过程中，以激光测距仪扫描结果的最小值作为路标。由激光测距仪获得的环境中路标的真实值和观测值可表示为 $Z(k)$ 和 $Z(k|k)$，则有

$$\begin{aligned} g(k)&=Z(k)-Z(k|k) \\ S(k)&=H_kP(k|k-1)H_k^{\mathrm{T}}+R \end{aligned} \tag{8-40}$$

其中，H_k 是观测方程的雅可比矩阵，$H_k=\begin{pmatrix}1 & 0\\ 0 & 1\end{pmatrix}$。

(5) 位置校正　根据机器人 k 时刻位置的观测值和 $k-1$ 时刻位置的预测，能够求出更新后 k 时刻的状态为

$$\begin{aligned} X(k|k)&=X(k|k-1)+K_g(k)g(k) \\ K_g&=P(k|k-1)H_k^{\mathrm{T}}S(k)^{-1} \end{aligned} \tag{8-41}$$

在机器人移动的过程中，可以间隔一定时间如 1s 读取一次传感器数据并进行以上过程的运算，不断地对机器人位置进行校正，从而提高机器人的定位精确度。

8.4　传感器定性信息融合

多传感器信息融合系统不仅需要通过对数据信息进行融合获得定量的信息表达，提高测量精度与容错能力；有时还需要通过融合来完成对环境或对象更完整准确的识别、判断、分类或者给出决策，这种对非数值型信息的融合属于传感器定性融合。定性信息融合的方法较多，常见的有人工智能、神经网络、贝叶斯推理、D-S 证据理论，模糊推理等，这里主要介绍基于贝叶斯推理和 D-S 证据理论的定性信息融合方法。

8.4.1　贝叶斯方法传感器定性信息融合

1. 贝叶斯公式

为了更好地理解基于贝叶斯方法进行的定性信息融合理论，需要先回顾关于贝叶斯公式的描述。通常，事件 A 在事件 B 发生的条件下的概率，与事件 B 在事件 A 发生的条件下的概率不同，但这两者有确定的关系，贝叶斯法就是这种关系的陈述。

(1) 全概率公式　如图 8-25 所示，若 A_1，A_2，…，A_n 是两两不相容的事件，且对应事件的概率 $P(A_i)>0$，$i=1$，2，…，n。事件 B 仅可能伴随事件组 A_1，A_2，…，A_n 之一发生，$P(B|A_1)$，$P(B|A_2)$，…，$P(B|A_n)$表示当 A_1，A_2，…，A_n 发生时事件 B 的条件概率，则有

$$P(B)=\sum_{i=1}^{n}P(A_i)P(B|A_i) \tag{8-42}$$

(2) 贝叶斯条件概率公式　若 A_1，A_2，…，A_n 是两两不相容的事件，事件 B 仅可能伴随事件组 A_1，A_2，…，A_n 之一发生。已知事件 A_i 的概率 $P(A_i)>0$，$i=1$，2，…，n，而在 A_i 发生的条件下，事件 B 发生的条件概率为 $P(B|A_1)$，$P(B|A_2)$，…，$P(B|A_n)$。同时，已知事件 B 发生，则在事件 B 发生的条件下，事件 A_i 发生的概率为

$$P(A_i|B)=\frac{P(A_i)P(B|A_i)}{\sum_{j=1}^{n}P(A_j)P(B|A_j)}\quad i=1,2,\cdots,n \tag{8-43}$$

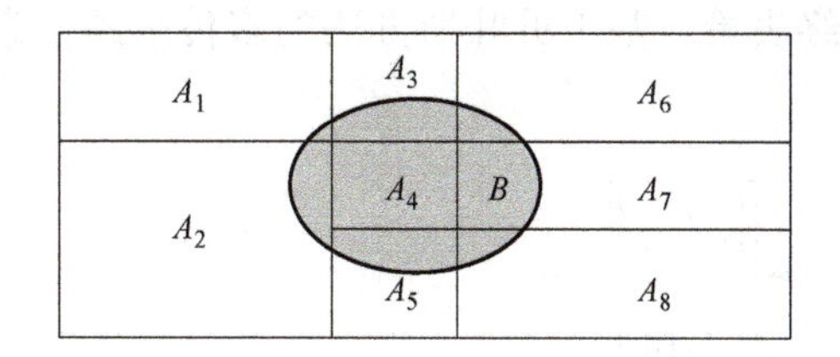

图 8-25 全概率公式示意图

其中，$P(A_i)$称为事件 A_i 的先验概率，$P(A_i \mid B)$称为事件 A_i 的后验概率。

2. 贝叶斯方法在信息融合中应用

贝叶斯方法用于传感器信息融合时，可以把系统可能的决策看作对一个样本空间的划分，利用贝叶斯公式解决系统的决策问题。设融合系统可能的决策为 A_1，A_2，…，A_n，当一个传感器对系统进行检测时，得到的检测结果为 B。如果能够利用先验知识和传感器的特性，事先得到各种决策的先验概率 $P(A_i)$和条件概率 $P(B \mid A_i)$，可理解为各种决策事先估计发生的概率和在某决策 A_i 发生时检测到结果 B 的概率。这样，利用贝叶斯条件概率公式，可以根据实际传感器观测结果 B，结合先验概率 $P(A_i)$，来更新后验概率 $P(A_i \mid B)$。这可以理解为根据实际检测结果再次反推出事件 A_i 发生的概率。

当有两个传感器对系统进行观测时，除了前述传感器观测结果 B，可以将另外一个传感器观测结果定义为 C。在 B 和 C 同时发生的条件下，决策 A_i 发生的条件概率表示为 $P(A_i \mid B \wedge C)\,(i=1,2,\cdots,n)$，则贝叶斯条件概率公式可表示为

$$P(A_i \mid B \wedge C) = \frac{P(A_i)P(B \wedge C \mid A_i)}{\sum_{j=1}^{n} P(A_j)P(B \wedge C \mid A_j)} \tag{8-44}$$

式(8-44)需要事先知道 B 和 C 同时发生的先验概率 $P(B \wedge C \mid A_i)\,(i=1,2,\cdots,n)$，在实际应用中很难获得。为了简化计算，可以假设决策事件 A 和检测事件 B、C 之间是相互独立的，即有

$$P(B \wedge C \mid A_i) = P(B \mid A_i)P(C \mid A_i) \tag{8-45}$$

则式(8-44)可以改写为

$$P(A_i \mid B \wedge C) = \frac{P(B \mid A_i)P(C \mid A_i)P(A_i)}{\sum_{j=1}^{n} P(B \mid A_j)P(C \mid A_j)P(A_j)} \tag{8-46}$$

这一结果还可以推广到多个传感器的情况。当有 k 个传感器，检测结果分别为 B_1，B_2，…，B_k 时，假设它们之间相互独立且与被检测对象条件独立，则可以得到融合系统有 k 个传感器时各个决策 A_i 的后验概率为

$$P(A_i \mid B_1 \wedge B_2 \wedge \cdots \wedge B_k) = \frac{[P(B_1 \mid A_i)P(B_2 \mid A_i)\cdots P(B_k \mid A_i)]P(A_i)}{\sum_{j=1}^{m} [P(B_1 \mid A_j)P(B_2 \mid A_j)\cdots P(B_k \mid A_j)]P(A_j)} \quad i=1,2,\cdots,n \tag{8-47}$$

通过式(8-47)的计算，可以得到在某种传感器检测结果情况下，不同决策 A_i 发生的后验概率。那么，最终依据这些结果会得出哪一个决策呢？

一般情况下，系统的决策可以由某些规则给出。例如，系统可以选择具有最大后验概率

的决策作为融合系统的最终决策。基于贝叶斯方法的多传感器信息融合过程可以用图 8-26 表示。

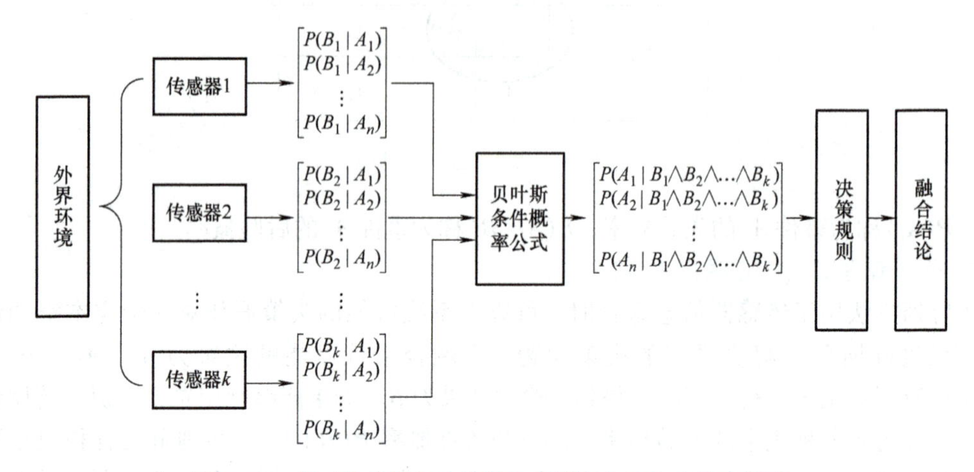

图 8-26　基于贝叶斯方法的多传感器信息融合过程示意图

3. 贝叶斯融合方法进行目标物材质分类

为了更好地理解贝叶斯方法进行传感器信息融合，下面以 8.1 节的分拣机器人为例介绍如何依据力觉和热觉信息进行融合来判断目标物材质。

(1) 问题分析　如图 8-1 所示的分拣机器人，在工作台上共有圆形、方形、H 形和梯形 4 种形状工件，各种形状工件又有铁、铝、胶木、木头 4 种材质。所以该机器人共有 16 种不同形状和材质的工件。任务要求机器人在接收到抓取指定材质和形状工件指令后，能够任意放置到工作台中的几个工件中，自适应抓取并进行目标识别。该机器人具体执行过程如下所示：

1) CCD 视觉系统找到被选形状工件位置。

2) 接近觉、触觉、滑觉传感器自适应抓取工件。

3) 夹爪与工件接触后，启动工件热觉传感器提升工件；脱离平台后，启动力觉传感器测重。

4) 热觉和力觉信息融合，判断材质。

5) 若不是命令指定的工件，放下此工件再去抓下一个相同形状的工件，直到找到目标工件为止。

在上述操作过程中，假定 4 种工件形状、外观和大小一致，有 4 种材质。仅使用力觉传感器，对质量相差不大的目标(如铝和胶木)仍易混淆；若只用热觉传感器，对导热性能相似的目标(如铁和铝导热性相差无几)也易混淆。虽然每一种传感器识别有盲区，但热觉和力觉传感器信息融合后，目标识别可能性提高。

在这个案例中，判断工件是什么材质属于决策事件 A 的各种结论，即 A_i(i=1，2，3，4，分别对应铁、铝、胶木、木头)。系统利用力觉传感器和热觉传感器信息进行判断，这里力觉传感器和热觉传感器的检测结果作为随机变量，其测量值属于事件 B_1 和事件 B_2。

要分析的是如何根据测量值 B_1 和 B_2，依据贝叶斯公式，计算出各种决策的后验概率 $P(A_i|B_1 \wedge B_2)$(i=1,2,3,4)，然后选择后验概率最大的决策作为融合结论。

$$P(A_i \mid B_1 \wedge B_2)=\frac{P(B_1 \mid A_i)P(B_2 \mid A_i)P(A_i)}{\sum_{j=1}^{4} P(B_1 \mid A_j)P(B_2 \mid A_j)P(A_j)} \tag{8-48}$$

（2）概率计算　首先，设工件的材质属于各类 A_i（$i=1$，2，3，4，分别对应铁、铝、胶木、木头）的先验概率 $P(A_i)$ 相等，即 $P(A_1)=P(A_2)=P(A_3)=P(A_4)=0.25$。

接下来，需要知道在各种决策情况下，传感器测量值 B_1 和 B_2 发生的先验概率。为确定先验概率 $P(B_j \mid A_i)$（$i=1$，2，3，4，分别对应铁、铝、胶木、木头；$j=1$，2，分别对应力觉、热觉传感器），需要事先通过概率统计手段获得各种材质工件的力觉和热觉测量值的分布规律，即获得各测量值的概率密度曲线。一般情况下，传感器测量值服从正态分布。

因此，对于每种材质，传感器 j 的测量值 X_j 假设满足正态分布 $N(\mu_{ji},\sigma_{ji})$（$i=1$，2，3，4，分别对应铁、铝、胶木、木头；$j=1$，2，分别对应力觉、热觉传感器），即各测量值的先验概率密度函数可表示为

$$P(X_j \mid A_i)=\frac{1}{\sqrt{2\pi}\sigma_{ji}}\exp\left(\frac{-(X_j-\mu_{ji})^2}{2\sigma_{ji}^2}\right) \tag{8-49}$$

通过实验统计，可以确定各种先验概率密度函数的参数，即均值 μ_{ji} 和标准差 σ_{ji}，并获得概率密度函数曲线，如图 8-27 所示。在此基础上，计算各条件概率 $P(B_j \mid A_i)$。计算式假设检测值发生在先验概率分布均值处的概率为 1，则实际检测值的概率为以均值为中心轴的两侧概率分布之和。如果某次机器人对未知工件操作时，力觉传感器得到观测值 B_1、热觉传感器获得观测值为 B_2，则

$$P(B_1 \mid A_1)=2\int_{B_1}^{\infty} p(x_1 \mid A_1)\mathrm{d}x_1 \qquad P(B_1 \mid A_3)=2\int_{-\infty}^{B_1} p(x_1 \mid A_3)\mathrm{d}x_1$$

$$P(B_1 \mid A_2)=2\int_{-\infty}^{B_1} p(x_1 \mid A_2)\mathrm{d}x_1 \qquad P(B_1 \mid A_4)=2\int_{-\infty}^{B_1} p(x_1 \mid A_4)\mathrm{d}x_1$$

$$P(B_2 \mid A_1)=2\int_{B_2}^{\infty} p(x_2 \mid A_1)\mathrm{d}x_2 \qquad P(B_2 \mid A_3)=2\int_{-\infty}^{B_2} p(x_2 \mid A_3)\mathrm{d}x_2$$

$$P(B_2 \mid A_2)=2\int_{B_2}^{\infty} p(x_2 \mid A_2)\mathrm{d}x_2 \qquad P(B_2 \mid A_4)=2\int_{-\infty}^{B_2} p(x_2 \mid A_4)\mathrm{d}x_2$$

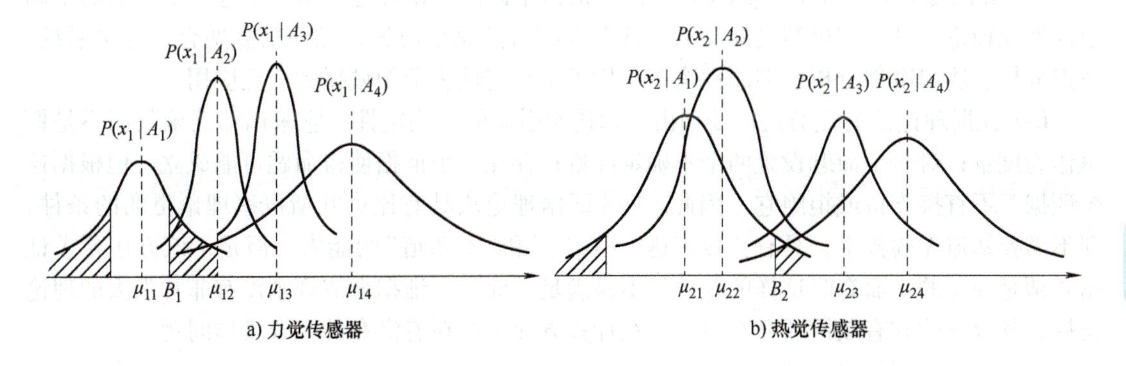

图 8-27　力觉、热觉传感器对 4 种材质目标物的先验概率分布

由此，可以根据各传感器 j 的观测值 B_j 得到工件分属各类 A_i 的后验概率，可表示为

$$P(A_i|B_j)=\frac{P(B_j|A_i)P(A_i)}{\sum_{i=1}^{4}P(B_j|A_i)P(A_i)}\quad i=1,2,3,4;\quad j=1,2 \tag{8-50}$$

力觉和热觉信息融合之后的结果可表示为

$$P(A_i|B_1\wedge B_2)=\frac{P(B_1|A_i)P(B_2|A_i)P(A_i)}{\sum_{i=1}^{4}P(B_1|A_i)P(B_2|A_i)P(A_i)}\quad i=1,2,3,4;\quad j=1,2 \tag{8-51}$$

式(8-51)计算出工件分属各个类别的概率，其中$P(A_i|B_1)$对应仅依靠力觉传感器观测的结果，$P(A_i|B_2)$对应仅依靠热觉传感器观测的结果，$P(A_i|B_1\wedge B_2)$对应依靠力觉和热觉传感器融合的结果。表8-2给出了当目标物为方形、材质为铝工件时，分别采用力觉、热觉传感器以及融合后的后验概率数据及识别结果。

可见，在识别铝块时，由于其导热性能与铁块类似，质量又与胶木类似，仅仅依靠力觉或者热觉传感器无法区分目标性质。而利用融合信息的分类结果明显优于用单独传感器的信息进行分类的结果，可以识别出目标为铝块。但是，该方法也存在不足，比如需要利用预先实验等方法获得各先验概率分布，很多情况下比较困难，甚至是不可能获得的；要求各可能的决策相互排斥；当决策数量以及传感器数量较多时，先验概率分布的获得方式及先、后验概率的计算将变得很复杂，影响融合的实时性。

表8-2　实际抓取方形铝块时力觉和热觉传感器数据后验概率及其融合识别结果

目标类		力觉传感器	热觉传感器	融合后
后验概率 $P(A_i\mid B_j)$	铁	0.0001	0.4670	0.0002
	铝	0.4890	0.5325	0.9991
	胶木	0.4594	0.0004	0.0007
	木头	0.0515	0.0001	0.0000
识别结果		未知	未知	铝

8.4.2　D-S证据理论法传感器定性信息融合

D-S算法是Shafer在Dempster提出的高低概率区间度量理论的基础上进一步发展的不确定性推理理论。其推理机制更加简洁，符合人的自然思维习惯，已在信息融合、专家系统、情报分析、法律案件分析、多属性决策分析等不确定性决策领域得到广泛应用。

D-S证据理论法的优势是可处理由不知道所引起的不确定性。它采用信任函数而不是概率作为度量；对每个命题设置两个不确定度量；存在一个证据使得命题可能成立，但根据这个证据又不直接支持或拒绝它。因此，D-S证据理论法具有比贝叶斯概率理论更弱的条件，即不需要知道先验概率，具有直接表达“不确定”和“不知道”的能力。但是，该方法要求证据必须是独立的，而有时这样的条件又不易满足。此外，证据合成规则没有非常强大的理论支持，其合理性和有效性还存在争议，在计算方面也存在着潜在的组合爆炸问题。

1. D-S证据理论法基本定义

为了理解D-S证据理论，先假设这样一个情景，用一个传感器探测盒子里的一个目标，该目标只能是圆形、方形、三角形中的一种。传感器检测后对目标进行分析，形成了一些假设，盒子里面的这个物体可能是{空、圆、方、三角、圆或方、圆或三角、三角或方、三种都可能}，并且给出了这些相应假设的可能性。D-S 证据理论就是根据传感器提供的各个假设的信息，得到对每一种假设的可信度区间，包括完全信任的程度以及可能信任的程度。根据上述例子，可以整理出一张信息表，见表 8-3。

表 8-3　两个传感器对检测目标提供的证据结果

各种假设	传感器对每种假设的可信度	信度	似真度
空	0	0	0
圆	0.35	0.35	0.56
方	0.25	0.25	0.45
三角	0.15	0.15	0.34
（圆，方）	0.06	0.06	0.85
（圆，三角）	0.05	0.05	0.75
（方，三角）	0.04	0.04	0.65
（圆，方，三角）	0.1	1.0	1.0

根据上述例子，下面介绍 D-S 证据理论的基本概念。

（1）识别框架　识别框架也称为辨别框架、鉴别框架、假设空间等。首先设一个样本数为 Ω 的集合，对应上述例子中盒子里可能的物体种类，有三种。对于 Ω 集合，一共有多少假设命题呢？很显然有 8 种，就构成了识别框架或假设空间。D-S 证据理论用希腊字母 θ 的大写字母 Θ 表示一个互斥和可穷举的元素的集合，通常是我们感兴趣的假设命题集。如果 Θ 的元素可以被解释成可能的答案并且仅有一个答案是正确的，那么 Θ 被称为一个识别框架。所谓“识别”，是指对于一个提问，从与该提问相关的所有可能的答案中能辨别出一个正确的答案。区分出一个正确的答案需要识别框架是可穷举的，其子集是不相交的。

（2）基本可信度　对于一个大小为 Ω 的集合，其自身恰好有 2^{Ω} 个子集，这些子集构成幂集，记为 2^{Θ}。D-S 证据理论针对识别框架中的每一个假设都分配了概率，称为基本可信度分配。这个分配函数称为 Mass 函数。在 D-S 证据理论中，不是用概率的定义，而是把对假设的信任类似于物理对象的质量去考虑，即证据的质量（Mass）支持了其信任程度。Mass 形式化表示成一个函数，该函数将 2^{Θ} 幂集中的每一个元素（假设）映射成区间[0，1]中的一个实数。因此，也称其为集函数或者 Mass 函数 $m(\,)$，形式化描述为：$m: 2^{\Theta} \rightarrow [0,1]$。而且有：

1）空集合的 Mass 被定义为 0，即 $m(\varnothing)=0$。

2）2^{Θ} 幂集所有子集 Mass 和为 1，即 $\sum_{X \subseteq \Theta} m(X)=1$。

3）其中，任意 $m(X)>0$ 的假设称为焦元。

在这里，称 Mass 函数是 2^{Θ} 上的基本可信度分配，称 $m(X)$ 为 X 的基本可信数，表示对 X 的信任程度。在表 8-3 的例子中，第 2 列中传感器对各个假设的基本可信度的值，全部加起来的和为 1，满足上面的定义。

（3）命题的信度函数　接下来，可以根据 Mass 函数来计算每一个假设的信度函数（Belief Function）。对于任意假设 X，其信度函数 $\mathrm{Bel}(X)$ 定义为 X 中全部子集对应的基本可信度之和，即

$$\begin{cases} \mathrm{Bel}: 2^{\Theta} \rightarrow [0,1] \\ \mathrm{Bel}(X) = \sum_{Y \subseteq X} m(Y) \quad X \subseteq \Theta \end{cases} \tag{8-52}$$

即 X 的信度函数为 X 中每个子集（真属于 X 的假设，即 Y）的基本可信度之和。Bel 函数也称为下限函数，表示对 X 的全部信任。而且，由基本可信度的概念，有

$$\begin{cases}\mathrm{Bel}(\varnothing)=0\\ \mathrm{Bel}(\Theta)=1\end{cases} \tag{8-53}$$

在表 8-3 的例子中，如果 X 假设为方形，那么它的 Bel 函数值为 0.25，因为只有它本身属于假设 X。但是，如果假设为圆形或者方形，那么它的 Bel 函数值并不是 0.06，而是 m(空)+m(圆)+m(方)+m(圆,方)=0+0.35+0.25+0.06=0.66。

（4）命题的似真函数　似真函数描述了命题 X 的不确定性度量。首先，定义了一个怀疑 A 的程度的量，即 $\forall A\in\Theta$，定义 $\mathrm{Dou}(X)=\mathrm{Bel}(\overline{X})$，称 $\mathrm{Dou}(X)$ 为怀疑函数；定义 $\mathrm{Pl}(X)=1-\mathrm{Bel}(\overline{X})$，称 $\mathrm{Pl}(X)$ 为似真度函数，可用 Mass 函数表示如下：

$$\mathrm{Pl}(X)=1-\mathrm{Bel}(\overline{X})=\sum_{Y\subseteq\Theta}m(Y)-\sum_{Y\subseteq\overline{X}}m(Y)=\sum_{Y\cap X\neq\varnothing}m(Y) \tag{8-54}$$

可见，对于假设 X，它的似真函数为所有与 X 相交不为空的假设 Y 的 Mass 值的和。

（5）不确定信任区间　对于一个识别框架中的假设 X，可以根据上面的信度函数和似真函数，基于传感器给出的基本信度函数 Mass 函数来计算 X 的 $\mathrm{Bel}(X)$ 和 $\mathrm{Pl}(X)$。而且 $\forall X\in\Theta$，有 $\mathrm{Bel}(X)\leqslant\mathrm{Pl}(X)$。如图 8-28 所示，实际上[$\mathrm{Bel}(X)$，$\mathrm{Pl}(X)$]表示对 X 的不确定证据区间。Bel 函数也称为下限函数，[0，$\mathrm{Bel}(X)$]表示支持证据区间；Pl 函数称为上限函数，[$\mathrm{Pl}(X)$，1]表示拒绝证据区间。信度函数计算得到的信任度是对假设信任程度的下限估计——悲观估计；似真函数计算得到的似然度是对假设信任程度的上限估计——乐观估计。

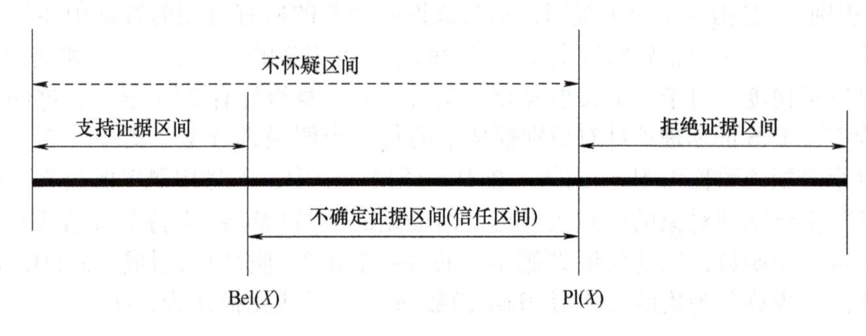

图 8-28　D-S 证据理论中信息的不确定性表示

2. 合成规则

前面所述的例子都是一个主体（传感器）对一个识别框架的预测。如果用两个视觉传感器对目标进行探测，如何结合这两个传感器的数据，综合得出结论呢？这就涉及了 Dempster 合成法则的问题。

在这里介绍 D-S 证据理论常用的两个信度合成法则，即两个主体的 Mass 函数 m_1 和 m_2，对于某一个焦元 $A\subset\Theta$，若有 $A_i\cap B_j=A$，即两个传感器都对假设命题 A 给出了基本可信度数据，那么 $m_1(A_i)m_2(B_j)$ 就是分配到 A 上的部分可信度。

而分配到 A 上的总信度为 $\sum_{A_i\cap B_j=A}m_1(A_i)m_2(B_j)$。但是，当 $A=\varnothing$ 时，将有部分可信度 $\sum_{A_i\cap B_j=\varnothing}m_1(A_i)m_2(B_j)$ 分配到空集上，这不合理。为此，在每一信度上乘一个系数 $\left[1-\sum_{A_i\cap B_j=\varnothing}m_1(A_i)m_2(B_j)\right]^{-1}$ 使总信度满足 1 的要求。基于此思想，可以给出两个传感器的

信度合成的法则，即

$$m_1 \oplus m_2(A) = K \sum_{A_i \cap B_j = A} m_1(A_i) m_2(B_j) \tag{8-55}$$

$$K = \left[1 - \sum_{A_i \cap B_j = \varnothing} m_1(A_i) m_2(B_j)\right]^{-1} \tag{8-56}$$

式中　$m_1 \oplus m_2(A)$——根据两个证据来源合成后的信度，也可表示成 $m_{12}(A)$。

同理，对于 $A \subset \Theta$，Θ 上的 n 个 mass 函数（$m_1, m_2, \cdots, m_n$）的 Dempster 合成规则为

$$(m_1 \oplus m_2 \oplus \cdots \oplus m_n)(A) = K \sum_{A_1 \cap A_2 \cap \cdots \cap A_n = A} m_1(A_1) m_2(A_2) \cdots m_n(A_n) \tag{8-57}$$

其中，A_1，A_2，…，$A_n \subseteq \Theta$，系数 $K = \left[1 - \sum_{A_1 \cap A_2 \cap \cdots \cap A_n = \varnothing} m_1(A_1) m_2(A_2) \cdots m_n(A_n)\right]^{-1}$。

上述合成规则可理解为，对于假设为 A 的合成结果等于两个主体假设中，所有相交为 A 的假设的 Mass 函数值的乘积的和，再乘以一个归一化系数。

3. D-S 证据理论在传感器信息融合中的应用

依据 D-S 证据理论进行传感器信息融合过程如图 8-29 所示，n 个传感器采集的信息作为证据，对一组命题（对应决策 A_1，A_2，…，A_n）建立相应的基本信度函数。多传感器信息融合实质上相当于在一个识别框架下，将不同传感器的数据证据，根据合成规则合成对各个命题的新的证据（信度函数或者信任区间）的过程。

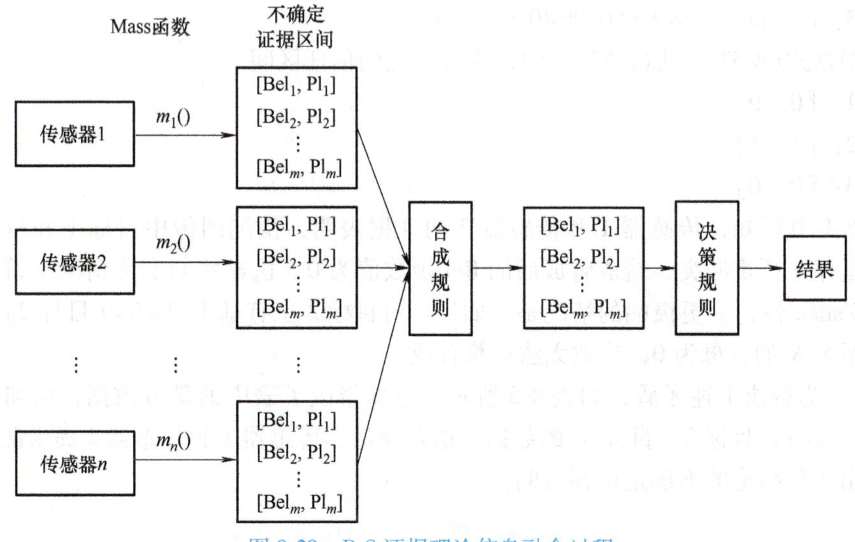

图 8-29　D-S 证据理论信息融合过程

运用证据理论进行传感器信息融合，其一般过程如下：

1）分析问题，构建计算各传感器对框架中命题（结论）的 Mass 函数、似真度函数。

2）根据 Mass 函数计算各传感器对框架中命题（结论）的基本可信度，列出如表 8-3 所示的证据数据表格，便于后续分析计算。

3）运用 Dempster 合成规则，求得多个传感器综合作用下每个命题的信度函数 Bel( ) 和似真度函数 Pl( )，构成不确定证据区间。

4）设计一定的决策规则，根据各个命题的不确定证据区间，分析并选择具有最大支持度的命题（结论），将其作为融合后的结果。

例 8-1　用两个传感器对目标进行探测，3 种可能的目标结论组成了识别框架 $\theta = \{$目标

1，目标 2，目标 3}。假设已经制定 Mass 函数，得到两个传感器（证人）对各命题的基本可信度数据，见表 8-4。请根据两个传感器的“证据”综合得出各命题结论的信任区间。

表 8-4 两个传感器证据数据及其合成

	传感器 1 的基本可信度 $m_1()$	传感器 2 的基本可信度 $m_2()$	合成的基本可信度 $m_{12}()$
A：目标 1	0.99	0.00	0.00
B：目标 2	0.01	0.01	1.00
C：目标 3	0.00	0.99	0.00

解 （1）先计算系数 K。

$$K=\left[1-\sum_{A_i\cap B_j=\varnothing}m_1(A_i)m_2(B_j)\right]^{-1}=\left[\sum_{A_i\cap B_j\neq\varnothing}m_1(A_i)m_2(B_j)\right]^{-1}$$

$$=[m_1(A)m_2(A)+m_1(B)m_2(B)+m_1(C)m_2(C)]^{-1}$$

$$=(0.99\times0.00+0.01\times0.01+0.00\times0.99)^{-1}$$

$$=(0.0001)^{-1}$$

（2）根据证据合成规则，计算目标 1、目标 2、目标 3 的组合信度。

目标 1：$m_1\oplus m_2(A)=K\times(0.09\times0.00)=0$

目标 2：$m_1\oplus m_2(B)=K\times(0.01\times0.01)=1$

目标 3：$m_1\oplus m_2(C)=K\times(0.00\times0.99)=0$

（3）根据式(8-52)~式(8-54)，给出 3 种结论的信任区间。

目标 1：[0，0]

目标 2：[1，1]

目标 3：[0，0]

从例 8-1 中可知，传感器 1 和传感器 2 的证据表明，检测图像中目标 1 和目标 3 都有 0.99，但是存在严重冲突，造成合成后的 Bel 函数值为 0，这显然与实际情况不符，这种情况也称为 Zadeh 悖论。更极端的情况是，如果针对目标 2 也有基本可信度（目标 2）为 0 的情况，那么系数 K 的分母为 0，导致无法计算合成。

例 8-2 为解决上述矛盾，如表 8-5 所示，重新修改了表中的部分数据，增加了不确定命题 θ：{目标 1，目标 2，目标 3}的数据。请重新计算传感器 1 和传感器 2 提供证据的组合结果，给出 3 种结论的不确定证据区间。

表 8-5 修改后的传感器证据数据及其合成

	传感器 1 的基本可信度 $m_1()$	传感器 2 的基本可信度 $m_2()$	合成的基本可信度 $m_{12}()$
A：目标 1	0.98	0.00	0.49
B：目标 2	0.01	0.01	0.015
C：目标 3	0.00	0.98	0.49
θ：{目标 1，目标 2，目标 3}	0.01	0.01	0.005

解 （1）先计算系数 K。

$$K=\left[1-\sum_{A_i\cap B_j=\varnothing}m_1(A_i)m_2(B_j)\right]^{-1}=\left[\sum_{A_i\cap B_j\neq\varnothing}m_1(A_i)m_2(B_j)\right]^{-1}$$

$$= [m_1(A)m_2(\theta) + m_1(B)m_2(B) + m_1(B)m_2(\theta) + m_1(\theta)m_2(B) + m_1(\theta)m_2(C) + m_1(\theta)m_2(\theta)]^{-1}$$

$$= (0.98 \times 0.01 + 0.01 \times 0.01 + 0.01 \times 0.01 + 0.01 \times 0.01 + 0.01 \times 0.98 + 0.01 \times 0.01)^{-1} = (0.02)^{-1} = 50$$

(2) 根据证据合成规则计算目标 1、目标 2、目标 3、θ 的组合信度。

$$m_1 \oplus m_2(A) = K[m_1(A)m_2(A) + m_1(\theta)m_2(A) + m_1(A)m_2(\theta)] = K \times (0.98 \times 0.00 + 0.01 \times 0.00 + 0.98 \times 0.01) = 0.49$$

$$m_1 \oplus m_2(B) = K[m_1(B)m_2(B) + m_1(\theta)m_2(B) + m_1(B)m_2(\theta)] = K \times (0.01 \times 0.01 + 0.01 \times 0.01 + 0.01 \times 0.01) = 0.015$$

$$m_1 \oplus m_2(C) = K[m_1(C)m_2(C) + m_1(\theta)m_2(C) + m_1(C)m_2(\theta)] = K \times (0.00 \times 0.98 + 0.01 \times 0.98 + 0.00 \times 0.01) = 0.49$$

$$m_1 \oplus m_2(\theta) = K[m_1(\theta)m_2(\theta)] = K \times (0.01 \times 0.01) = 0.5$$

(3) 根据式(8-52)~式(8-54)，给出 3 种结论的不确定证据区间，见表 8-6。

表 8-6　组合两个传感器证据后得出的不确定证据区间

	信度函数 Bel()	似真函数 Pl()	不确定证据区间[Bel,Pl]
A：目标 1	$m_{12}(A)$	$m_{12}(A)+m_{12}(\theta)$	[0.49,0.495]
B：目标 2	$m_{12}(B)$	$m_{12}(B)+m_{12}(\theta)$	[0.015,0.02]
C：目标 3	$m_{12}(C)$	$m_{12}(C)+m_{12}(\theta)$	[0.49,0.495]
θ：{目标 1，目标 2，目标 3}	$m_{12}(A)+m_{12}(B)+m_{12}(C)+m_{12}(\theta)$	$m_{12}(A)+m_{12}(B)+m_{12}(C)+m_{12}(\theta)$	[1,1]

交流与思考

上述例子中，直接给出了各个传感器对各命题的基本可信度。如何根据传感器数据，设计 Mass 函数，给出基本可信度的计算方法呢？计算方法是唯一的吗？如果已经将多传感器证据合成，得到了各个假设命题的信任区间，如何制定决策来得到融合结果，给出结论呢？决策规则是唯一的吗？

例 8-3　同样针对 8.1 节所示的分拣机器人，依据 D-S 证据理论法，如何依据力觉和热觉传感器信息进行融合来判断目标物材质？具体问题分析与描述见 8.4.1 节。

解　先计算基本可信度。

假设每种材质类别为 $A_i(i=1,2,3,4)$，力觉和热觉传感器为 $j(j=1,2)$。如图 8-27 所示，实际测量的传感器观察值 X_j 一般满足正态分布 $N(\mu_{ji},\sigma_{ji})$，各种情况的先验概率如式 (8-49) 所示。

这里给出传感器 j 与类别 A_i 的相关系数 $c_j(i)$ 如式 (8-58) 所示，以此为依据定义 Mass 函数。

$$c_j(i) = \begin{cases} 2 - 2\int_{-\infty}^{x_j} P(x_j \mid A_i) & x_j \geq \mu_j \\ 2\int_{-\infty}^{x_j} P(x_j \mid A_i) & x_j < \mu_j \end{cases} \tag{8-58}$$

可见 $c_j(i)$ 的定义方法与 8.4.1 节 $P(B_j|A_i)$ 定义类似，这里是更一般的表达。对于传感器的某一个具体检测值 B_j，得到的 $c_j(i)$ 如图 8-27 中阴影部分面积，很明显 B_j 越靠近某种材质先验概率分布的均值，得到的 $c_j(i)$ 越接近 1，而且显然有 $0 \leqslant c_j(i) \leqslant 1$。

在定义 $c_j(i)$ 的基础上，给出一组计算基本可信度的函数。

$$
\begin{cases}
\alpha_j = \max_{i=1}^{4}\{c_j(i)\} \\
\beta_i = \dfrac{\alpha_j}{\sum\limits_{i=1}^{4} c_j(i)} \\
R_j = \dfrac{\alpha_j\beta_j}{\sum\limits_{j=1}^{2} \alpha_j\beta_j} \\
m_j(i) = \dfrac{c_j(i)}{\sum\limits_{i=1}^{4} c_j(i) + 2(1-R_j)(1-\alpha_j\beta_j)} \\
m_j(\theta) = \dfrac{2(1-R_j)(1-\alpha_j\beta_j)}{\sum\limits_{i=1}^{4} c_j(i) + 2(1-R_j)(1-\alpha_j\beta_j)}
\end{cases}
\tag{8-59}
$$

式中 α_j——传感器与目标类别最大相关系数；

β_i——传感器与各相关系数的分布系数；

R_j——传感器 j 的可靠系数；

$m_j(i)$——传感器 j 赋予类别 i 的基本可信度；

$m_j(\theta)$——传感器 j 的不确定性概率值。

机器人每一次抓取操作时，可得到目标的力觉和热觉传感器检测具体数值 B_1 和 B_2，均可以根据式(8-58)获得相关系数，并根据式(8-59)计算得出基本可信度和不确定性概率值，其中某一次抓取铁块的数据整理见表 8-7 第 2、3 列。

表 8-7 抓取铁块时力觉和热觉传感器证据数据及其合成

材料	力觉传感器 $m_1()$	热觉传感器 $m_2()$	合成后 $m_{12}()$	证据区间[Bel,Pl]
A_1：铁	$m_1(A_1)=0.695$	$m_2(A_1)=0.331$	$m_{12}(A_1)=0.731$	[0.731,0.859]
A_2：铝	$m_1(A_2)=0.001$	$m_2(A_2)=0.350$	$m_{12}(A_2)=0.141$	[0.141,0.269]
A_3：胶木	$m_1(A_3)=0.000$	$m_2(A_3)=0.000$	$m_{12}(A_3)=0.000$	[0.000,0.128]
A_4：木头	$m_1(A_4)=0.000$	$m_2(A_4)=0.000$	$m_{12}(A_4)=0.000$	[0.000,0.128]
θ：不确定	$m_1(\theta)=0.304$	$m_2(\theta)=0.319$	$m_{12}(\theta)=0.128$	[1,1]

表 8-7 中最后一列合成的可信度可以根据 Dempster 合成规则，基于式（8-55）、式（8-56）计算得出，具体如下：

$$
\begin{cases}
m_{12}(i)=K[m_1(A_i)m_2(A_i)+m_1(\theta)m_2(A_i)+m_1(A_i)m_2(\theta)] \\
m_{12}(\theta)=Km_1(\theta)m_2(\theta)
\end{cases}
\tag{8-60}
$$

其中，$K=\left\{\sum\limits_{i=1}^{4}[m_1(A_i)m_2(A_i)+m_1(A_i)m_2(\theta)+m_1(\theta)m_2(i)]+m_1(\theta)m_2(\theta)\right\}^{-1}$。

证据区间可以根据基本可信度函数计算，即

$$\begin{cases}\mathrm{Bel}_j(A_i)=m_j(A_i)\\ \mathrm{Pl}_j(A_i)=1-\mathrm{Bel}_j(A_i)=m_j(A_i)+m_j(\theta)\end{cases} \tag{8-61}$$

基于上述合成公式，得到融合前传感器对每一类目标的不确定证据区间；接下来可以根据以下决策规则来确定目标物的材质。

1）规则1：目标类别应具有最大的基本可信度。

2）规则2：目标类别与其他类别基本可信度的差必须大于一定阈值。

3）规则3：不确定概率必须小于某一阈值。

4）规则4：目标类别的基本可信度值必须大于不确定性概率值。

以表8-7某一次抓取铁块操作为例，根据上述融合规则可以判断出，仅依据力觉传感器信息，可以判断出材质是铁；依据热觉传感器信息，铁和铝的可信度相似，无法判断；依据两个传感器信息融合后，可以判断材质是铁。

传感器信息融合的好处，在抓取材质为木头的方块时，更为明显。表8-8为机器人某一次抓取木块的数据。可见单独使用力觉和热觉传感器并不能判断材质，而融合后可以确定材质是木头。

表8-8　实际抓取木块时力和热传感器证据数据及其合成

材料	力觉传感器 $m_1()$	热觉传感器 $m_2()$	合成后 $m_{12}()$	证据区间[Bel,Pl]
A_1：铁	$m_1(A_1)=0.0000$	$m_2(A_1)=0.0000$	$m_{12}(A_1)=0.0000$	[0.0000,0.1226]
A_2：铝	$m_1(A_2)=0.0515$	$m_2(A_2)=0.0000$	$m_{12}(A_2)=0.0156$	[0.0156,0.1382]
A_3：胶木	$m_1(A_3)=0.1395$	$m_2(A_3)=0.3950$	$m_{12}(A_3)=0.3294$	[0.3294,0.4520]
A_4：木头	$m_1(A_4)=0.4055$	$m_2(A_4)=0.3780$	$m_{12}(A_4)=0.5324$	[0.5324,0.6550]
θ：不确定	$m_1(\theta)=0.4035$	$m_2(\theta)=0.2270$	$m_{12}(\theta)=0.1226$	[1,1]

本章小结

本章首先介绍了两个具有多感知系统的智能机器人实例，展示了机器人传感器融合的背景和目的。接下来详细介绍了多传感器融合的基础概念与知识，包括信息融合的定义、分类、结构与方法等。然后以案例分析的形式，在传感器定量信息融合中，介绍了一致性检验方法、加权平均法和卡尔曼滤波等常见方法的基本原理和应用；在传感器定性信息融合部分，介绍了基于贝叶斯方法和D-S证据理论法进行定性融合的基本原理和应用。

思考题与习题

8-1　传感器信息融合的目的和优点是什么？

8-2　传感器信息融合根据信息处理的层次不同，可以在哪些层次上进行融合？

8-3　传感器信息融合可能涉及哪些算法？

8-4　传感器定量信息融合和定性信息融合有什么不同？

8-5　传感器数据一致性检验的方法有哪些？为什么要进行数据一致性检验？

8-6　试说明利用卡尔曼滤波算法进行机器人移动定位的思路和步骤。

8-7　试说明贝叶斯方法进行传感器定性信息融合的步骤及特点。

8-8　试说明D-S证据理论进行传感器信息融合的步骤和特点。

8-9 假设某机器人用多个传感器探测到桌面某一目标物体，机器人需要对目标类别进行判定，判断其是否属于杯具类、盒子类、条状物类，以便进行后续操作规划。假设各传感器数据计算得到的基本信度值见表 8-9，请判断该桌面物体属于哪一类物体。

表 8-9 各传感器证据提供的基本信度值

目标类别	传感器 1	传感器 2
杯具类	0.4	0.2
盒子类	0.3	0.2
条状物类	0.1	0.05
（杯子或盒子）	0.1	0.5
不确定	0.1	0.05

学习拓展

在网上搜索一篇关于机器人的文献，分析该机器人的结构组成和功能要求，分析其感知系统的组成，并说一说该机器人是否使用了传感器融合技术；其属于定性融合还是定量融合；具体使用了哪些融合算法。

参考文献

[1] 郭彤颖，张辉. 机器人传感器及其信息融合技术[M]. 北京：化学工业出版社，2017.

[2] 孙富春. 智能机器人的认知与学习[J]. 机器人，2019，41(5)：1

[3] 蔡永娟. 机器人感知系统标准化与模块化设计[D]. 合肥：中国科学技术大学，2010.

[4] 刘会聪，冯跃，孙立宁. 微传感系统与应用[M]. 北京：化学工业出版社，2019.

[5] 罗志增. 机器人多感觉传感器系统与多信息融合技术[D]. 杭州：浙江大学，1998.

[6] 罗志增，蒋静坪. 机器人感觉与多信息融合[M]. 北京：机械工业出版社，2002.

[7] 胡向东，等. 传感器与检测技术[M]. 3 版. 北京：机械工业出版社，2018.

[8] 唐文彦. 传感器[M]. 5 版. 北京：机械工业出版社，2014.

[9] 高国富，谢少荣，罗均. 机器人传感器及其应用[M]. 北京：国防工业出版社，2005.

[10] 西西利亚诺，哈提卜. 机器人手册：第 2 卷 机器人技术[M].《机器人手册》翻译委员会，译. 北京：机械工业出版社，2016.

[11] 徐德，邹伟. 室内移动式服务机器人的感知、定位与控制[M]. 北京：科学出版社，2008.

[12] 谢广明，范瑞峰，何宸光. 机器人感知与应用[M]. 哈尔滨：哈尔滨工程大学出版社，2013.

[13] APARNA K，UMESH B Overview of sensors for robotics[J]. International Journal of Engineering Research & Technology（IJERT），2013，2(3)：1-5.

[14] MCGRATH M J，SCANAILL C N. Sensor technologies：healthcare wellness and environmental applications [M]. New York：Apress Media，LLC，2013.

[15] 孙振绮，丁效华. 概率论与数理统计[M]. 北京：机械工业出版社，2005.

[16] 徐科军. 传感器动态特性的实用研究方法[M]. 合肥：中国科学技术大学出版社，1999.

[17] 徐德，邹伟. 室内移动式服务机器人的感知、定位与控制[M]. 北京：科学出版社，2008.

[18] 殷毅. 智能传感器技术发展综述[J]. 微电子学，2018，48(4)：504-507；519.

[19] 曾光宇，杨湖，李博，等. 现代传感器技术与应用基础[M]. 北京：北京理工大学出版社，2006.

[20] 郁有文，常健，程继红. 传感器原理及工程应用[M]. 3 版. 西安：西安电子科技大学出版社，2008.

[21] 郭秋芬. 微型梳状线振动陀螺仪特性及干扰因素影响的研究[D]. 哈尔滨：哈尔滨工程大学，2008.

[22] 张新，费业泰. 应变式全剪切三维加速度传感器的设计[J]. 中国机械工程，2007，18(10)：1157-1160.

[23] 任渊. 基于视觉和惯性传感器的机器人自主导航算法[D]. 成都：电子科技大学，2019.

[24] 刘金. 基于传感器融合的室内定位技术研究[D]. 北京：北京邮电大学，2019.

[25] 魏家豪. 面向机器人碰撞检测的关节力矩传感器设计与开发[D]. 哈尔滨：哈尔滨工业大学，2018.

[26] 宋春华，徐光卫. 扭矩传感器的发展研究综述[J]. 微特电机，2012，40(11)：58-60.

[27] 石延平，刘成文，张永忠. 一种差动压磁式扭矩传感器的研究与设计[J]. 仪器仪表学报，2006，27(5)：508-511.

[28] 张德富. 高集成度三维光电式力矩传感器研究[D]. 沈阳：东北大学，2017.

[29] CHOI D，OH J-H. Development of the Cartesian Arm Exoskeleton System（CAES）using a 3-axis force/torque sensor[J]. International Journal of Control Automation and Systems，2013，11(5)：976-983.

[30] KANG M-K，LEE S，KIM J-H. Shape optimization of a mechanically decoupled six-axis force/torque sensor [J]. Sensors and Actuators(A Physical)，2014，209：41-51.

[31] LIANG Q K，ZHANG D，GE Y J，et al A novel miniature four-dimensional force/torque sensor with overload protection mechanism[J]. IEEE Sensors Journal，2009，9(12)：1741-1747.

[32] KIM J-C，KIM K-S，KIM S. Note：A compact three-axis optical force/torque sensor using photo-interrupters [J]. Review of Scientific Instruments，2013，84(12)：283-300.

[33] LIU YW, TIAN T, CHEN C et al. A novel design of embedded torque sensor[C]. International Conference on Mechanics and Materials Engineering. Xián: [s. n.], 2014: 705-711.
[34] 李娜娜. 光电式扭矩传感器的研究[D]. 北京: 北方工业大学, 2009.
[35] 王辉. 光电式动态扭矩测量系统的设计与实验[D]. 秦皇岛: 燕山大学, 2010.
[36] 孙永军. 空间机械臂六维力/力矩传感器及其在线标定的研究[D]. 哈尔滨: 哈尔滨工业大学, 2016.
[37] 熊胜. 基于人机交互的六维力/力矩传感器的设计及其动态特性的研究[D]. 太原: 中北大学, 2017.
[38] 韩静如. 基于六维力传感器的机器人力觉示教技术研究[D]. 唐山: 华北理工大学, 2017.
[39] 周建辉, 曹建国, 程春福, 等. 高柔弹性电子皮肤压力触觉传感器的研究[J]. 哈尔滨工业大学学报, 2020, 52(7): 1-10.
[40] 高永慧, 郭秋程, 孙帅, 等. 基于球曲面极板的电容式触觉传感器研究[J]. 电子科技大学学报, 2019, 48(6): 954-960.
[41] 刘平, 黄英, 董万城, 等. 柔性触觉传感器用压力敏感导电橡胶的时间响应[J]. 复旦学报(自然科学版), 2009, 48(5): 555-560.
[42] 杨敏, 陈洪, 李明海. 柔性阵列式压力传感器的发展现状简介[J]. 航天器环境工程, 2009, 26(S1): 112-116.
[43] 明小慧, 黄英, 向蓓, 等. 三维力柔性触觉传感器设计[J]. 华中科技大学学报(自然科学版), 2008, 36(S1): 137-141.
[44] 崔晶, 张锦涛, 宋婷, 等. 三轴力解耦测量的高灵敏触觉传感器[J]. 光学精密工程, 2019, 27(11): 2410-2419.
[45] 黄英, 明小慧, 向蓓, 等. 一种新型机器人三维力柔性触觉传感器的设计[J]. 传感技术学报, 2008, 21(10): 1695-1699.
[46] 张子超, 王博文, 靳少卫. 用于机械手稳定抓取的磁致伸缩触觉传感器设计与研究[J]. 机电工程, 2020, 37(2): 216-220.
[47] 蒲明辉, 冯向楠, 罗国树, 等. 基于结构解耦的新型电容式力矩传感器设计[J]. 仪器仪表学报, 2020, 41(2): 10-17.
[48] 余成波, 陶红艳, 张莲, 等. 基于圆柱体电容面积变化型扭矩测量的研制[J]. 仪表技术与传感器, 2005(12): 4-5.
[49] 陈琳, 罗年景, 罗国树, 等. 一种新型电容式力矩传感器设计[J]. 传感器与微系统, 2018, 37(7): 84-89.
[50] 包玉龙, 徐斌, 舒昊鑫, 等. 触觉传感器研究现状与展望[J]. 装备制造技术, 2019(11): 17-21.
[51] 于江涛, 孙雷, 肖瑶, 等. 压阻式柔性压力传感器的研究进展[J]. 电子元件与材料, 2019, 38(6): 1-11.
[52] 王露贤. 基于导电聚合物的柔性 MEMS 压阻式触觉传感器阵列的研究[D]. 上海: 上海交通大学, 2017.
[53] 张和乐. 压阻式织物传感器阵列的设计与评价[D]. 上海: 东华大学, 2019.
[54] 罗志增, 张启忠, 叶明. 压阻阵列触滑觉复合传感器[J]. 机器人, 2001, 23(2): 166-170.
[55] 邓刘刘, 邓勇, 张磊. 智能机器人用触觉传感器应用现状[J]. 现代制造工程, 2018(2): 18-23.
[56] 赵印明, 陈柯行, 柴继新, 等. 一种四柱式高精度电阻应变式力传感器[J]. 计测技术, 2017, 37(S1): 129-133.
[57] 陈绍鹏, 李旭珂, 常英丽, 等. 基于铁基纳米晶合金的非接触扭矩传感器[J]. 自动化与仪器仪表, 2020(5): 94-97.
[58] KASHIRI N, MALZAHN J, TSAGARAKIS N G. On the sensor design of torque controlled actuators: a comparison study of strain gauge and encoder-based principles[J]. IEEE Robotics and Automation Letters, 2017, 2(2): 1186-1194.
[59] 陈杰. 服务机器人关节集成扭矩传感器研究[D]. 杭州: 杭州电子科技大学, 2019.

[60] 文西芹，张永忠，刘成文．基于磁弹性效应的磁头型扭矩传感器[J]．化工矿物与加工，2003，32(8)：17-20.
[61] 石延平，刘成文，倪立学．基于非晶态合金的压磁式力传感器[J]．传感技术学报，2010，23(4)：508-512.
[62] 罗康．压磁式锚杆轴力传感器的研究[D]．太原：太原理工大学，2019.
[63] 高云峰，吴秀芬．服务机器人视觉系统模块化研究综述[J]．机械设计与制造，2010(2)：165-167.
[64] 章毓晋．图像处理和分析技术[M]．3版．北京：高等教育出版社，2014.
[65] 赵子葳．果实采摘机器人视觉系统的研究与设计[D]．长春：长春理工大学，2020.
[66] 张作楠．机器人视觉伺服跟踪系统的研究[D]．无锡：江南大学，2012.
[67] 敬斌．全景视觉足球机器人视觉处理系统设计[D]．西安：西安电子科技大学，2007.
[68] 张学习，杨宜民，刘润丹，等．全自主足球机器人混合视觉系统的设计与实现[J]．机器人，2010，32(3)：375-383.
[69] 卢荣胜，史艳琼，胡海兵．机器人视觉三维成像技术综述[J]．激光与光电子学进展，2020，57(4)：1-19.
[70] 赵清杰，连广宇，孙增圻．机器人视觉伺服综述[J]．控制与决策，2001，16(6)：849-853.
[71] 田梦倩．机器人视觉系统标定问题研究综述[J]．工业仪表与自动化装置，2006(2)：14-19.
[72] 夏群峰，彭勇刚．基于视觉的机器人抓取系统应用研究综述[J]．机电工程，2014，31(6)：697-701.
[73] 马凯，林义忠．移动机器人视觉导航技术综述[J]．物流科技，2020(10)：39-41.
[74] 廖凯，陈坚泽，李超．机器人视觉传感技术及应用研究综述[J]．现代信息科技，2020，4(11)：159-162.
[75] CORKE P．机器人学、机器视觉与控制：MATLAB算法基础[M]．刘荣，等译．北京：电子工业出版社，2016.
[76] NAKADAI K，NAKAJIMA H，MURASE M，et al. Real-time tracking of multiple sound sources by integration of in-room and robot-embedded microphone arrays[C]. IEEE/RSJ International Conference on Intelligent Robots and Systems. Beijing：[s. n.]，2006：852-859.
[77] MUMOLO E，NOLICH M，MENEGATTI E，et al. A multi-agent system for audio-video tracking of a walking person in a structured environment[EB/OL]．(2004-05)[2014-03-11]．https://www.researchgate.net/publication/240955368_A_Multi_Agent_System_for_Audio-Video_Tracking_of_a_Walking_Person_in_a_Structured_Environment.
[78] ROMAN N，WANG D L. Binaural tracking of multiple moving sources[J]. IEEE Trans Audio Speech & Language Processing，2008，16(4)：728-739.
[79] 李从清，孙立新，戴士杰，等．声源定位分离技术在机器人领域的应用[J]．电声技术，2010，34(1)：49-53.
[80] 韩纪庆，张磊，郑铁然．语音信号处理[M]．3版．北京：清华大学出版社，2019.
[81] 蔡莲红，黄德智，蔡锐．现代语音技术基础与应用[M]．北京：清华大学出版社，2003.
[82] 陈恳，杨向东，刘莉，等．机器人技术与应用[M]．北京：清华大学出版社，2006.
[83] 赵力，等．语音信号处理[M]．3版．北京：机械工业出版社，2016.
[84] 张毅，刘想德，罗元，等．语音处理及人机交互技术[M]．北京：科学出版社，2016.
[85] 高朝煌．非特定人汉语连续数字语音识别系统的研究与实现[D]．西安：西安电子科技大学，2011.
[86] 李从清，孙立新，戴士杰，等．机器人听觉定位跟踪声源的研究与进展[J]．燕山大学学报，2009，33(3)：199-205.
[87] 吕晓玲，张明路．基于机器人听觉的自主声源搜索策略[J]．机器人，2010，32(5)：661-665.
[88] 何蒙．基于麦克风阵列的移动机器人听觉定位方法研究[D]．天津：河北工业大学，2010.
[89] 路光达，张明路，张小俊，等．机器人仿生嗅觉研究现状[J]．天津工业大学学报，2010，29(6)：72-77.

[90] 黄建新，袁杰. 三维空间机器人主动嗅觉烟羽源自主定位策略 [J]. 计算机工程与应用，2020，56(12)：223-230.

[91] 黄建新，袁杰，米汤，等. 机器人主动嗅觉烟羽分布辨识方法研究[J]. 计算机仿真，2019，36(9)：346-351.

[92] 杨磊. 基于仿生嗅觉的味源定位系统研究[D]. 杭州：浙江理工大学，2014.

[93] 张小俊. 基于嗅觉信息的机器人味源定位策略及实验研究[D]. 天津：河北工业大学，2019.

[94] 刘桂雄，郑时雄，魏永纲. 机器人光电接近觉传感技术综述[J]. 光通信技术，1997，21(1)：16-19.

[95] 陈强，陶海鹏，王志明. 接近觉传感器的研究现状和发展趋势[J]. 信息技术，2009，38(6)：35-37.

[96] NOVAK J L，WICZER J J. A high resolution capacitive imaging sensor for manufacturing applications[C]. Proceedings：1991 IEEE International Conference on Robotics and Automation. [S. l.]：IEEE，1991：2071-2078.

[97] 阚文青. 用于机器人的电容-电感双模式接近觉传感器研究[D]. 合肥：合肥工业大学，2018.

[98] 陈俊风. 多传感器信息融合及其在机器人中的应用[D]. 哈尔滨：哈尔滨理工大学，2004.

[99] 司兴涛. 多传感器信息融合技术及其在移动机器人方面的应用[D]. 淄博：山东理工大学，2009.

[100] 何友，王国宏，关欣. 信息融合理论及应用[M]. 北京：电子工业出版社，2010.

[101] 彭力. 信息融合关键技术及应用[M]. 北京：冶金工业出版社，2010.

[102] 罗俊海，王章静. 多源数据融合和传感器管理[M]. 北京：清华大学出版社，2015.

[103] 缪燕子. D-S 证据理论融合技术及其应用[M]. 北京：电子工业出版社，2013.

[104] 郑刚，刘佳，李旭. 现代温室采摘机器人发展概况[J]. 农业工程技术，2019，39(31)：35-40.

[105] 侯涛刚，王田苗，苏浩鸿，等. 软体机器人前沿技术及应用热点[J]. 科技导报，2017，35(18)：20-28.

[106] GRÄSER A，HEYER T，FOTOOHI L，et al. A supportive friend at work[J]. IEEE Robotics & Automation Magazine. 2013，20(4)：148-159.

[107] 段战胜，韩崇昭，陶唐飞. 基于最近统计距离的多传感器一致性数据融合[J]. 仪器仪表学报，2005，26(5)：478-481.

[108] 刁联旺，王常武，商建云，等. 多传感器一致性数据融合方法的改进与推广[J]. 系统工程与电子技术，2002，24(9)：60-61；110.

[109] 郑志红，李传锋. 基于多传感器信息融合的机器人货物检测及搬运[J]. 电子测试，2019(19)：30-31；136.

[110] 蒋雯，张瑜，谢春禾. 多传感器协同探测证据理论分类融合方法[J]. 导航定位与授时，2019，6(5)：32-37.

[111] DEMPSTER A P. Upper and lower probabilities induced by a multivalued mapping [J]. The Annals of Mathematical Statistics，1967，38(2)：325-339.

[112] DEMPSTER P. A generalization of Bayesian inference[J]. Journal of the Royal Statistical Society(Series B)，1968(30)：205-247.

[113] SHAFER G A mathematical theory of evidence[M]. Princeton：Princeton University Press，1976.

[114] BARNETT J A. Computational methods for a mathematical theory of evidence[C]. Proceedings of the 7th International Joint Conference on Artificial Intelligence(IJCAI-81). Vancouver：[s. n.]，1981：868-875.

[115] 王永庆. 人工智能原理与方法[M]. 西安：西安交通大学出版社，1998.

[116] 尹德进，王宏力，周志杰. 基于 D-S 证据理论的多传感器目标识别信息融合方法[J]. 四川兵工学报，2011，32(4)：56-58.

[117] 侯书铭，徐德民，许化龙，等. 一致性检验方法在导弹多惯组测量中的应用[J]. 宇航计测技术，2006，26(2)：13-16.

[118] 徐从富，耿卫东，潘云鹤. Dempster-Shafer 证据推理方法理论与应用的综述 [J]. 模式识别与人工智能，1999，12(4)：424-430.

[119] 徐从富，耿卫东，潘云鹤. 面向数据融合的 DS 方法综述[J]. 电子学报，2001，29(3)：393-396.